도로교통 ITS

이론과

김수희 김주현 도명식
변완희 신언교 윤여환
이용택 이정범 천승훈 지음

청문각

머리말

우리나라의 교통혼잡을 비용으로 환산하면 2012년 기준으로 무려 30.3조 원에 이르고, 교통사고 비용은 41.8조 원에 이른다. 여기에 정확히 환산되지 않는 자동차에 의한 대기오염과 소음 등 환경 비용까지 합하면 교통문제는 실로 엄청난 것이다. 이러한 비용을 차치하더라도 우리는 매일 아침 출퇴근 정체와 하루종일 계속되는 도심 정체로 얼마나 많은 스트레스에 시달리는가?

정부는 교통문제의 심각성을 인식하고 지속적인 도로 건설과 혼잡세와 주행세 부과, 부제운행 등의 교통수요관리를 통해 개선의 의지를 보여왔다. 또한 교통안전 제고를 위해서는 위험도로를 개선하고, 안전시설을 확충하여 왔다. 이러한 노력은 21세기의 첨단 정보통신 기술과의 접목을 통해 괄목할만한 변화를 이끌어 냈다. ITS(Intelligent Transport Systems, 지능형교통체계)가 바로 그것이다.

ITS는 교통 분야의 이론과 정책을 정보·통신 기술과 접목하여 실현시킨 기술융합 서비스로서 교통의 소통상황의 개선, 실시간 정보제공, 교통안전성 제고, 교통수단의 이용 편리성 등 대부분의 분야에서 혁신적인 서비스를 제공하고 있다.

ITS는 미국, 유럽, 일본 등 선진 외국에서 1980년대부터 추진해 온 사업으로 정부와 민간이 공동으로 참여하여 교통혼잡, 교통사고, 환경오염 등의 문제를 해결하기 위해 전자, 정보, 통신, 제어 기술을 접목시킨 당시로서는 획기적인 국가 프로젝트였다. 선진국에 비해서는 조금 늦었던 우리나라는 1990년대초가 되어서야 '신신호시스템', '고속도로 교통관리시스템' 등을 구축하기 시작하였고, 중앙정부와 지자체를 중심으로 지금까지 많은 발전을 이루어 왔다. 특히 1999년에 교통체계효율화법, 2009년에는 철도, 항공, 해운이 포함된 국가통합교통체계효율화법이 제정되었는데, 이 법을 통해 ITS 구축을 위한 국가계획과 예산을 수립할 수 있게 되었다.

ITS 중에서 가장 활발하게 추진되어 왔던 것은 교통관리시스템이다. 교통관리시스템은 정보통신 기술을 이용하여 교통관리전략을 시스템화한 것으로 실시간 교통상황에 따라 최적의 교통관리를 목표로 한다. 우리나라의 교통관리시스템은 2016년 현재 고속도로 전체구간과 일반국도의 약 20% 구간에서 이미 실시간 교통정보 제공 및 돌발상황 관리 등의 교통관리 서비스를 제공하고 있다. 특히 고속도로의 경우는 통행료 자동징수시스템(하이패스)을 전국의 모든 영업소에서 운영하고 있을 정도이다. 서울을 비롯한 전국의 33개 도시에서도 교통관리시스템을 설치·운영하고 있다.

PREFACE

ITS는 7개의 대분류 서비스로 나누어져 있는데 이 책은 이 중 '교통관리 최적화분야'에 포함되며, 그중에서도 연속류 교통관리시스템을 주로 다루고 있다. 주요 내용으로는 교통관리시스템 구축과 운영에 필요한 교통관리전략, 돌발상황관리전략, 차로 및 신호관리, 교통정보 제공, 평가는 물론, 관련법률 및 제도, 표준화를 담고 있으며, 미래 교통 기술로 C-ITS, 빅데이터와 자율주행 등에 대한 내용도 살피고 있다.

이 책은 ITS 전문가들이 모여 실무자와 학생들을 위한 이론·실무서로 활용하기 위하여 집필하였다. 많은 시간을 함께 모여 토의하였고, 설계와 시공을 하면서 혹은 연구를 통해 얻은 저자들 개개인의 통찰들을 서로 공유하였다. 원고 초안은 회의를 거치면서 수많은 검토와 수정이 이루어졌고, 책의 완성도를 높이기 위한 저자들의 노력을 통해 지금과 같은 결과를 내놓을 수 있었다.

아무쪼록 이 책이 많은 독자들에게 유용하게 활용되어 ITS 분야의 발전에 도움이 되길 간절히 바란다. 이 책을 위해 힘든 여정을 함께한 저자들께 이 글을 빌어 심심한 감사의 말씀을 전하며, 이 책이 나올 수 있도록 도와주신 청문각 사장님 이하 관계 직원 여러분의 노고에 깊은 감사를 드린다.

대표 저자 변완희

차 례

제1장 교통관리시스템 개요

제2장 교통관리시스템 설계 절차

CONTENTS

제4장 반복정체 관리전략

제5장 돌발상황 관리전략

제6장 진출입램프 제어

제7장 교통정보 수집과 가공

CONTENTS

CONTENTS

제12장 국내외 ITS 표준화 동향

제13장 빅데이터와 교통

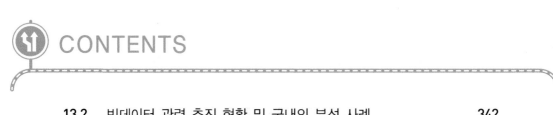

교통관리시스템 개요

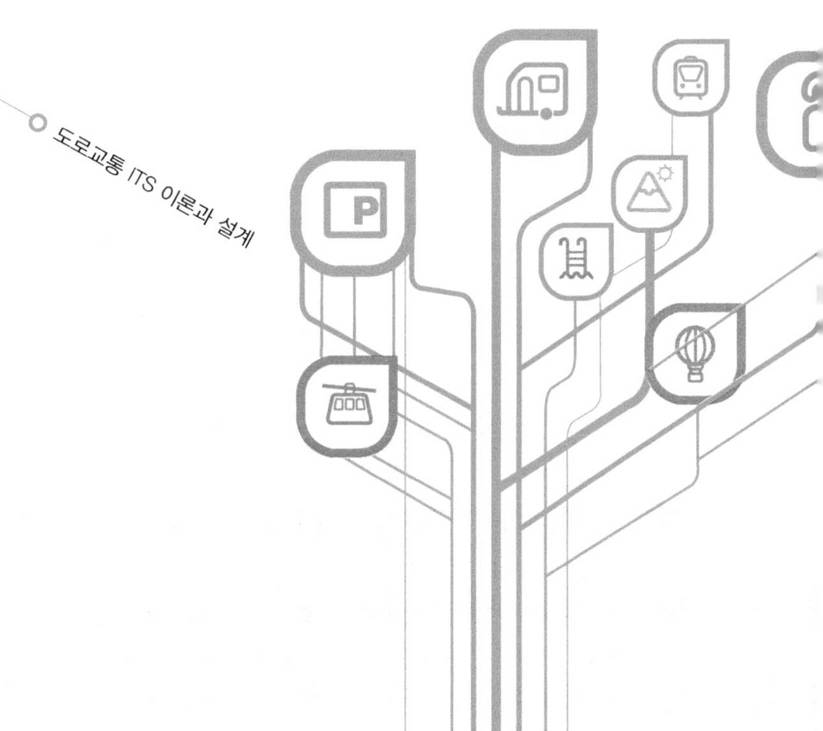

요 약

제1장에서는 ITS의 도입 배경과 추진 경위를 다루고 있으며, ITS 국가 아키텍처에서 제시하고 있는 국내 ITS 서비스를 7개 대분류에 따른 단위서비스까지 자세하게 설명하고 있다. 또 국내외 ITS 추진 동향과 구축 실적을 교통관리시스템, 버스정보시스템, 전자지불, 하이패스 등을 중심으로 다루고 있고, 지능형교통체계 기본계획 2020에 따른 향후 ITS 구축 계획을 설명하고 있다.

1.1 ITS의 개요

도입 배경

우리나라는 1980년대 고도 경제성장과 함께 빠르게 자동차 시대를 맞이한다. 1985년 당시 100만 대에 불과하던 자동차는 10여 년 만에 1997년 1,000만 대를 돌파하였다[1]. 이와 같이 급속한 자동차의 증가는 도로의 교통혼잡 및 교통사고의 급격한 증가로 인해 엄청난 사회적 비용을 야기하였다. 가령 1997년 당시 교통혼잡비용은 GDP 대비 4.4%로 18.4조 원, 교통혼잡으로 인한 물류손실비용은 GDP 대비 16.5%로 69.6조 원에 이를 정도였다.

자동차 증가에 따른 이와 같은 교통 문제에 대해 1990년대 당시 정부는 도로 및 철도 등의 기간망 건설을 통해 해결이 가능하다는 믿음을 갖고 있었다. 따라서 급격하게 증가하는 자동차 통행량을 수용하기 위해 정부는 여전히 도로 건설에 집중하기로 했던 것이다. 많은 도로와 지하철들이 건설되었다. 수도권에서는 대표적으로 내·외부 순환도로 등 도시고속도로가 건설되었고, 대부분의 지하철이 1990년대에 걸쳐 완공되었거나 착수되었다[2].

그러나 1990년대 말이 되면서 도로 및 지하철 건설을 통해서는 교통문제 해결에 한계가 있다는 인식이 확산되었다. 토목·건설의 공급만으로는 늘어나는 교통수요를 결코 따라 잡을 수 없다는 것을 인식하게 된 것이다. 게다가 1997년 IMF로 인한 장기적인 경기침체로 교통혼잡을 해결하기 위한 새로운 방안을 찾아야 했다. 그때 대안으로 떠오른 것이 지능형 교통체계(ITS, Intelligent Transport Systems)였다.

ITS는 교통에 IT기술을 접목하여 교통운영의 효율성을 극대화시킨 서비스이다. ITS는 교통량, 속도, 점유율, 차종 등의 기본 교통자료를 실시간으로 수집하고 가공하여 교통관리 및 교통정보 등에 활용하기 위해 센싱 기술, 컴퓨팅 기술, 통신 기술 등의 첨단 IT기술을 적용하고 있다.

ITS는 미국에서 처음 시작되었다. 미국 역시 1970년대까지 지속된 고속도로 건설이 끝난 시점이었고, 자동차 중심의 문화는 대도시를 중심으로 다양한 교통문제를 야기시키고 있었다. 새로운 도로 건설은 한계에 이르렀고, 늘어나는 교통수요로 인해 도시의 심각한 교통문제 해결을 위해 ITS가 등장하게 되었다.

---

1) 우리나라의 자동차 등록대수는 2005년 1,540만 대, 2010년 1,794만 대, 2015년 12월 현재 2,099만 대에 이르고 있다.

2) 서울 1974년~1999년 1호선~8호선, 부산 1985년~2005년 1호선~3호선, 대구 1997년~2005년 1호선~2호선, 인천 1999년 1호선, 광주 2004년 1호선, 대전 2006년 1호선.

우리나라는 1990년대에 도입되어 첨단신호제어시스템, 고속도로 교통관리시스템 등을 시작하여 많은 ITS를 구축하여 왔다. 특히 국가통합교통체계효율화법을 통해 국토교통부 내 ITS 담당부서 설치의 근거를 마련하였고, ITS 기본계획 및 시행계획을 통해 체계적인 구축 사업을 추진하고 있다. 이외에도 ITS 구축에 필요한 다른 법률에 의한 인허가 의제 처리, 국가통합ITS 정보센터 구축, 표준화 및 인증, ITS 협회 등의 근거를 갖게 되었다.

ITS 정의 및 추진 경위

국가통합교통체계효율화법 제2조에서는 ITS를 다음과 같이 정의하고 있다.

> "교통수단 및 교통시설에 전자·제어 및 통신 등 첨단교통기술과 교통정보를 개발·활용함으로써 교통체계의 운영 및 관리를 과학화·자동화하고, 교통의 효율성과 안전성을 향상시키는 교통체계"

한편 '2020 국가ITS기본계획'에서는 ITS를 다음과 같이 정의하고 있다.

> "기존 교통체계의 구성요소에 첨단기술을 적용하여 교통체계의 운영 효율을 극대화하고, 이용자 편의와 교통안전을 제고하는 환경친화적 미래형 교통체계"

그림 1-1은 국내에서 구축 및 운영하고 있거나 R&D로 개발 중에 있는 ITS 서비스들을 개념적으로 보여주고 있다. 여기에는 가장 대표적인 것으로 고속도로 교통관리시스템과 하이패스가 있고, 대도시에서 주로 볼 수 있는 버스정보시스템과 대중교통 요금 전자지불, 실시간 신호제어시스템, 자동단속시스템 등이 이미 우리 국민의 이동을 편리하고 안전하게 지원하고 있다.

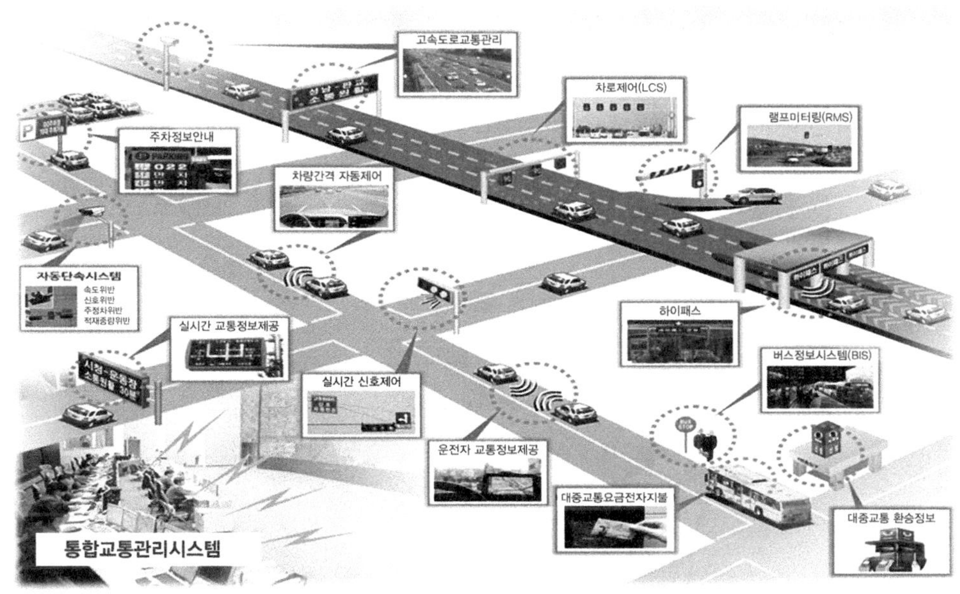

[그림 1-1] **ITS 개념도**[3)]

그림 1-2는 ITS의 주요 추진 경위를 보여주고 있다. 우리나라 ITS의 효시인 신신호시스템이 1994년에 개발되었다. 이전까지의 신호시스템은 도로의 교통량과 혼잡을 고려하지 못하는 고정된 신호주기에 의한 것이었다. 반면 신신호시스템은 도로 네트워크 상의 교통량을 고려한 최적 신호주기를 실시간으로 제공해주는 신개념의 교통신호시스템이다.

우리나라 최초의 교통관리시스템은 경부고속도로 일부 구간에 설치한 고속도로 교통관리시스템 시범사업이었다. 그러나 국내 ITS를 견인하기 시작했던 중요한 계기는 1997년 '지능형 교통시스템 기본계획(건설교통부)'의 수립이었다. 이 기본계획을 통해 정부는 국가 ITS 사업 전반의 목표 및 계획을 수립할 수 있었고, 사업 추진의 기틀을 마련할 수 있었다. 같은 해 서울시는 올림픽대로 교통관리시스템 시범사업을 시작했고, 1998년에는 국도 교통관리시스템 시범사업이 '성남-장호원' 구간에서 시작되었다. 1998년 제5회 ITS세계대회가 서울에서 개최된 것도 ITS가 발전하는 데 있어 매우 중요한 사건이었다.[4)]

이어 교통체계효율화법이 1999년 제정되었고, 2000년에는 하이패스가 시범운영을 시작했다. 서울시는 내부순환로, 올림픽대로, 동부간선도로 등 도시고속도로 교통관리시스템을 본격적으로 구축하기 시작하였다. 도시를 대상으로 하는 교통관리시스템은 2003년이 되어서야 첨단교통모델도시로 5개 도시를 선정하여 시범사업을 추진하였다. 2008년 유비쿼터

---

3) 국토교통부
4) ITS세계대회는 프랑스 파리에서 처음 개최되었고, 매년 아시아, 유럽, 미주 대륙에서 순차적으로 개최되며, 우리나라는 제5회 서울대회에 이어 2010년 부산에서 제17회 ITS세계대회를 개최한 바 있다.

스 도시의 건설 등에 관한 법률이 생기면서 u-City 사업 내에서 ITS가 한 축을 담당할 수 있는 기반이 조성되었고, 2009년에는 교통체계효율화법이 국가통합교통체계효율화법으로 명칭과 함께 전면 개정되었다.

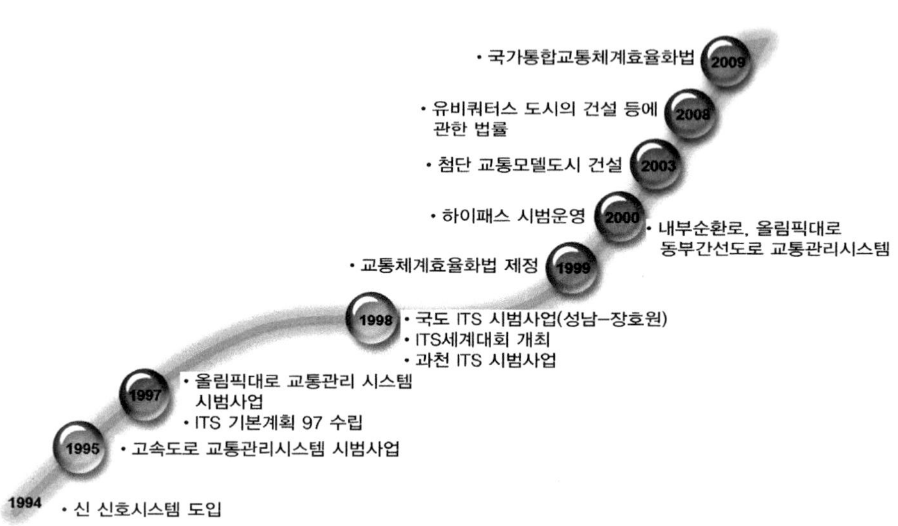

[그림 1-2] 우리나라의 ITS 추진경위

1.2 ITS 서비스

ITS 서비스는 크게 교통관리 서비스, 대중교통 서비스, 전자지불 서비스, 교통정보 유통 서비스, 여행정보 제공 서비스, 지능형 차량·도로 서비스, 화물운송 서비스 등 총 7개 서비스로 구성되어 있으며, 하위 서비스로서 22개의 서비스를 두고 있고, 하위 서비스에 대해 다시 52개의 단위 서비스를 두고 있다.

[표 1-1] ITS 서비스 분류[5)]

대서비스	하위 서비스	내 용	단위 서비스
교통관리	교통류제어	차량 흐름을 제어하여 교통정체 해소 및 도로 이용효율 향상	• 실시간신호제어 • 우선처리신호제어 • 철도건널목연계제어 • 광역교통류제어 • 고속도로교통류제어
	돌발상황관리	교통사고, 차량고장, 도로파손 등 돌발상황을 실시간으로 파악·대응하여 피해를 줄이고 교통소통에 미치는 영향을 최소화	• 기본교통정보제공
	기본교통정보제공	여행자에게 실시간 교통상황, 소요시간, 우회경로, 돌발·특별상황, 주차정보 등을 제공	• 돌발상황관리
	주의운전구간관리	도로상의 위험요소를 실시간으로 감시·감지하고, 신속하게 처리·제거하며, 운전자에게 정보를 제공하여 사고예방 및 안전운전 유도	• 감속구간관리 • 시계불량구간관리 • 노면불량구간관리 • 돌발장애물관리
	자동교통단속	무인 자동단속을 통해 교통위반으로 인한 사고발생을 예방하고, 교통시설의 안전성, 지속성을 제고	• 제한속도위반단속 • 신호위반단속 • 버스전용차로위반단속 • 불법주정차단속 • 제한중량초과단속
	교통수요관리지원	부제 운행, 카풀제 등 교통수요 관리제도 시행에 참여하는 차량의 정보를 처리·관리	• 교통수요관리지원
대중교통	대중교통운행관리	실시간 운행정보를 이용하여 운행계획을 수립하고, 대중교통의 정시성과 안전성을 제고	• 시내버스운행관리 • 시외버스운행관리 • 고속버스운행관리
	대중교통정보제공	운행계획, 실시간 운행상황, 도착예정시간 정보 등을 제공하여 이용자의 편의성 증진	• 대중교통이용정보제공 • 시내버스정보제공 • 시외버스정보제공 • 고속버스정보제공
	대중교통예약	다양한 매체를 통한 대중교통 예약시스템을 통해 여행자의 편의성 제고	• 대중교통예약
	준대중교통수단 이용지원	일반택시, 장애인택시 등 준대중 교통수단의 편리한 이용을 지원	• 준대중교통수단이용지원
전자지불	통행료전자지불	도로 통행료 징수를 자동화하여 징수에 따른 지체 감소 및 운전자 불편을 해소하며, 요금징수 업무의 효율성을 제고	• 유료도로통행료전자지불 • 혼잡통행료전자지불
	교통시설요금전자지불	주차장 등 교통시설 이용요금을 전자화폐로 징수하여 이용자의 요금지불에 따른 불편 해소 및 시설운영의 효율성을 제고	• 교통시설이용요금 전자지불

(계속)

5) 국토해양부, 지능형교통체계 기본계획 2020, 2011.12.29.

대서비스	하위 서비스	내 용	단위 서비스
전자지불	대중교통요금 전자지불	버스, 지하철, 택시 등의 요금을 전자화폐로 징수하여 이용자의 편의를 제고하고, 운전자의 업무 환경 개선 및 운송사업의 투명성을 제고	• 대중교통요금전자지불
교통정보 유통	교통정보연계·관리	지역, 교통시설, 교통수단 단위로 구축한 교통관리 시스템, 대중교통정보시스템 등을 상호 연계하고, 교통정보를 공유	• 교통정보연계·관리
	통합교통정보 제공	통합 교통정보를 이용자와 민간교통정보사업자에게 제공	• 통합교통정보제공
여행정보 제공	통행전 여행정보제공	통행전 최단거리 및 최단시간 통행을 위한 출발 시각, 교통수단 및 경로정보를 여행자에게 제공	• 통행전여행정보제공
	통행중 여행정보제공	통행 중인 최단거리 및 최단시간 통행을 위한 교통수단 및 경로정보를 여행자에게 제공	• 운전자여행정보제공 • 대중교통이용자 여행정보 제공
지능형 차량·도로	안전운전차량	차량의 지능화를 통해 졸음 및 음주 운전, 차로 이탈, 안전거리 확보, 과속, 장애물 등을 감지하고, 위험상황을 경고, 회피, 제거	• 운전자시계향상 • 위험운전방지 • 차량안전자동진단 • 사고발생자동경보 • 충돌예방 • 차로 이탈예방 • 보행자보호
	안전운행도로	지능화한 도로를 통해 안개, 결빙, 급커브, 시거 불량 등 위험요소를 감지하고, 이러한 정보를 차량·운전자에게 제공	• 주의운전구간안전운행 지원 • 교차로안전운행지원 • 철도건널목안전운행 지원
	자율운행	차량이 도로조건 및 교통상황에 맞춰 자율적으로 주행하고, 주차공간에 스스로 주차	• 차량간격자동제어 • 군집운행 • 자동조향 • 자동주차
화물운송	화물차량 운행지원	화물차량의 위치·상태, 교통상황, 운송경로, 차량 통과높이, 진입제한 및 우회경로, 기상 등의 정보를 이용하여 신속한 화물운송 및 안전운행 지원	• 화물차량운행관리 • 화물차량경로안내
	위험화물차량 안전관리	위험물 적재차량을 실시간으로 추적·관리하며, 사고가 발생하면 신속하고 체계적으로 대응	• 위험화물차량안전관리

1.3 국내 ITS 주요 구축 현황

국내에서는 일찍이 고속도로 교통관리시스템 시범사업과 올림픽대로 교통관리시스템 시범사업 등이 추진된 바 있고, 내부순환로 교통관리시스템을 2002년부터 운영하고 있다. 이외에도 최근 건설교통부(현 국토해양부)에서 추진한 첨단교통모델 도시 사업을 통해 제주시, 대전시, 전주시에 교통관리시스템 사업을 구축하였으며, 울산시, 수원시, 부천시, 안양시 등 많은 지자체에서도 교통관리시스템을 구축·운영하고 있다.

1.3.1 국내 ITS 구축 단계 및 현황

ITS 구축 총괄현황[6)]

2014년 현재 우리나라는 고속도로 4,142 km, 일반국도 2,678 km에서 ITS 시스템을 운영하고 있다.

[표 1-2] ITS 구축 연장 및 구축 장비

관리기관	구축연장(km)	구축장비수(대)
고속도로	4,142	7,290
일반국도	2,678	3,969
합계	6,820	11,259

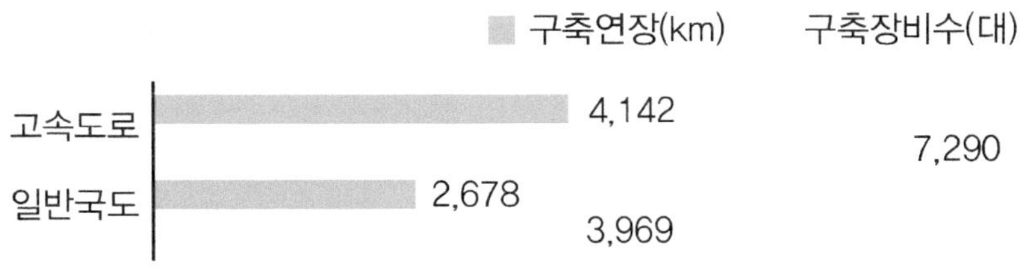

[그림 1-3] ITS 구축현황(2014년)

6) 국가교통정보센터, http : //www.its.go.kr

또한 전국 33개 도시[7]에서 교통관리시스템을 구축·운영하여 교통소통, 교통안전을 개선하고 있다. 주요 서비스는 주요 간선도로에 대한 교통정보제공, 돌발상황관리, 실시간신호제어 등이다.

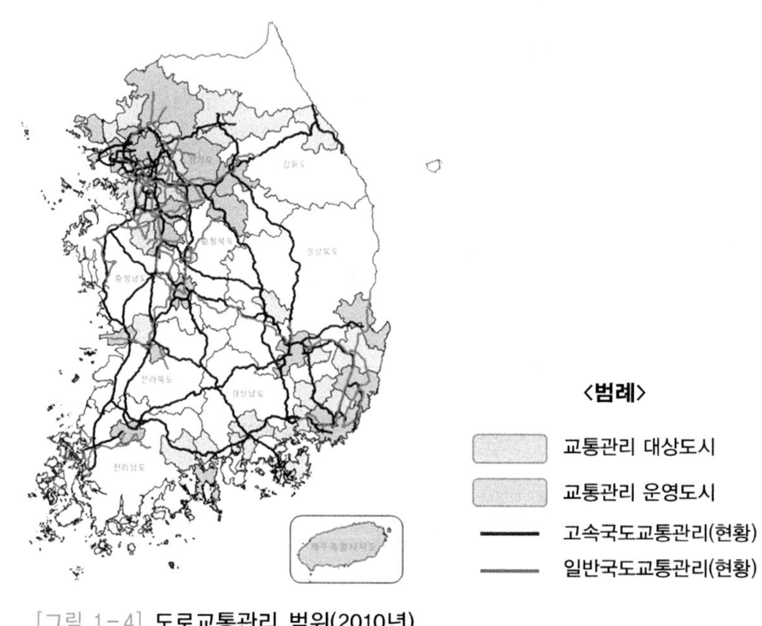

[그림 1-4] 도로교통관리 범위(2010년)

버스정보시스템

버스정보시스템은 전국 59개 지방자치단체[8]에서 이미 시내버스 운행정보, 정류장 도착정보를 제공함으로써 버스운행의 정시성 및 안전성을 제고하고 있다. 버스정보시스템을 통해 버스도착시간의 정시성을 35% 개선하였고, 버스교통사고는 24%(2004년 657건 → 2005년 496건) 감소한 것으로 나타났다.

7) 33개 도시 : 서울, 부산, 대구, 인천, 광주, 대전, 울산, 고양, 과천, 광명, 군포, 남양주, 부천, 성남, 수원, 시흥, 안산, 안양, 양주, 용인, 의왕, 의정부, 파주, 원주, 청주, 충주, 천안, 군산, 전주, 여수, 포항, 김해, 제주

8) 50개 지방자치단체 : 서울, 부산, 대구, 인천, 광주, 대전, 울산, 경기, 고양, 광명, 광주, 구리, 김포, 남양주, 동두천, 부천, 성남, 수원, 시흥, 안산, 안양, 양주, 오산, 용인, 의정부, 이천, 평택, 포천, 화성, 춘천, 원주, 홍천, 청주, 천안, 아산, 전주, 군산, 여수, 순천, 광양, 포항, 경산, 창원, 통영, 사천, 김해, 밀양, 거제, 양산, 제주, 가평, 군포, 안성, 양평, 여주, 연천, 의왕, 파주, 하남

[그림 1-5] **버스정보시스템 구축범위(2010년)**

전자지불의 확대

전자지불시스템은 주로 대중교통요금에 적용되고 있는데 전자화폐(교통카드)의 전국적인 보급으로 대중교통 편의성을 증대시키고 있다. 특히 우리나라는 이미 버스와 도시철도 요금을 동일한 교통카드로 사용하고 있으며 서울, 부산 등 전국 주요 도시의 교통카드 이용률은 90%에 육박하고 있다. 정부는 하나의 요금지불수단으로 전국의 모든 교통시설 및 수단을 이용할 수 있도록 교통카드의 전국 호환이 가능하게 되었다.

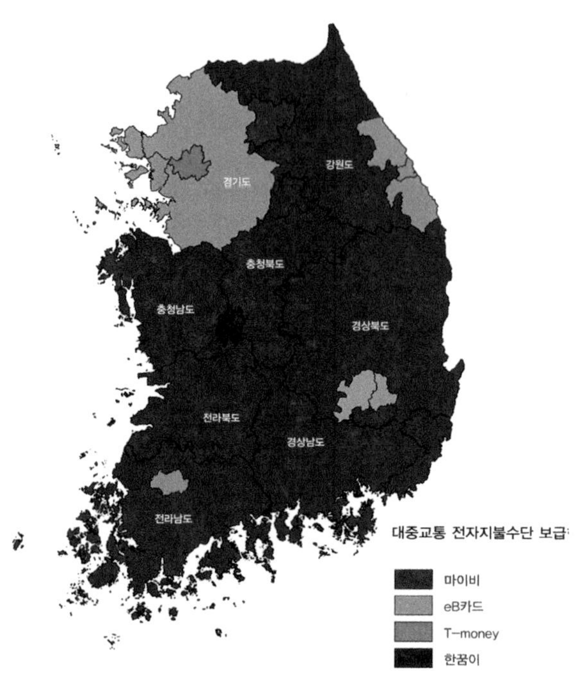

[그림 1-6] 교통카드 지역분포(2010년)

하이패스 구축 현황

하이패스는 2006년 처음 설치된 이후 2012년 11월 현재 773만 대(국내 등록차량의 40%)가 등록하였고, 전국적으로는 56.6%, 수도권 62%의 이용률을 보이고 있다. 하이패스 1일 통행량은 약 200만 대이다.[9)]

[표 1-3] 하이패스 현황

구 분	2007년 12월	2008년 12월	2009년 12월	2012년 12월
하이패스 이용률	15.7%	30.6%	41.6%	56.6%
단말기 보급량	73만 대	188만 대	333만 대	773만 대
하이패스 통행량	486천 대	934천 대	1,342천 대	2059천 대
하이패스 차로수	261개소 595차로	262개소 624차로	302개소 739차로	328개소 871차로

9) 한국도로공사, 하이패스 전국 개통 5년 보도자료, 2012.12.18.

1.3.2 향후 ITS 구축 계획

정부는 국가통합교통체계효율화법 제73조에 근거한 '지능형교통체계 기본계획 2020'을 통해 2020년까지의 ITS구축을 계획하고 있다.

목표 및 주요과제

2020년까지 우리나라 ITS 구축목표는 다음과 같다.

"사고 없는 안전한 도로, 쉽게 이용하는 편리한 도로, 정시성 높은 고효율 도로를 위해 7대 중점과제 추진"

또한 중점추진과제 및 대응하는 ITS 서비스 분야는 다음과 같다.

〈중점추진과제 및 서비스 분야〉

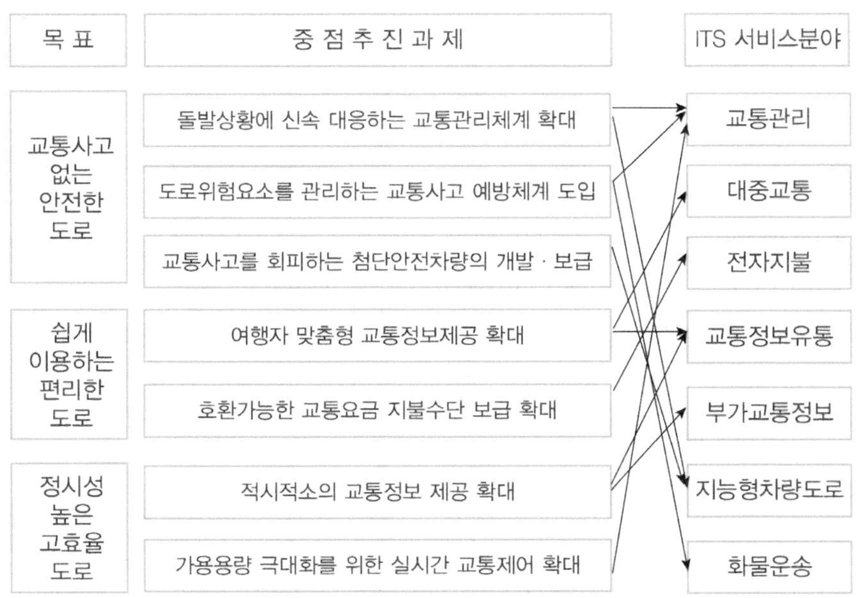

[그림 1-7] 중점 추진과제 및 서비스 분야

돌발상황에 신속 대응하는 교통관리체계 확대

교통사고, 차량고장, 도로파손 등 돌발상황을 신속하게 감지하고 체계적으로 대응하는 교통관리체계를 전국 간선도로로 확대할 예정이다. 구체적으로는 다음과 같다.

- 신설 고속국도(1,298 km), 일반국도 4차로 이상 구간(3,655 km)에 실시간 감시체계 구축
- 인구 20만 명 이상 지방자치단체에 교통관리센터를 구축하고 교통관리 범위를 도시부 간선도로로 확대하여 생활형 교통관리서비스 제공

- 교통사고 등 돌발상황 발생 시 교통관리센터로 상황정보를 자동으로 전송하는 E-Call(Emergency Call) 체계 구축

도로위험요소를 관리하는 교통사고 예방체계 도입

악천후, 노면·시거 불량, 공사구간, 장애물 등 교통사고 유발 요인을 감지하여 알려주는 주의운전구간 관리서비스를 도입할 예정이다. 또한 차량이 노변장치 또는 다른 차량과 정보를 교환하며 운행할 수 있는 지능형 도로환경의 구현을 위해 「차량-노변」간, 「차량-차량」간 안전운전 정보교환 및 통신 표준화를 계획하고 있다.

교통사고를 회피하는 첨단안전차량의 개발·보급

음주, 졸음, 피로 등 운전자의 사고 유발 요인을 감지·경고하고, 차량이 위험운전을 자동으로 제한하는 첨단안전차량을 개발·보급하며, 주변 차량 및 노변장치로부터 운전자가 인식하기 어려운 위험요소 정보를 수신하여 운전자에게 경고하고, 차량의 위험운전을 자동 제어하는 첨단지원·관리서비스를 도입할 계획으로 있다.

여행자 맞춤형 교통정보제공 확대

버스정보단말기(BIT) 설치 정류장을 확대하고, 버스운행정보를 이용할 수 있는 매체를 확대하여 버스 이용의 편의성을 제고할 예정이다. 또한 현재 운영 중인 고속버스 환승휴게소 중심으로 주요 노선별 실시간 운행정보를 제공하여 고속버스의 서비스 수준을 향상시킬 것이며, 시외버스의 실시간 운행정보 제공을 통하여 중소도시 및 지역간 대중교통 이용의 접근성 및 편의성을 개선할 계획을 갖고 있다.

호환가능한 교통요금 지불수단 보급 확대

하이패스 보급 확대에 대비한 시스템 운영 범위를 확대한다. 고속국도 요금소의 하이패스 차로를 2011년 30%에서 2020년 40%로 확대하여, 하이패스 이용률을 2011년 53%에서 2020년 80%로 확대할 계획으로 있다. 또한 주차장 등 자동차 운행관련 교통시설 이용요금을 지불할 수 있도록 하이패스 시스템을 보급·확대할 예정이다.

적시적소의 교통정보 제공 확대

운전자가 혼잡구간을 피해 목적지까지 빠르게 이동할 수 있도록 교통정보수집 및 제공을 확대할 계획이다. 일반국도의 교통정보 수집구간을 2010년 18.5%(2,554 km)에서 2020년 45.0%(6,469 km)로 확대하며, 지방자치단체의 교통정보체계(ATMS : Advanced Transportation Management System) 구축사업을 지원하여 교통정보 수집·제공 도시를 2011년 33개에서 2020년 53개로 확대한다. 또한 공공부문이 수집하는 교통정보의 유통활성화를

통해 민간 교통정보 서비스를 활성화할 계획이다. 이를 위해 실시간 경로안내서비스 이용자수를 2010년 500만 명에서 2020년 1,600만 명으로 확대한다.

가용 용량 극대화를 위한 실시간 교통제어 확대

실시간 신호제어를 일반국도 및 인구 20만 명 이상 도시로 확대하여 2020년 실시간 신호제어 교차로 비율을 30%까지 올릴 계획이다. 또한 고속국도와 일반국도, 도시부고속도로와 간선도로 등 교통축에 대한 유기적 연계시스템 운영을 통해 간선도로축 용량을 증대시킬 것이다. 국토해양부, 지방자치단체, 한국도로공사 등 도로관리청과 경찰관서 등 유관기관간 협력관계 형성, 교통관리 담당자의 전문성을 제고할 계획이다. 고속국도 교통제어(주행차로, 갓길차로, 제한속도)를 위한 차로제어 시스템[10](LCS)의 확대 운영으로 본선의 용량을 증대할 계획도 갖고 있다.

1.4 한국도로공사 고속도로 교통관리시스템 사례

'한국도로공사 고속도로'(이하, 고속도로) 교통관리시스템은 ITS의 모범적인 사례로 뽑히고 있다. 한국 최초의 FTMS를 시작하였고, 국내외적으로 우수한 벤치마킹 시스템으로 알려져 있다.

1.4.1 교통 현황

한국도로공사는 1969년 2월에 설립되어 우리나라의 고속도로 건설 및 관리를 수행하고 있다. 2014년 현재 고속도로 총연장은 4,139 km, 1일 평균 90만 대의 차량과 130만 명의 사람들이 이용하고 있다. 교통사고는 1990년 이래로 감소하다가 1995년 다시 증가하기 시작했다. 고속도로 상습정체 구간 현황에 따르면 평일 지체구간 10노선 29개 구간(172 km)과 주말 정체구간 8개 노선 22개 구간(201 km)을 상습정체구간으로 선정되어 있다.

10) 차로제어시스템(LCS : Lane Control System) : 교통제어용 신호기를 차로별로 설치하여 지·정체 발생을 예방하거나 최소화시키는 것을 목적으로 하는 시스템

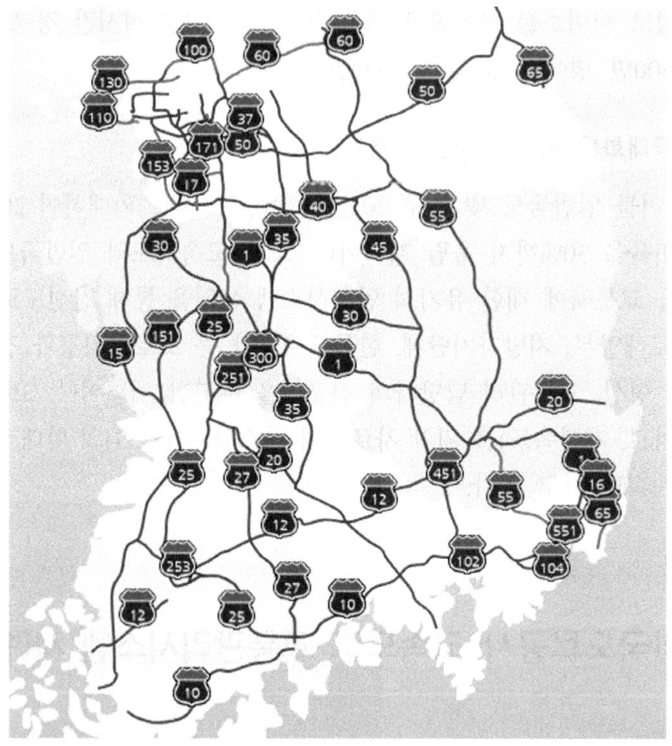

[그림 1-8] **고속도로 도로 네트워크(2015년 기준)** [11)]

1.4.2 시스템 개요

고속도로를 이용하는 운전자들은 통행 중에 다양한 교통정보 서비스를 제공받고 있다. 정체가 발생할 경우에는 고속도로를 최적으로 운영하기 위한 정보제공 및 LCS(Lane Control System) 등을 시행하고 있다. 교통사고, 공사, 고장 차량 등으로 인해 교통혼잡이 발생하면 이와 관련한 상황 정보를 실시간으로 운전자에게 전달하고, 정보를 제공받은 운전자들은 우회도로를 이용할 수 있다.

고속도로 교통관리시스템은 크게 자료수집체계, 정보가공체계, 정보제공체계 등으로 구성되어 있다. 자료수집체계는 다양한 검지기와 CCTV, 하이패스와 고속도로 경찰 및 운전자 등으로부터 교통정보를 수집한다. 정보가공체계는 수집한 자료를 교통류 관리와 정보제공 등에 필요한 정보로 가공하고, 가공된 정보를 이용하여 돌발상황 지원, 연결로 진입제어 등의 교통류 관리 업무를 수행한다, 정보제공체계는 정보제공체계로부터 생생한 각종 교통정보를 VMS(Variable Message Signs) 및 교통방송 콜센터, 인터넷 혹은 스마트폰 등을 통하여 실시간으로 제공한다.

---

11) http : //www.ex.co.kr

[그림 1-9] 고속도로 교통관리시스템의 시스템 구성[12)]

1.4.3 자료수집체계

검지기

루프검지기와 영상검지기는 고속도로의 주요 검지기로서 도로 위에 500 m 간격으로 설치되어 있으며, 교통량, 속도, 점유율 등을 수집하고 있다.

[그림 1-10] 루프검지기[13)]

12) 한국도로공사
13) 한국도로공사

[그림 1-11] 영상 검지기 14)

CCTV

교통의 소통 상태를 직접 모니터링하기 위해 설치하며, 현재 이 CCTV를 통해 고속도로 전 구간의 교통상황을 파악하고 있다.

[그림 1-12] CCTV 15)

14) 한국도로공사
15) 한국도로공사

하이패스

하이패스(hipass)는 정보수집 용도로 매우 유용한 검지기가 된다. 고속도로 구간에 설치된 RSE(road side equipment)와 차량의 하이패스 단말기가 상호 통신을 하며, 차량의 위치, 통과시각을 수집하고, 이로부터 통행시간을 산출한다.

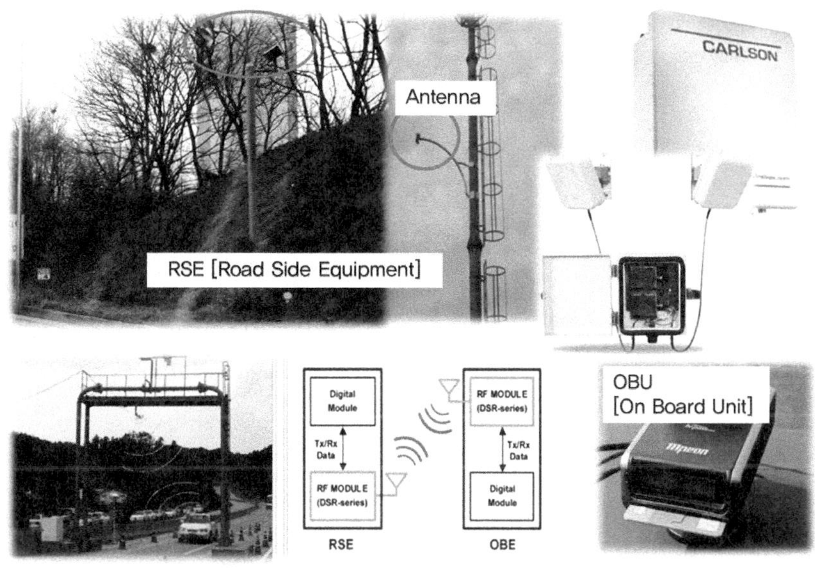

[그림 1-13] 하이패스[16)]

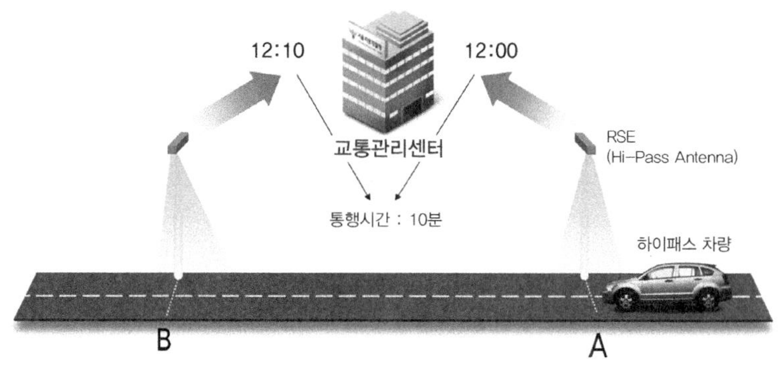

[그림 1-14] 하이패스에 의한 통행시간 산출

16) 한국도로공사

타 시스템(타 기관)

① 교통정보 : 주변 고속도로와 일반도로에서 발생한 사고, 고장 차량, 소통 등에 관한 정보를 수집
② 기상정보 : 지진, 강풍, 결빙, 강우 등의 기상정보 수집
③ 통제정보 : 교통통제 일시, 위치, 내용 등의 통제정보 수집
④ 가변 속도제한 정보 : 바람, 비, 기타 여러 요인들로 인한 가변적인 속도제한을 할 때 이에 대한 정보 수집

1.4.4 정보가공체계

교통관리센터

고속도로 교통관리시스템은 그림 1-15와 같이 궁내동 서울영업소의 중앙 교통관리센터 외에 7개의 지역 센터로 구성되어 있다.

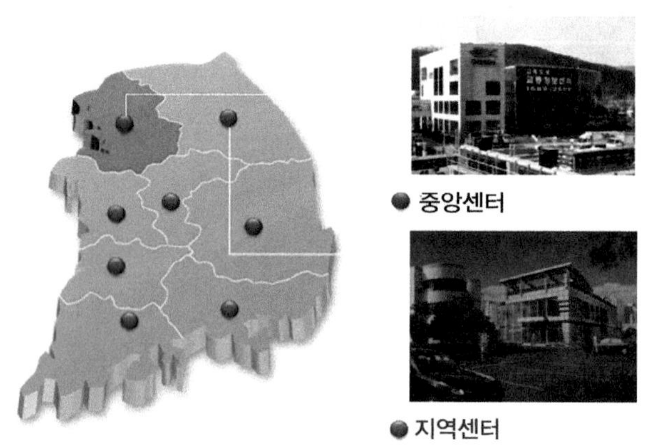

[그림 1-15] **한국도로공사 교통관리시스템 센터 위치**[17)]

운영실

운영실은 고속도로를 단순화하여 소통상황을 그래픽으로 표현한 그래픽 판넬(graphic panel), 대형 스크린, TV 모니터, 그래픽 데이터 디스플레이 터미널(Graphical Data Display Terminals), 이밖에 운영을 위한 각종 컴퓨터 시설을 갖추고 있다.

17) 한국도로공사

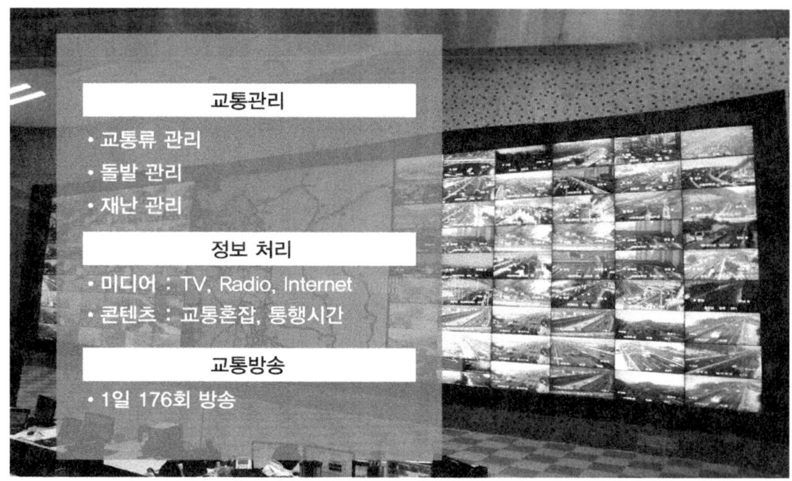

교통관리
• 교통류 관리
• 돌발 관리
• 재난 관리
정보 처리
• 미디어 : TV, Radio, Internet
• 콘텐츠 : 교통혼잡, 통행시간
교통방송
• 1일 176회 방송

[그림 1-16] 고속도로 교통관리센터 운영실 18)

컴퓨터 시스템

데이터 가공 및 다음과 같이 구성되어 있다.

- 중앙처리시스템(Central processing system) : 중요 교통정보 가공 및 데이터 저장 등의 역할 수행
- 데이터수집시스템(Data collection system) : 현장설비로부터 교통자료를 수집하는 서버
- 정보표시시스템(Display system) : 문자 정보판, 그래픽 정보판, 통행시간 정보판 등의 제어 서버
- 영상처리시스템(Image system) : 영상처리 제어 서버
- 정보연계시스템(Information exchange system) : 경찰청과 타 기관들과의 정보연계 관리 서버

1.4.5 정보제공체계

운전자들을 위한 교통정보는 다양한 형태의 VMS와 노측방송, 교통정보 터미널 등 다양한 매체를 통해 제공되고 있다.

문자 정보판(Character Information Boards)

고속도로 본선과 진입 연결로 주변에 다양한 문자 정보판이 있으며, 이를 통해 교통혼잡과 공사정보 등을 실시간으로 제공한다.

18) 한국도로공사

[그림 1-17] **문자 정보판**[19]

도형 정보판(Graphic Information Boards)

단순화된 지도로 표현한 도형정보판 위에 교통정보를 표시한다.

[그림 1-18] **도형 정보판**[20]

진입램프제어(Ramp Metering)

외곽순환고속도로 장수IC 진입램프제어 시스템이 설치되어, 본선의 교통류를 관리하고 있다.

---

19) 한국도로공사
20) 한국도로공사

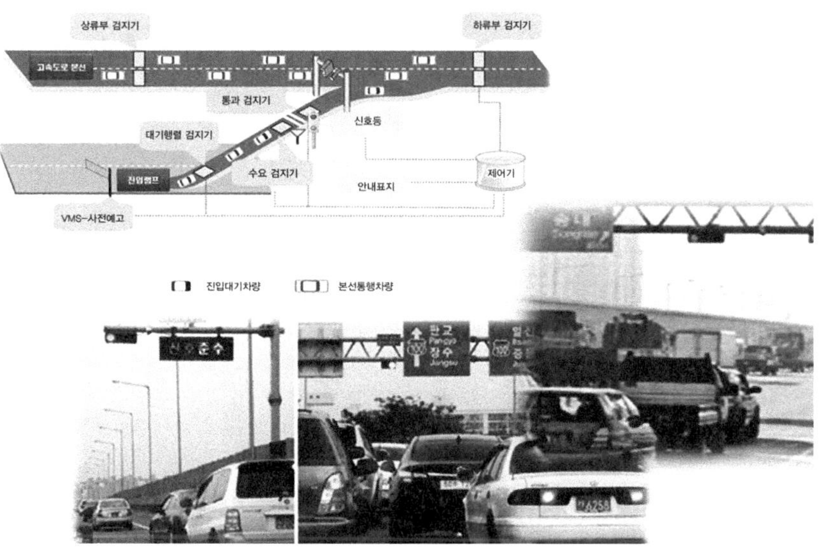

[그림 1-19] **진입램프제어**[21)]

차로제어(LCS)

고속도로는 현재 가변차로 시스템을 이용하여 교통량이 많은 시간대에 교통류제어를 시행하고 있다.

[그림 1-20] **차로제어**[22)]

기상정보 수집 시스템

고속도로는 기상 관측 검지기를 설치하여 고속도로상의 기후 변화를 실시간으로 감시하고, 이를 통해 교통관리에 활용하고 있다.

---

21) 한국도로공사
22) 한국도로공사

[그림 1-21] 기상정보 수집시스템[23)]

1.4.6 돌발상황 지원체계

고속도로 운영실에서는 24시간 연속으로 교통상황을 모니터하고 있으며, 만약 사고나 고장 차량 같은 어떤 사건이 발생하면 즉각적으로 고속도로 경찰이나 119에 상황발생을 알리는 동시에 고속도로 순찰차량의 출동을 지시하고, 모든 통행요금 징수소에는 현재의 상황정보를 알려준다. 현장에 출동한 순찰차량은 교통관리센터와 계속 무선 연락을 취하여 변화된 상황을 즉각적으로 보고한다. 순찰차량은 2차 사고를 막기 위한 안전장비의 설치 및 차량 대피 등의 조치를 취한다.

[그림 1-22] 돌발상황 지원체계[24)]

23) 한국도로공사
24) 한국도로공사

교통관리시스템 설계 절차

도로교통 ITS 이론과 설계

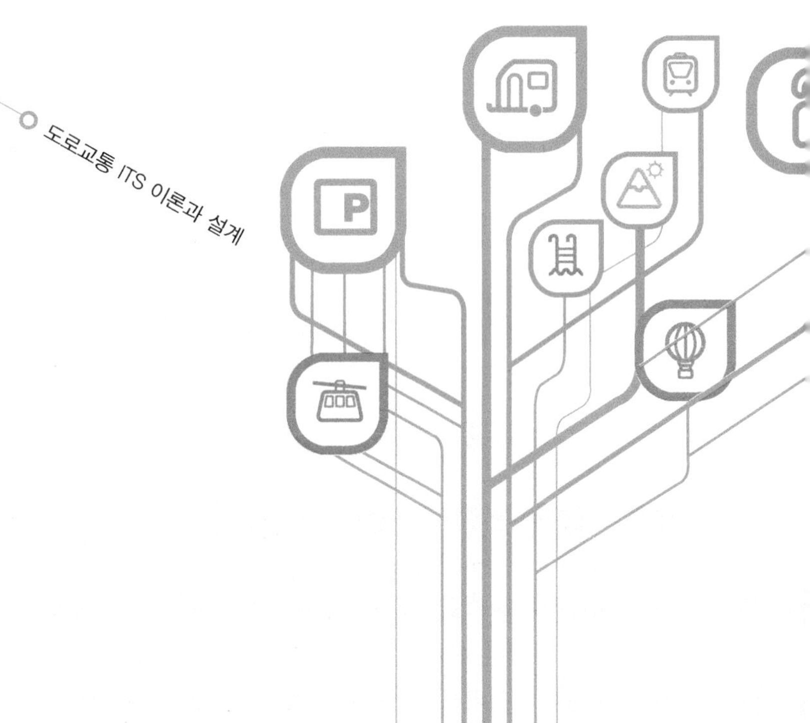

요 약

제2장에서는 교통관리시스템의 설계 절차를 기반 설계, 구현 설계, 시공 설계, 효과분석으로 나누어 다루고 있다. 기반 설계에서는 교통관리전략 수립을 설명하고, 구현 설계에서는 데이터베이스 및 애플리케이션 설계, 시스템 구성 방안 등을 설명하고, 시공 설계에서는 현장설비의 설치 및 시공 계획을 설명하고, 효과분석에서는 시스템의 기대효과 및 경제성 분석 등을 설명하고 있다.

2.1 교통관리시스템 설계 시 고려사항

교통관리시스템을 설계한다는 것은 대상 도로의 선정과 그 대상 도로의 교통 특성 및 문제점을 파악하고, 문제의 해결방안을 찾는 것을 말한다. 이와 같은 관점에서 시스템을 설계할 때 고려해야 할 사항들을 살펴보면 다음과 같다.

대상 도로의 특성 및 문제 파악

교통관리시스템 도입을 위한 대상 도로를 결정하면 도로 및 교통상황에 대해 상세한 조사가 필요하다. 특히 도로 및 교통 여건에 변화를 일으키는 관련 계획을 충분하게 검토해야 한다. 가령 대상 도로를 확장한다거나 새로운 도로 건설 계획 및 대규모 토지이용계획 등이 있다면 현재의 교통상황이 달라질 수 있기 때문이다.

또한 대상 도로의 교통문제들은 도로시설의 정비가 필요한 '도로시설 측면', 교통수요과다 및 교통운영 미흡으로 인해 발생하는 '교통혼잡 측면' 그리고 사고와 관련된 '교통안전 측면' 등을 중심으로 나누는 것이 바람직하다. 이를 통해 TSM[25]과 같은 전통적인 교통공학적 접근으로 해결해야 할 부분들과 정보·통신 시스템(이하, 시스템)[26]을 통해 해결해야 할 부분으로 나눌 수 있다. 효과적인 시스템의 도입을 위해서는 사전에 대상 도로 현황 및 여건 변화에 따른 교통분석을 통해 TSM적 문제점을 해결하고 ITS 서브시스템별 기능 최적화를 위해 도로 및 주변 여건에 대한 사전 분석을 해야 한다.

세부 목표의 현실성 여부

대상 도로에서 파악된 문제점을 해결하기 위해서는 적절한 교통관리 목표를 설정해야 한다. 그래야 설정한 목표를 달성할 수 있는 시스템 설계 방향과 규모 등을 결정할 수 있다. 가령 검지기나 VMS와 같은 현장설비는 교통관리 목표에 따라 무엇을(현장설비 종류) 어디까지(대상 도로, 설치 위치), 어떠한 방법(교통관리전략)으로 하는가에 따라 그 설치범위와 수량이 달라지는데, 이러한 교통관리 목표를 설정할 때 고려해야 하는 것은 목표의 현실성이다.

25) Traffic System Management의 약자로서, 도로정비, 교통시설 개선, 신호체계 개선 등의 도로교통정비 사업을 일컫는다.
26) 시스템이란 어떤 목적과 기능을 수행하기 위해 유기적인 관계를 맺으며, 함께 작용하고 서로 의존하는 요소들의 집합이다.

여기서 현실성이란 확보된 예산, 법과 제도적 지원, 유관기관의 협조, 기술 수준 등을 말한다. 현실성이 없는 시스템은 구현 자체가 어려울 뿐더러 성능도 문제를 일으킬 가능성이 높다.

시스템 기능과 요구사항이 목표에 부합하는지 여부

문제점 해결을 위한 교통관리 목표가 설정되면 시스템이 가져야 할 기능적 요구사항들을 도출하고, 기능적 요구사항들이 교통관리 목표에 부합하는지를 검토해야 한다. 시스템의 목표와 부합하지 않는 시스템(혹은 프로그램, 서비스 등)이 개발되는 경우가 발생하는데, 이는 예산의 낭비일 뿐더러 자칫 시스템의 기능에 문제를 야기할 수 있다.

타 기관(타 시스템)에 대한 사전 조사

타 기관 혹은 타 시스템과의 연계는 시스템의 정보 수집에 대한 한계를 보완해 주기 때문에 설계할 때 반드시 고려해야 한다. 공간적으로 직접 설계대상의 범위는 아니지만 밀접한 관련이 있는 타 시스템의 정보나 관련 서비스는 연계를 함으로써 효율성을 높일 수 있으므로 사전에 검토할 필요가 있다. 예를 들어, 교통관리시스템과 응급구난시스템은 교통사고가 발생할 경우, 상호간에 밀접한 관계를 갖는다. 그런데 여기서 주의해야 할 것은 그 연계 내용이 합의가 안 된 일방적인 것이어서는 안 된다는 것이다. 즉, 설계 중에 연계할 대상과의 충분한 협의를 거쳐 어떠한 정보를 어느 범위까지 연계하며, 통신방법과 비용은 누가 얼마만큼 부담할 것이며 언제 시행이 가능한가 등에 대한 기본적인 합의가 있어야 한다.

국가 ITS 아키텍처 검토

ITS 서비스를 제공하는 기관은 ITS 계획을 수립하여 제공해야 할 서비스를 선정하고, 서비스를 제공하는 시스템을 구상하며, 시스템을 구축, 운영하기 위한 사업을 도출하고, 설계를 통해 계획에서 구상한 시스템을 구체화한다. 국가 ITS 아키텍처는 서비스를 제공하기 위해 시스템에 담아야 할 기능과 물리적 구성요소, 연계대상 시스템을 제시하여 ITS 계획 수립의 지침으로 기능하며, 시스템의 구조를 제시함으로써 시스템의 기능과 구성요소를 구체화하고 ITS 표준을 적용하는 설계를 지원한다. 따라서 서비스의 공급자는 계획, 설계과정에서 시스템의 효율성을 높이고, 일관성을 유지할 수 있도록 국가 ITS 아키텍처와 표준을 반영해야 하므로, 설계 초기에 국가 ITS 아키텍처를 검토하고 설계에 반영하여야 한다.[27)]

27) 국가 ITS 아키텍처 개정방향 제1편, 2009.

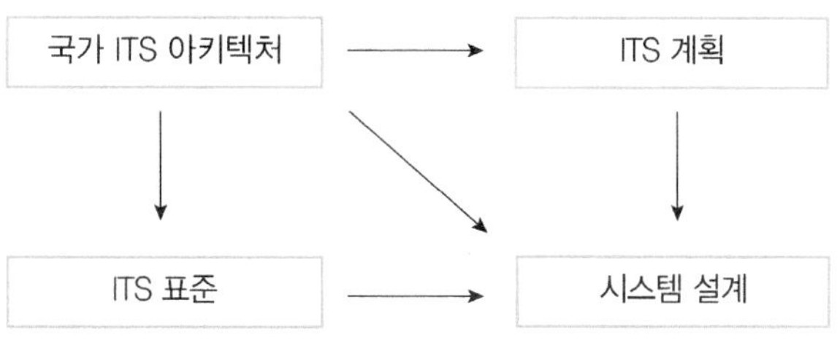

[그림 2-1] 국가 ITS 아키텍처 기능

2.2 교통관리시스템 설계 절차

시스템 설계는 그림 2-2와 같이 문제의 발견에서 교통관리전략 수립까지의 '시스템 기반 설계', 부체계 및 기능 도출 그리고 시험방법 결정에 이르기까지의 '시스템 구현 설계', 현장설비의 위치 결정에서 시공계획의 수립에 이르는 '시스템 시공 설계', '사전·사후 효과분석' 등으로 나눌 수 있다.

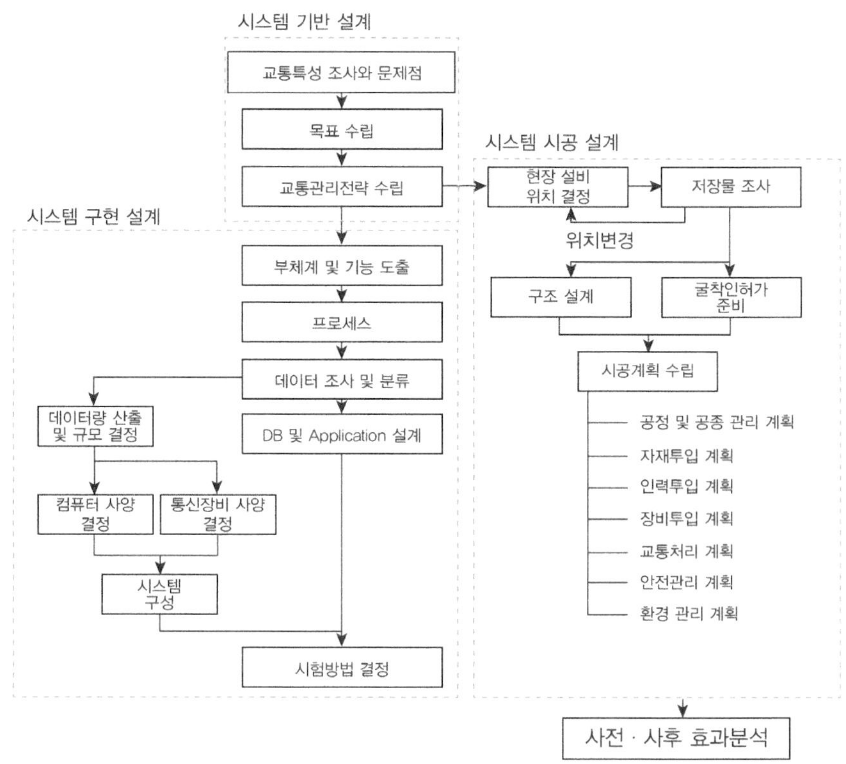

[그림 2-2] 시스템 설계 절차

2.3 교통관리시스템 기반 설계

2.3.1 교통특성 조사와 문제점 도출

시스템의 설계는 그림 2-3과 같이 대상 도로의 각종 교통특성을 사전에 조사, 분석하고 이에 따른 문제점을 명확하게 밝히는 것과 그 문제점의 해결방안을 찾아내는 것으로부터 시작된다. 일반적인 교통현황 조사·분석 절차는 다음과 같으며, ITS 사업 범위 및 내용에 따라 약간의 차이가 발생할 수 있다.

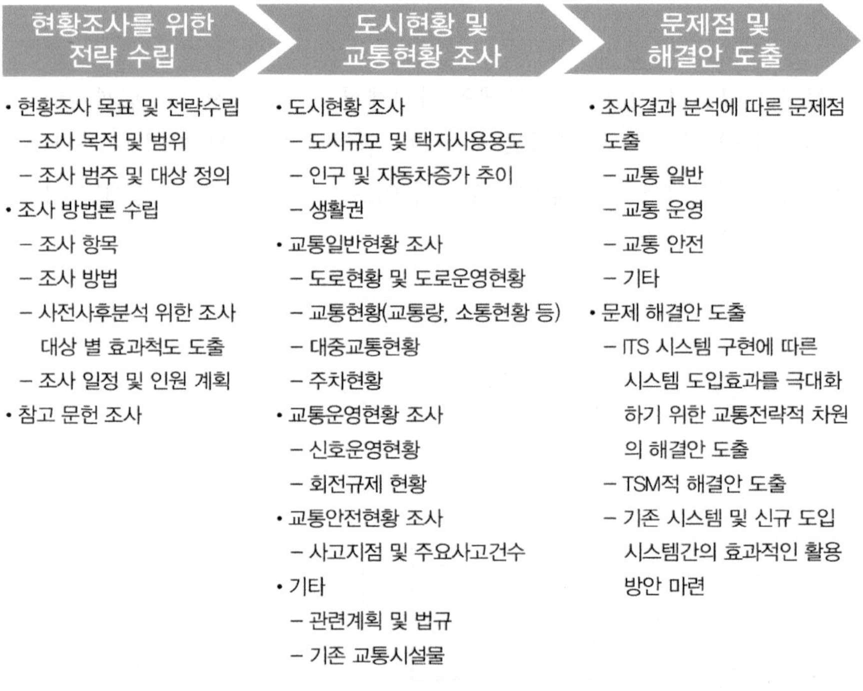

현황조사를 위한 전략 수립	도시현황 및 교통현황 조사	문제점 및 해결안 도출
• 현황조사 목표 및 전략수립 – 조사 목적 및 범위 – 조사 범주 및 대상 정의 • 조사 방법론 수립 – 조사 항목 – 조사 방법 – 사전사후분석 위한 조사 대상 별 효과척도 도출 – 조사 일정 및 인원 계획 • 참고 문헌 조사	• 도시현황 조사 – 도시규모 및 택지사용용도 – 인구 및 자동차증가 추이 – 생활권 • 교통일반현황 조사 – 도로현황 및 도로운영현황 – 교통현황(교통량, 소통현황 등) – 대중교통현황 – 주차현황 • 교통운영현황 조사 – 신호운영현황 – 회전규제 현황 • 교통안전현황 조사 – 사고지점 및 주요사고건수 • 기타 – 관련계획 및 법규 – 기존 교통시설물	• 조사결과 분석에 따른 문제점 도출 – 교통 일반 – 교통 운영 – 교통 안전 – 기타 • 문제 해결안 도출 – ITS 시스템 구현에 따른 시스템 도입효과를 극대화하기 위한 교통전략적 차원의 해결안 도출 – TSM적 해결안 도출 – 기존 시스템 및 신규 도입 시스템간의 효과적인 활용 방안 마련

[그림 2-3] 교통현황 조사·분석 절차[28)]

도출된 다양한 교통 문제를 해결하기 위한 방법과 이를 ITS에 도입하여 개선할 수 있는 접근방법들은 다음과 같다.

28) 국토해양부, 도시교통관리를 위한 ITS 필수교육 교육코스(part 1 도시교통관리를 위한 ITS 도입)

[표 2-1] **문제점과 해결방안** [29)]

문제점	가능한 해결책	전통적 접근방법	ITS를 이용한 접근방법
교통혼잡	도로용량의 증가	도로 신설 도로 확장	실시간 신호제어시스템 돌발상황관리 자동요금징수시스템 첨단차량 및 도로(차두간격 줄임)
	승객 증가	다인승차량 차선 카풀 대중교통 신설	실시간 환승연계 체계 간선/지선 대중교통통합서비스 대중교통통합요금체계 개인 통행 중심의 대중교통 서비스
	수요 감소	교통수요관리	재택근무/다른 대체근무 방법 출발전교통정보제공 (정체/우회정보) 교통요금정책 혼잡도로 진출입 교통량 제어
이동성과 접근성 부족	이용자중심의 접근 제공	노선 대중교통과 대체 대중교통의 확대 교통방송	출발전 다수단 교통정보 제공 교통수요변화의 능동적 대응 개인적 대중교통수단 교통카드 보급
교통수단간 연계부족	교통수단 간 통합성 증대	부처 간/관계기관 간 협약	지역적 통합 교통관리시스템 지역적 교통정보센터 출발 전/통행 중 다수단간 교통정보제공
응급상황시 교통관리	천재지변에 대응하는 계획 보완	기존 응급대처계획의 보완	응급대응센터 설립 응급대응센터와 교통관리센터 연계
교통사고	교통사고, 안전 확보	도로시설물 보완 시야확보 교통류의 분리 운전교육 속도제한 사고다발지역에 대한 예고	신속한 사고 감지 및 처리 자동교통단속(속도, 신호, 차로, 제한중량, 주차위반 등) 교차로 충돌방지 자동경보시스템 자율운행 차량상태자동점검시스템 운전자상태자동점검시스템 차량전후방자동감지 및 대응시스템 자동응급상황알림시스템
예산상 제약	교통사고, 기존예산의 효율적 사용		정부-민간의 공조체계 관리 권역의 위임 및 협력 유지관리전략의 첨단화
	교통사고, 새로운 예산의 차입		교통 요금 및 사용 서비스에 대한 인상

29) 도시교통관리를 위한 ITS 필수교육 교육코스(part 1 도시교통관리를 위한 ITS 도입), 국토해양부를 토대로 작성

ITS를 이용한 접근방법 중 교통관리 서비스 분야는 도로교통의 이동성, 정시성, 안전성, 지속가능성을 제고하기 위하여 소통 및 안전과 관련된 정보를 수집하여 도로교통의 운영 및 관리에 이용하는 것으로, 다음과 같은 서비스들로 구성되어 있다. 따라서 문제해결을 위해서는 적절한 서비스를 채택해야 한다.

[표 2-2] **교통관리 서비스 분야 ITS 서비스 구성 체계**[30)]

서비스	내 용	단위서비스
교통류제어	교통상황에 따라 차량의 흐름을 제어하여 교통소통과 도로이용의 효율성 향상	• 실시간신호제어 • 우선처리신호제어 • 철도건널목연계제어 • 고속도로교통류제어
돌발상황관리	교통사고, 차량고장 등 돌발상황을 실시간으로 신속하게 파악·대응하여 돌발상황으로 인한 피해를 줄이고 교통소통에 미치는 영향 최소화	• 돌발상황관리
기본교통정보제공	여행자에게 실시간 교통소통상황, 소요시간, 대체·우회경로, 돌발·특별상황, 주차정보 등을 제공하여 교통량 분산을 유도하고 통행의 예측가능성 제고	• 기본교통정보제공
주의운전구간관리	도로상의 위험요소를 실시간으로 감시·감지하고 신속하게 처리·제거하며 운전자에게 관련정보를 제공하여 사고예방 및 안전운전 유도	• 감속구간관리 • 시계불량구간관리 • 노면불량구간관리 • 돌발장애물관리
자동교통단속	교통법규 위반행위를 자동 단속하여 준법운전을 유도함으로써 사고발생을 예방하거나 피해규모를 줄이고, 도로시설의 안전성, 지속성 제고	• 제한속도위반단속 • 교통신호위반단속 • 버스전용차로위반단속 • 불법주정차단속 • 제한중량초과단속
교통행정지원	도로시설관리, 공해관리, 교통수요관리 등의 교통행정 업무의 효율성 제고	• 도로시설관리지원 • 교통공해관리지원 • 교통수요관리지원

30) 국토해양부, 자동차 도로교통분야 지능형교통체계(ITS) 계획 2020, 2012.6.

가령, 서울에 있는 어느 도시고속도로를 가정해 보자. 개통한 지 얼마 지나지 않아 많은 교통사고가 발생하였고, 진출입 연결로에서 정체가 심각하여 이용자들의 불편이 컸고, 정체 정보가 신속히 전달되지 않아 운전자의 불만이 극에 이르렀다. 문제가 발생했던 것이다. 이에 문제점을 파악하기 위해 교통특성 조사를 실시하였다.

조사 결과, 그 도시고속도로는 선형이 불량하고 실제로 선형이 불량한 지점에서 많은 사고가 발생하였다. 더구나 제한속도를 넘는 과속 차량은 사고의 위험을 한층 높이고 있었다. 그리고 갓길의 폭이 좁아 사고 처리에 상당한 어려움이 있었고, 오전 오후 출퇴근 시간에는 어느 특정 연결로를 이용하여 진입 혹은 진출하려는 차량이 많아 진출입 구간에 심각한 정체가 발생하고 있음을 알게 되었다. 더 큰 문제는 사고 정보나 정체 정보를 운전자들이 신속하게 제공받지 못하고 있다는 것이다.

이들 문제를 해결하기 위해서는 여러 가지 방안들이 제시될 수 있다. 새로운 도로건설, 교통수요 관리 기법, 무인감시 카메라를 이용한 과속단속, 운전자 교육 캠페인 등이 그것이다.

표 2-3은 상기 문제점에 대한 해결방안으로서 기존 방법과 새로운 대안으로서의 교통관리시스템으로 보여주고 있다.

[표 2-3] **문제점과 해결방안**

문제점	해결방안	
	기존 방법 적용	교통관리 시스템 적용
도로선형불량으로 교통사고 위험이 높음	도로 선형 개선	적정 주행속도 유도를 통한 충분한 시거 확보
과속 차량 과다	속도규제 표시 설치	과속 차량의 단속
잦은 교통사고로 교통정체 발생	-	신속한 사고 감지 및 처리
첨두시간대의 진출입 교통량 과다	대체 도로 건설 교통수요관리	연결로 진출입 교통량 제어 정체 정보와 우회 정보 제공
교통정보 제공 미흡	-	각종 교통정보를 다양한 미디어를 통해 실시간으로 제공

2.3.2 목표 수립

표 2-3에서 해결방안 중 시스템 도입에 의한 문제해결 방안들이 교통관리시스템의 기능적 목표가 된다. 기능적 목표가 결정되면 시스템의 최적 설계를 위해서 이들 목표를 실현할 수 있는 구체적인 방법을 제시하는 교통관리전략을 수립해야 한다.

목표는 시스템의 규모와 교통관리전략의 방향을 결정짓기 때문에, 표 2-4의 교통사고 10% 감소 목표를 50%로 수정하면 시스템의 설비와 교통관리전략 역시 수정이 필요하다. 예를 들어, 과속단속 카메라를 더 증설해야 하고, 교통사고 감지율을 높이기 위해 더 많은 차량 검지기를 설치해야 한다.

[표 2-4] **해결 방안과 목표 설정**

문제점	해결 방안	목표
도로 선형 불량으로 교통사고 위험이 높다.	적정 주행속도 유도를 통한 충분한 시거 확보	교통사고건수 10% 감소
과속 차량 과다	과속 차량의 단속	교통사고건수 10% 감소
잦은 교통사고로 교통정체 발생	신속한 사고 감지 및 처리	10분 이내 교통사고 처리
첨두시간대의 진출입 교통량 과다	연결로 진출입 교통량 제어 정체 정보와 우회 정보를 제공	주행속도 40 km/h 이상 유지
교통정보 제공 미흡	각종 교통정보를 다양한 미디어를 통해 즉각적으로 제공	주행속도 40 km/h 이상 유지

2.3.3 교통관리전략 수립

해결방안에 대한 교통관리전략은 다음과 같이 표현할 수 있다.

[표 2-5] **해결방안과 교통관리전략**

<table>
<tr><th>해결방안</th><th colspan="2">교통관리전략</th></tr>
<tr><td>적정 주행속도 유도를 통한 충분한 시거 확보</td><td rowspan="3">돌발 상황 관리</td><td>과속단속을 시행하여 적정 주행속도로 유도</td></tr>
<tr><td>과속 차량의 단속</td><td>과속 차량을 단속</td></tr>
<tr><td>신속한 사고 감지 및 처리</td><td>• 자동 사고감지 체계 구축
• 실시간 사고 상황 모니터링 체계 구축
• 경찰, 병원 등과의 즉각적인 연계체계 수립</td></tr>
<tr><td>연결로 진출입 교통량 제어
정체 정보와 우회 정보 제공</td><td rowspan="2">정체 관리</td><td>• 정체 시에 연결로 진입제어 혹은 연결로 진출제어 시행
• 교통축 관리 개념에 의한 본선과 우회도로 간의 효율적 운영</td></tr>
<tr><td>각종 교통정보를 다양한 미디어를 통해 즉각적으로 제공</td><td>• 출발 전 교통정보 제공
• 주행 중 교통정보 제공</td></tr>
</table>

교통관리전략은 목표를 달성하기 위한 구체적이고 현실적인 방안이어야 하며, 시스템은 전략을 실현시키는 데 최선을 다해야 한다. 따라서 교통관리전략은 지점별 혹은 구간별로 구체화해야 하며 모든 상황을 다룰 수 있도록 하여 현장시설물 설치 및 서브시스템 설치를 최적화하는 기반을 마련해야 한다.

2.4 교통관리시스템 구현 설계

2.4.1 부체계 및 기능 도출

교통관리전략을 시스템화하기 위해서는 전략의 구체화된 실체라 할 수 있는 기능들을 체계적으로 도출해야 한다.

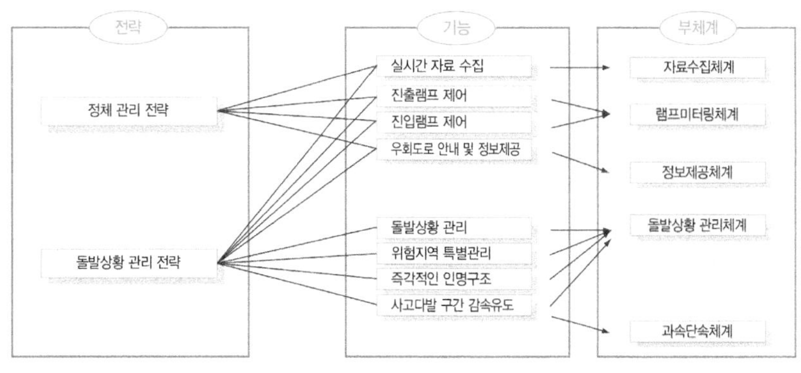

[그림 2-4] **기능과 부체계**

[표 2-6] **전략에 따른 부체계와 요구 기능**

<table>
<tr><th colspan="2">전략</th><th colspan="2">부체계</th><th>요구기능</th></tr>
<tr><td rowspan="3">정체관리
전략</td><td>정체시 연결로 진입제어 시행</td><td rowspan="3">램프미터링
체계</td><td rowspan="2">진입
제어</td><td rowspan="2">• 본선 상하류 교통정보 수집
• 연결로 교통정보 수집
• 진입 미터링률 계산
• 진입제어 기능
• 연결로 교통정보 제공</td></tr>
<tr><td>정체시 연결로 진출제어 시행</td></tr>
<tr><td>본선과 우회도로 간의
효율적 운영</td><td>진출
제어</td><td>• 본선 상하류 교통정보 수집
• 연결로 교통정보 수집
• 진출 미터링률 계산
• 진출제어 기능
• 연결로 교통정보 제공</td></tr>
</table>

(계속)

전략		부체계	요구기능
정체관리 전략	출발 전 교통정보 제공	정보제공체계	• 인터넷, ARS, FAX 정보제공 • VMS 정보제공
	주행중 교통정보 제공		
	실시간 자료수집	자료수집체계	• 기초 교통자료 수집 • 통행시간/통행속도 등 기초 교통 자료 가공 및 분석
	실시간 영상수집		
돌발상황 관리 전략	과속단속을 시행하여 적정 주행속도 유도	과속단속체계	• 과속 차량 검지 • 차적 조회 • 고지서 발급
	과속단속을 시행하여 과속 차량을 단속		
	자동 사고감지 체계 구축	돌발상황 관리체계	• 자동 및 수동 사고 감지 • 사고 확인 • 사고 대응
	실시간 사고상황 모니터링 체계 구축		
	경찰, 병원 등과의 즉각적인 연계체계 수립		

2.4.2 업무의 시스템화 프로세스

프로세스는 업무 중심의 기능을 시스템 중심의 프로그램으로 전이하는, 즉 구체화하는 과정이라 할 수 있다. 여기서는 돌발상황 관리체계에 한하여 살펴보기로 한다.

돌발상황 관리체계는 도로상에서 발생할 수 있는 교통사고, 낙하물 등과 같은 돌발상황에 대응하여 신속하게 상황을 처리하고, VMS를 이용하여 차량의 우회를 유도하고, ARS 및 인터넷을 통하여 돌발상황 정보를 제공함으로써 교통수요를 효과적으로 관리하는 기능을 수행한다.

돌발상황 관리체계는 돌발상황 자동감지 시스템과 타 기관 그리고 통신원이나 순찰차량 등으로부터 돌발상황 정보를 수집한다. 이때 돌발상황의 발생 시각, 혼잡 정도, 파급 정도, 사고, 긴급 공사 등의 유형 그리고 사고의 경우에는 차량의 파손 정도, 사람의 상해 정도 등을 수집한다.

돌발 상황 정보는 시스템 운영자가 확인해야 한다. 확인은 CCTV 영상을 통해 확인하는 것이 일반적인 방법이며, 이외에 타 기관이나 통신원, 경찰, 순찰 차량을 통해서도 확인할 수 있다.

돌발상황이 확인되면 시스템 운영자는 운전자에게 도로상황 및 우회도로 정보를 제공하여 2차 사고를 예방하고 교통류를 우회시키며, 실시간 신호제어를 통하여 교통류를 분산시킨다. 필요한 경우 구급대/경찰서/견인업체 등과 연계하여 돌발 상황의 제거, 응급구난, 활동 등을 수행한다. 관련 정보는 경찰, 교통방송, 관련 지자체 등에 실시간으로 제공한다.

그림 2-5는 상기 과정을 업무 프로세스 중심으로 표현한 것이다.

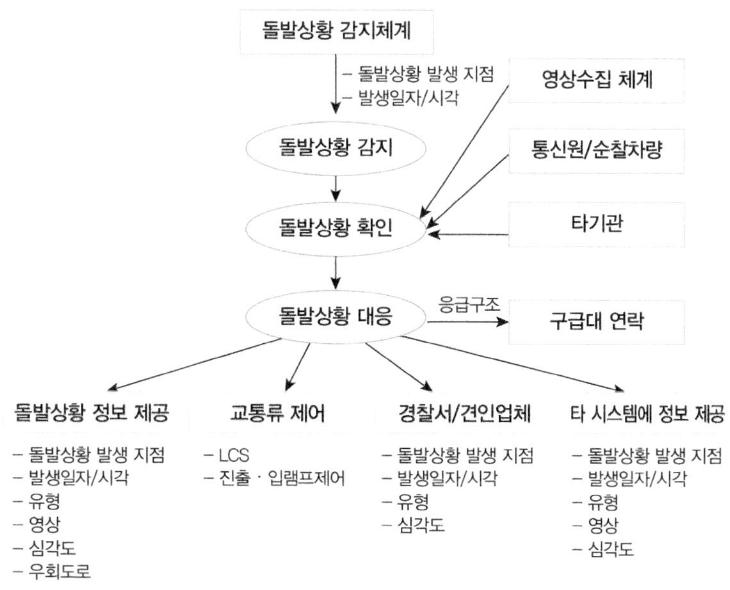

[그림 2-5] **돌발상황 관리 절차**

2.4.3 데이터 조사 및 분류

프로세스를 통해 시스템이 요구하는 기능들을 파악할 수 있다. 이렇게 요구 기능들이 프로세스에 의해 파악되면 각 프로세스에 필요한 자료들과 이들 자료의 체계적인 분류가 필요하다. 즉, 표 2-7과 같이 체계와 기능을 도출해야 한다. 또 표 2-8과 같이 요구 기능을 구현하기 위해 필요한 요구 자료와 자료의 수집원을 도출해야 한다.

[표 2-7] **체계와 요구 기능**

체 계	요구 기능
돌발상황 관리체계	- 자동 및 수동 사고 감지 - 사고 확인 - 사고 대응
정보제공체계	- 인터넷 정보제공 - VMS 정보제공

[표 2-8] 기능구현을 위한 요구 자료 및 자료 수집원

자동 및 수동 사고감지 기능	
요구 자료	수집원
발생시각	차량 검지기
발생위치	차량 검지기
교통량	차량 검지기
속도	차량 검지기
점유율	차량 검지기
사고 유무	가공 재생산

사고확인 기능	
요구 자료	수집원
발생시각	차량 검지기
발생위치	차량 검지기
영상	CCTV
사고 유무	가공 재생산
사고 내용	가공 재생산

사고대응 기능	
요구 자료	수집원
대응 수준	가공 재생산
영상	CCTV
조치 결과	가공 재생산

인터넷 정보제공 기능	
요구 자료	수집원
주행속도	차량 검지기
통행시간	가공 재생산
영상	CCTV

VMS 정보제공 기능	
요구 자료	수집원
주행속도	차량 검지기
통행시간	가공 재생산
사고정보	가공 재생산

2.4.4 데이터량 산출 및 규모 결정 등

운영자 단말기 수준의 컴퓨터는 가격도 저렴하고 기능적으로도 대체로 만족할만한 수준이어서 문제가 없으나, 데이터베이스를 관리하거나 주요 프로세스가 구동되는 컴퓨터 서버들은 가격이나 처리 능력에 큰 차이가 있어서 적절한 수준으로 선정하는 것이 중요하다.

적절한 수준이란 데이터를 원하는 수준으로 처리할 수 있음을 의미하며, 이러한 컴퓨터 하드웨어를 결정하기 위해서는 시스템의 트랜잭션과 데이터의 양을 알아야 한다. 트랜잭션과 데이터의 양은 설계자에게 많은 정보를 제공하는데 컴퓨터의 CPU, 메인 메모리와 하드 디스크 그리고 통신회선의 속도를 결정짓는 근거가 된다. 여기서 트랜잭션은 일반적으로 TPM(Transaction Per Minute)이라 하는 측정단위를 척도로 사용하는데 TPM은 컴퓨터 CPU의 분당 데이터 처리 횟수를 의미하며, CPU와 메모리의 처리능력과 관련이 깊다.

데이터량 산출을 위해서는 도로의 차로, 검지기와의 통신방법, 데이터의 크기, 수집주기 등을 파악해야 한다. 그리고 이를 통해 수집주기별 최대 데이터량과 최대 저장 데이터량을 산출한다.

트랜잭션은 DB의 크기, 애플리케이션의 수준, 동시 사용자수 등을 파악해야 한다.

데이터량과 트랜잭션이 결정되면 이후 컴퓨터 시스템이 운영체계, 데이터베이스 관리 시스템(DBMS, Database Management System)에 의한 기본 메모리, 하드 디스크 등을 고려하여 전체 시스템의 적절한 사양을 결정한다.

2.4.5 데이터베이스 및 애플리케이션 설계

일반적으로 협의의 시스템 설계라고도 하는데 여기에는 전체 기능을 구조화시키는 구조설계, 각 부체계의 기능정의 및 데이터 흐름도(DFD, Data Flow Diagram) 설계, 교통관리의 기본이 되는 노드(node) 및 링크(link) 체계의 설계, 개체 관계도(ERD, Entity Relation Diagram), 테이블 등의 데이터베이스 설계, 화면구성 및 명령 지시 등의 운영자 인터페이스 설계, 각 모듈 프로그램의 프로세스와 프로그램 간의 인터페이스 설계 등의 내용을 포함한다. 이 부분의 설계가 시스템의 목표를 달성하기 위한 골격이 되는 부분이며, 가장 중요한 기초 설계가 된다. 사실상 교통관리전략이 시스템으로 이식되는 최종 단계이면서 운영의 틀이 되는 설계인 것은 분명하다.

2.4.6 시스템 구성

센터 시스템과 통신망의 전체 구성을 설계한다. 여기에는 서버 간의 통신 인터페이스 등 근거리 통신망(LAN, Local Area Network)과 도로 현장의 통신망을 연결하는 광역 통신망(WAN, Wide Area Network) 구성이 주요 설계 대상이다. 그리고 시스템 운영전략, 유지관리 계획, 소요 인력, 시스템 백업 및 복구 계획, 보안 대책 등을 다룬다.

그림 2-6은 일반적인 교통관리센터의 시스템의 하드웨어 구성도를 보여 주고 있다. 시스템 구성은 데이터베이스를 한곳에 집중하였기에 중앙집중 형태이며, 메인 서버는 2대가 운영되고 있는데, 평상시는 서로 다른 업무 처리를 하면서도 다른 서버의 데이터베이스와 애플리케이션 등을 동일하게 복제하고 있다. 만약 한 서버에 문제가 발생하면 바로 다른 서버가 문제가 발생한 서버의 업무까지 처리하게 한다.

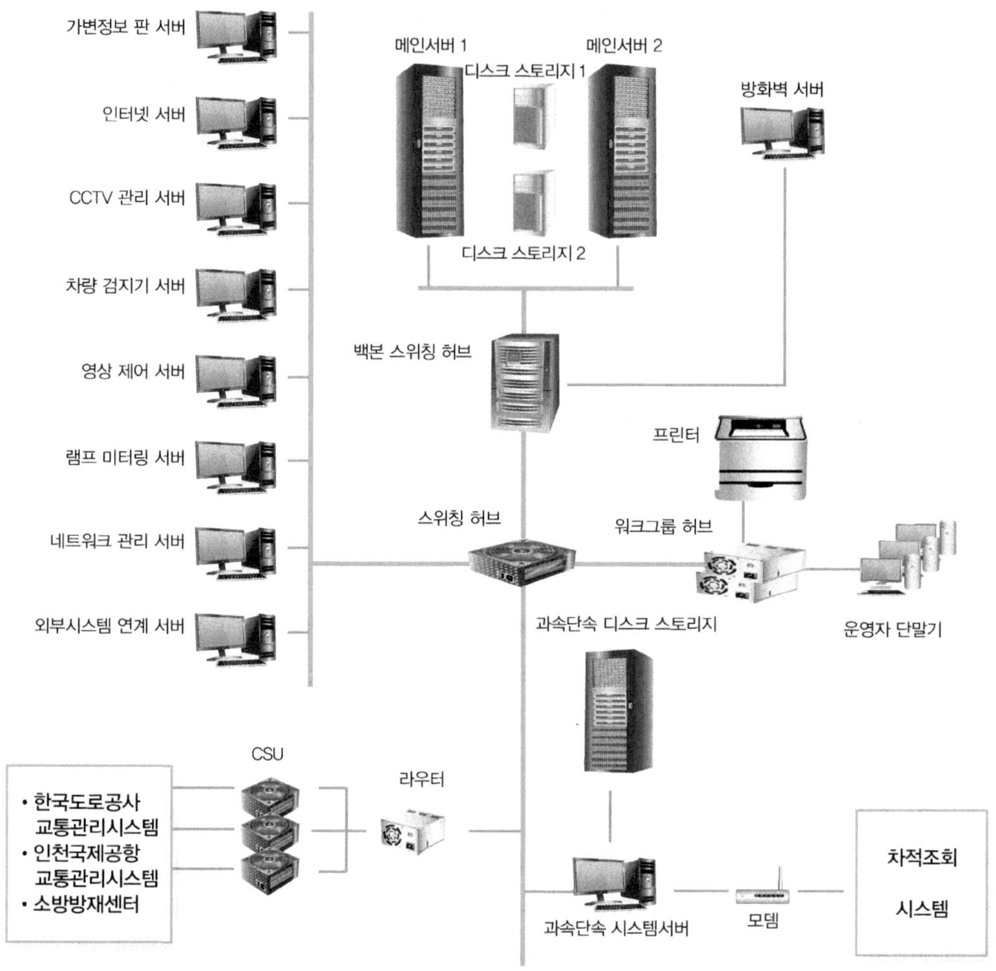

[그림 2-6] **시스템 구성 사례**

2.4.7 시험방법 결정

교통관리시스템 설계에서 가장 중요한 것 중 하나가 시험계획이다. 시험계획에는 차량 검지기(VDS, AVI), CCTV, VMS 등 장비 각각에 대한 개별 기능시험과 이들 현장 설비를 설치 완료하고, 애플리케이션의 개발을 완료한 이후의 교통관리전략과 운영전략에 따른 통합시험이 있다.

시험은 기본적으로 각 개별 장비에 대한 통신 상태부터 체크한다. 기기 간의 통신이 문제가 없으면 차량 검지기에 대해서는 검지한 교통자료의 신뢰성, CCTV 화질, VMS LED 소자 등이 개별시험 항목이 된다.

통합시험은 교통관리전략의 내용들을 제대로 시스템 내에 이식했으며, 어떤 사건(정체 혹은 돌발상황)이 발생했을 경우 계획된 시나리오에 따라 시행되는가에 대한 시험을 말한다. 예를 들어, 차량 검지기로 수집한 자료로부터 얻어지는 통행시간 추정 알고리즘, 통행시간 예측 알고리즘, 돌발상황 감지 알고리즘, 진출입 연결로 제어, VMS 메시지 등을 포함한다.

2.5 교통관리시스템 시공 설계

2.5.1 현장설비 위치 결정과 지장물 조사

차량검지기, VMS, CCTV 등과 같은 현장설비의 위치 선정을 위해서는 교통량, 속도 등 기초적인 교통정보 외에 우회도로 결정, 입체교차로 등에 대한 도로 정보를 고려하지만, 현장 위치를 결정할 때 가장 중요한 변수는 교통관리전략이다. 예를 들어, 전략의 하나로 진입제어전략이 있다면 관리 대상 도로 접근로에는 VMS를 설치하고, 진입 연결로에는 진입 연결로 제어 시스템을 설치하여 접근하는 교통류를 제어한다. 교통관리전략에 따른 현장설비의 위치 선정이 끝나면 다음으로는 경험적 측면에서 문제가 없는지를 검토해야 한다.

경험적 측면에서의 검토사항을 VMS를 예로 들면 다음과 같다.

- 교통류의 분산이 기대되는 주요 우회 가능 지점의 전방에 설치한다. 즉, 고속도로 진출입구나 일반도로 교차로 전방에 설치한다.
- 병목 지점이나 사고 많은 지점, 터널 진입부 등 통행에 주의가 필요한 지점 전방에 설치한다.
- 기존 시설의 기능을 방해하거나 상충하는 지점을 피한다.
- 표시면에 직접 태양광이 비추거나 역광으로 인하여 VMS의 판독성이 떨어지는 지점은 가능한 한 피한다.
- 병목 지점과 사고 많은 지점의 상류부에 설치한다.

경험적인 고려사항이 검토되었다 해도 아직은 위치 선정이 완전히 끝난 것은 아니다. 지하 지장물을 조사해야 한다. 지하 지장물(도시가스관, 고압전선, 통신선, 상수도 및 하수도관 등)은 실제 시공하기 전까지는 단지 도면에 따른 검토 외에는 할 수 없기 때문에 시공 경험이 많은 전문가가 현장을 직접 조사해야 한다. 왜냐하면 많은 지장물들은 도면과는 다르게 위치하고 있는 경우가 많기 때문이다.

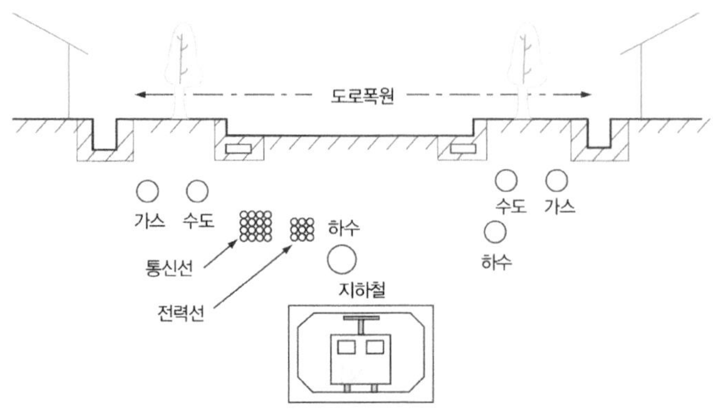

[그림 2-7] **지하 지장물 개념도**

[그림 2-8] **지하 지장물 사례**

2.5.2 구조 설계

구조 설계의 목적은 현장 설비 설치를 위한 구조물을 설계할 때 기존 시설물과의 동일한 내하 수준을 유지하여 안전성과 경제성을 동시에 만족시키는 설계 기준을 얻기 위함이다. 구조 설계는 크게 허용 응력 설계법과 극한강도 설계법으로 구분할 수 있다. 허용 응력 설계법은 적용하중으로 인해 구조물에 생기는 응력이 허용응력을 초과하지 않도록 구조물을 설계하는 방법으로 탄성 설계법이라고도 한다. 극한강도 설계법은 하중을 계속 작용하여 부재가 파괴될 때의 콘크리트 압축 응력 분포를 알아내어 이에 맞도록 적합한 하중계수 및 강도 감소 계수를 갖도록 설계하는 방법이다. 이러한 구조설계는 교량부에 설치하는 VMS의 경우 교량의 안전과 관련하여 매우 세심하게 검토해야 한다.

2.5.3 굴착 인허가 준비

설계 시에 인허가에 필요한 사항을 미리 준비해 두는 것은 공정에 큰 장점이 있다. CCTV, 검지기, VMS 등의 설치를 위한 굴착 인허가의 준비부터 허가까지 소요되는 시간은 몇 개월이 걸린다. 따라서 설계 시에 굴착 인허가 준비를 미리 해둔다면 공기를 상당히 단축시킬 수 있다.

굴착 인허가 준비에 필요한 사항으로는 표 2-9와 같은 굴착 및 복구 내역, 설치 지점의 상세 도면, 그리고 공사에 따른 교통처리계획 등이 있는데, 시공 1개월 전에는 해당 구청에 접수해야 계획된 일정에 맞출 수 있다.

[표 2-9] **굴착 및 복구 내역(예)**

도로명	성산로	굴착 구간	마포구 성산동 50번지	
목 적	교통관리시스템 설치 공사 (VMS 설치 공사)			
규 모	포장 구분	굴착 폭(m)	연장(m)	면적(m^2)
	아스팔트 포장			100
	콘크리트 포장	0.7	35	24.5
	보도	0.7	5	3.5
	녹지			
	지주 기초(m^2)	보도 : 5(m^2), 차도 및 콘크리트 : 1.25(m^2)		

2.5.4 시공계획 수립

공정 및 공종 관리계획

교통관리센터의 구축에 따른 공정관리 계획에는 컴퓨터와 통신장비를 포함하는 시스템설비, 전기설비, 소방설비, 공조설비, 인테리어설비, 내부방송과 출입자 관리 및 전화 등의 부대설비, 소프트웨어 구매 및 개발 등과 관련한 계획을 포함한다. 또 현장설비의 설치공사를 위한 공정관리 계획에는 차량 검지기, VMS, CCTV, 연결로 미터링(ramp metering) 설비, 무인단속 카메라 등의 설치를 위한 토목공사 계획과 설비 설치 계획 그리고 전원 및 광케이블 포설 계획과 시험계획이 있다.

공정관리계획 이외에 각 설비의 공종별 공사 일정 역시 제시해야 한다. 공정관리 계획에는 차량검지기, VMS, CCTV 등 설비 전체에 대한 통합적인 공사 일정이 있으나, 공종별 공사 일정에는 표 2-10과 같이 각 설비에 대한 공종별 공사 일정이 있다.

[표 2-10] **공종별 공사 일정(VMS 사례)**

연번	설비 No.	토목기초				지주 설치	장비 설치	시 험
		터파기	앵커 설치	거푸집 설치	콘크리트 타설			
1	VMS#1	2015. 5. 1.			2015. 5. 2.	2016. 5.30.	2015. 5.30.	2015. 10. 1.
2	VMS#2	2015. 5. 2.			2015. 5. 3.	2016. 5.31.	2015. 5.31.	
…	…	…			…	…	…	
100	VMS#100	2015. 8. 30.			2015. 8. 31.	2016. 9.28.	2015. 9. 28.	

자재 투입 계획

공정 계획에 따라 필요한 자재를 적기에 투입해야 한다. 이를 위해 자재 투입 계획서를 준비해야 한다. 자재 투입 계획에는 차량 검지기, VMS, 컴퓨터, 통신장비 및 광케이블 등부터 볼트, 너트와 같은 작은 부속품에 이르기까지 자재에 대한 승인 계획, 입고 계획, 투입 일자 등을 포함한다.

[그림 2-9] **투입 자재 사례**

인력 투입 계획

공종별 참여자의 기술 수준(관리직, 통신1급, 통신2급, 보통인부, 통신설비공, 통신내선공, 통신케이블공, 전산1급, 전산2급 등)과 투입 일시 그리고 투입 인력수를 제시하고 있는 것이 인력 투입 계획이다.

장비 투입 계획

장비 투입 계획은 공종별 장비의 투입 일시와 수량을 제시한다. 장비라 함은 카고 트럭, 이동식 발전기, 포크레인, 크레인, 덤프 트럭, 이동식 비계, 철제 사다리, 콤프레샤, 가스 용접기, 절단기, 드릴 등 시스템 설치에 필요한 기계 장비를 말한다.

[그림 2-10] **투입 장비 사례**

공사중 교통 처리 계획

공사중 교통 처리 계획은 교통통제가 수반되는 공사에 대해 교통장애 요인을 최소화하기 위한 대책을 수립하는 것으로, 공사 방법, 공사 일시와 시간대, 안전표지, 공사안내 표지, 도류화 시설 대책, 야간의 경고등, 보행 안전시설 설치 대책, 점유 차로수의 최소화 방안, 악천후 대책 등이 제시된다.

[그림 2-11] **공사중 교통처리 사례**

안전 관리 계획

안전 관리 계획은 공종별 위험 요소의 제거를 위해 필요한 여러 가지 행동 요령을 제시하고 있다. 여기에는 안전교육, 보험, 개인 보호장비 조치, 공사구간의 낙하물 방지 조치, 비산먼지 억제 조치, 화기 보호 조치, 굴착 장비로부터의 보호 조치, 차량으로부터의 보호 조치, 사고 시 처리 대책 등을 포함한다.

[그림 2-12] 안전보호장비 착용

환경 관리 계획

교통관리시스템 공사에 따른 환경 오염원으로는 비산 먼지에 의한 대기오염과 콘크리트 타설 후 잔재에 의한 수질오염, 소음과 진동이 있고, 이에 대한 대책으로 방진 덮개와 살수 시설 설치가 있다. 그리고 소음과 진동에 대한 대책으로 소음기 설치, 방음 덮개 및 방음벽 설치가 있다. 이러한 대책을 수립하는 것이 환경 관리 계획이다.

2.6 교통관리시스템 효과 분석[31)]

ITS 사업 효과분석 절차는 먼저 앞에서 설정된 목표 달성을 위한 시스템별 기대효과 및 효과척도를 선정한 후 효과분석 수행을 위한 사전·사후 현황조사를 실시한다. 사전·사후 현황조사는 현장조사, 설문조사 및 문헌조사로 구분할 수 있으며, 조사된 자료를 가지고 정량적 분석, 정성적 분석, 경제성 분석을 통해 효과분석을 수행하는 단계로 진행된다.

31) 자동차·도로교통분야 ITS 사업시행지침(국토교통부 고시 제2015-739호)과 한국교통연구원, ITS 사업 효과분석 및 평가방안, 2009.

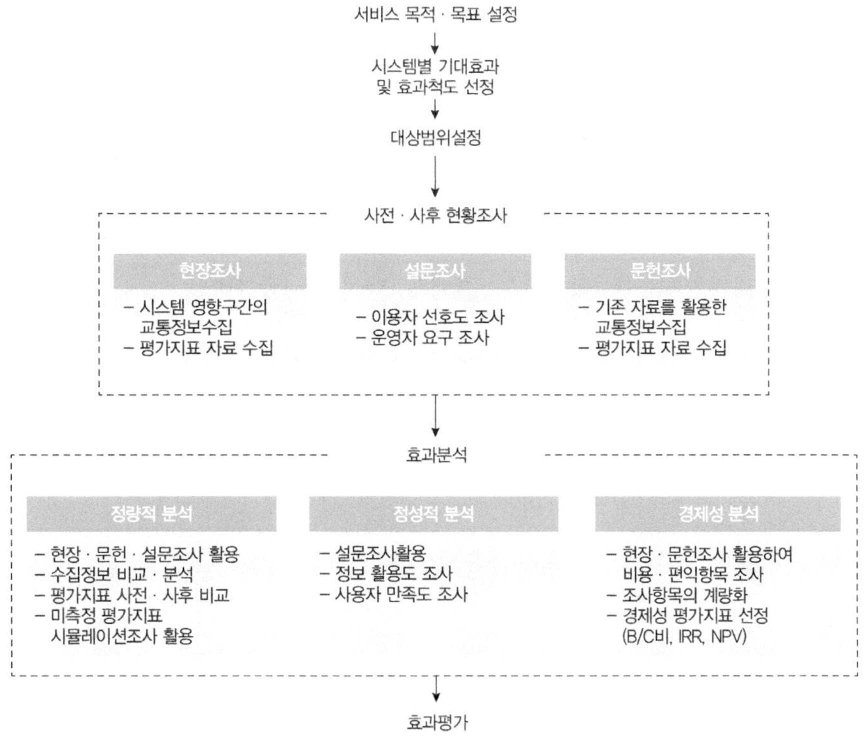

[그림 2-13] ITS 사업 효과분석 절차

시스템별 예상효과는 서비스 수혜대상에 따라 이용자, 운영자, 사회 전체의 편익으로 구분될 수 있으며, 효과척도(Measure of Effectiveness, MOE)는 정량적인 것과 정성적인 효과척도로 나눠지며, 적용되는 ITS 서비스 및 시스템의 특성에 따라 다양하게 나타난다.

사전·사후 현황조사는 사업 준공을 기준으로 교통시설 및 교통수단 이용행태 변화를 추출 또는 비교할 수 있도록 한다. 조사된 자료를 가지고 정량적 분석, 정성적 분석, 경제성 분석을 통해 효과분석을 수행하는 프로세스로 진행된다. 효과분석 범위는 당해 사업에 의하여 구축되는 ITS 서비스 이용범위까지로 하며, 간접적인 효과분석을 위해 필요한 범위까지 주변 지역을 포함할 수 있다.

정량적 효과분석(사전·사후 비교분석)은 사업 전·후의 효과척도의 단순 비교분석을 수행하는 것으로, 사전·사후 현장 수집자료의 수치비교와 효과척도 수치에 대한 증감률 또는 변화량을 분석하는 것이다. 정량적 분석이 가능한 효과척도 중 현장조사 및 문헌조사 등의 수집 자료를 통해 직접 비교·분석이 가능한 경우는 사전·사후 비교분석을 수행하는데, 수집 자료가 부족하여 직접 비교분석이 어려운 경우는 시뮬레이션을 활용하여 비교분석한다.

정성적 분석은 설문조사에 의해 사용자 및 이용자의 의식(만족도, 신뢰성, 편의증진 등) 이나 통행행태, 시스템의 효율성 및 만족도 등을 조사한다. 정성적인 부분도 설문조사 또는 반복조사·측정 등을 통하여 지표화·계량화하고, 이 값을 이용하여 사전 조사결과와 사후 조사결과를 비교하여 각 효과척도의 증감으로 효과분석을 실시한다.

경제성 분석은 "SOC 예비타당성조사 지침"을 준용하여 시스템별 효과척도들 중 화폐단위로 계량화가 가능한 경우는 시스템의 비용과 편익항목으로 나누어 경제성 평가지표(편익-비용비, 순현재가치 등)를 계산하는 경제성 분석을 수행한다.

교통관리전략

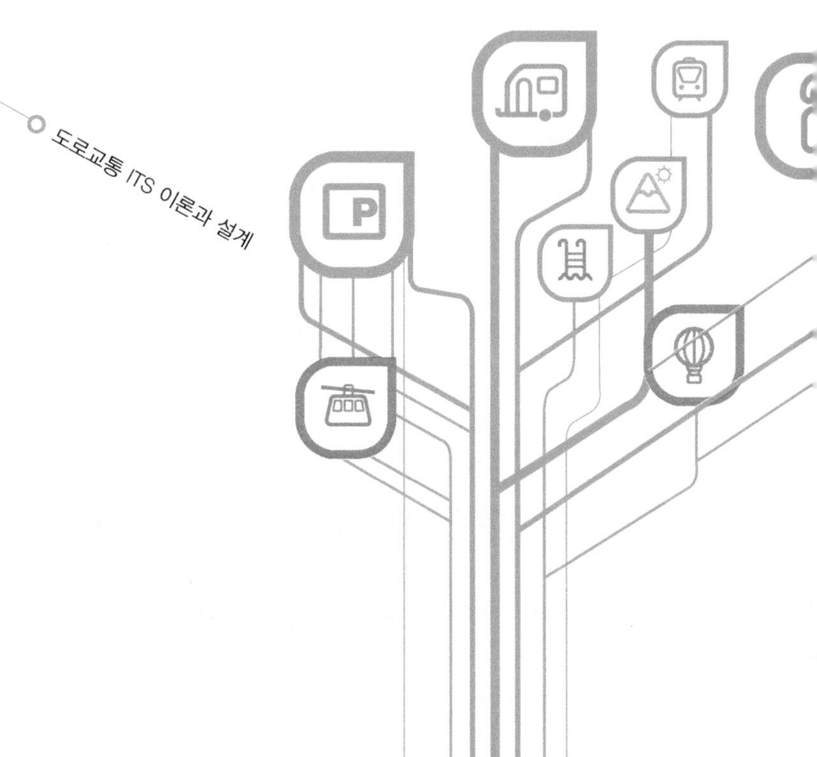

요 약

제3장에서는 도로 교통의 주요 문제인 혼잡의 정의와 혼잡의 영향, 혼잡을 일으키는 요인을 다루고 있다. 또 혼잡 해소와 교통 안전성을 높이기 위한 교통관리의 의미, 목적, 기능, 구성 요성 등을 설명하고, 교통관리의 목적을 달성하기 위한 교통관리전략의 개념과 관리 범위, 전략 수립 절차, 내용 등을 제시하고 있다.

3.1 혼잡

3.1.1 혼잡 개요

고속도로는 본래 접근이 제한된 시설물에서 교통류가 연속적이고 자유롭게 흐르고 높은 속도로 안전하게 이동할 수 있도록 고안된 도로이다.

혼잡을 완화하기 위해서 공급 증대방안으로 기존 도로 확장이나 신규도로 건설이 있지만 경제성, 사회·환경 특성측면에서 부적절할 수 있으며, 가용할 수 있는 용량을 최대한 이용하여 효율성을 높일 수 있도록 고속도로 기반시설을 운영, 유지, 관리하는 것이 더 적정할 수 있다

혼잡은 교통수요가 용량을 초과했을 때 발생하며, 교통수요가 용량을 초과하는 구간을 병목구간이라 한다. 병목상태(혼잡상태)는 교통수요가 용량보다 더 높은 수준으로 증가되었을 때 또는 용량이 수요를 처리할 수 있는 수준 밑으로 떨어졌을 때 발생한다.

반복 혼잡(반복정체 상황)

반복혼잡은 교통수요가 용량을 초과하는 지점에서 주로 반복적으로 발생하며, 상습정체나 병목지점과 같이 일반적으로 발생 시간대, 발생 장소의 예측이 가능하다.

- 발생특성 : 반복성, 예측 가능성
- 일간, 주간, 월간, 연간 내의 일정한 패턴을 갖는 반복정체 상황

비반복 혼잡(돌발 및 특별상황)

비반복 혼잡은 발생지점 및 시점이 불규칙하게 발생하므로 비반복적이며, 대부분 예측이 불가능하지만 일부 예측 가능한 상황도 있다.

- 발생특성 : 비반복성, 예측 불가 또는 일부 예측가능
- 비반복 예측 불가 : 교통사고, 낙하물, 고장차량 등 돌발상황
  폭우, 폭설 등 기상재해로 인한 예측 불가능한 특별상황
- 비반복 예측 가능 : 행사, 공사 등 사전에 계획된 예측 가능한 특별상황

3.1.2 혼잡 영향

반복적인 혼잡이나 비반복적인 혼잡이나 혼잡으로 인한 충격을 완화하기 위한 전략은 반드시 같아야 하는 것은 아니나, 운전자 측면에서 느끼는 혼잡충격은 동일하다.

- 통행속도 감소 및 통행시간 증가

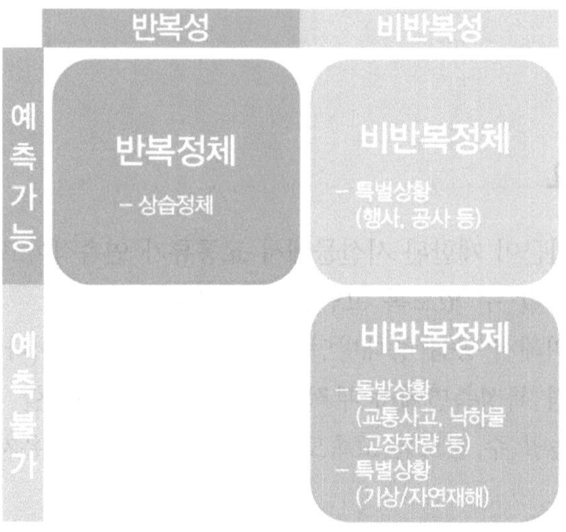

[그림 3-1] **혼잡 발생 특성에 따른 구분**

- 가다 서다하는 비정상적인 주행상황 및 차량충돌 가능성 증가
- 도로 이용자의 욕구불만 : 또한 혼잡의 측정에 있어서 운전자와 교통전문가(도로관리기관)가 서로 다른 관점에서 표현된다.
- 운전자 : 차량으로 가득한 고속도로, 고속도로 차량 사고, 가다 서다 반복되는 운행상태(Stop-and-Go), 제한된 기동성 등으로 인한 욕구불만 및 불편함
- 교통전문가(도로관리기관) : 교통량, 밀도, 점유율, 평균통행속도와 같은 다양한 교통변수(Traffic Variables) 차원의 정량적 관점

3.1.3 혼잡 요인

혼잡을 유발하는 인자 및 상황으로는 기하구조 요인, 교통운영 요인, 돌발상황 발생, 유지보수와 건설, 기상 악화 등이 해당된다.

기하구조 요인

- 도로의 용량은 다양한 특성, 즉 도로설계 인자로 인해 용량이 제한될 수 있어 전 구간에 걸쳐 동일하지 않다. 이러한 특성이 있는 지점의 상류부와 하류부는 용량의 차이가 발생한다.
  - 차로 감소 및 엇갈림
  - 평면선형 및 종단선형
  - 차로폭, 측방여유폭, 노면조건, 연결로 설계
  - 교량, 터널

교통수요 증가 및 교통운영 요인

- 부적정한 교통운영 수행으로 가용용량을 감소시키고 이로 인해 용량 초과로 이어진다.
  • 유출입부 제어 시 합류부 또는 유출부 대기행렬

돌발상황 발생

- 도로상의 교통사고, 고장차량, 낙하물 등의 돌발상황은 비반복적인 혼잡의 주요 요인으로 작용할 수 있으며, 혼잡의 크기에 영향을 끼치는 인자는 다음과 같다.
  • 돌발상황의 지속시간
  • 돌발상황으로 인한 용량 감소의 크기
  • 돌발상황 발생지점에서 통행 수요의 크기

유지보수 및 건설

- 유지보수와 건설 활동은 돌발상황과 같이 용량의 크기를 감소시키며, 이로 인한 영향은 다음과 같은 조치를 수행함으로써 완화될 수 있다.
  • 수요가 적은 시간을 주요 활동 일정으로 설정
  • 한 번에 신속히 대상 구간과 차로에서의 모든 활동을 완료
  • 사전 및 사후에 적절한 교통제어 수행과 교통정보 제공
  • 유지보수 및 건설 활동 시 예상 지체와 실시간 지체 상태를 모니터링

기상 상태

- 비, 눈, 안개 등 기상 상태에 따라 도로 용량 감소의 요인으로 작용될 수 있다.

3.2 고속도로 교통관리

3.2.1 교통관리의 개념

초기의 고속도로 교통관리의 개념은 접근이 제한된 교통시설인 고속도로를 이용하는 교통류의 제어 및 유도, 경고 차원에서 시작되었다.

이후 현재까지 고속도로 관련 시설을 운영하는데 수반되는 모든 활동에 대한 것으로 확대되었으며, 이에 따라 공간적, 내용적 측면에서 주변의 지역사회를 포함하기도 한다.

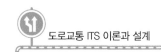

우리나라의 경우 1993년 한국도로공사에서 고속도로 교통관리시스템(Freeway Traffic Management System)을 도입·운영하면서 본격적으로 고속도로 교통관리가 수행되었다고 볼 수 있다.

3.2.2 교통관리의 목적

고속도로 교통관리의 목적은 일반적으로 다음과 같으며, 해당 지역의 사회적, 정책적 요구사항 및 지역특성 등에 따라 추가되거나 일부 변경될 수 있다.

- 고속도로의 반복정체 발생 억제 및 발생 시 영향감소
- 고속도로의 비반복정체 발생 시 영향 및 지속시간 최소화
- 고속도로 이용자의 안전과 운영 효율성 최대화
- 고속도로 이용자에게 적절한 정보제공을 통하여 도로시설이용 효율화
- 운전자의 안락감을 증진하여 정신적 신체적 스트레스 감소
- 고속도로 상에서 문제가 발생한 이용자를 돕는 수단 제공(사고, 고장 등)

3.2.3 교통관리를 위한 주요 기능

고속도로 교통관리를 위한 시스템의 주요 기능은 기본적으로 도로 교통상황 정보의 수집 및 제공을 기반으로 다양한 교통상황에 대한 교통류 제어 및 관리, 이벤트 대응 등의 기능들이 해당된다.

특히 인적자원과 운영전략, 고속도로 교통류를 제어관리하는 기술, 시스템 간의 효과적 연계로 인해 효율이 극대화될 수 있으며, 교통관리시스템에 의해 각 기능들을 수행하며, 주요 기능은 다음과 같다.

[표 3-1] **고속도로 교통관리를 위한 교통관리시스템 주요 기능**

기능	주요내용
교통류 감시/수집	• 고속도로교통관리의 가장 중추적 기능 • 교통조건의 변화상황을 감시, 문제발생 위치 및 원인 파악 • 교통정보 수집기능은 소통상황뿐만 아니라 기상, 노면, 풍속, 강우, 강설, 대중교통정보 등으로 확대
연결로 제어	• 고속도로 유출입 교통류 관리 및 본선 교통류 안정화 • 램프 미터링과 램프폐쇄(임시적) 기능
다인승차량 우선처리	• 다인승 차량을 차별적으로 우선처리 • 다인승 차량의 통행시간을 단축함으로써 사람수송의 극대화 • 특정차로 위반차량 단속(다인승차로, 지정차로, 버스전용차로 등)

(계속)

기능	주요내용
차로이용 제어	• 기존의 통행권(Right of Way)을 유지하면서 도로이용률 극대화 • 터널 및 본선차로 이용 제어, 갓길차로제 활용
교통정보 제공	• 도로이용자 관점에서 고속도로 교통관리의 중요 기능 • 교통조건, 우회경로, 기상, 운전조건, 공사 및 유지보수 활동, 특정차로 이용정보제공 등 • 운전자의 통행수단, 출발시간선택, 경로선택에 도움 • 제공 매체별 정보제공을 위한 가공/제공
정체 및 돌발상황 관리	• 운영적 및 안전적으로 운전자에게 가장 큰 잠재적 이익 제공 • 운영 및 인적, 기술자원을 이용하여 상황 이후 원래의 고속도로 용량을 신속하고 효율적으로 회복 • 교통류의 분산계획, 돌발상황의 신속한 대응조치 및 제거 • 연계기능 : 교통정보수집/제공, 고속도로순찰, 차로이용제어, 연결로 제어 등

3.2.4 교통관리 구성요소

고속도로 교통관리 기능이 적절하게 수행되기 위해서는 교통관리전략과 이러한 전략을 실현하기 위한 교통관리시스템으로 구성된다. 교통관리시스템은 현장기기, 통신망, 센터 및 인적요소로 구분할 수 있다.

교통관리전략(Strategy)

교통관리전략은 도로시스템에 영향을 끼치는 다양한 교통조건변화 및 이벤트(event)에 대응하고, 도로 본연의 기능을 적절히 수행토록 관리하기 위해 설정된 정책과 프로세스 등을 의미한다.

또한 대상 고속도로의 교통현황조사 및 분석, 교통수요분석 등을 통하여 대상 고속도로의 현재 및 향후 발생될 문제점을 도출하고, 이를 해결하기 위한 기본적인 운영 방안이라고도 할 수 있으며, ITS서비스 및 해당 서브시스템 설계, 향후 교통류 상황별 관리방안 등 교통관리시스템 구축 및 운영 시 중요한 역할 담당한다.

현장기기(Field Elements)

도로상의 교통조건은 수시로 변화하며 이러한 교통조건 변화에 대한 교통정보수집 및 제공, 교통류 제어기능을 수행하기 위한 현장기기로서, 차량검지시스템(Vehicle Detection System), VMS(Variable Message Sign), 차로제어시스템(Lane Control System), 연결로 제어시스템(Ramp Metering System) 등이 있으며, 여기에는 다양한 기술이 적용될 수 있다.

차량 검지기만을 예로 들어도 적용 가능한 기술에는 루프, 초단파, 레이더, 영상 등 다양하며, 지역적 특성과 요구되는 데이터의 유형에 따라 다르다.

이러한 현장요소는 반복정체 및 돌발상황 관리 등을 위한 교통정보제공, 우회유도, 연결로 제어, 차로이용 제어 등에 활용된다.

통신망(Communication Element)

통신망은 현장기기로부터의 각종 정보를 센터로 전달하거나, 센터로부터 교통정보 및 제어 정보를 현장기기로 전달하는 매개체의 역할을 수행한다.

통신망 설계에 있어서는 신뢰성과 기능수행성이 가장 중요한 요소로 고려되어야 하며, 현장기기와 마찬가지로 기술 대안이 다양하며, 기본적으로는 유선통신망과 무선통신망으로 분류된다. 유선통신망에는 광섬유, 동축케이블 등이 있으며, 무선통신망은 최근 통신기술의 발달에 따라 다양하게 존재한다.

또한 통신망은 고속도로 교통관리 시스템에서 비용이 가장 많이 소요되는 부분이다. 따라서 교통관리 기능을 설계할 때 현장기기와 중앙 제어센터간의 연계 효율성과 경제성을 충분히 검토해야 한다.

센터 및 인적요소(Control Center & Human Element)

센터는 고속도로 교통관리 시스템의 중추 요소로서, 고속도로에 대한 각종 정보를 수집, 가공 처리하여 교통정보제공 및 교통제어를 수행하며, 필요에 따라 타 도로 센터와의 연계 기능도 수행한다.

주요 구성요소는 수집정보 가공처리, 교통상황 표출, 교통상황 관리 및 현장기기 제어 시스템 등이 해당된다.

또한 센터 시스템 요소 이외에 교통상황을 감시, 교통상황 대응 및 관리 등을 수행하는 인적요소를 들 수 있다. 궁극적으로 센터의 효율성은 인적요소와 센터 시스템과의 조화 여부에 달려있다.

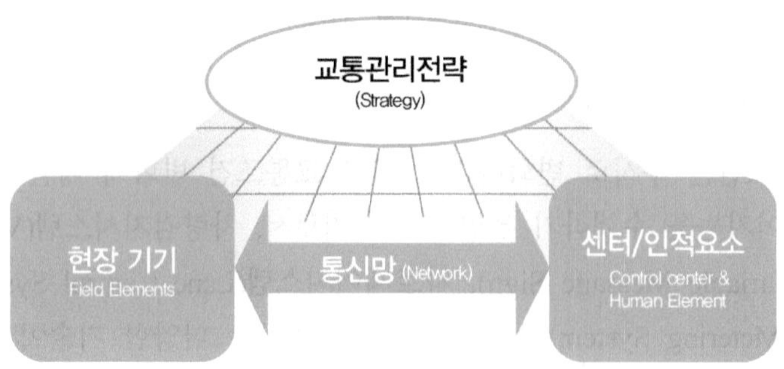

[그림 3-2] 교통관리 구성요소

3.3 고속도로 교통관리전략

3.3.1 교통관리전략 개념

교통관리전략이란 도로상에 발생하는 혼잡을 최소화시키기 위해 필요한 관리기법을 시스템 운영방안으로 정의하는 것이며, 대상 도로 교통문제를 시스템 측면에서 해결하기 위하여 문제를 어떻게 분류하고, 대응방안은 어떤 것들이 있는지, 어떤 대응방안을 구사할 것인지를 체계적으로 정리한 것이라 할 수 있다.

3.3.2 교통관리전략 범위

교통관리전략 수립을 위해서는 관련된 주요 범위에 대한 설정이 중요하다. 교통관리의 목표가 되는 교통관리 범위와 우회도로, 정보수집 및 제공 범위로 구분할 수 있다.

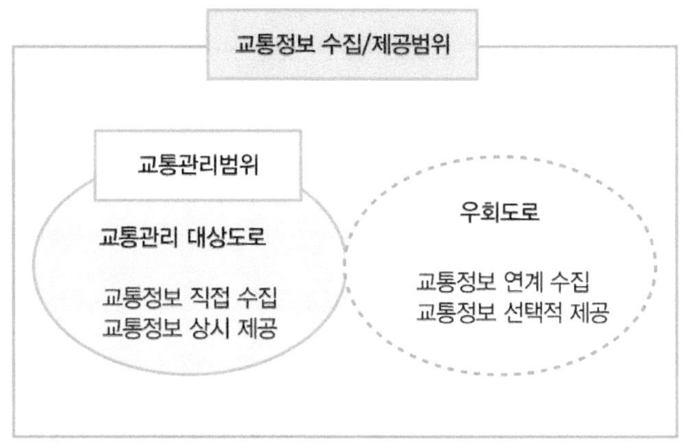

[그림 3-3] 교통관리의 범위

교통관리 범위는 최적의 관리를 목표로 하는 도로에 한정한다. 즉, 각 도로관리기관의 관리권 내의 도로에 한정하며, 교통정보 수집이나 제공측면에 있어서도 직접 수행을 원칙으로 한다.

우회도로는 교통관리대상 도로에서 정체 또는 돌발상황 발생 시, 우회 유도가 가능한 도로를 의미하며, 일정기간 우회 후 다시 교통관리대상 도로에 재진입할 수 있는 도로를 의미한다.

효율적인 교통관리를 위해서는 직접 관리권도 중요하지만 관리대상도로로 진입하거나 관리대상 도로에서 진출하기 위한 교통수요의 관리도 필요하다. 이에 본선 수요의 적절한 분산 및 본선으로의 진입유도를 위해 우회도로를 포함시켜야 하며, 교통정보의 수집 및 제공 측면에서도 그러하다.

단 우회도로에서의 교통정보 수집은 타기관 도로이므로 연계하여 수집하는 방식이며, 정보 제공에 있어서는 교통관리 목적에 따라 선택적으로 수행할 수 있다.

3.3.3 교통관리전략 수립절차 및 내용

교통관리전략은 대상 도로의 현황조사와 더불어 현재와 미래에 닥칠 문제점을 도출하는 것이 최우선적으로 수행되어야 한다. 이를 토대로 하여 문제의 원인을 해결하기 위한 방안으로서 교통관리전략이 수립되어야 한다.

이후 교통관리전략의 목적에 부합하고 정해진 목표를 달성할 수 있도록 시스템화가 이루어져야 하며, 이를 위해 교통관리전략을 기반으로 교통관리시스템의 설계와 구축이 수반되어야 한다.

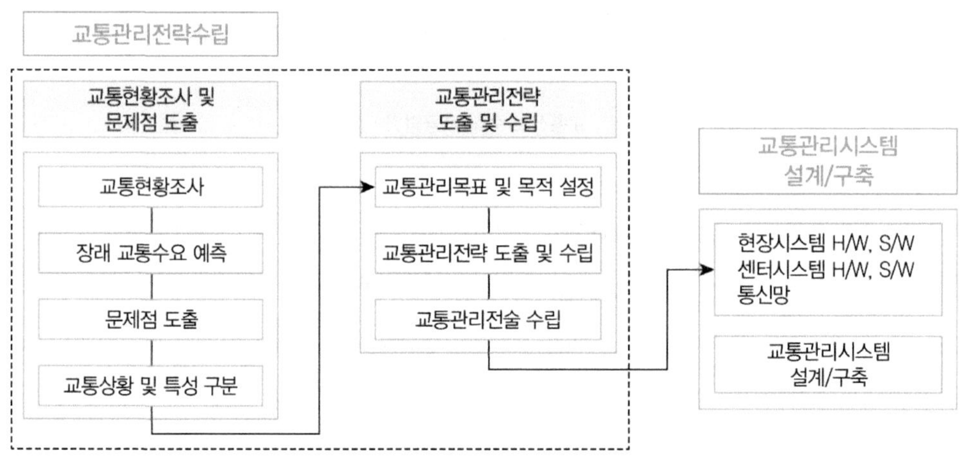

[그림 3-4] **교통관리전략 수립 절차**

교통현황 조사 및 장래 교통 예측

- 대상도로 및 연결도로, 지역적 특성파악(수도권, 지방, 관광특구) 등 일반현황
- 현재의 교통지표(교통량, 통행속도 등) 등 교통특성 분석
- 장래 교통수요예측을 통한 향후 교통상황 및 패턴 예측
- 관련 상위 계획검토(도로 확장 및 신규 개설 계획 등)

문제점 도출 및 원인분석

- 현재 또는 장래 예상 문제점(혼잡유발 구간) 도출
  - 기존 또는 계획, 개설 예정 도로의 혼잡 구간 분석 및 예측

- 문제 발생원인 분석
  - 반복적으로 일정 시간대에 발생하는 혼잡
  - 공휴일 및 명절 등의 일시적 수요 증가로 인한 혼잡
  - 기하구조 취약 구간(교량, 터널, 선형불량구간, 병목지점 등) 교통사고 및 혼잡
  - 돌발 및 특별상황에 의한 용량 감소

교통상황 및 특성별 구분

- 분석된 문제점들을 교통소통 상황별, 상황발생 특성별로 분류
  - 정상상황(소통원활), 반복정체상황(예측가능, 반복)
  - 돌발상황(예측불가 비반복), 특별상황(예측 가능/불가능, 비반복) 등

교통관리전략 목표 및 목적 설정

교통현황조사 및 분석을 통해 도출된 문제점에 대한 해결 및 대상도로의 운영·유지관리를 위한 목표와 목적을 설정한다.

일반적으로 도로시스템 운영효율성 유지, 이동성 유지, 안전성 제고, 이용자 편의성 제고, 타 도로 관리기관 및 유관 기관과의 연계를 위한 타 시스템과의 유기적 연계를 목표로 설정하며, 최근 환경측면 및 시스템의 효율 및 비용 측면에서 목표를 설정하기도 한다. 이렇게 설정된 목표를 달성하기 위하여 해당 목표에 따른 목적들을 설정한다.

[표 3-2] **고속도로 관리 목표 및 목적**

목 표	목 적
고속도로 이동성 확보	• 본선 교통류 LOS D 수준 이상 유지 (도시부 40 km/h, 지방부 80 km/h 이상) • 적정 통행량 유지 및 분배 • JC, IC 교통량의 원활한 본선 유출입
교통안전성 제고	• 교통사고 1/2 감소 및 사망률 제로 • 교통사고 발생의 사전 예방 • 신속한 돌발상황 감지 및 대응 시간 최소화 • 2차사고 최소화 및 방지 • 재해 발생 시 유관기관과 신속한 연계 대응
이용자 편의성 제고	• 실시간으로 신뢰성 있는 교통정보제공 • 주변도로 및 우회도로에 대한 정보제공 • 돌발/특별상황, 램프/차로폐쇄 등의 정보제공 • 다양한 매체를 통한 교통정보제공
타 시스템 유기적 연계	• 타 시스템과 원활한 연계 및 공유 확대 • 돌발상황 및 혼잡 정보의 연계 공유 확대

교통관리전략 도출 및 수립

앞서 설정한 교통관리전략의 목표 달성을 위하여 교통상황별, 혼잡특성별로 교통류 관리전략을 도출하며, 시스템 측면에서 교통정보수집·제공관리, 정보의 연속성 및 협력대응 측면에서 타 시스템 및 유관기관 연계전략 등을 도출하여 수립힌다.

또한 고속도로와 도시부도로의 연결부분의 정체로 인해 도시부도로나 고속도로 본선의 정체로 유발되는 문제가 빈번히 발생하고 있어 타 도로 유출입부 교통관리를 위하여 차로 및 신호 통합관리전략도 도출하여 수립한다.

- 교통상황 및 혼잡특성별 : 반복정체, 돌발상황, 특별상황 관리전략
- 시스템 측면 : 교통정보수집전략, 교통정보제공전략
- 정보의 연속성 및 상황 대응 : 타 시스템 정보연계 및 유관기관 연계 전략
- 타 도로 유출입부 관리 : 차로 및 신호 통합관리 전략

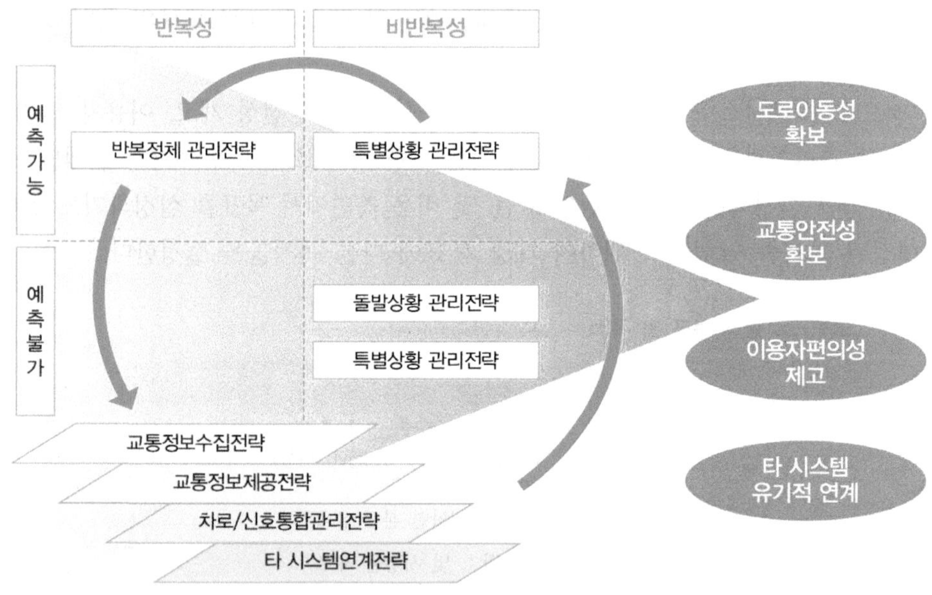

[그림 3-5] **교통관리전략 목표 달성을 위한 교통관리전략 도출**

도출된 교통관리전략별로 대상지역 특성에 적정한 관리전략을 구상하고 기본방향과 추진방안을 수립한다. 또한 교통관리 대상에 대한 공간적, 시간적 범위를 우선적으로 설정하고 각 전략을 세부적으로 수립한다.

- 반복정체(사전) 관리전략 : 정상상황(소통원활)관리로서 연속류 도로 본연의 기능인 이동성 기능유지를 위하여 교통류를 모니터링하면서 원활한 흐름을 유지하도록 관리 교통류 정체 대응준비 및 교통사고 지속적 예방활동

- 반복정체(사후) 관리전략 : 반복정체 발생 시에는 수요 억제 및 분산을 위한 적극적 관리전략을 수행하며, 우회도로 안내 및 주변도로의 진입억제 등의 기법 사용
- 돌발상황 관리전략 : 적극적인 교통류 안전관리 및 교통류 흐름 안정화
  상황 발생 전 사전 예방조치 및 발생 시 신속·정확한 검지
  피해 최소화 및 2차 사고 방지를 위한 신속한 대응·처리
- 특별상황(예측) 관리전략 : 공사, 행사 등 예고된 상황으로서 사전 조치(홍보안내)에 집중하며, 지속적 모니터링 및 발생 시 혼잡 최소화
- 특별상황(기상재해) 관리전략 : 기상악화 및 자연재해로 인한 도로 및 사고 위험성에 대해 신속한 대응처리로 도로체계의 안전하고 원활한 대응 및 관리
- 교통정보 수립전략 : 교통정보 수집 및 가공 및 처리방안
- 교통정보 제공전략 : 교통정보 제공 및 이력/통계자료 저장·활용 방안
- 타 시스템 연계전략 : 외부 연계 시스템 및 유관기관 정의
  시스템 정보연계 방식 정의(정보의 종류, 형식, 교환주기 등)
  유관기관 정의 및 협력방안(경찰서, 소방서, 지자체, 병원 등)
- 차로 및 신호통합 관리전략 : 고속도로 유출입 제어 방안

교통관리전술 수립

교통관리전술은 교통관리전략을 수행하기 위한 대응전술로서 각 전술들은 상호연계성을 갖고 수행된다.

이러한 전술은 교통상황별 교통관리전략에 따라 수행하는 교통관리전술로 구분되며, 반복정체, 돌발, 특별 상황에 각각 중복적용될 수 있으며, 시공간적 구분에 의해 시간대별/구간별 적용대상이 상이할 수도 있다.

교통관리전술의 주요 예시는 다음과 같다.

- 신뢰성 높은 교통자료 수집을 위한 차량검지기 최적 설치
- 효율적인 고속도로 관리가 가능한 교통정보생성
- 우회도로 안내 및 정보제공을 통하여 본선 교통수요의 우회도로로 전환 또는 분산
- 상습정체구간에 대한 정보제공을 통하여 본선 교통수요 억제 또는 분산
- 본선 교통수요를 분산하기 위한 우회도로 개발 및 우회정보 제공
- 과도한 본선 교통수요 제한, 통행속도 및 본선 용량을 유지하기 위한 진입제어와 본선 대기행렬 역류를 차단하기 위한 진출제어
- 일상적인 돌발상황 예방활동 및 위험구간 감속유도로 잠재 돌발상황 예방
- 돌발상황 발생 시 신속한 감지 및 대응, 인명구호체계 구축
- 정체 및 돌발 상황으로 인해 우회수요의 본선 재진입 유도

반복정체 관리전략

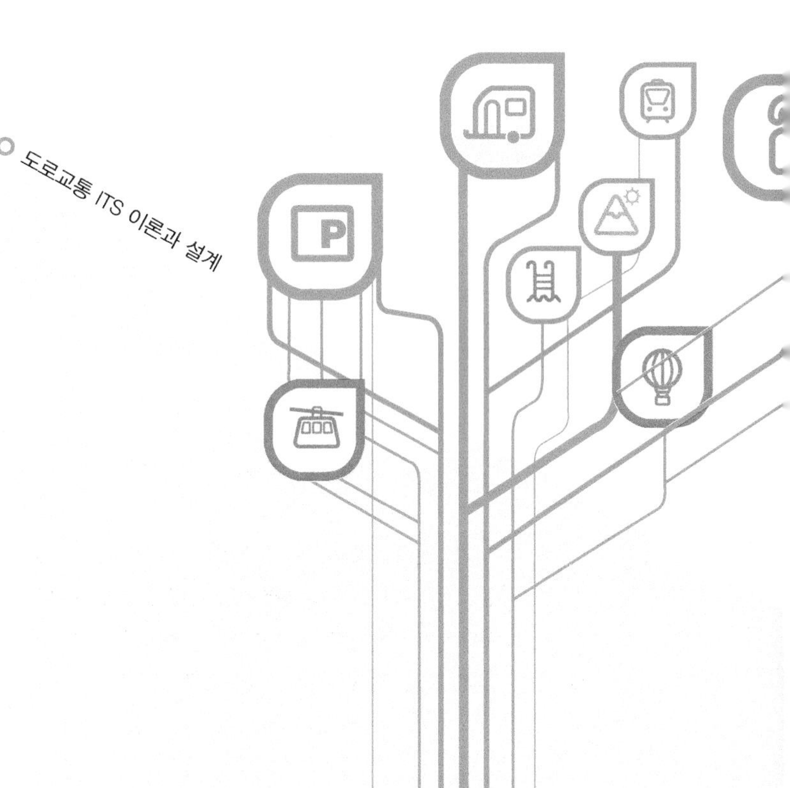

요 약

제4장에서는 반복정체의 정의와 원인, 정체의 강도를 표현하는 정체도에 대한 사항을 다루고 있다. 또한 반복정체 관리의 목표와 반복정체 관리에 필요한 관리 절차, 각 절차의 주요 내용을 설명하고 있다. 이를 위해 반복정체 관리 절차를 사전 전략과 사후 전략으로 나누고, 각 전략을 교통상황 감시, 정체 감지, 정체 확인, 정체 대응, 정체 종료 등 일련의 과정에 대응하였다.

4.1 반복정체의 개요

4.1.1 반복정체 정의 및 원인

고속도로 상에서 반복 정체는 수요가 용량을 초과하는 지점 또는 구간에서 시간적, 공간적으로 반복하여 발생하는 어느 정도 예측 가능한 정체로서, 특정 시간대(첨두시간), 특정 공간에서의 과다한 수요 집중과 도로용량의 부족, 우회도로의 부재, 도로 기하구조로 인한 문제 등에 의해 주로 발생한다.

또한 최근 들어 연휴와 휴가철, 명절과 같은 특정일의 수요 증가 등에 의해서도 발생한다고 볼 수 있다.

4.1.2 정체도

정체 관리는 교통소통 상황을 나타내는 통행속도를 기반으로 정체 기준을 미리 수립하고, 해당기준에 의거 정체관리전략을 수행하는데 이러한 정체 기준을 정체도라 한다.

고속도로에서의 정체도는 일반적으로 소통원활, 서행, 정체의 3단계로 구분하며 일반적으로 정체존(Congestion Zone)별 5분 단위로 수행되게 된다.

고속도로는 도시부 고속도로와 지방부 고속도로로 구분되는데, 정체도 산정을 위한 통행속도 기준이 서로 다르나, 정체도 표현은 동일하다.

표 4-1과 같이 서울시 도시고속도로와 한국도로공사 고속도로를 예로 들 수 있다.

[표 4-1] **교통상황에 따른 정체도**

정체도	교통 소통상황	도시부 고속도로 (서울시 도시고속도로)	지방부 고속도로 (한국도로공사 고속도로)
1	소통원활	50km/h 이상	80km/h 이상
2	서행	30~50km/h미만	40~80km/h 미만
3	정체	30km/h 미만	40km/h 미만
0	데이터 없음	-	-

특히 한국도로공사에서는 초기에 통행속도 30 km/h, 70 km/h를 기준으로 정체관리를 수행하였으나, 현재는 정체관리 강화 차원에서 통행속도 40 km/h, 80 km/h로 변경하여 정체관리를 수행하고 있다.

4.2 반복정체 관리의 정의 및 목표

4.2.1 반복정체 관리의 정의

반복정체 관리는 대상도로의 교통흐름을 지속적으로 감시함과 동시에 정체로 진행하는 시간을 억제/지연시키는 사전관리를 수행하며, 정체 발생 시에는 운영자의 정체확인을 통해 정체도 수준을 결정하며, 해당 수준별로 신속한 대응조치 등의 사후관리를 수행하는 일련의 계획된 활동을 의미한다.

[표 4-2] **반복정체 관리의 정의**

구 분	주요 내용
사전관리	• 고속도로 교통류의 원활한 흐름을 유지 • 최대한 정체발생 억제를 위한 효율적 사전 대응
사후관리	• 교통류 분산 및 우회유도를 통한 정체확산 억제 • 최단시간 해소를 위한 사후 대응

4.2.2 반복정체 관리 목표

반복정체 관리전략의 목표는 정체 발생 예측지점에 대하여 정체 발생을 최대한 억제하고, 정체발생 이후 우회유도 등의 교통수요 분산 및 정체확산 억제 등의 적극적인 대응으로 정체시간을 최소화하는 것이다.

따라서 정체 발생 전과 발행 이후로 구분하여 사전 및 사후 관리전략을 수립한다.

4.3 반복정체 관리전략의 절차 및 내용

4.3.1 반복정체 관리전략 절차

반복정체 관리전략은 사전/사후 관리전략으로 구분되며, 교통상황 감시 및 모니터링, 감지, 확인, 대응, 종결의 5단계 절차에 따라 정체 관리를 수행한다.

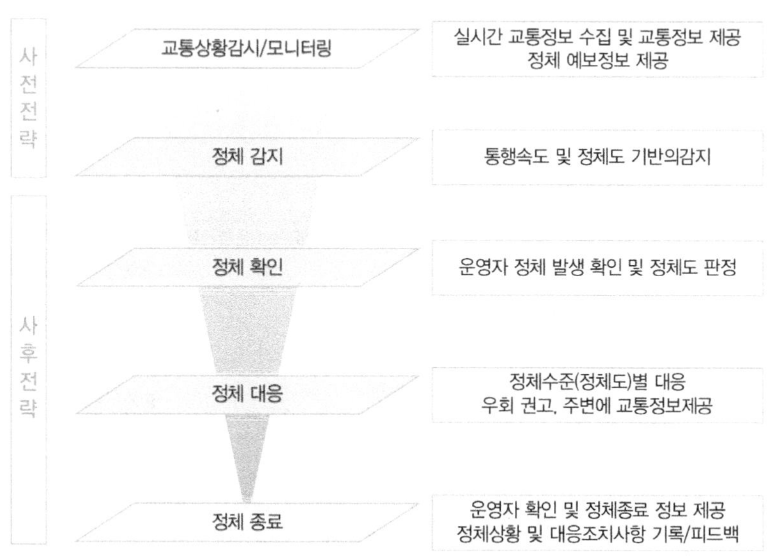

[그림 4-1] **반복정체 관리절차**

정체의 발생 시점을 기준으로 사전전략에서는 정체 발생 이전에 사전 대응조치를 수행하는 것으로, 교통류의 지속적 감시 및 정체의 사전예고를 통한 시공간적인 교통분산 유도 등 정체 발생을 최대한 억제하도록 한다.

사후전략에서는 정체 발생 이후에 적극적인 대응조치를 수행하는 것으로, 적극적인 우회유도 및 대상도로로의 진입억제 등 운영자가 정체를 확인하고, 정체수준을 결정하여 수준별로 신속한 대응조치를 수행하여 정체의 확산 및 악화 방지, 정체 지속시간을 최소화하도록 한다.

[표 4-3] **반복정체관리 절차별 본선 및 우회도로 대응**

단계별 구성	본 선	우회도로
교통상황감시 및 모니터링	• 교통상황정보 수집 - 자동 : 통행속도(차량검지기 VDS) - 수동 : CCTV감시, 순찰대, 제보 - 정체 패턴자료 구축(정체 예보용) • 실시간 교통정보 및 정체예보정보 제공 - VMS, WEB, Mobile - 언론, 교통방송(미디어) • 일상적 정체구간 개선활동	• 정체예보 정보제공 - 언론 및 방송(미디어) - 해당구간 및 시간대 고속도로 유입 회피 및 억제 유도
정체 감지	• 소통상황(통행속도) 기반의 감지 - 통행속도(VDS) - 운영자 CCTV 확인, 순찰대, 제보	-

(계속)

단계별 구성	본 선	우회도로
정체 확인	• 정체 발생 확인 및 정체도 판단 - 통행속도(VDS) - 운영자 CCTV 확인	-
정체 대응	• 정체 및 우회유도 정보제공 - VMS, WEB, Mobile, 교통방송 - 교통센터 상황판 정체 진행상황 표출 • 유입 억제 -램프미터링(RMS), 톨게이트진입조절	• 실시간 정체정보 제공(VMS) - 고속도로 유입 억제
정체 종결	• 정체 종료 확인 - 통행속도 교통센터 상황판 표출 - 운영자 CCTV 확인	• 실시간 교통정보 제공(VMS) - 고속도로 유입 유도

4.3.2 반복정체 관리전략 절차별 주요 내용

교통상황 감시/모니터링

교통상황 감시 및 모니터링 단계는 정체 발생 이전에 수행되는 사전전략으로서, 교통류의 원활한 흐름을 최대한 유지하는 것이 중요하다.

이에 교통정보 수집 및 교통흐름의 24시간 감시가 이루어지며, 적절한 실시간 교통정보 제공의 일상적인 교통정보 수집 및 제공 업무를 수행한다.

특히 과거 교통 이력정보를 통하여 교통정체 발생 패턴을 구축하고 주요 정체구간 및 발생시간대에 대한 사전 예보를 통하여 시·공간적인 교통 분산을 유도하기도 하며, 정기적 활동으로서 정체 발생 구간에 대한 원인분석 및 개선업무를 수행한다.

정체 감지

반복정체 감지는 교통소통상황 기반의 감지를 수행하는데, 차량검지기(VDS)로 수집되는 통행속도에 의해 자동적으로 정체를 감지하거나 운영자의 CCTV영상 모니터링, 고속도로 순찰대 및 이용자 제보 등에 의하여 수동적으로 감지하기도 한다.

정체 확인

정체 확인은 차량검지기(VDS)로부터 수집된 통행속도 자료를 기반으로 교통센터의 운영자가 반드시 CCTV로 확인함을 원칙으로 하며, 확인과 동시에 정체도를 판정한다.

앞서 제시한 바와 같이 고속도로서의 정체도는 일반적으로 소통원활, 서행, 정체 등 3가지 교통소통 상태에 따른 정체도 기준에 따라 판정된다.

실제 정체가 발생하여 확산되는 과정에서는 기존 정체도 해당속도를 기준으로 적용하지만, 회복 단계에서는 기준 속도보다 5 km/h 정도 높은 속도를 적용하여 경계선상에서 통행속도의 변동에 대한 정체도 변화를 최소화한다.

정체도 변이 과정에서의 정체도 판정을 위한 기준속도(한국도로공사 정체기준 적용) 및 적용방법은 다음과 같다.

[표 4-4] **정체도 판정을 위한 적용기준 통행속도 예시**

구 분	기준 통행속도
Min Spd 1	40 km/h
Min Spd 2	45 km/h
Max Spd 1	80 km/h
Max Spd 2	85 km/h

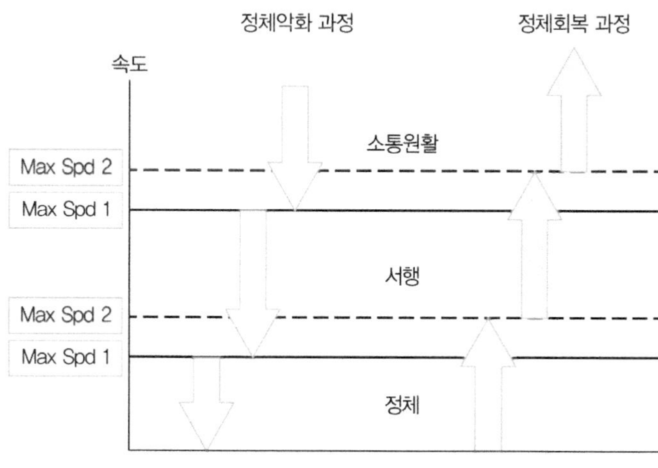

[그림 4-2] **정체도 판정 기준속도 적용 방법**

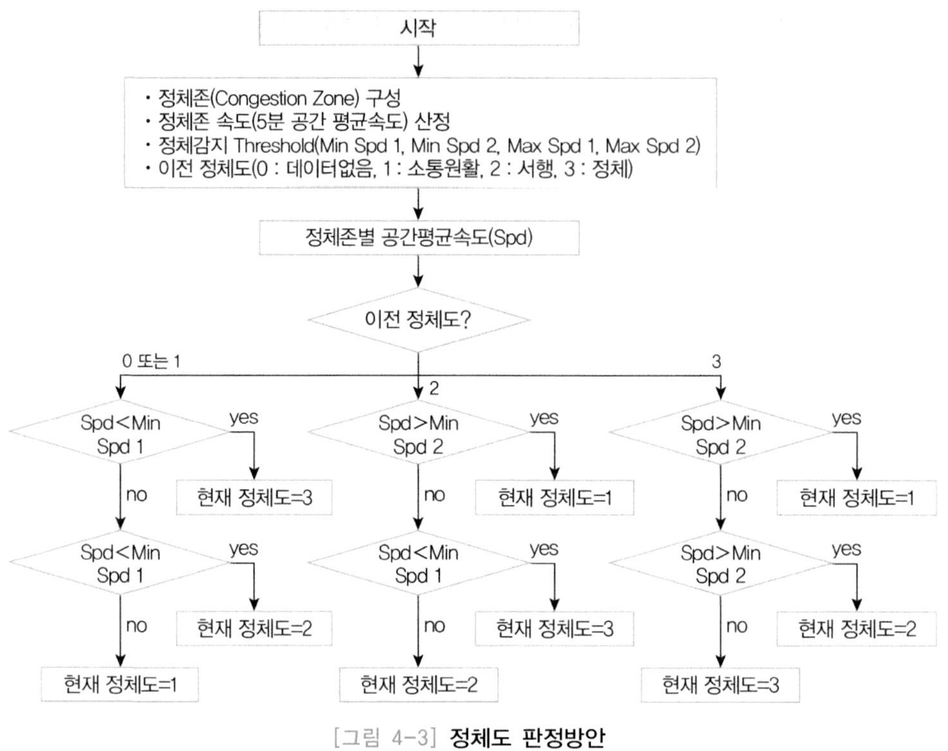

[그림 4-3] **정체도 판정방안**

연속류 교통상태 전이과정은 소통원활에서 정체로 순식간에 이루어지지 않고 연속적으로 이루어지므로, 반드시 서행의 과정을 거친다고 볼 수 있으며, 그 반대의 경우에도 동일하다. 이러한 가정을 적용한 정체도 판정방법은 상기와 같다.

정체 대응

정체 대응은 운영자가 정체도를 판단하고 수준에 맞는 대응조치를 수행하는데, 정체도에 따라 본선 및 주변도로에 설치된 VMS와 WEB, APP, 언론 및 방송 등의 매체들을 통해 정체구간의 정보제공을 수행하며, 고속도로 진입억제, 유출유도, 정보제공 등의 다양한 대응 조치를 수행한다.

특히 연휴, 휴가철, 명절기간 등의 교통수요 집중으로 인한 정체에 대해서는 적극적인 교통수요 분산조치를 수행하는데, 실시간 교통정보 및 사전예보를 통한 시공간적 분산과 고속도로 진입억제 등을 실시하여 정체의 확산을 방지하도록 한다.

[표 4-5] 정체도별 대응방안

정체도	대응방안	
	본 선	우회도로
1 소통원활	• 교통상황 감시 • 실시간 교통정보제공 - 소통상황, 통행속도, 통행시간정보 • 정체예보 정보제공 - 해당구간 및 시간대 고속도로 유입 회피 및 억제 유도 • 교통센터 상황판 통행속도 표출	• 실시간 교통정보제공 - 소통상황, 통행속도, 통행시간정보 • 정체예보 정보제공 - 해당구간 및 시간대 고속도로 유입 회피 및 억제 유도
2 서행	• 교통상황 감시 • 실시간 교통정보제공 - 소통상황, 속도, 평균통행시간 - 서행 원인, 발생구간 정보제공 - 상황에 따른 우회도로 유출정보제공 • 교통센터 상황판 통행속도 표출	• 실시간 교통정보제공 - 소통상황, 통행속도, 통행시간정보 - 서행원인, 발생지점 정보제공
3 정체	• 교통상황 감시 • 실시간 교통정보제공 - 소통상황, 속도, 평균통행시간 - 정체원인, 발생구간 정보제공 - 우회도로 유도정보 제공 • 상황에 따른 유입억제 실시 - 램프미터링, 톨게이트 진입조절 • 교통센터 상황판 통행속도 표출	• 실시간 교통정보제공 - 소통상황, 통행속도, 통행시간정보 - 정체원인, 발생구간 정보제공 - 고속도로 유입억제

정체 종료

반복정체 종료는 발생된 정체가 소거되는 단계로 운영자가 교통정보 수집자료와 CCTV 확인을 통하여 종료된다. 또한 수집된 교통이력정보 저장, 본선 및 주변도로에 정체 종료 정보제공, 본선 진입유도 정보제공 등을 수행한다.

추가적으로 대응전략에 따른 정체대응 결과분석을 통해 향후 대응효과 개선에 활용하도록 한다.

돌발상황 관리전략

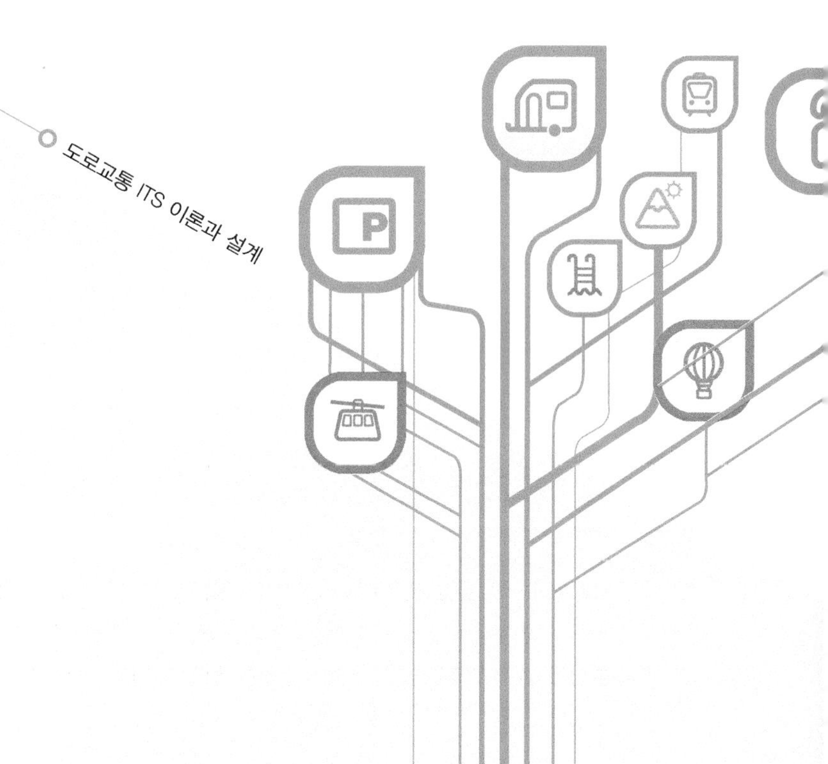

요 약

제5장에서는 돌발상황의 정의와 유형, 돌발상황 관리 목표와 정의, 관리범위를 다루고, 이러한 돌발상황 관리를 위한 절차와 주요 내용을 다루고 있다. 또한 돌발상황을 자동 감지할 수 있는 방안으로서 돌발상황 검지 알고리즘과, 돌발상황으로 인한 대기행렬 예측에 대한 내용을 설명하고 있다.

5.1 돌발상황의 정의 및 유형

5.1.1 돌발상황의 정의

돌발상황이란 도로상에서 불규칙하게 일어나는 사건으로, 교통사고, 차량 고장 및 정지, 낙하물, 도로시설물 파손 및 유지·보수작업, 기타 사건 및 행사 등을 의미한다. 이외에 교통소통과 안전에 영향을 주는 제반 상황을 포함한다. 이러한 돌발상황은 예측가능 여부와 반복성 여부를 기준으로 구분할 수 있다.

- 돌발상황 : 예측 불가능 및 반복성 없음
- 특별상황(공사/행사) : 예측가능 및 반복성 없음
- 특별상황(기상 및 자연재해) : 예측 불가능 및 반복성 없음

5.1.2 돌발상황의 유형

돌발상황의 유형은 발생원인에 따라 구분하는데, 자연재해, 기상악화, 시설결함, 교통사고 및 안전, 차량안전, 계획된 행사 및 보수점검 등이 주요 원인에 해당된다.

또한 자동 돌발상황관리시스템의 경우 돌발상황 유형과 교통상황을 고려한 복잡한 돌발상황 대응방안을 시행하고 있으며, 수동으로 돌발상황을 관리하고 있는 경우는 돌발상황을 단순화하게 구분하여 운영하고 있는 사례도 있다.

돌발상황의 종류

- 자연재해 : 지진, 폭설, 태풍, 홍수 등
- 자연현상 : 강설, 결빙, 강풍, 집중호우 등
- 시설결함 : 교량 및 터널 구조결함, 공사, 도색, 포장, 시설점검 등
- 교통사고 : 인사사고(전도, 화재, 충돌, 추돌 등), 대·중·소형사고(차량) 등
- 차량안전 : 단순차량고장, 단순차량정지 등
- 계획행사 : 행사, 훈련, 공사, 포장, 도색, 시설점검·보수, 안전진단 등
- 교통안전 : 낙하물, 불법주차, 난폭운전, 단속 등

돌발상황으로 인한 교통영향

돌발상황의 유형에 따른 교통영향 요인은 돌발상황 유형(자체의 특성)과 발생 구간의 특성, 발생시간대의 교통 특성에 따라 달라질 수 있다.

- 돌발상황 특성 : 돌발상황 유형, 차로차단수
- 발생구간 특성 : 유출부 유무, 상류부 VMS 거리
- 발생시간대 교통 특성 : 상류부 용량 대 교통량 비율

  다중추돌사고와 단순 낙하물의 처리시간은 서로 다르기 때문에 돌발상황 처리시간에 따라 돌발상황 유형이 달라질 수 있으며, 차로 차단수에 따른 도로용량 감소영향에 따라서도 달라질 수 있다.

표 5-1은 돌발상황 관리시스템에서 구분하고 있는 돌발상황 유형을 나타낸 것으로 돌발상황과 특별상황을 구분하고 있으며, 교통영향도를 나타내는 차로차단 수량 및 본선 영향여부, 통행속도를 반영하여 돌발상황 유형을 구분하고 우선순위를 부여하고 있다.

[표 5-1] **돌발상황 유형 구분 예시**

유 형	세부유형	교통상황	우선순위
돌발상황	사고	전차로 차단 일부 차로 차단 1개 차로 차단 갓길 차단	1 2 3 5
	고장차량	1개 차로 차단 갓길 차단	3 5
	장애물	전차로 차단 일부 차로 차단 1개 차로 차단 갓길 차단	1 3 4 5
특별상황	화재	본선상 영향 본선상 영향없음	3 5
	공사	전차로 차단 일부 차로 차단 1개 차로 차단 갓길 차단	1 3 4 5
	기상악화	전차로 차단 심각도 1(40 km/h) 심각도 2(60 km/h) 심각도 3(80 km/h)	1 2 3 4

5.2 돌발상황 관리의 정의 및 목표

5.2.1 돌발상황 관리의 정의

돌발상황관리는 실시간 교통상황 감시와 더불어 돌발상황 발생 시, 신속 정확한 돌발상황 검지, 돌발요인 제거 및 대응조치, 돌발상황 종료 등의 일련의 과정을 통하여 정체확산 방지 및 2차사고 등의 위험을 최소화하고, 최단시간에 정상상황으로 회복할 수 있도록 수행하는 조직적, 계획적 관리를 의미한다.

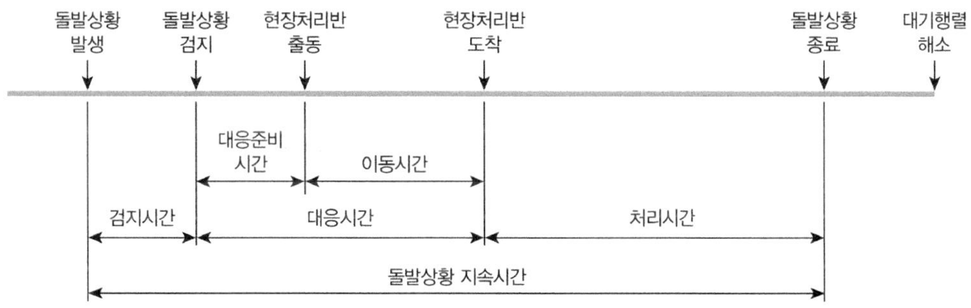

[그림 5-1] **돌발상황 발생 및 종료까지의 관리과정**

돌발상황은 상황 발생 이후에 정체 및 인적·물적 피해를 일정 부분 감수해야 하므로, 이러한 피해 발생 자체를 줄이기 위한 노력으로서 발생 전에 사고예방활동이나 기상악화에 따른 사전 대비 등이 상당히 효과적이라고 볼 수 있다.

따라서 돌발상황 관리전략은 발생 전 조치인 사전전략과 발생 후 조치인 사후전략으로 구분하여 수립하는 것이 바람직하다.

- 사전전략 : 사고위험지역 개선, 위험구간 및 감속유도 정보제공, 기상정보제공 등
- 사후전략 : 적극적인 시·공간적 교통분산 및 유입억제 조치 등

5.2.2 돌발상황 관리의 목표

돌발상황은 일반적으로 예측이 불가능하므로 심각한 정체 및 2차사고 발생 등의 문제를 초래할 수 있어 교통관리측면에서 중요하게 다루어야 한다.

이에 돌발상황의 신속·정확한 검지 및 대응, 돌발상황 지속시간 최소화를 통해 고속도로의 원래 용량으로 복구함으로써 정체를 최소화하는 것을 목표로 하며, 다음과 같다.

- 돌발상황 검지 및 확인시간 단축
- 현장도착 및 사고처리 대응 시간 최소화

- 2차사고 발생 억제
- 신속 정확한 정보제공을 통한 교통분산 유도(경로우회 유도 및 유입 억제)

5·3 돌발상황 관리 범위

돌발상황 관리 범위는 관리대상도로를 관리 범위로 지정하며, 필요시 돌발상황의 심각도가 매우 클 경우에 대비하여 타 기관 관리도로의 일부를 간접영향권 관리 범위로 지정하기도 한다. 관리 범위의 지정에 있어서 교통사고 현황, 기상재해 현황, 연간 도로공사 계획 및 행사계획 현황, 위험물 운송 및 화물차 통행현황을 반영하여 중점관리구간을 선정하기도 한다.

또한 고속도로 유출입지점을 기준으로 병원, 소방서, 경찰서, 견인차 등 유관기관의 위치를 사전에 조사하여 돌발상황 발생 시 현장도착 및 대응 시간을 최소화하기 위하여 활용한다.

교통사고 현황

관리대상도로의 교통사고 빈도수, 사망사고수 등 교통사고 발생현황, 원인, 피해규모 조사 및 사고다발지점 분석 등을 통한 중점관리구간으로 지정한다.

재난 및 기상 피해 지역

재난 및 기상 피해에 대한 과거 이력 또는 피해예상 지역 현황을 조사·분석하여 중점관리 구간으로 지정한다.

- 노면결빙 발생 도로, 폭설시 차단도로, 침수지역, 안개발생지역 설정

연간 공사 및 행사계획

미리 계획되어 있는 대형 행사 계획이나 공사에 대한 공사기간, 공사장소(도로), 도로점유 또는 차단 형태 등 조사하여 중점관리 범위로 지정한다.

위험물 운송 및 화물차 통행현황

위험물 운송차량 및 대형 화물차량으로 인한 돌발상황 발생 시 주변 영향권에 대한 피해가 우려되므로, 필요시 다음과 같은 현황 조사 분석을 통하여 중점관리구간으로 지정한다.

- 시간대별 화물통행수 및 위험물의 비율
- 위험물 운반차량의 운행경로 및 운송 유독물, 운송시간대 등 특징 파악
- 화물차량 관련 교통사고 발생지점 조사

5.4 돌발상황 관리전략의 절차 및 내용

5.4.1 돌발상황 관리전략의 절차

돌발상황 관리를 위한 절차는 돌발상황 발생 이전부터 발생 시 그리고 종료 시까지의 일련의 과정을 수행하는 것으로, 교통류 감시, 돌발상황 검지, 확인, 대응조치, 종료의 5단계절차로 수행된다. 또한 발생 이전의 예방적 활동과 발생 이후의 대응조치의 특성에 따라 사전전략과 사후전략으로 구분한다. 사전전략은 교통류 감시 단계로서 교통류 감시 및 사전 예방활동이 해당된다고 볼 수 있다.

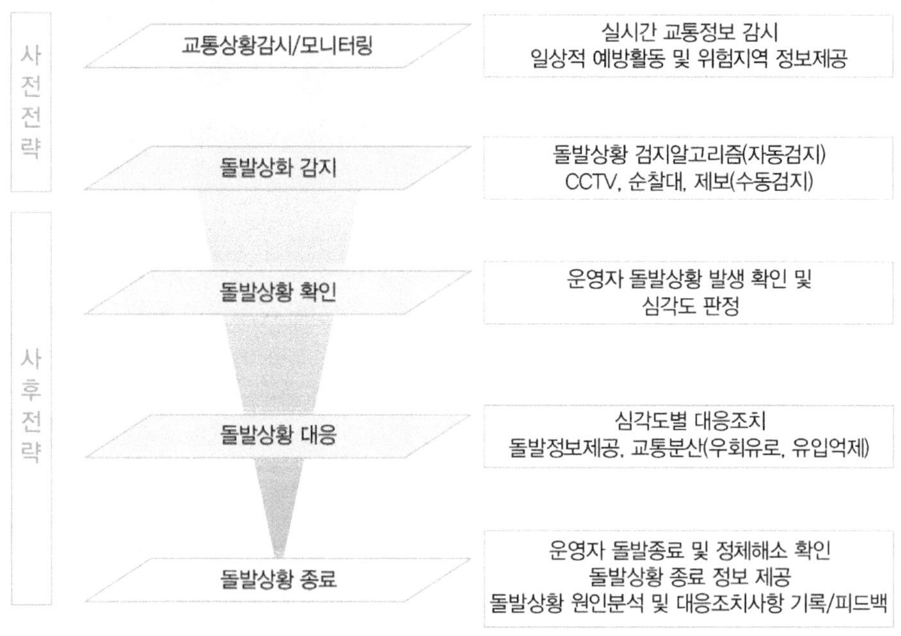

[그림 5-2] 돌발상황 관리전략 절차

5.4.2 돌발상황 관리전략의 절차별 주요 내용

교통류 감시 및 일상적 예방활동

교통상황 감시 및 일상적 예방활동 단계는 사전전략으로서, 교통상황에 대한 24시간 감시가 이루어지며, 위험지역에 대한 안전운전 정보 제공 업무를 주로 수행한다.

특히 일상적 예방활동에서는 교통사고 발생 시 사고관련 자료를 데이터베이스화하고 이를 다각적으로 분석하여 지속적인 개선을 수행한다. 또한 분석 자료를 토대로 하여 교통사고 발생 예상구간을 선정하고 운전자에게 경고 및 안전운전을 위한 정보를 제공한다.

기하구조 불량지점 보완 및 개선활동

- 잠재 사고 유발 인자 제거
  (고장차량 지원, 불법주정차량 단속, 도로 낙하물 처리, 도로부속시설 관리 등)

교통사고 자료 데이터베이스 구축

- 교통사고 관련 자료에 대한 통계적인 분석이 가능하도록 데이터베이스 구축
- 발생/종료일시, 발생지점, 기상상태, 발생원인, 피해규모(대물, 대인피해 정도) 등

교통사고 발생지점 개선 및 경고정보 제공

- 데이터베이스 자료의 다각적 분석을 통하여 지속적으로 기하구조 및 운영상의 보완·개선을 수행
- 데이터베이스 분석자료를 통해 교통사고 발생예상지점을 선정
- 교통사고 예상지점(사고다발 구간, 교량 및 터널 등 기하구조 취약구간)에 대하여 감속유도 및 권고속도 제공, 사고위험 경고정보 제공 등의 전방 위험상황에 대한 정보 제공

돌발상황 검지

돌발상황을 검지하는 단계로서 검지방법은 자동검지와 수동검지로 구분된다.

자동검지는 기본적으로 차량검지기로부터 수집되는 정보에 기초한 돌발상황 검지알고리즘에 의해 수행되며, 수동검지는 CCTV, 순찰대 또는 도로이용자의 제보 등에 의해 수행된다.

돌발상황 검지알고리즘에 의한 자동검지 방법은 차량검지기에서 수집되는 교통량, 점유율, 속도 등 자료를 기반으로 교통류상태를 판정하여 돌발상황의 유무를 판단하는 알고리즘으로서, 기본적으로 하나의 돌발상황 검지알고리즘만을 이용하여 완벽하게 돌발상황을 검지한다는 것은 불가능하며, 효과적인 돌발상황 검지를 위해 알고리즘을 복합적으로 적용

하되, 대상 지역에 따라 교통 특성에 맞게 알고리즘 및 임계치의 수정이 필요하다.

돌발상황 검지알고리즘에 대한 자세한 내용은 이 절 이후에 자세하게 제시되어 있다.

돌발상황 확인

돌발상황을 확인하는 단계로서 돌발상황 자동 검지알고리즘에 의해 검지된 돌발상황은 잠정 돌발상황으로 정의하고, 반드시 운영자가 CCTV 확인을 통해서 최종적으로 돌발상황 발생을 확인한다. 이와 동시에 신속한 대응조치를 위하여 돌발상황의 유형과 심각도 수준을 신속하고 정확하게 판단한다.

돌발상황 발생 확인

- 돌발상황 검지알고리즘과 기타 정보수집 수단들이 도로상의 교통류에 이상이 있음을 알리면 운영자가 정확하게 현장의 상태를 확인한다.
- 직접 CCTV로 확인하거나 순찰대로부터 간접 확인 후 돌발상황의 상태 및 수준을 결정하는 단계로, 적절한 대응을 위해서 신속하고도 정확한 판단이 요구된다.

돌발상황 유형 확인

- 예측 불가능한 도로 및 교통의 돌발상황(사고, 고장차량, 노상잡물)
- 예측이 가능한 사전계획된 공사나 행사
- 예측 불가능한 자연재해

돌발상황 심각도 수준결정

- 돌발상황 심각도는 적절한 대응을 위하여 일반적으로 가장 적극적인 대응수준 1로부터 일상적인 돌발상황 예방차원의 수준인 5까지를 범위로 하여 심각도를 지정하고 있으며, 앞서 제시한 바와 같이 돌발상황 특성 및 발생구간, 교통 특성을 기준으로 한 우선순위와 동일한 개념이라고 할 수 있다.
- 운영자는 돌발상황이 발생하면 이에 적절한 대응방법을 결정하기 위해서 현장상황을 확인하고 돌발상황 심각도 수준을 결정한다.
- 심각도는 각 도로관리기관 운영방식에 따라 적정히 조절할 수 있으며, 5단계가 아닌 심각도 상, 중, 하로 구분하여 사용하기도 한다.

돌발상황 대응

돌발상황에 대한 대응조치 단계로서 돌발상황 심각도 수준이 결정되면 해당 수준에 적정한 대응조치 업무를 수행한다.

고속도로의 돌발상황 대응은 돌발상황 지속시간을 최소화하고 돌발상황 발생을 도로이용자에게 집중적으로 알려 스스로 다른 경로선택을 유도하거나, 고속도로 본선으로의 접근을 억제하도록 하는 것이 중요하다.

돌발상황 발생 시 기본적인 대응원칙은 다음과 같다.

[표 5-2] **돌발상황 대응 기본원칙**

원 칙	방 안
도로용량 감소의 최소화	• 도로계획 단계에서 고려되는 사항으로 갓길을 확보하여 통과차량에 방해가 되는 문제 차량을 갓길로 이동 • 통과차량이 일시적으로 갓길을 이용토록 허용
상류부 수요관리	상류부에서 차량 운전자에게 돌발상황 발생정보를 제공해 일시적으로 교통분산(우회유도 및 유입억제)
신속한 돌발상황 처리	돌발상황이 발생하여 완전히 처리될 때까지의 시간 단축

[표 5-3] **돌발상황 유형별 대응시스템 및 방안 1**

유형	대응 시스템		대응방안
사고 및 부상자 관리	시스템	CCTV VMS RMS	• 돌발상황 심각성 및 부상자 확인 • 사고정보 제공으로 운전자 주의환기 및 안전운행 도모 • 본선 소통상황정보 제공으로 우회유도 및 본선 유입억제 • 속도 규제정보 및 사고정보 제공으로 운전자 주의환기
	인적 요소	운영자 순찰대 소방차 119구급대 견인차	• 비상 대응차량은 사고발생지점 최근접 유입 IC에서 가장 가까운 지점에서 신속한 접근으로 사고처리 및 차량견인 • 사고발생지점 최근접 지정병원으로부터 최근접 IC로 신속히 접근하여 부상자 처리 후 최근접 IC로 유출함
낙하물 관리	시스템	CCTV VMS RMS	• 돌발상황 확인, 낙하물 확인, 낙하물 처리 확인 • 낙하물 정보 제공으로 운전자 주의환기 및 안전운행 도모 • 본선 소통상황정보 제공으로 우회유도 및 본선 유입억제
	인적 요소	운영자 순찰대	• 일정 시간간격의 순찰 및 낙하물과 가장 근접한 순찰대가 신속히 처리 • 낙하물 처리과정 확인
고장 차량 관리	시스템	CCTV VMS RMS	• 돌발상황검지 • 고장차 확인, 고장차 처리 확인 • 고장차 정보 제공으로 운전자 주의환기 및 안전운행 도모 • 본선 소통상황정보 제공으로 우회유도 및 유입억제
	인적 요소	운영자 견인차 순찰대	• 고장차량 발생지점과 가장 근접한 견인업소에서 신속 접근 • 고장차 견인하여 가장 근접한 유출램프로 유출 • 견인업소 상시대기로 신속한 처리 유도 • 고장차 처리 확인

[표 5-4] **돌발상황 유형별 대응시스템 및 방안 2**

유형	대응 시스템		대응방안
이상기후감지	시스템	CCTV VMS	• 이상기후 확인 • 이상기후 정보제공으로 운전자 경각심 고취 • 우회가능도로 및 안전지대 정보안내 • 노면상태 정보 제공 • 안전속도 제공 • 이상기후 정보제공으로 운전자 우회 및 유입억제 유도
	인적요소	운영자 순찰대 처리반	• 이상기후 예측정보 접수 • 처리를 위한 비상대기 • 강설 확인 후 제설작업개시 • 결빙 확인 후 제빙작업개시 • 강우 확인 후 폭우 시 대응
행사·공사 관리	시스템	CCTV VMS	• 행사·공사 시행 시 소통상황 감시 • 행사·공사 시행 시 돌발상황 검지/확인 • 행사·공사 시행정보 사전제공 • 본선 소통정보 제공으로 우회 선택 기회제공 • 행사·공사 시행 시 지정체 및 하부도로 소통정보 제공으로 운전자 우회 및 유입억제 유도
	인적요소	운영자 순찰대	• 행사·공사 정보 사전 입수 • 현장 파견으로 행사/공사 시 소통안전 대비 • 행사·공사 시행 시 현장소통 정리

돌발상황 종료

돌발상황 종료를 확인하는 단계로서 돌발상황 대응조치 후 운영자가 CCTV 확인을 통해 종료상황을 반드시 확인한 후 상황 종료를 선언하며, 돌발상황 검지, 대응, 처리시간 및 대응결과 등을 기록하고 유관기관에 통보한다. 또한 해당 돌발상황의 원인분석 및 향후 재발방지를 위한 조치방안 수립을 수행한다.

5.5 특별상황 관리전략의 절차 및 내용

특별상황은 비반복성 측면에서는 돌발상황의 범위 안에 포함되는 것이나, 예측가능한 부분과 기상악화 및 재해상황이라는 특수성을 감안하여 돌발상황과 차별화하여 관리전략을 수립하여 대응하기도 한다.

- 예측 가능한 상황 : 도로공사, 행사로 인한 차로 차단/폐쇄 등
- 예측 불가능한 상황 : 기상악화로 인한 재해 상황

5.5.1 예측 가능(도로공사, 행사)한 특별상황 관리절차 및 내용

사전에 예고된 상황이므로 상황 발생 전에 예상 혼잡 최소화 대응방안 및 대응 시간계획을 수립하고, 특별상황에 대한 안내정보를 제공하는 등의 사전관리에 중점을 두며, 상황 발생 시 특별상황 진행을 지속적으로 감시하고 상황에 적절한 대응조치를 수행한다.

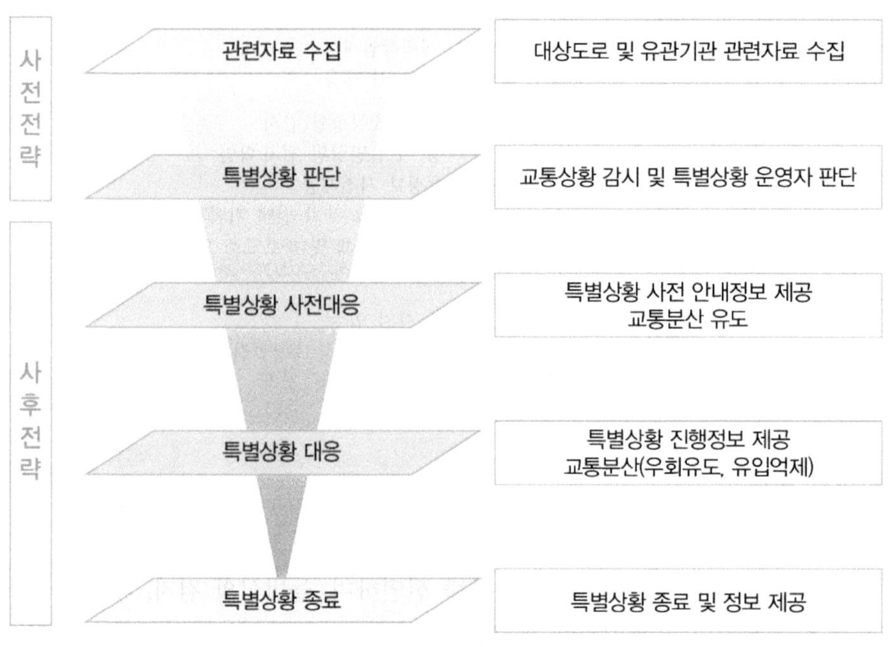

[그림 5-3] 예측가능한 특별상황 관리전략 절차

관련자료 수집 및 특별상황 판단

유관기관(경찰청, 지자체, 기타 관련기관 등)을 하여 공사 및 행사정보, 교통통제정보 등을 수집하고, 예고된 특별상황 발생 시, 교통상황 예측 및 분석결과 등을 통해 운영자가 직접 특별상황을 판단한다.

특별상황 사전대응

예상된 특별상황에 대하여 사전·사후 대응방안을 수립한 후 사전 대응을 수행한다. 사전 대응으로는 특별상황 발생 이전에 안내정보를 제공함으로써 교통분산을 유도한다.

특별상황 사후대응

특별상황 발생 시 교통상황 변화를 집중적으로 감시하며, 정보제공매체를 통해 특별상황 진행 정보를 실시간 제공하고, 상황에 따라서 교통분산을 위한 우회유도 및 유입억제 또는 진입금지 등의 조치를 수행한다.

특별상황 종료

특별상황의 진행을 지속적으로 감시하고 운영자가 특별 상황의 종결을 확인한 후 종결을 선언한다.

[표 5-5] **예측가능한 특별상황 대응방안**

구 분	특별상황(예측가능) 대응	
	대응방안	대응수단
도로 공사 및 유지 보수	• 차로의 통제에 대한 계획 수립 - 교통류 흐름의 저해 영향이 가장 적은 시간대 계획 - 상당한 지체 유발 시 중지 및 타 시간대로 이전 (주말, 야간시간대) • 도로이용자에게 충분한 정보전달 - 도로통제 정보에 대한 충분한 홍보로 인해 도로이용자의 불편 감소 • 교통사고 방지 대책 - 도로 이용자에게 경고 및 감속 유도 • 상황 감시 - 상황판 표출 - 상황 종료까지 운영자 CCTV 감시	• 교통정보제공 - 차로통제 사전정보제공 (통제원인, 날짜, 시간대, 통제차로수) - 교통안전사고예방 정보 • 순찰대 파견
특별 행사	• 차로통제에 대한 철저한 계획 수립 - 극심한 혼잡이 예상되더라도 도로공사 및 절차대로 수행 - 사전 행사 규모(인원, 시간 등)에 따라 체계적 대응계획 수립(우회유도 결정) - 행사 주체조직과 긴밀한 협조 하에 조직적인 대응 • 도로이용자에게 충분한 정보전달 • 교통사고 방지 대책수립 • 상황 감시	

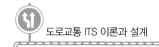

5.5.2 예측 불가능(기상악화 및 재해)한 특별상황 관리절차 및 내용

예측 불가능한 특별상황은 일반적으로 재해상황이라 할 수 있으며, 이러한 재해상황 관리는 갑작스런 기상악화로 인한 재해에 대한 관리방안으로써, 예측가능한 특별상황 관리와는 별도로 구분하여 관리한다.

관리절차는 사전전략으로서 재해발생 예상구간 선정 및 감시를 수행하며, 사후전략으로서 재해발생 확인, 대응, 복구상황 감시, 재해상황 해제 및 종결 결정을 수행한다.

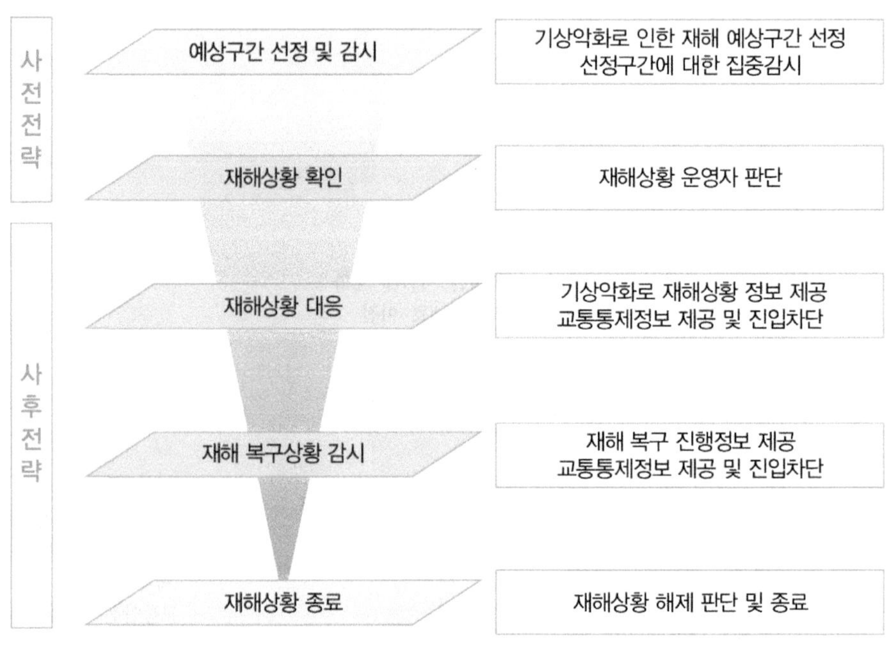

[그림 5-4] **예측 불가능한 특별상황 관리전략 절차**

- 예상구간 선정 및 감시 : 기존의 기상자료를 기초로 하여 재해 발생에 관련된 구간을 선정하고 집중적인 감시 수행
- 재해 상황 확인 : 재해상황 발생 시 운영자가 CCTV/순찰대를 통해 확인 및 판단
- 재해 상황 대응 : 기상악화 및 재해상황 진행정보 제공
  경찰 및 현장 순찰대에 의한 교통통제 및 우회 유출
- 복구상황 감시 및 확인 : 운영자가 지속적 감시/CCTV 및 순찰대 직접 확인
- 재해상황 해제 판단 및 종결 : 운영자 확인을 토대로 재해상황 해제판단 및 종결

5.6 돌발상황 검지 알고리즘

돌발상황 알고리즘은 이론적으로 크게 다섯 가지로 나뉜다. 여기에는 비교식(Comparative) 알고리즘, 통계(Statistical) 알고리즘, 시계열(Time-Series) 알고리즘, Smoothing/Filtering 알고리즘, 교통류 모델 알고리즘 등이 있다.

5.6.1 비교식 알고리즘

비교식 알고리즘은 기존 모든 알고리즘 중에서 가장 단순한 형태이다. 이 알고리즘은 돌발상황이 상류 검지기의 점유율을 증가시키는 반면, 하류의 점유율은 감소시킨다는 가정을 기본으로 하고 있는데, 미리 설정된 임계치에 측정된 값(교통량, 점유율, 속도 등)을 비교하고 임계치를 넘어설 경우 돌발상황으로 인지한다.

이 알고리즘은 일상 정체인지 돌발상황인지 애매할 경우 이를 확실히 판단하기 위해 압축파의 유무를 확인하며, 발생한 돌발상황은 상황의 지속과 종료 여부를 계속 감시한다.

압축파는 일반적으로 어떤 작은 방해 요소에 의해 심각한 속도 저하가 생기고, 이는 순식간에 큰 폭의 점유율 증가를 발생시킨다. 이러한 현상은 교통류 흐름의 반대로 전파되어 가는데 이를 압축파라 한다.

교통량이 많을 때 발생하는 압축파는 돌발상황과 유사한 패턴을 보여주는데, 돌발상황 검지 알고리즘으로 이를 분별할 수 있어야 한다.

캘리포니아(California) 알고리즘

캘리포니아 알고리즘은 가장 널리 알려진 알고리즘으로, 1960년대 LA 고속도로에서 사용할 목적으로 개발되었다. 이 알고리즘은 2개의 인접한 상하류 검지기 간의 점유율의 절댓값 차이와 상대적 차이, 하류 검지기에서의 시간에 따른 점유율의 차이를 미리 정의해 놓은 임계값과 비교하여 양(+)의 값을 가질 경우 돌발상황을 선언한다.

수정된 California 알고리즘

기존의 캘리포니아 알고리즘은 오보율이 높아 이를 보완할 목적으로 10개의 수정된 버전이 만들어졌다. 수정 버전의 특징은 지속성 분석과 압축파 테스트를 수행한다는 것이다. 즉, 실제 돌발상황이 아닌 돌발상황과 유사한 상황이 발생했을 경우의 오보를 방지하기 위해 허용되는 시간 내에서 좀 더 관찰함으로써 이를 줄이도록 한 것이다. 10개의 수정버전 알고리즘 중에서 7번째와 8번째 버전(California #7, #8)이 가장 우수하다고 알려져 있다.

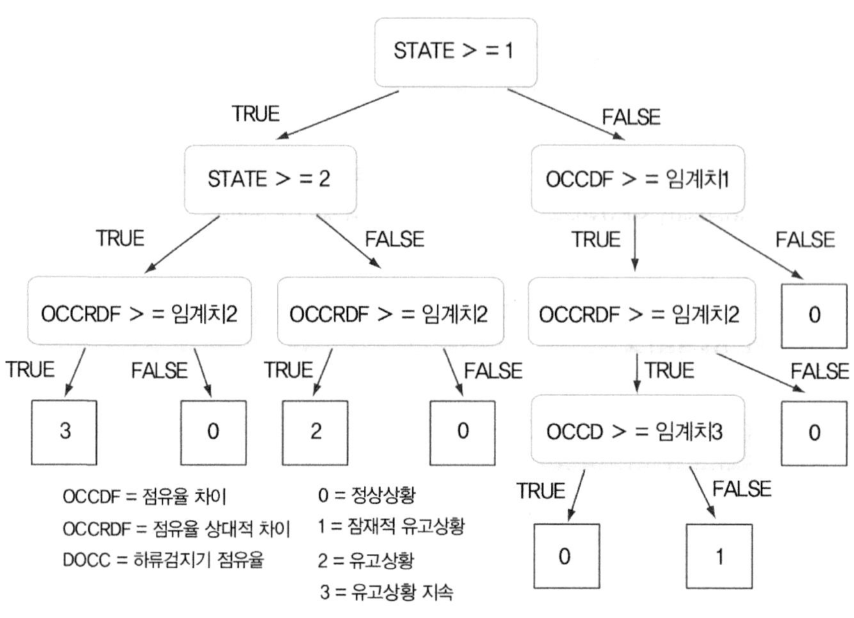

[그림 5-5] California 알고리즘 #7의 구조

APID(All Purpose Incident Detection) 알고리즘

캐나다 토론토의 교통관리시스템인 COMPASS에 적용하기 위해 개발된 이 알고리즘은 캘리포니아 알고리즘의 주요 요소를 단순 구조로 병합시켰는데, 교통량의 다소(多少)에 따라 각기 다른 알고리즘을 사용하도록 되어 있다. 즉, 교통량에 따라 Heavy Volume, Medium Volume, Light Volume으로 구분하고, 이에 서로 다른 검지 알고리즘을 이용하도록 되어 있다.

교통상황이 Heavy Volume일 경우에는 기본적인 캘리포니아 알고리즘을 사용한다. 그리고 Medium Volume일 경우에는 점유의 공간적 차이와 속도의 시간적 차이라는 변수를 사용한다. Light Volume일 경우는 아직 정의되지 않았다.

이 알고리즘 역시 돌발상황의 선언 이전에 지속성 체크와 압축파 테스트를 수행한다.

패턴 인식 알고리즘(PATREG)

패턴 인식 알고리즘은 돌발상황 발생 지점의 상하류 두 개의 검지기에 급격한 속도 변화를 야기시킨다는 단순한 가정을 전제로 하고 있다. 즉, 첫 번째 검지기를 지나는 차량의 속도 패턴이 정상류에서는 다음 검지기에서도 비슷하다고 가정하고 있으며, 만약 두 번째 검지기의 예측된 속도가 일정 범위(임계값)와 비교하여 벗어나는 경우 돌발상황을 선언한다.

5.6.2 통계적 알고리즘

통계적 알고리즘은 측정된 데이터와 통계 데이터로 추정한 값을 비교하여 돌발상황 발생 여부를 결정하는 방식의 알고리즘이다.

정규분포 알고리즘

1970년대 초 미국 텍사스 주 휴스턴의 걸프 고속도로에 사용할 목적으로 텍사스 교통연구소(Texas Transportation Institute)에서 개발하였다. 이 알고리즘 역시 교통 변수의 갑작스런 변화는 돌발상황에 의해서라는 가정을 기본 전제로 하는데, 측정된 데이터가 정규분포에 따른 임계값을 초과하면 돌발상황을 선언한다.

Bayesian 알고리즘

점유율의 상대적인 차이가 돌발상황인지 아닌지를 확률로 계산하기 위해 Bayesian 이론을 적용한 것이다. Baysian 이론은 "어느 임의 구간에서 돌발상황과 정상상황에는 서로 다른 상류부, 하류부의 도수분포가 있다"라는 가정을 전제로 하고 있다. 이 알고리즘을 수행하기 위해 필요한 데이터는 다음과 같다.

- 돌발상황 시의 점유율과 교통량 자료
- 정상상황 시의 점유율과 교통량 자료
- 돌발상황의 형태, 위치, 영향에 대한 과거 자료

5.6.3 평활화 및 필터링 알고리즘

검지기에서 수집되는 교통 데이터는 수집 주기가 짧아질수록 변동이 심해지는데, 이때 검지율은 높아지지만 그만큼 오보율도 높아진다. 이러한 데이터의 심한 변동을 완화시켜서 오보율을 적정 수준으로 유지하기 위해 데이터를 평활화하고 필터링하는 알고리즘을 개발하였다.

지수 평활화(Exponential Smoothing) 알고리즘

지수 평활화 알고리즘은 현재 혹은 미래의 교통상황은 과거 데이터를 기초로 하며, 가장 최근의 데이터가 현재를 설명하는 데 있어 더 유용하다는 이론하에, 수집된 교통 데이터의 가중평균을 구함으로써 데이터의 변동을 감소시킨다. 수학적으로 돌발상황 검지를 목적으로 사용한 가장 안정적인 알고리즘은 1차 혹은 2차 지수함수로 표현된다.

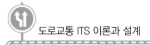

Low-Pass Filter 알고리즘

Low-Pass Filter 알고리즘은 수집한 교통 변수를 평활화하기 위해 데이터의 비동질성을 수학적으로 제거한 알고리즘으로, 다음과 같은 수식으로 표현된다.

$$Y_t = \sum_{k=0}^{M} \frac{1}{M+1} X_{t-k} \tag{5.1}$$

여기서

Y_t : 보정된 교통 변수

X_{t-k} : t 에서 k 까지의 간격 동안 관찰된 교통 변수

M : 데이터가 보정되는 간격의 최대치

5.6.4 교통류 모델 알고리즘

돌발상황의 행태를 묘사하기 위해서 교통류 이론을 이용한다. 여기에 속하는 모형들은 돌발상황하에서 교통류 상황을 예측하여 실제 관찰된 교통 변수들과 비교한다. 여기에 속하는 대표적인 모형들로는 Dynamic 모델과 McMaster 알고리즘이 있다.

Dynamic 모델

대부분의 돌발상황 검지 알고리즘은 교통류의 다양한 속성 모두를 설명하기가 어렵다는 단점을 가지고 있다. 이러한 문제를 해결하기 위해 고속도로 교통류의 다양한 속성을 잡아낼 수 있는 거시적 교통류 모형이 연구되었다. 이 모형의 이론적 근거는 속도-밀도와 교통량-밀도 간의 관계에 있으며, 그중 하나는 Multiple 모델로서 고속도로에서 교통류 상황을 나타내는 선형 체계를 이용하며, 검지 변수로는 조건부 확률값(conditional probability)을 이용한다.

McMaster 알고리즘

이 알고리즘은 각각의 검지 지점별로 실행되며, 각 검지 지점에서는 교통상황의 변화를 속도-교통량-점유율 간 관계를 이용하여 감시한다. 이 알고리즘은 교통상황이 정상에서 혼잡상태로 변화했을 때, 속도는 매우 민감한 변화를 보여주는 반면에 교통량과 점유율은 완만하게 변화한다는 것을 전제로 하고 있다.

이 알고리즘은 먼저 한 개의 검지기에서 혼잡 여부를 확인하는데, 세 번의 알고리즘 실행 간격 동안 그 결과가 연속으로 상태가 2(혼잡) 또는 3(매우 혼잡)으로 분류되면 혼잡으로 정의한다. 그리고 이때 하류부의 검지기의 상태를 체크하여 상태가 1(정상) 또는 2(혼잡)이면 이 상하류 두 개의 검지기 사이에 돌발상황이 발생한 것으로 판단한다. 또 하류부 상태가 3(매우 혼잡)으로 나타나면 이보다 더 하류에 위치한 검지기를 점검하고 같은 과정을 거친다. 또 하류부 상태가 4(병목 혼잡)이면 병목 등에 의한 혼잡으로 판단한다. 즉, 해당 구간의 검지기는 소통상태를 판단하는 데 이용하고, 하류부의 검지기는 해당 구간의 혼잡 원인을 찾는 데 이용하는 것이다.

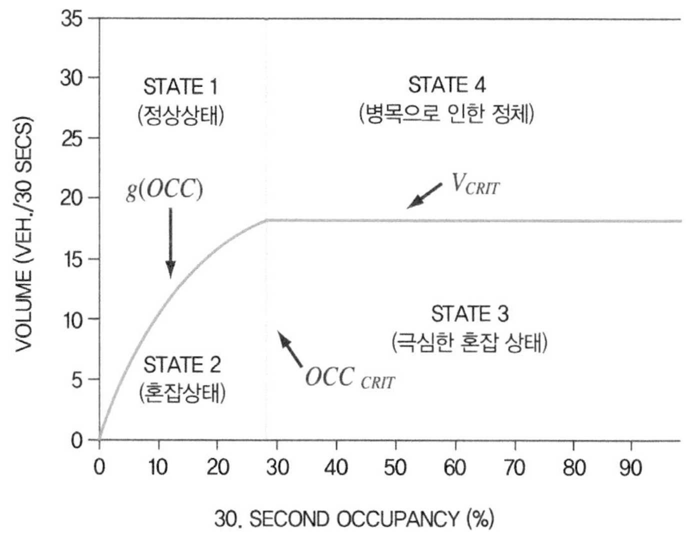

[그림 5-6] McMaster 알고리즘을 위한 교통량-점유율 관계

Low-Volume 알고리즘

대부분의 검지 알고리즘은 교통량이 적은 경우 검지율이 크게 떨어진다. 이는 대부분의 알고리즘이 고속도로의 용량이 수요 이하로 떨어질 때 나타나는 문제인 교통류의 불연속성, 대기행렬, 혼잡에 초점을 맞추고 있기 때문이다. 그러나 새벽 1시에서 5시 사이와 같이 교통량이 매우 낮은 시간대에 발생하는 돌발상황은 좀처럼 수요 아래로 용량을 감소시키지는 않는다. 이를 보완하기 위해 텍사스 교통 연구소(TTI : Texas Transportation Institute)에서는 개별 차량의 I.O.(Input-Output) 분석을 통해 교통량이 적은 시간대에 적용할 수 있도록 하였다.

이 알고리즘은 특정 구간의 차량의 유입 시각과 유입 시의 속도를 기초로 차량 유출 시각을 예측한다. 유출 시각은 다음과 같은 식을 이용하여 예측할 수 있다.

$$t_e = t_i + d/v \tag{5.2}$$

여기서

t_e : 구간 유출 시각

t_i : 구간 유입 시각

d : 구간 길이

v : 구간 유입 시 차량 속도

이 알고리즘은 차량이 특정 구간을 통과하는 동안에는 속도를 일정하게 유지한다는 가정하에 실행된다. 구간으로 유입하는 차량마다 t_e를 계산한다. 이 t_e를 이용하여 어느 시간대의 통과 교통량을 추정하고 이 추정 교통량을 실제 통과 교통량과 비교하여 일정 기준값 이상(−) 차이가 나면 돌발상황으로 판정한다.

5.7 알고리즘 특성 비교

5.7.1 성능 비교

대부분의 알고리즘들은 루프 검지기에서 수집한 데이터를 기준으로 개발되고 평가되어 왔으나 실제 운영되고 있는 것은 소수인데, 이는 실험 환경과 실제 도로 환경과는 많은 차이가 있기 때문이다. 따라서 돌발상황 검지 알고리즘의 실험 결과와 관계없이 알고리즘이 실제 도로에서 적용되고 있는가의 여부는 모형 선정에서 매우 중요한 사항이다.

아직은 실제 환경하에서의 알고리즘의 성능 비교는 찾을 수 없고, 부족하나마 실험 환경하에서의 성능 비교는 표 5−6에 제시되어 있다. PATREG, HIOCC, Dynamic Model 알고리즘 등은 성능평가 방법 또는 지표가 다른 알고리즘과는 다르기 때문에 여기서는 제외되었다.

[표 5-6] **알고리즘의 성능 비교표**

모 형		검지율	오보율	평균 검지 시간
California	Basic	82 %	1.7 %	0.85 분
	Version #7	67 %	0.134 %	2.91 분
	Version #8	68 %	0.177 %	3.04 분
	APID	86 %	0.05 %	2.5 분
Standard Normal Deviate		92 %	1.3 %	1.1 분
Bayesian		100 %	0 %	3.9 분
Time - Series ARIMA		100 %	1.5 %	0.4 분
Exponential Smoothing		92 %	1.87 %	0.7 분
Low - Pass Filter		80 %	0.3 %	4.0 분
McMaster		68 %	0.0018 %	2.2 분

성능이 좋은 모형이란 검지율만 높은 모형이 아니라 짧은 시간 내에 오보율을 일정 수준 이하로 유지하면서 상대적으로 높은 검지율을 보이는 모형이다. 그러나 실제 도로 현장에의 적용은 표에 의하면 다른 알고리즘에 비해 그다지 우수하지 않은 캘리포니아 알고리즘 #7이나 McMaster 알고리즘이 대부분으로, 이는 현장의 많은 적용 사례가 얼마나 중요한 요소인가를 증명해 주는 것이다.

5.7.2 사용 변수

돌발상황 알고리즘의 사용 변수는 점유율을 기본 데이터로 활용하며, 이외에 교통량, 속도가 사용되고 있다.

[표 5-7] **알고리즘의 사용 변수**

모 형		점유율	교통량	속 도	기타
California	Basic	√			
	Version #7	√			
	Version #8	√			
	APID	√	√	√[①]	
PATREG		√			
Standard Normal Deviate		√	√		Energy[③]
Bayesian		√			

(계속)

모 형	점유율	교통량	속 도	기타
Time - Series ARIMA	√	√		
HIOCC	√			
Exponential Smoothing	√			
Low - Pass Filter	√			
Dynamic Model	√	√		
McMaster	√	√	√②	

주) ① 점유율과 교통량으로부터 도출
② 교통량을 점유율로 나눈 값의 제곱으로 계산
③ 개별 차로의 운동에너지 비교

5.7.3 입력변수값 산정 시간 및 데이터 갱신 주기

대부분의 모형이 유사한 검지 변수를 사용하고 있으며, 양적인 측면에서도 유사한 분량의 데이터를 필요로 한다. 또한 공통적으로 점유율 또는 점유율을 가공한 값을 변수로 이용하고 있으며, 일반적으로 1분 평균 자료를 모형의 입력값으로 사용하고 있다.

[표 5-8] **알고리즘의 변수 산정 시간 간격과 갱신 주기**

모 형		검지 변수 평균값 산정 시간 간격(초)	데이터 갱신 주기(초)
California	Basic	60	20, 30, 또는 60
	Algorithm #7	60	20, 30, 또는 60
	Algorithm #8	60	20, 30, 또는 60
	APID	20~300	20
PATREG		40	1
Standard Normal Deviate		180 또는 300	60
Bayesian		60	20
Time - Series ARIMA		20	20
HIOCC		2	1
Exponential Smoothing		60	60
Low - Pass Filter		180	30
Dynamic Model		60	5
McMaster		30	30

5.7.4 운영 및 관리 용이성

모형의 실행 결과를 바탕으로 최종 결정을 내려야 하는 운영자 관점에서는 모형의 돌발상황 검지 원리에 대한 이해가 있어야 올바른 판단이 가능하다. 특히 넓은 지역을 관할하는 교통관리시스템일 경우에는 검지율과 오보율도 중요하지만, 신속하게 돌발상황을 판단해냄으로써 컴퓨터 실행 시간을 줄여줄 수 있는 것도 고려해야 할 중요한 변수 중 하나이다.

[표 5-9] **알고리즘의 복잡성과 사용 용이성**

모 형		알고리즘의 복잡성	통합의 용이성
California	Basic	단 순	쉬 움
	Algorithm #7	보 통	쉬 움
	Algorithm #8	보 통	쉬 움
	APID	보 통	쉬 움
PATREG		단 순	어려움
Standard Normal Deviate		단 순	쉬 움
Bayesian		복 잡	보 통
Time - Series ARIMA		복 잡	어려움
HIOCC		단 순	어려움
Exponential Smoothing		보 통	보 통
Low - Pass Filter		보 통	쉬 움
Dynamic Model		매우 복잡	매우 어려움
McMaster		보 통	보 통

5.7.5 돌발상황 검지 알고리즘의 한계

모든 돌발상황 검지 모형의 검지율과 오보율 간에는 trade - off 관계가 있다. 다시 말해 특정 모형의 검지율을 높이면 오보율이 높아지며, 오보율을 낮추면 검지율이 낮아진다. 따라서 검지율이 100%이면서 오보율이 0%인 완벽한 모형은 현실적으로 존재하기 어렵다.

대부분 모형의 알고리즘 구조는 기본적으로 1 ~ 3분 정도의 지연 시간을 필요로 하며, 오보율을 낮추기 위해 지속성 분석을 수행할 경우 3 ~ 5분 가량의 지연 시간이 검지 시간에 추가된다. 실제로 현장의 교통센터에서는 모형이 돌발상황을 검지하기 전에 다른 수단(CCTV, 전화 제보 등)에 의해 먼저 파악되는 경우가 많다.

돌발상황 검지 알고리즘은 상황에 따라 다음과 같은 한계를 가지고 있으므로, 이를 고려하여 활용해야 한다.

- 불합리한 기하구조 : 매우 급한 평면곡선이나 종단곡선이 중차량의 속도를 감소시킴으로써 비정상적인 상황을 만들어 낼 경우
- 검지기 자료의 낮은 신뢰성 : 검지기 고장 등으로 인해 수집자료가 부정확할 때, 특히 점유율이 비정상적일 경우
- 돌발상황과 유사한 교통 패턴 : 트럭과 같이 속도가 느린 차량으로 인해 마치 돌발상황과 유사한 교통 패턴을 갖는 경우
- 병목현상 : 교통수요가 도로의 용량을 초과하는 경우

5.7.6 실제 교통관리센터에서 운영 경험

많은 교통관리센터에서 사용하는 있는 돌발상황 모형은 California 알고리즘인 것으로 파악되고 있다. 그 첫 번째 이유로 센터의 상당수가 운영을 시작한 1970년대 당시에는 California 알고리즘이 '표준'으로 인정받고 있었고, 둘째로는 직관적이고 이해하기 쉬운 모형 자체의 장점 때문인 것으로 분석된다. 그러나 California 알고리즘의 '지나치게 잦은 오보' 문제를 공통적으로 지적하고 있다. 오보율에는 여러 가지 요소가 복합적으로 작용할 수 있으나, 현장 적용 시의 부적절하거나 불충분한 보정(calibration)도 그 원인의 하나로 추정된다.

California 알고리즘 외에 현장에서 적용하고 있는 또 다른 모형은 McMaster 알고리즘으로서, 1992년부터 캐나다 토론토 지역의 교통관리센터에 적용해왔는데 모형의 성능은 현재까지 대체로 만족할 만한 수준인 것으로 파악되고 있다.

5.8 알고리즘의 실제 현장 적용 방법

5.8.1 알고리즘 적용 시 고려사항

돌발상황 알고리즘을 실제 교통관리시스템에서 적용할 경우 무엇보다 우선적으로 고려해야 할 것은 개개의 알고리즘의 우수성이 아니라 각 알고리즘의 성능이 제대로 발휘될 수 있도록 지점별로 도로환경에 맞는 튜닝 작업이 선행되어야 한다. 각 도로구간의 기하구조 특성과 교통 특성이 서로 다르고 이에 따라 알고리즘의 검지율 혹은 오보율도 다를 수밖에 없기 때문이다.

알고리즘을 처음 시스템에 적용하면 이러한 이유로 많은 오보 경보를 내게 되고, 어떤 경우에는 시스템 전체에 알고리즘의 프로세스 부하가 걸려 시스템이 다운되기도 한다.

하나의 알고리즘을 사용할 경우 알고리즘의 특성으로 인해 검지 성능의 변화가 가장 큰 문제가 된다. 이를 해결하는 방법으로 몇 가지 아이디어를 제시하면 다음과 같다.

첫 번째 방법은 초기에는 여러 알고리즘을 복합적으로 구동하고, 충분한 데이터를 확보한 후 적합한 알고리즘을 선정하는 방법이다.

두 번째 방법은 decision - bar - chart를 이용하는 방법으로, 돌발상황 가능성을 표현하는 방법이다.

5.8.2 지점별 최적 알고리즘 선정

지점별 최적 알고리즘 선정 방법은 여러 조합된 알고리즘 중 지점의 상황에 따라 최적의 알고리즘을 적용한다는 아이디어에 기초하고 있다. 다른 방법들과 마찬가지로 이 방법은 알고리즘 선정 이전에 충분한 돌발상황 데이터를 필요로 한다. 또 좀 더 정확한 알고리즘을 선정하기 위해서는 교통 특성에 따라 데이터를 분류해야 한다. 여기서 교통 특성은 여러 가지 경우로 나누어 생각해 볼 수 있는데, 교통 변수인 교통량이나 통행속도 등을 이용하거나, 시간적 측면에서 오전 첨두시간, 오후 비첨두시간, 오후 첨두시간, 새벽 시간 등으로 나눌 수도 있다.

각 지점에서는 분류된 경우에 적합한 알고리즘을 각각 선정한다. 그리고 필요한 경우에는 평일, 주말, 월별에 따라 분류할 수도 있어 상황별로 많은 알고리즘을 선정할 수도 있다.

예를 들어, 설명하면 다음과 같다. 어느 지점의 오전 첨두, 오후 비첨두, 오후 첨두, 새벽시간대에 발생한 돌발상황이 각각의 100건을 취합한 결과가 표 5 - 10과 같다고 하자. 이 지점에서 시간대별로 적합한 알고리즘을 선정한다면, 오전 첨두 시간대에는 알고리즘 1, 오후 비첨두 시간대에는 알고리즘 2, 오후 첨두 시간대에는 알고리즘 1, 새벽에는 알고리즘 2를 선정하면 된다. 여기서 알고리즘 3은 현재까지 이 지점에서는 부적합한 알고리즘이다.

[표 5-10] **도로 교통 특성에 적합한 알고리즘의 선정 방법**

시간대	발생 건수	알고리즘별 돌발상황 검지율			결 정
		알고리즘 1	알고리즘 2	알고리즘 3	
오전 첨두	100	90%	60%	80%	알고리즘 1
오후 비첨두	100	50%	80%	70%	알고리즘 2
오후 첨두	100	80%	60%	40%	알고리즘 1
새 벽	100	40%	70%	50%	알고리즘 2

5.8.3 Decision bar chart를 이용

Decision-bar-chart 기법은 돌발상황을 가능성(%)으로 표현하는 기법이다. 지점별 최적 알고리즘 선정 기법에서는 상황마다 그에 적합한 알고리즘을 하나씩 선정하여 사용하지만, Decision-bar-chart 기법에서는 활용할 수 있는 알고리즘을 모두 사용한다. 따라서 Decision-bar-chart 기법을 활용하여 알고리즘들을 결정하려면 문헌 검토, 전문가 자문 등 사전 작업에 신중을 기해야 한다.

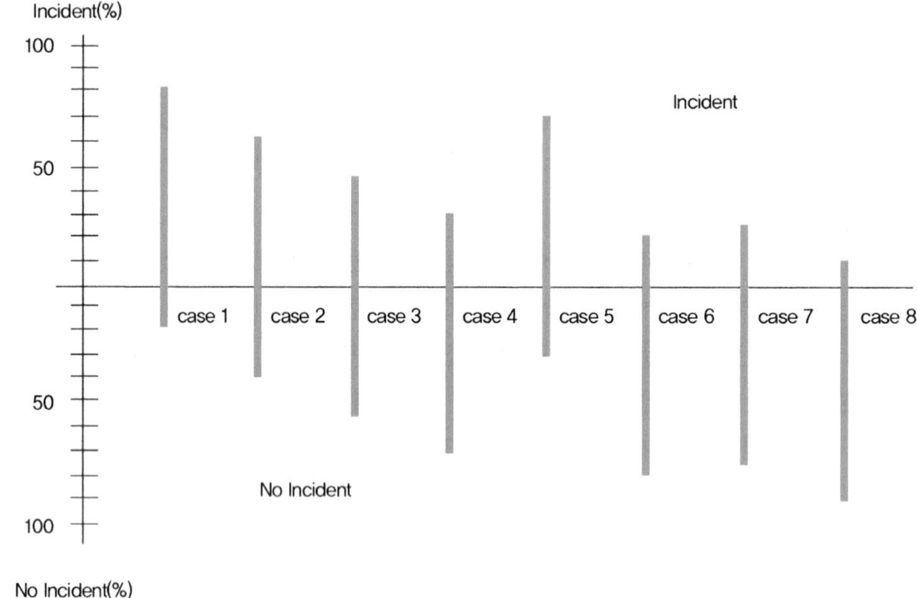

[그림 5-7] Decision-bar-chart

[표 5-11] Decision-bar-chart를 이용한 알고리즘 활용 방법

구간 ID	알고리즘별 돌발상황 판단 결과			실제 결과	
	알고리즘 1	알고리즘 2	알고리즘 3	돌발(○)	오보(×)
abc	○	○	○	80%	20%
	○	○	×	60%	40%
	○	×	○	50%	50%
	○	×	×	30%	70%
	×	○	○	70%	30%
	×	○	×	20%	80%
	×	×	○	30%	70%
	×	×	×	5%	95%

표 5-11에서는 각 알고리즘들의 판단 결과와 이때의 실제 상황을 100분율(%)로 표현하고 있다. 예를 들어, 알고리즘 1, 알고리즘 2, 알고리즘 3의 각각의 수행 결과 모두가 돌발상황(○)인 경우 실제 결과는 80%가 돌발상황이고, 20%가 돌발상황이 아님을 보여주고 있다. 또 알고리즘 1은 ○, 나머지 2, 3은 ×인 경우, 실제 결과는 30%가 돌발상황, 70%는 그렇지 않음을 보여주고 있다.

첫 번째 경우에, 시스템은 축적된 경험을 바탕으로 운영자에게 "돌발상황 가능성이 80%"임을 알려준다. 운영자는 이 가능성을 가지고 즉각적인 확인 및 조치에 들어갈 수도 있고, 다음 수행 결과를 기다릴 수도 있다. 두 번째 경우에, 시스템은 축적된 경험을 바탕으로 돌발상황일 가능성은 30%임을 알려준다.

Decision-bar-chart 기법은 지점별 최적 알고리즘 선정 기법과는 달리, 결과들이 계속 업데이트가 되기 때문에 돌발상황 데이터가 증가할수록 정확성도 점점 높아질 것이다. 또한 운영자의 전문성이 높고 경험이 축적될수록 적절한 대응책을 찾을 수 있는 가능성도 높아진다.

5.9 교통 장애 경고 시스템

5.9.1 개요

고속도로에서 평면곡선반경이 작은 곳에서 발생하는 교통사고, 차로상의 정지 차량, 램프 진출, 대기 차량 등은 상류부에서 접근하는 차량에게 추돌 등의 2차 사고를 유발시키는 주요 원인이 된다. 따라서 급격한 곡선부에 영상 모니터링 장비와 정보제공 장비 등을 설치하여 이러한 위험 상황을 사전에 신속히 알려주어 2차 사고를 예방하기 위한 시스템이 교통 장애 경고 시스템이다.

교통 장애 경고 시스템은 돌발상황 관리전략과 유사하지만, 시스템 범위가 돌발상황 관리 중 예방체계 정도에 해당하는 한정된 기능을 가지고 있다.

5.9.2 시스템 운영

교통 장애 경고 시스템은 교통 장애 요소의 빠른 검지와 장애 지점으로 접근하는 차량들이 이러한 상황을 사전에 인지하도록 적절한 방법을 통한 정보제공이 시스템의 주요 기능이다. 이를 위해서는 차량 검지기, CCTV와 같은 실시간 영상수집 장비, VMS와 같은 정보제공 장비 등이 시스템의 주요 구성요소가 된다.

교통 장애 경고 시스템은 그림 5-8에서 보는 바와 같은 운영 절차를 갖는다. 교통 장애 검지 수단을 이용하여 장애가 검지되면, 이에 운영자는 장애에 대한 사항(위치, 교통 장애 종류, 심각한 수준) 정도를 파악하고, VMS를 통하여 각 단계에 맞는 정보를 표출한다. 이 시스템이 설치된 구간은 교통사고 위험이 높은 곳이기 때문에 교통 장애가 없는 경우에도 VMS에 전방을 주의하라는 메시지나 안전과 관련한 교통 정보를 지속적으로 표출한다.

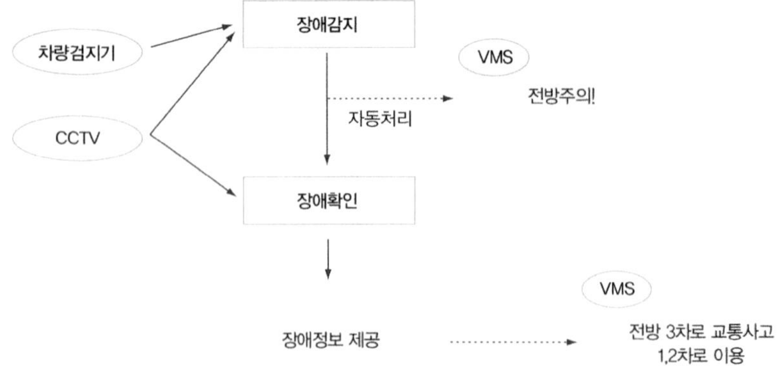

[그림 5-8] 교통 장애 경고 시스템 운영

5.9.3 일본 한신고속도로의 교통사고 경고 시스템

일본은 사고다발지점이나 사고위험이 높은 구간에는 그림 5-9에서 보는 바와 같이 교통사고 경고 시스템을 설치 운영하여, 사고 발생 시 상류부로부터 접근하는 차량에게 상황정보를 사전에 제공하여 2차 사고를 예방하고 있다.

예시된 구간에는 총 4개의 CCD 카메라가 설치되어 있고, 이들의 모니터링 영역은 어느 정도 중첩되어 있다. 또 카메라의 상류부에는 위험을 경고해 주는 VMS가 설치되어 있다.

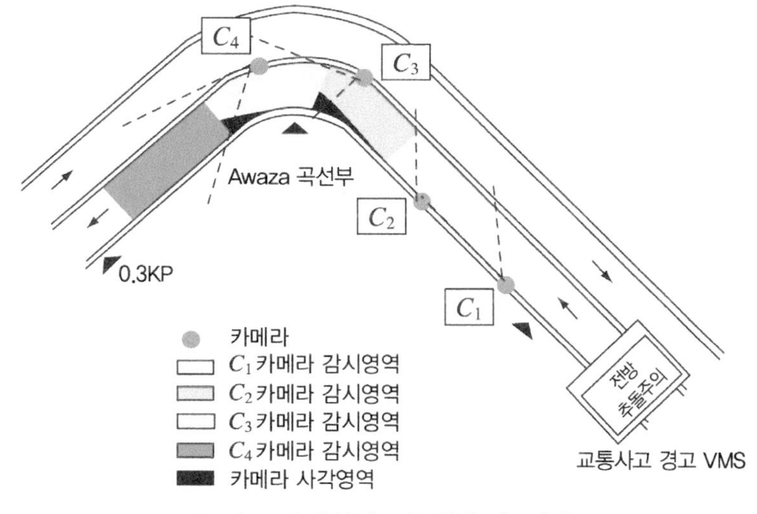

[그림 5-9] **일본의 교통 장애 경고체계**

일본에서는 교통자료 수집 이외에 교통사고 경고 시스템과 같은 돌발상황 전용 검지기와 CCTV 등을 설치 운영하고 있다. 이는 장애 검지의 신속성과 장애로 인한 2차 사고 예방을 위한 것으로, 시스템 설치 효과가 높다.

5.9.4 교통정보 제공 수준과 내용

교통정보 제공 수준

교통 장애 경고 시스템은 교통 장애 요소의 인지 과정에 따라 2단계의 정보를 제공한다. 1단계는 교통 장애가 발생하였음을 차량 검지기로부터 수집한 자료를 이용한 돌발상황 알고리즘의 결과 등을 통하여 인지한 순간(t_1)에 상류부 차량에 주의 정보를 알려주며, 2단계에서는 장애의 정확한 위치, 장애 종류, 심각도 등을 운영자가 정확히 확인한 시점(t_2)에서 접근하는 차량에 2차 사고 예방을 위한 지시 정보를 제공한다.

즉, 1단계에서는 아직은 명확하지 않지만 교통류에 영향을 주는 무언가가 있음을 미리 경고하는 수준의 정보를 제공하며, 2단계에서는 정확한 상황이 파악되어 운전자에게 2차 사고를 피할 수 있는 구체적인 지시정보를 제공하는 것이다.

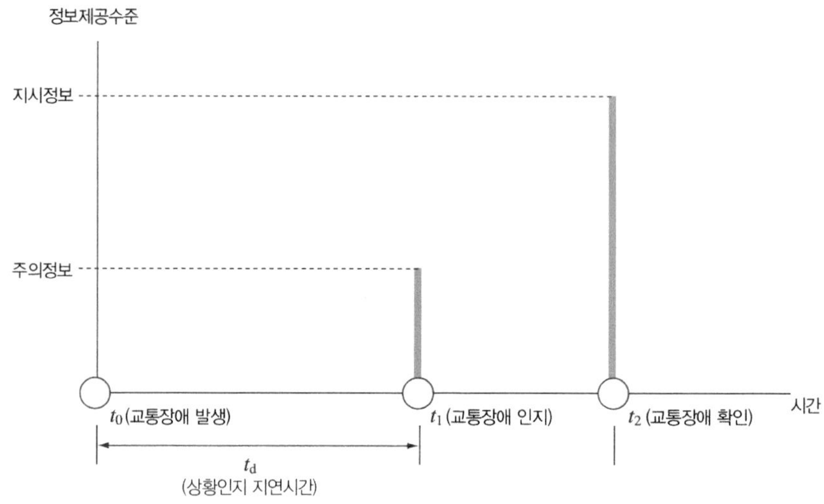

[그림 5-10] **교통 장애 정보의 수준**

정보 내용

각 단계에서 제공되는 정보의 내용은 표 5-12와 같다.

[표 5-12] **교통 장애 단계별 정보 내용**

정보 형태	정보 내용	사 례	정보의 수준	
			1차	2차
주 의	후방 충돌에 주의	전방 차량 서행 운전, 급정거 주의	X	X
	전방 위험의 주의	전방 주의		X
지 시	속도 지시	전방 3차로 대기행렬, 감속 운행	-	X
	차로변경 지시	2,3차로에 사고차량, 1차로 이용	-	X
	경로변경 지시	전차로 폐쇄, 우회도로 이용		X

5.9.5 교통 장애 경고 시스템 도입 필요 구간

교통 장애 경고 시스템을 도입할 필요가 있는 구간은 대체로 사고 발생건수가 많은 곳, 불량한 기하구조로 인해 사고가 예상되는 곳, 교통사고 발생 시 2차적인 문제가 더 심각한 곳이다.

사고 많은 지점

사고가 많은 지점은 대체로 열악한 기하구조를 가진 곳이 주로 많으며, 이외에도 노면 결빙이 잦거나 안개 잦은 지역 등이 이에 해당한다. 사고 많은 지점은 경찰이 조사한 실제 교통사고자료와 기준에 따라 선정한다.

사고 예상 지점

급한 곡선부, 급경사 도로의 언덕 등 시거가 불량한 구간, 판단에 혼란을 주는 진출입로 혹은 엇갈림 구간, 안전시설의 부족으로 운전자의 주의가 필요한 곳, 짙은 안개가 자주 발생하는 구간 그리고 터널과 같이 운전 조건이 열악한 구간 등이 사고가 예상되는 지점에 해당한다.

2차 문제 지점

터널 같이 막힌 곳은 사고 발생 시 상류부 차량이 회차 혹은 우회할 수가 없다. 이런 경우에는 사고 처리가 끝날 때까지 기다려야 하고, 사고 자체보다는 2차적인 문제가 더 큰 문제를 야기할 수 있다.

[표 5-13] **교통 장애 경고 시스템 도입이 필요한 구간**

도로 구조와 도로 환경 / 구간 구분	도로 구조										도로 환경					
	직선부			평면 곡선부		터널	다리	교차지점			이상 기후구간			취약 노면구간		
	구배 없음	상향	하향	대원	소원			합류	분류	교차	폭우	안개	폭설	젖음	빙판	적설
사고 많은 지점			O		O	O	O			O	O	O	O	O	O	O
사고 예상 지점			O		O	O	O			O	O	O	O	O	O	O
2차 문제 지점						O	O									

표 5-13에서는 도로 구조와 도로 환경에 따라 교통 장애 경고 시스템 도입이 필요한 곳을 표시하고 있다.

사고 많은 지점은 주로 직선부의 경우 하향 구간, 평면곡선부의 경우 평면곡선반경이 작은 곳(소원)에서 발생하며, 터널과 다리, 교차로 등도 상대적으로 열악한 도로 구조로 인해 사고 많은 구간에 포함된다. 또 폭우, 안개, 폭설이 심한 이상 기후 구간과 노면이 다른 구간에 비해 상대적으로 쉽게 젖거나, 결빙되거나, 눈이 쌓이는 취약 노면구간 등도 이에 포함된다.

사고 예상 지점 역시 사고 많은 지점과 같은 관점에서 볼 수 있다.

2차 문제 지점은 터널과 다리가 주요 대상이 된다. 이들 구간은 일단 들어서면 회차 혹은 우회가 불가능하므로, 빠른 검지와 넓은 범위에 걸쳐 정보를 제공하여 사전에 우회할 수 있도록 정보를 제공해야 한다.

5.9.6 VMS 설치 위치

VMS의 설치 위치는 카메라 위치와 직접적으로 연관이 있으며, 접근 차량이 교통 장애에 대한 정보를 받은 후 장애 지점에 도달하기 전에 안전하게 정지할 수 있는 거리를 최소거리로 해야 한다. 물론 교통 장애에 대한 조치가 정지만을 의미하는 것은 아니고 차로 변경, 경로 변경, 정지, 서행 등을 포괄적으로 포함하고 있다. 다만 이 중에서 안전을 위해 정지거리 확보를 기준으로 하였을 뿐이다.

CCTV는 대체로 평면곡선반경이 작은 곳, 결빙이 잦은 곳, 안개가 잦은 구간, 고속도로의 경우 진출 차량으로 인한 역류 대기행렬 발생 구간 등에 설치된다.

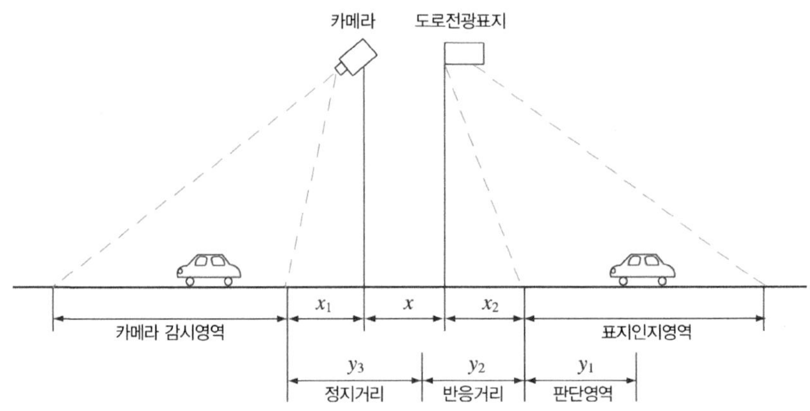

[그림 5-11] **VMS와 카메라의 최소 설치 간격**

VMS와 CCTV 카메라 간의 최소 간격은 다음 방정식을 따른다.

$$x = y_2 + y_3 - (x_1 + x_2) \tag{5.3}$$

여기서

y_2 : 반응거리(m)

y_3 : 정지거리(m)

x_1 : 카메라 사각지점 영역(m)

x_2 : VMS의 표출 정보 인지 불능 영역(m)

x_1 은 설치된 카메라가 교통상황을 감시할 수 없는 영역으로 카메라의 설치높이와 관련된다. 그리고 x_2는 접근 차량이 표지판의 정보를 판독할 수 없는 거리로서 표지 높이, 표지 크기, 글자 크기 등이 관련 변수가 될 것이다. 또, 판단거리 y_1은 충분히 확보되어 있다고 가정하고 있다.

시스템을 실제 설계하고 운영할 경우에는 이 최소 간격 위치에 VMS를 설치하고, 추가로 상류부에 VMS를 충분히 설치하여 운전자에게 위험요소에 대한 경고를 시간적으로 그리고 공간적으로 사전에 알려주는 것이 바람직하다.

시스템 대응 시간과 위험에 노출된 차량의 수

시스템 대응 시간 최소화의 궁극적인 목표는 어떤 교통 장애가 발생한 후 이에 정보가 VMS를 통해 제공되는 그 시간 이내에 정보를 제공받지 못하는 차량의 수를 최소화하는데 있다. 그림 5-12를 보면 교통사고가 발생한 경우 시스템이 확인하고 정보를 VMS에 띄우기까지의 시스템이 대응하는 시간(T_r)까지 해당 정보를 받아볼 수 없는 영역(즉, VMS로부터 아직 교통사고 정보를 제공받지 못하는 영역)과 교통사고 정보를 볼 수 있었지만 판단, 반응, 정지에 필요한 거리를 확보하지 못하는 영역이 있다.

좀 더 쉽게 설명하기 위해 그림 5-12의 사고 차량의 위치가 카메라 사각 영역의 끝단이라고 하자. 만약 교통사고 정보를 VMS로부터 읽은 차량이 있다고 하자. 그 차량의 정보 획득 바로 그 시점, 그 위치가 사고 차량의 위치로부터 판단, 반응, 정지에 필요한 거리가 부족할 때 또는 어떤 차량이 시스템이 대응이 늦어 정보를 볼 수 없이 통과한 거리 내에 있다면, 이 차량들은 교통사고 정보를 볼 수 없거나 정보를 알고 있다 할지라도 안전한 정지가 불가능한 상태에 놓이게 될 것이다. 결국 사고 발생 시 $V^* T_r$ 거리 내의 차량과 $y_1 + y_2 + y_3$ 내의 차량들이 2차 사고의 위험에 노출되어 있는 것이다.

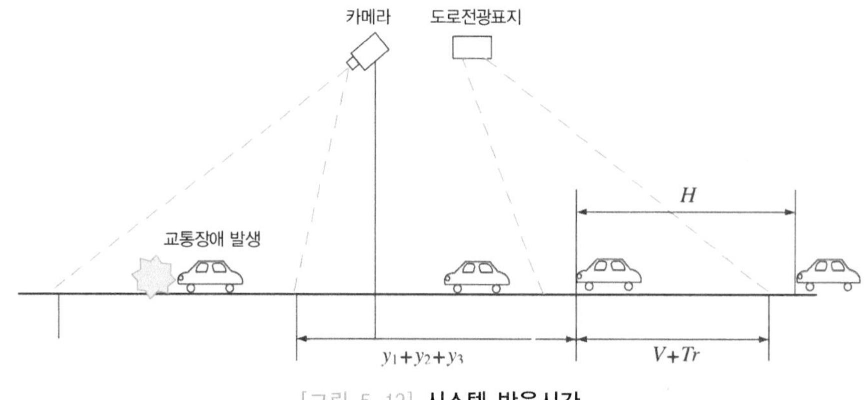

[그림 5-12] 시스템 반응시간

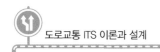

이를 식으로 풀어보면 다음과 같다. 여기서 n은 위험에 노출된 차량의 수이다.

$$n = (y_1 + y_2 + y_3 + V \times T_r) / H \qquad (5.4)$$

여기서

y_1 : 판단시거(m), y_2 : 반응거리(m)

y_3 : 정지거리(m), V : 교통류의 평균 속도(m/sec)

T_r : 시스템 반응시간(sec), H : 평균 차량 간격(m)

목표가 되는 n을 최소화하기 위해서는 교통류의 평균 속도 V를 감소시키거나, 차량 차두시간 H를 증가시키거나, T_r의 값을 최소화하는 방법이 있다. 앞의 두 변수는 인위적으로 바꿀 수 없기 때문에 T_o값을 최소화시키는 것이 가장 현실적인 방법이다. 사실, T_r값은 기술의 발전과 함께 교통관리시스템 내에서 다양한 알고리즘과 프로세스가 연구 및 적용되고 있기도 하다.

5.9.7 VMS 설치 간격과 대응 시간

다음은 VMS의 설치 간격에 대한 예시를 다루고 있으며, 여기에서 제시한 매개변수와 관계식은 Japan Road Association에서 출판한 "Explanation and Application of Road Structure Laws"와 "Road Sign Installations and Their Explanation"을 따르고 있다.

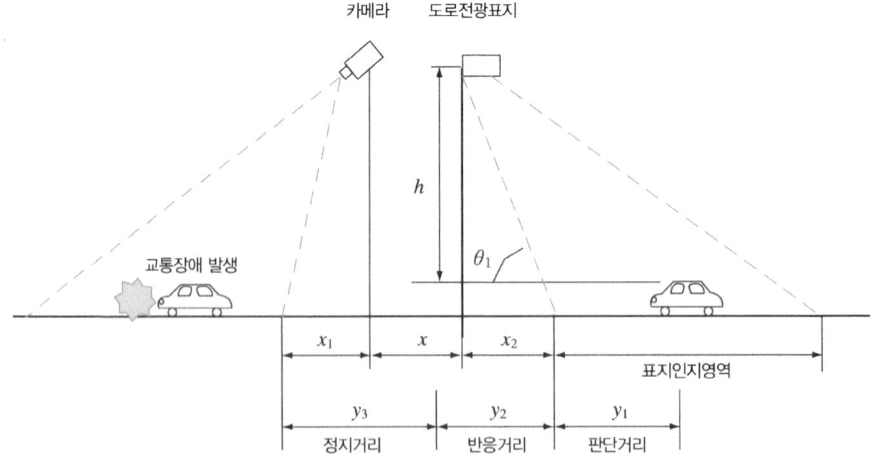

[그림 5-13] VMS와 카메라 간의 설치 간격(Overhead)

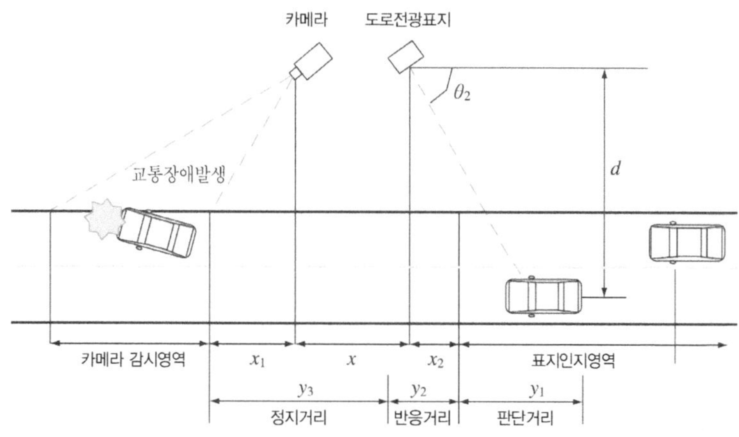

[그림 5-14] VMS와 카메라 간의 설치 간격(Roadside)

설치 간격

VMS의 설치 위치에 따른 CCTV 카메라와의 설치 간격을 구하기 위해 먼저 기본식을 다시 한 번 상기하면 다음과 같다.

$$x = y_2 + y_3 - (x_1 + x_2) \tag{5.5}$$

여기서,

x_1 : 카메라 사각 영역(m)

x_2 : VMS의 표출 정보 인지 불능 영역(m)

위 식으로부터, 각 변수들의 값을 구하면 다음과 같다.

a) 판단거리(y_1) = 판단시간(1.5sec) × V

b) 반응거리(y_2) = 반응시간(1.0sec) × V

c) 정지거리(y_3) = $V / (254 \times f)$

d) 카메라 사각 영역 : x_1

e) 도로 전광표지 인지 불능 영역 : x_2

여기서 V : 교통류의 평균 속도(m/sec)

f : 종방향 미끄럼 마찰계수

1) VMS가 차로 위 Overhead 형태로 설치된 경우

$$x_2 = h / \tan\theta_1 \tag{5.6}$$

여기서

d= 운전자의 눈높이에서 VMS 표지까지의 거리

θ_2= 7°

2) VMS가 도로변에 설치된 경우

$$x_2 = d_1 \tan\theta_2 \quad (5.7)$$

여기서

d=운전자의 눈높이에서 VMS 표지까지의 거리

θ_2= 12°

이제 다양한 경우에 따른 카메라와 VMS 간의 설치 간격을 구해보도록 하자. 교통류의 평균 속도는 다양하게 적용하였고, 카메라의 사각 영역과 VMS의 사각 영역은 일반적인 값을 적용하였다. 이에 대한 결과는 표 5-14와 표 5-15에 제시하였다.

<적용값>

a) V = 60, 80, 100, 120, 140(km/h)

b) x_1 = 20(m)

c) x_2 = 30(m), VMS가 Overhead 형태로 설치된 경우

d) x'_2 = 38(m), VMS가 roadside 형태로 설치된 경우

[표 5-14] 카메라와 VMS 간의 설치 간격(Overhead 방식)

번 호	V(km/h)	y_1(m)	y_2(m)	y_3(m)	X(m)
1	60	42.9	16.7	25.0	9.6
2	80	81.3	22.2	33.3	53.5
3	100	131.2	27.8	41.7	109.0
4	120	195.5	33.3	50.0	178.8
5	140	266.1	38.9	58.3	255.0

[표 5 - 15] **카메라와 VMS 간의 설치 간격(Roadside 방식)**

번 호	V(km/h)	y_1(m)	y_2(m)	y_3(m)	X(m)
1	60	42.9	16.7	25.0	1.6
2	80	81.3	22.2	33.3	45.5
3	100	131.2	27.8	41.7	101.0
4	120	195.5	33.3	50.0	170.8
5	140	266.1	38.9	58.3	247.0

시스템 대응 시간

시스템 대응 시간 역시 다음과 같은 다양한 상황을 가정하여 산출하였다.

n = 1, 2, 3 (veh/lane)
Q = 600, 1200, 1800 (veh/hr/lane)
V = 60, 80, 100, 120 (km/hr)

교통 장애와 관련된 사건이 발생한 후 시스템 대응 시까지 위험에 노출된 차량의 수(n)는 차로당 1대, 2대, 3대 등으로 경우를 나누었다.

또 교통량은 600, 1200, 1800 veh/hr/lane, 교통류의 평균속도는 60, 80, 100, 120 (km/hr)으로 나누었다.

시스템 대응 시간에 대한 수식을 다시 한 번 살펴보면 다음과 같다.

$$T_r = [n \times h - (y_1 + y_2 + y_3)] / V \tag{5.8}$$

여기서, $y_1 + y_2 + y_3$는 표 5 - 14와 표 5 - 15의 결과를 참조하였고, h는 차두간격을 의미한다. 이에 따라 대응 시간을 구하면 표 5 - 16과 같다.

[표 5 - 16] **시스템 대응 시간**

번 호	Q(대/시/차로)	V(km/hr)	h(m)	n(대/차로)	T_r(sec)
1	600	60	100.0	1.0	0.9
2	600	60	100.0	2.0	6.9
3	600	60	100.0	3.0	12.9
4	600	80	133.3	1.0	- 0.2

(계속)

번 호	Q(대/시/차로)	V(km/hr)	h(m)	n(대/차로)	T_r(sec)
5	600	80	133.3	2.0	5.8
6	600	80	133.3	3.0	11.8
7	600	100	166.7	1.0	-1.2
8	600	100	166.7	2.0	4.8
9	600	100	166.7	3.0	10.8
10	600	120	200.0	1.0	-2.4
11	600	120	200.0	2.0	3.6
12	600	120	200.0	3.0	9.6
13	1200	60	50.0	1.0	-2.1
14	1200	60	50.0	2.0	0.9
15	1200	60	50.0	3.0	3.9
16	1200	80	66.7	1.0	-3.2
17	1200	80	66.7	2.0	-0.2
18	1200	80	66.7	3.0	2.8
19	1200	100	83.3	1.0	-4.2
20	1200	100	83.3	2.0	-1.2
21	1200	100	83.3	3.0	1.8
22	1800	60	33.3	1.0	-3.1
23	1800	60	33.3	2.0	-1.1
24	1800	60	33.3	3.0	0.9
25	1800	80	44.4	1.0	-4.2
26	1800	80	44.4	2.0	-2.2
27	1800	80	44.4	3.0	-0.2

표 5-16에 의하면 정보로부터 소외된 차량이 1대 또는 2대일 경우에는 시스템 대응 시간이 (-)값을 갖게 되는 비현실적인 값이 나온다.

소외 차량을 3대로 하면 이러한 에러는 발견되지 않지만 필요한 대응 시간은 대체로 0.9초에서 12.9초 사이로 현 단계에서는 기술적으로 실현이 어렵다.

이를 다시 현실적인 기술 수준에 따른 T_r을 정의하고, 이때의 정보를 받지 못하고 접근하는 정보 소외 차량(n)을 구해보았다. 이를 위해 변수들을 다음과 같이 설정하였다.

Q = 1200 veh/hr/lane
V = 60 km/hr = 16.7 m/sec
T_r = 120 sec
h=100 m
$y_1 + y_2 + y_3$ = 84.6 m

식 (5.8)을 변형하면 다음과 같다.

$$n = \frac{(T_r \times V) + (y_1 + y_2 + y_3)}{h} \tag{5.9}$$

Q(veh/hr/lane)	V(m/sec)	h(m)	n(veh/lane)	T_r(sec)
1200	16.7	100.0	20.9	120

상기의 교통 조건에서는 차로당 21대의 차량이 교통 장애 발생 시 위험에 노출되어 있다는 결론을 내릴 수 있다.

5.9.8 카메라 설치 간격

설치된 카메라는 모니터링 영역 모두를 감시할 수 있어야 한다. 따라서 일정 수준 이상의 카메라의 성능과 조밀한 간격의 카메라 설치가 필요하다. 그러나 이럴 경우 시스템 비용이 과다하게 소요되므로 경제적인 설치 간격을 구해볼 필요가 있다.

그림 5-15는 교통 장애가 발생하였을 경우에 상류부와 하류부에 관찰되는 일반적인 상황을 설명하고 있다. 교통상황이 일반적인 소통원활한 상태라고 할 때 하류부는 교통 장애로 단위 시간당 통과 차량이 감소할 수밖에 없으므로 교통량이 감소하나, 속도는 변함이 없고, 상류부는 대기행렬의 형성으로 교통량의 감소와 속도의 감소를 동시에 경험한다. 여기서 관심을 가질 곳은 상류부이다.

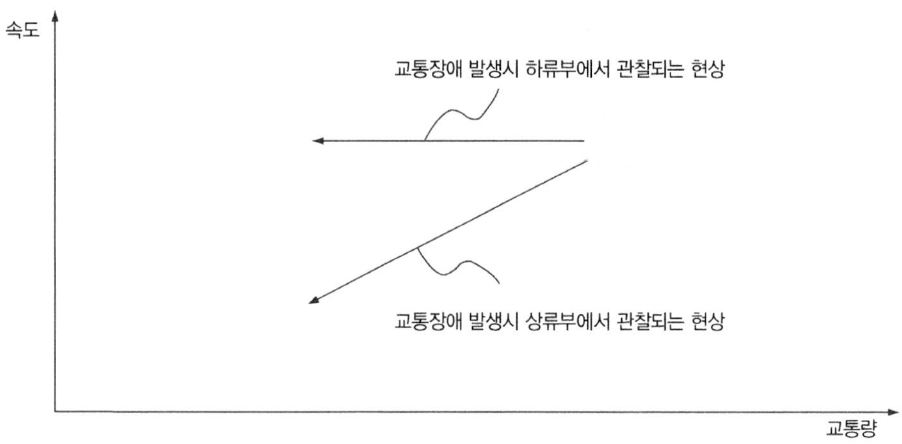

[그림 5-15] **교통 장애 발생 시 상하류부 교통 변화**

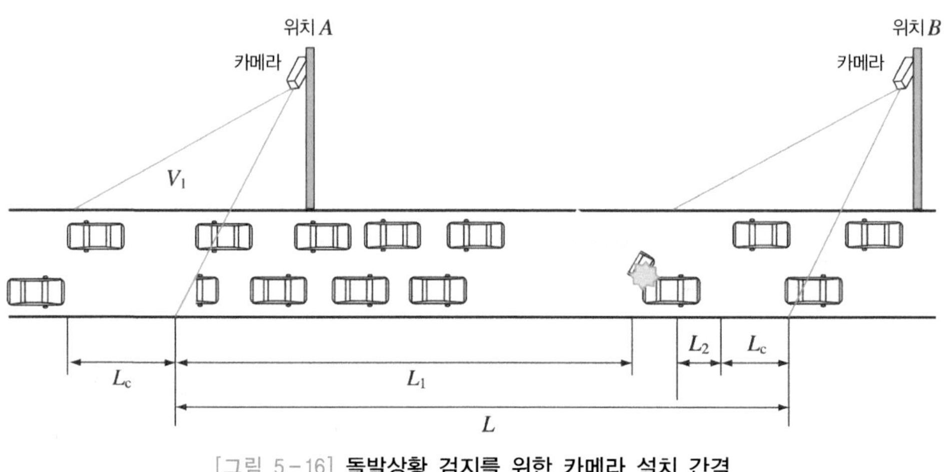

[그림 5-16] **돌발상황 검지를 위한 카메라 설치 간격**

카메라 설치 간격을 도출하기 위해서 가장 중요한 변수는 그림 5-16의 위치 B의 모니터링 영역 밖에서 교통사고가 발생하고, 이에 대한 영향으로 성장하는 대기행렬이 상류부 위치 A의 모니터링 영역에서 검지되기까지의 시간(t_d)을 어느 정도까지 인정해 줄 것이냐 하는 것이다. 이 시간 t_d의 값이 작으면 작을수록 설치 간격은 좁아지고, 커지면 커질수록 설치 간격은 넓어지게 되기 때문이다. 따라서 카메라의 설치 간격은 t_d에 의해 결정된다. t_d의 도출 식은 다음과 같다.

$$t_d = (L - L_c) / V \quad (5.10)$$

여기서,

L : 카메라 설치 간격

L_c : 카메라 모니터링 영역

V : 상류부로의 혼잡 확산 속도

또 그림 5-16에서 L_1은 교통사고 지점에서 상류부의 카메라 감시영역까지의 거리이고, L_2는 교통사고 지점에서 하류부 카메라 감시영역까지의 거리이다. 이로부터 설치 간격 L를 구하면 다음과 같다.

$$L = t_d \times V + L_c \quad (5.11)$$

L_c를 500 m 정도의 해상도를 갖고 있다고 가정하고, 혼잡에 의한 충격파의 속도는 10 m/sec로 가정하자. 이로부터 t_d에 따른 카메라 설치 간격 L을 구해보자.

$L = t_d(\text{sec}) \times 10(\text{m/sec}) + 500(\text{m})$로부터, 다음과 같은 결과를 얻을 수 있다.

t_d(sec)	L(km)	t_d(sec)	L(km)	t_d(sec)	L(km)
30	0.8	120	1.7	210	2.6
60	1.1	150	2.0	240	2.9
90	1.4	180	2.3	270	3.2

카메라의 성능을 1 km까지 가능하다면 $L=t_d(\text{sec})\times10(\text{m/sec})+1000(\text{m})$로부터 다음과 같은 결과를 얻을 수 있다.

t_d(sec)	L(km)	t_d(sec)	L(km)	t_d(sec)	L(km)
30	1.3	120	2.2	210	3.1
60	1.6	150	2.5	240	3.4
90	1.9	180	2.8	270	3.7

일반적으로 카메라는 팬틸트 기능을 가지고 있기 때문에 운영의 묘를 살린다면 이론적으로는 같은 설치 간격(L)으로 1/2의 t_d값을 얻을 수 있다.

5.10 돌발상황 처리 시간과 대기행렬 예측

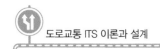

5.10.1 돌발상황 처리 시간과 대기행렬 예측의 중요성

처리 시간 및 대기 길이의 예측과 관련하여 다양한 모형이 있는데, 아직까지 이들 모형은 현실과 차이를 보이고 있다. 이것은 이들 모형을 현실에 맞게 조정하거나 검증할 만큼 충분하고 다양한 데이터를 얻기가 힘들고, 도로의 종류와 도로 기하구조가 각 지점마다 상이하여 다양한 특성을 모두 반영할 수 있는 일반화된 모형을 구축하기란 더더욱 어렵기 때문이다. 그러나 이들 모형은 인접 도로의 교통관리 및 정보제공 영역인 반응동질영역을 결정하는데 가장 쉬운 방법으로 활용도가 매우 높은 장점을 가지고 있다.

먼저 돌발상황 처리 시간 예측과 관련한 모형 중 몇 가지를 살펴보기로 하자.

5.10.2 돌발상황 처리 시간 예측

Northwestern 모형

Northwestern 모형은 Northwestern 대학이 "Illinois DOT(Department of Transportation)"의 사고 처리 자료를 바탕으로 개발한 모형이다.

$$\begin{aligned} \mathrm{CLEAR} = {} & 14.03 + 35.57 \cdot \mathrm{HEAVY} + 16.47 \cdot \mathrm{WX} + 18.84 \cdot \mathrm{SAND} \\ & - 2.31 \cdot \mathrm{HAR} + 0.69 \cdot \mathrm{RESP} - 27.97 \cdot \mathrm{OTHER} + 35.81 \cdot \mathrm{RDSIDE} \\ & + 18.44 \cdot \mathrm{NTRUCK} + 32.76 \cdot \mathrm{NONCON} + 22.90 \cdot \mathrm{SEVINJ} \\ & - 8.34 \cdot \mathrm{WRECKER} \end{aligned} \tag{5.12}$$

여기서

CLEAR(min) : 돌발상황 제거 시간

- 운영 변수
  - WRECKER : 대형 견인차량 사용 여부(사용 1, 미사용 0)
  - OTHER : 타 기관 협조 여부(협조 1, 협조 없음 0)
  - SAND : 모래, 제설 등 노면 작업 필요 여부(필요 1, 필요 없음 0)
- 유형 변수
  - NTRUCK : 포함된 대형 차량수
  - HEAVY : 과적으로 인한 사고 여부(과적 원인 1, 기타 원인 0)
  - NONCON : 대형차에 액체(혹은 포장되지 않은 곡물류) 등의 화물 여부 (있음 1, 없음 0)

SEVINJ : 중상자수

RDSIDE : 노변 시설 훼손 여부(훼손 1, 훼손 없음 0)

• 환경 변수

WX : 기상 조건(악조건 1, 일상 0)

• 기타 변수

RESP : 교통관리시스템의 대응 시간(min)

HAR : 교통방송 정보제공 여부(제공 1, 제공하지 않음 0)

차량 대수, 전복 차량 유무, 차로 폐쇄율, 상해 정도, 요일, CBD까지의 거리, 시간대와 같은 변수들은 초기에는 모형에 포함되었다가 제외되었고, 대응 시간(RESP), 돌발상황 정보 제공(HAR) 등이 새롭게 포함되었다.

ADVANCE 모형

ADVANCE 프로젝트의 일환으로 Northwestern 대학에서 개발한 모형으로 Northwest Central Dispatch가 제공한 801건의 교통사고 자료를 이용하였다. 돌발상황을 너무 단순화 시켰다는 지적도 있으나, 관리자의 빠른 의사결정이 가능하여 실제 적용이 용이하다.

• 차량의 정지/체포(TSA, Traffic Stop & Arrest)
• 고장차량 등에 따른 운전자 지원 필요(MA, Motorist Assist)
• 상해사고(ACPI, Accident with Personal Injuries)
• 물피사고(ACPD, Accident involving Property Damage)
• 심각한 돌발상황(SI, Severe Incident)

ADVANCED 모형은 돌발상황을 위와 같이 5개의 유형으로 분류하고 있는데, 대부분의 돌발상황(반수 이상)은 10분 이내에 처리되었고 19.8%는 40분 이상, 10%는 1시간 이상이 소요된 것으로 조사되었다. 처리 시간은 돌발상황의 유형과 심각도에는 크게 관련되나, 돌발상황 발생시간과 도로의 종류 등은 그다지 큰 영향이 없는 것으로 분석되었다.

돌발상황의 유형별 심각도는 경찰차량(NP, Number of Police)과 소방(구급)차량(NF, Number of Fire)의 출동 횟수로 정량화하였고, 이러한 일련의 분석을 통해 ADVANCE 모형은 다음과 같은 의사결정 프로세스(Decision Tree)를 도출하였다.

이 의사결정 프로세스에 따라 물피 사고가 발생하였고 경찰차량 2대, 구급차량 3대가 출동할 경우 이 상황을 처리하는 데는 약 63분이 소요될 것이다.

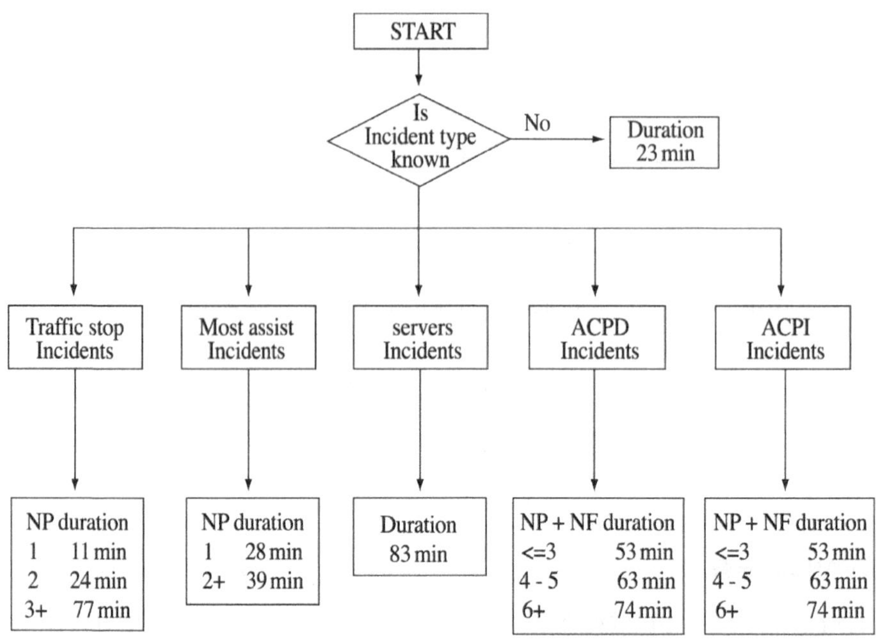

[그림 5－17] **의사결정 프로세스(ADVANCE)**

- If (경찰차량 처리시간 + 소방차량 처리시간) ≤ 3
  then
  평균 돌발상황 처리 시간 = 53분
- If 4 ≤ (경찰차량 처리시간 + 소방차량 처리시간) ≤ 5
  then
  평균 돌발상황 처리 시간 = 63분
- If (경찰차량 처리시간 + 소방차량 처리시간) ≥ 6
  then
  평균 돌발상황 처리 시간 = 74분

Garib 모형(IMPACT Model)

그 밖에 FHWA(Federal of Highway Administration)의 지원으로 추진된 IMPACT 모형은 다음의 4가지 하부 모듈로 구성되어 있다.

- incident rate module(사고 유형별 연간 사고 수 예측)
- incident severity module(돌발상황으로 인한 차로 폐쇄수와 지체 예측)
- incident duration module(돌발상황 지속 시간 예측)
- incident delay module(교통수요를 바탕으로 돌발상황으로 인한 지체 예측)

상기의 연구 자료 중 incident duration module(돌발상황 지속 시간 예측)을 활용하여 Garib는 다음과 같은 회귀분석 공식을 제안하였다.

$$duration = 0.87 + 0.027X_1X_2 + 0.2X_3 - 0.17X_4 + 0.68X_5 + 0.24X_6 \quad (5.13)$$

여기서,

duration : 돌발상황 지속 시간

X_1 : 돌발상황으로 영향받는 차로수

X_2 : 돌발상황에 관련된 차량의 수

X_3 : 돌발상황에 트럭의 포함 여부(트럭의 포함은 1, 포함 없음 0)

X_4 : 첨두시간 변수(오전 첨두는 0, 오후 첨두는 1)

X_5 : 경찰 대응 시간(사고 발생부터 경찰의 현장 도착까지 시간)

X_6 : 날씨 변수(비 없음 0, 비 1)

5.10.3 대기행렬 예측

돌발상황의 발생을 감지, 확인하는 즉시 돌발상황의 처리 시간을 예측하였다면, 다음은 돌발상황으로 인한 영향(심각도)을 정량화할 수 있는 대기행렬을 산출해야 한다.

Morales 모형

다음은 돌발상황 시 대기행렬(지체) 예측 모형으로 Morales가 제안한 것이다.

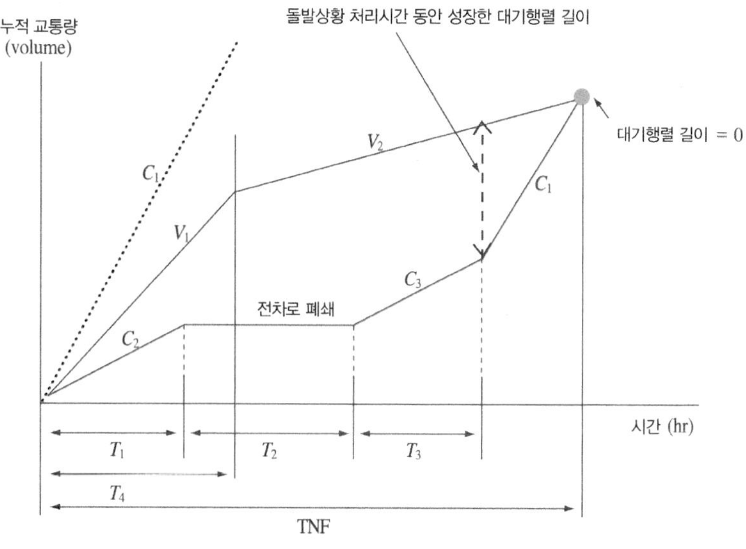

[그림 5-18] Morales 대기행렬 예측 모형(I)

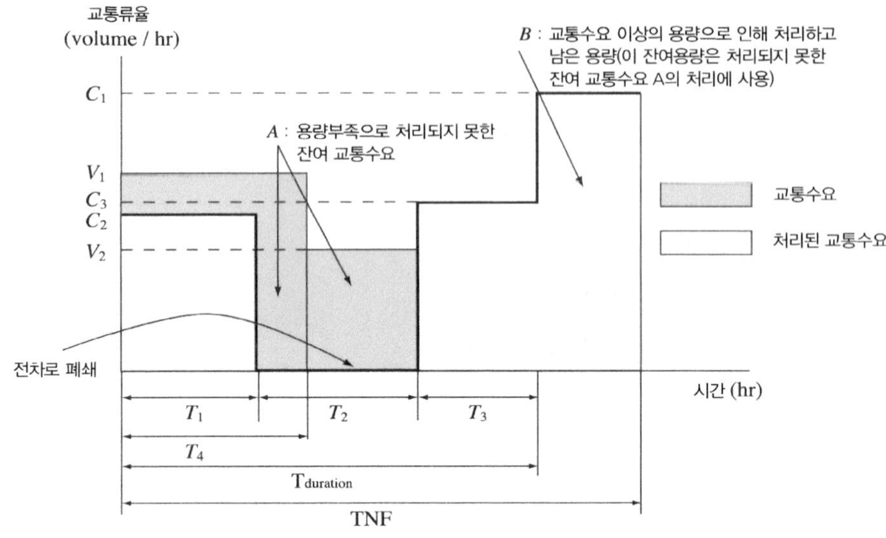

[그림 5-19] Morales 대기행렬 예측 모형(II)

그림 5-18과 그림 5-19 [32] 는 도로를 점유하는 돌발상황이 발생하고 처리되어 완전히 정상적인 상황으로 복원되는 과정을 표현하고 있다. 이 과정을 설명하면 다음과 같다.

돌발상황이 발생하고 이로 인해 차로가 점유되었다면 용량은 C_1에서 C_2로 감소하고, C_2는 교통수요 V_1보다 작기 때문에 대기행렬은 증가한다. 돌발상황 처리를 위해 출동한 견인(혹은 구급, 경찰차량 등) 차량에 의해 일시적으로 전차로가 점유(T_2)되기도 한다. 이러한 과정을 거치면서 용량은 C_3로 변하게 된다. 또한 여러 수단을 통해 정보를 제공받은 운전자들이 경로를 전환하면서 교통수요는 V_2로 감소한다. 돌발상황이 완전히 처리되면 용량은 C_1으로 회복되고 대기행렬은 제거된다.

그림 5-18와 그림 5-19를 자세히 살펴보면 교통관리시스템의 목표가 무엇인지 정확하게 파악할 수 있다. 이들 목표는 다음과 같다.

① 교통수요 V_2와 T_1을 최소화한다.

② 돌발상황 처리 시간 $T_{duration}$을 최소화한다.

그러나 이 모형은 첫째 교통수요(V_1, V_2)는 언제나 용량(C_1)보다 작고, 둘째 교통수요와 용량은 일정하다는 전제를 갖기 때문에 교통수요가 첨두시간을 중심으로 선형 혹은 비선형으로 변하고, 용량을 초과하는 교통수요가 발생하는 도시의 반복적 정체를 설명하는 데는 한계가 있다.

32) 그림 5-18을 미분한 결과

돌발상황이 제거되고($T_{duration}$), 돌발상황으로 인한 대기행렬이 제거되며 교통류가 정상적으로 회복되기까지의 시간인 TNF를 계산하면 다음과 같다.

1) TNF에서 면적 $A=B$가 되므로 이를 식으로 표현하면

$$(T_1+T_2)\times V_2-T_1\times V_2+(V_1-V_2)\times T_4-(C_2-V_2)\times T_1$$
$$=(C_1-V_2)\times(\mathrm{TNF}-\mathrm{T}_1-\mathrm{T}_2-\mathrm{T}_3)+\mathrm{T}_3\times(\mathrm{C}_3-\mathrm{V}_2) \quad (5.14)$$

이고, 이를 풀어 정리하면 TNF는 다음과 같다.

$$TNF=\frac{[T_1(C_1-C_2)+T_2C_1+T_3(C_1-C_3)+T_4(V_1-V_2)]}{(C_1-V_2)} \quad (5.15)$$

여기서

C_1 : 돌발상황 이전의 본선의 용량(veh/hr)

C_2 : 돌발상황에 의해 감소한 본선의 용량(veh/hr)

C_3 : 돌발상황의 처리 중에 일부 회복한 본선의 용량(veh/hr)

V_1 : 돌발상황 이전의 본선 수요 교통류율(veh/hr)

V_2 : 돌발상황에 의해 감소한 수요 교통류율(veh/hr)

T_1 : 돌발상황 이후 도로용량이 0이 되기까지의 시간(hr)

T_2 : 도로용량이 0인 기간(hr)

T_3 : 돌발상황 처리에 따라 도로용량의 일부 회복부터 완전 회복될 때까지의 시간(hr)

T_4 : 돌발상황 발생 후 돌발상황 이전의 본선 수요 교통류율(veh/hr)이 유지되기까지의 시간(hr)

TNF : 정상회복까지의 총 시간(hr)

대기행렬은 감소된 용량으로 인해 통과하지 못하고 잔류한 교통량(면적 A)을 이용하여 산출한다.

$$\text{대기행렬}=(\text{면적 }A)\times\text{대기행렬 내의 차량평균 차두거리}(h)\ \div\ \text{차로수}(n)$$
$$=\frac{[T_1\times(V_2-C_2)+T_2\times V_2+T_4(V_1-V_2)]\times h}{n} \quad (5.16)$$

그림 5-20과 그림 5-21은 Morales가 제안한 모형을 단순화한 것으로, 돌발상황의 발생에서 처리되기까지 감소된 용량은 일정하다는 가정을 가지고 있으며, 실제 상황에 적용하기 쉽다는 장점을 갖는다.

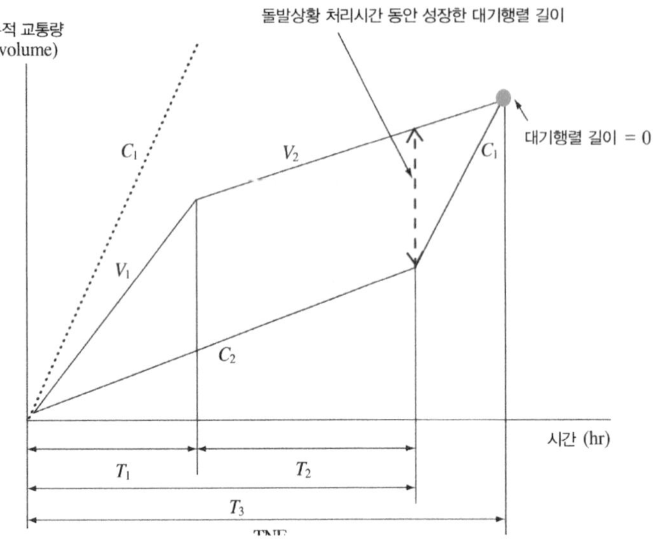

[그림 5-20] Morales 대기행렬 길이 예측 모형(III)

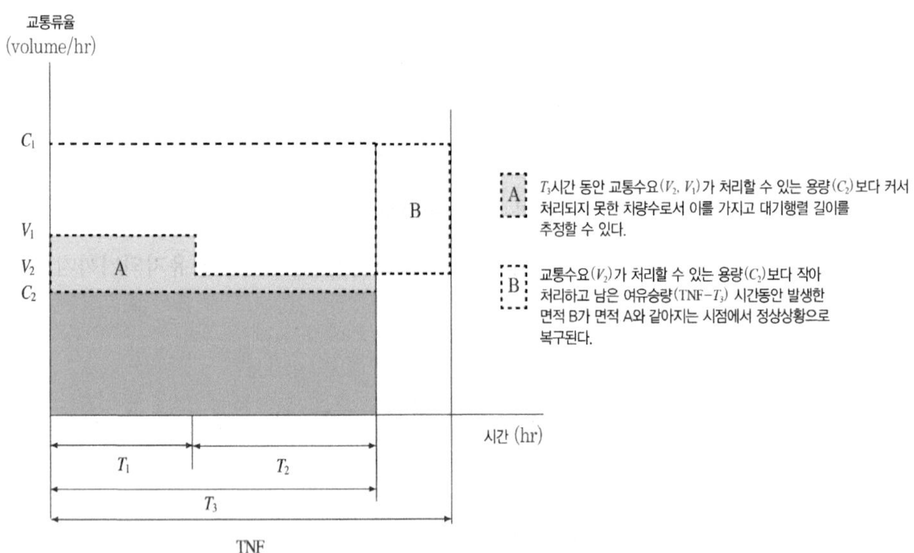

[그림 5-21] Morales 대기행렬 길이 예측 모형(IV)

여기서

C_1 : 돌발상황 이전 본선의 용량(vph)

C_2 : 돌발상황에 의해 감소한 본선의 용량(vph)

V_1 : 돌발상황 이전의 본선 수요 교통류율(vph)

V_2 : 돌발상황에 의해 감소한 본선 수요 교통류율(vph)

T_1 : 초기의 본선 수요 교통류율이 유지되기까지의 시간(hr)

T_2 : 교통수요 V_2로부터 돌발상황 처리가 완료되기까지의 시간(hr)

T_3 : 돌발상황 발생으로부터 돌발상황 처리가 완료되기까지의 시간(hr)

TNF : 정상 회복까지의 총 시간

여기서 T_3는 $\mathrm{T}_{\mathrm{duraion}}$을 의미하고 있으며, C_2의 범위는 사고 발생으로부터 용량이 회복될 때까지로서 다음과 같은 범위를 갖는다.

$$0 \leqq C_2 \leqq C_1 \tag{5.17}$$

또 그림 5-21은 시간의 변화에 따른 교통류율을 표현하고 있는데, 면적은 해당 시간 동안의 처리 용량 혹은 교통수요가 된다. 그림 5-21은 그림 5-20에 비해 이해하기 쉽고, 정상 회복 시간이나 처리 시간까지 성장한 대기행렬을 이끌어내는 데 용이하다.

TNF는 다음과 같이 도출된다.

1) $T_1 \times (V_1 - C_2) + T_2 \times (V_2 - C_2) = (\mathrm{TNF} - T_3) \times (C_1 - V_2)$

2) $T_2 = (T_3 - T_1)$

따라서

$$\mathrm{TNF} = \frac{[T_1(V_1 - V_2) + T_3(C_1 - C_2)]}{(C_1 - V_2)} \tag{5.18}$$

대기행렬은 다음과 같다.

$$\text{대기행렬} = \frac{[T_1 \times (V_1 - V_2) + T_3(V_2 - C_2)] \times h}{n} \tag{5.19}$$

반복정체

반복정체는 돌발상황과는 달리 정체로의 발달 과정을 예측할 수 있어 사전 교통관리가 매우 중요한 전략적 요소가 된다는 것과 오전 오후 첨두시에는 여러 지역에서 동시에 발생한다는 특징을 가지고 있다. 그러나 사후관리 측면에서 보면 반복정체는 1개 구간이 아닌 여러 구간에 걸쳐 발생하기 때문에 반응동질영역이 여러 개의 영역을 가질 수 있다는 점을 제외하고는 상당부분 돌발상황 관리와 유사한 전략을 구사하게 된다.

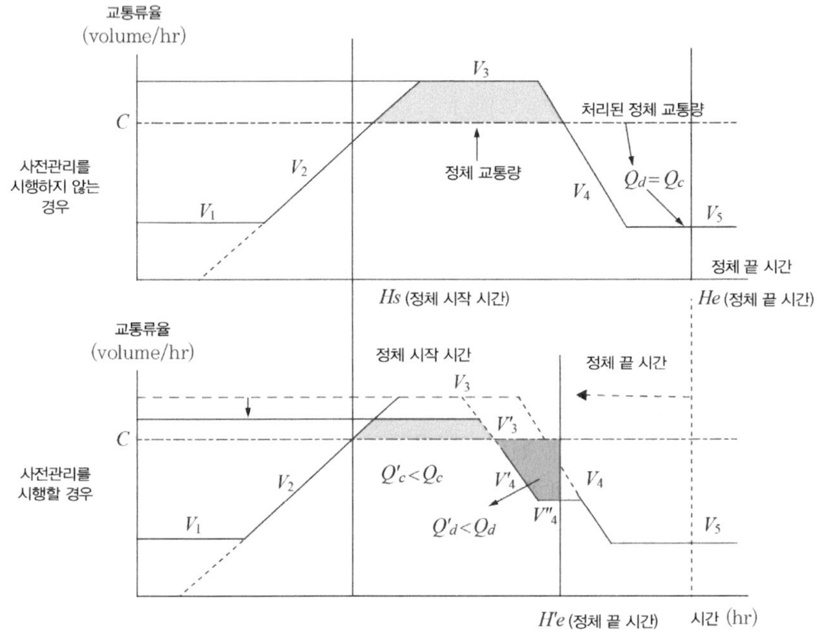

[그림 5-22] **반복정체 교통관리**

그림 5-22는 반복정체의 사전관리에 따른 효과를 보여주고 있다. 정체가 시작될 쯤에는 교통수요가 급격히 늘고(V_2) 곧이어 도로의 처리 용량을 넘어서는 수요(V_3)로 이어지면 정체가 시작된다. 지속적으로 용량을 넘어서는 수요로 인해 생성된 정체(Q_c)는 수요가 용량 이하로 떨어져도 도로의 통과 교통량(Q_d)이 생성된 정체량(Q_c)과 같아지는 시점까지 그 도로는 한동안 정체를 계속 유지하게 된다. 그런데 신호제어, 정보제공, 램프 미터링률의 조정 등 사전 관리에 들어가면 차량의 우회와 진입제어에 따라 해당 도로의 교통수요가 감소하고(V'_3), 용량을 넘어서는 교통수요 역시 감소한다($Q'_c > Q_c$). 이는 정체의 규모가 작을 뿐 아니라 시간이 지나 교통수요가 감소하는 시점(V'_4) 역시 짧아지고, 처리해야 할 정체 교통량이 적어지므로 회복 시간 역시 당연히 짧아지게 되는($\Delta' H < \Delta H$) 효과를 갖게 한다.

진출입램프 제어

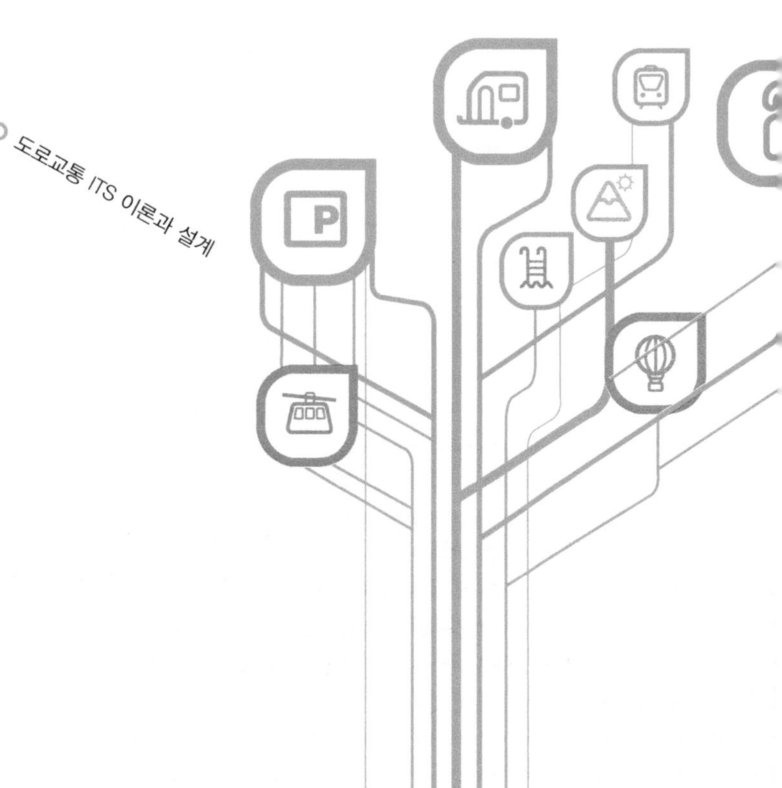

요 약

제6장에서는 진입램프와 진출램프 제어 전략을 다루고 있다. 진입램프에 신호등을 설치해 진입 교통량을 조절하거나, 진출램프에 신호등을 설치하여 진출 교통 용량을 늘려서 고속도로 본선 상의 대기 차량 대수를 줄이는 진출제어 전략을 설명하고 있고, 이외에도 진출램프 하류부 교차로 접근로에 대한 동적 차로 산정 및 운영기법을 설명하고 있다.

6.1 진입램프 제어[33)]

6.1.1 개요

진입램프 제어 시스템은 그림 6-1과 같이 고속도로 진입램프에 신호등을 설치해 진입 교통량을 조절함으로써 고속도로 본선의 지·정체 발생을 예방하는 교통수요관리 기법이다. 예를 들어, 집중적으로 진입하는 차량들은 교통류를 불안정하게 만들고, 결국 본선과 램프의 차량들은 안전한 합류를 위해 감속을 하게 되며, 상류부에도 혼잡을 야기하므로 램프 관리 전략은 고속도로에 진입하는 교통류를 제어해 고속도로 본선 차량 교통류가 원활하게 소통하도록 하는 데 사용된다. 일반적으로 진입램프 제어 시스템을 시행하기에 적당한 교통상태는 본선의 서비스 수준이 D~E 사이의 교통량을 보일 때이며, 그보다 교통량이 적거나 많을 때에는 진입램프 제어 실시 효과를 기대하기 어려우며, 대체도로의 경우 전환 교통량을 위한 여유용량이 있어야 하는데, 우리나라의 경우 대체도로가 부족하고 또 대체도로가 존재한다 하더라도 이미 포화상태에 도달해 있는 경우가 많아 진입램프 제어 시행에 많은 어려움이 예상된다.

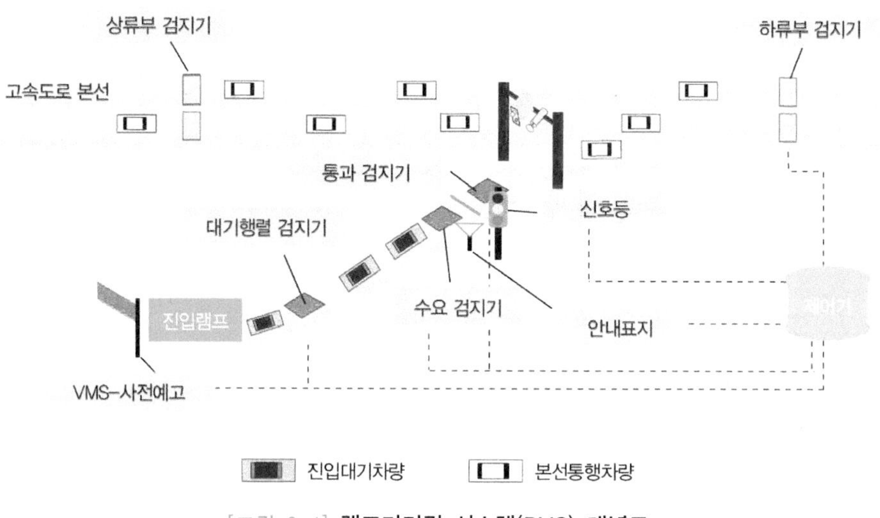

[그림 6-1] 램프미터링 시스템(RMS) 개념도

33) 한국도로공사, 고속도로 RMS 타당성 조사 연구, 2008에서 발췌

6.1.2 진입램프 제어 전략

진입램프 제어방식은 진입연결로 각각을 개별적으로 제어 혹은 상호 관련시켜 제어하는지의 유무에 따라 독립식(Local)과 시스템 통합식(Sytstem-wide)으로 구분되고 교통량 제어율을 산정하는 방식에 따라 고정시간식(Pre-timed)과 감응식(Traffic responsive)으로 구분한다.

[표 6-1] **운영방식의 구분**

구 분	독립 연결로 제어 방식	시스템 통합 연결로 제어 방식
고정시간식	고정시간 독립 연결로 제어	고정시간 시스템통합 연결로 제어
교통감응식	교통감응 독립 연결로 제어	교통감응 시스템통합 연결로 제어

독립 연결로 제어

고정시간 독립연결로 제어 방식은 진입 연결로 제어 유형 중에서 가장 단순한 제어기법으로 교통조건의 변화가 적은 곳에서 주로 사용되고, 교통감응 독립 연결로 제어는 수집된 자료를 토대로 제어율 등의 변수를 실시간 산정, 제어하며 교통조건의 변화가 유동적인 곳에서 주로 사용된다.

[표 6-2] **고정시간 독립 연결로 제어 방식**

구 분	특 징
제어율	• 특정 진입연결로의 본선 상류의 교통수요 및 연결로 교통수요, 본선 하류의 시설용량을 비교 • 특정 시간대의 과거 평균 교통상황을 근거로 제어율 설정
신호시간계획	TOD(time-of-day), DOW(day-of-week), 또는 특별행사에 의하여 운영

[표 6-3] **교통감응 독립 연결로 제어 방식**

구 분	특 징
제어율	검지기에서 수집된 교통량 / 점유율 관계곡선을 이용, 특정 진입연결로의 특정 점유율값으로 설정
신호시간계획	결정된 진입제어 단계를 수신하여 그에 맞는 신호제어를 수행

시스템 통합 연결로 제어

고속도로상의 초과 교통수요 처리를 위하여 일련의 진입 연결로에 대한 제어를 통합적으로 실시하는 통합교통관리계획의 한 요소이다. 고정시간식은 각 연결로의 진입률은 그 연결로 주위의 교통량-용량과 다른 연결로의 교통량-용량 제약에 좌우되며, 진입조절을 몇 개의 상류부 연결로로 분산시켜 줌으로써 제어수준을 높이는 것도 있다. 교통감응식은 도로구간 내에 있는 각 연결로의 진입률을 결정할 때 각 연결로, 도로구간 전체의 수요-용량 상황을 고려하여 결정하게 된다. 예를 들어, 어느 지점에서 수요가 용량을 초과하여 병목이 발생하면 그 초과분만큼의 교통량을 그 지점 상류부에 있는 여러 연결로에서 나누어 진입률을 줄인다.

[표 6-4] **고정시간 시스템통합 연결로 제어 방식**

구 분	특 징
제어율	• 각 제어시간대의 과거자료인 해당 연결로의 수요-용량 제약조건과 시스템 내의 다른 연결로의 수요-용량 제약조건을 동시에 고려하여 결정 • 제어율을 수정할 경우, 고속도로 최적화와 비혼잡 교통을 모두 확보하도록 시스템 내의 다른 진입 연결로들도 조절해야 함
신호시간계획	TOD(time-of-day), DOW(day-of-week), 또는 특별행사에 따라 운영

[표 6-5] **교통감응 시스템통합 연결로 제어 방식**

구 분	특 징
제어율	• 각 제어시간대의 실시간 점유율을 수집하여 각 진입연결로의 독립된 제어율과 통합 제어율을 계산 • 두 가지 제어율 중에서 더 제한적인 제어율을 선정
신호시간계획	결정된 진입제어 단계를 수신하여 그에 맞는 신호제어를 수행

6.1.3 진입램프 제어 알고리즘

독립연결로 진입제어를 위한 대표적인 알고리즘으로는 고정시간 알고리즘과 교통감응식 알고리즘이 있다.

[표 6-6] **독립 진입제어 알고리즘**

구 분		종 류	특 징
고정시간 알고리즘		• 본선 교통량, 합류교통량, 기존 램프교통량을 기반으로 제어 • 미터링율 MR(K)의 선택 경우의 수는 1. 바깥 합류차로 용량 2. 고속도로의 모든 차로를 가로지르는 총 교통류	• 비용이 적고, 적용이 간단 • 일정한 신호주기로 대기차량 길이가 일정시간대에 거의 비슷하고, 교통상황 변화 또는 사고 등에 의한 혼잡 시 신호주기가 변화할 수 없음
교통감응 알고리즘	수요 - 용량	• 미국 DOT 수요-용량 제어 - 고속도로 진입구간 상류부 교통량과 하류부 용량 비교하여 미터링률 결정 $r(k)=\begin{cases} q_{cap}-q_{in}(k-1) & \text{if } o_{in}(k)\le o_{cr} \\ r_{\min} & else \end{cases}$ $r(k)$ 새로운 시간 k 동안 실행되기 위한 램프 교통류 (대/시) $q_{in}(k-1)$ 고속도로 상류부에서 측정된 최근 교통류 (대/시)(모든 차선) $o_{in}(k-1)$ 고속도로 상류부에서 측정된 최근 점유율 (%)(모든 차선의 평균) q_{cap}하류부 고속도로 용량 r_{min}최소한의 들어갈 자격이 있는 램프 교통류 o_{cr}임계 점유율	• 본선 상류교통량과 하류용량을 실시간으로 비교하여 제어율을 결정 • 하류용량은 과거에 수집된 자료를 바탕으로 미리 결정하거나 하류부에 검지기를 설치하여 실제하류 용량을 갱신(예 밤과 낮 등)
	점유 율	• 프랑스 파리 외곽순환고속도로의 ALINEA - 유럽 대부분의 국가에서는 ALINEA 알고리즘을 사용 - 전시간대 미터링률, 임계점유율, 하류부 측정점유율에 의하여 결정 - 예측된 램프미터링률이 최대 미터링률보다 크면 시행되지 않음 - 최소미터링률보다 작으면 최소미터링률로 운영 - 대기행렬이 길어지는 것을 막기 위해서 연결로의 대기행렬 검지기가 정해진 점유율을 넘으면 램프미터링은 운영되지 않음 - $r(k)=r(k-1)+k(\Phi_{CR}-\Phi_{OUT}(K))$ $r(k)$=현재의 미터링률, $r(k-1)$=전시간대미터링률, Φ_{CR}=임계점유율 $\Phi_{OUT}(k)$=하류부측정점유율, K=조정상수	• 수집된 점유율이 미리 설정된 용량상태의 점유율을 초과하거나 동일한 경우에 제어율 선정 • 진입 연결로 상류에서 실시간으로 수집된 점유율 자료를 교통량-점유율 관계곡선을 이용하여 특정 진입 연결로에서 특정 점유율 값에 대한 제어율을 선정

시스템통합 제어 알고리즘은 목적함수에 따라 여러 개의 유형으로 분류할 수 있는데, 가장 많이 사용되는 모형으로는 모든 연결로의 진입 교통량을 최대화로 하는 모형이다.

[표 6-7] 시스템 통합 알고리즘

구분	종류	특징
고정시간 시스템 통합 알고리즘	• Wattleworth & Berry 모형 - 연속 램프의 미터링 방법의 가장 근간을 이르는 모형 - LP접근 방식으로 본선구간의 교통량 용량을 초과하지 않도록 함으로써, 본선의 교통량 수준을 양호하게 유지하는 한도에서 진입량을 최대하 하는 알고리즘 • Messer 모형 - 고속도로에 진입하고자 하는 진입교통량을 최대화하기 위한 것 - 진입차량의 대기시간 최소화가 목적이기 때문에 본선부를 위한 램프미터링 전략 관점에서는 한계를 지니고 있음	모든 진입연결로의 진입교통량 최대화를 목적함수로 하며, 제약함수로는 본선 구간의 수요-용량 제약 및 진입연결로의 수요-용량 제약이 포함되는 모형
교통감응 시스템 통합 알고리즘	• SIRTAKI(Morin과 Pierrlee 시뮬레이션 방법) - Simulation을 시행 후 미리 입력된 진입교통량, 진출교통량, 특정 시간대의 평균교통량에 상응하는 병목구간 용량을 이용하여 고속도로상의 교통류 상황을 예측하고 최종적으로 각 램프에 대한 미터율을 결정하는 방법 • Washington DOT 전략 - 각 지점의 교통상황을 기초로 한 지점별 미터링률과 대상 고속도로구간 전체의 교통상황을 고려한 연속램프의 미터링률을 계산 - 유도 루프감지기(Induction loop detector)를 이용하여 교통량 자료와 도로 점유율 자료가 실시간으로 수집	총 진입 교통량의 최대화 및 총 주행거리의 최대화를 목적함수로, 각 링크 및 진입연결로의 수요-용량식 및 링크주행속도를 제약식으로 선정한 모형

6.2 진출램프 제어

6.2.1 도시고속도로 진출램프 제어 필요성

도시고속도로는 기능과 용량이 간선도로에 비해 크기 때문에 도시고속도로의 혼잡도와 간선도로 또는 보조간선도로의 혼잡도가 같다 하더라도 실제 도시기능에 미치는 영향의 크기는 도시고속도로가 훨씬 크다고 할 수 있다. 도시고속도로 진출램프의 대표적인 문제점은 진출부 간선도로의 교통혼잡으로 인하여 램프 진출차량이 진출기회를 확보하지 못함으로써 진출램프 대기행렬이 본선구간까지 역류(Spillover)하는 것이라 할 수 있다. 도시고속도로 본선으로 역류하는 대기행렬의 원인은 진출 연결로 하류부 도로 교차로의 처리용량 부족이 주요 원인이며, 이 처리용량의 부족은 교차로 상류부의 과도한 교통수요가 원인이 된다. 이럴 경우 도시고속도로를 빠져나가려는 차량들은 하부도로로의 진입기회를 얻기가 힘들고 고속도로 본선으로의 역류 대기행렬의 생성은 피할 수 없게 된다. 역류 대기행렬은 도로 특성과 운전자 특성에 따라 문제가 될 수도 있다. 본선구간으로의 역류는 도시고속도로 본선의 용량 감소로 이어져 도시고속도로 전체의 기능을 저하시키는 주원인이 된다. 또한 도시고속도로 진출램프 혼잡은 끼어들기 등 교통류의 상충으로 이어져 잦은 교통사고 발생 등 교통안전의 심각한 문제를 일으키게 된다. 이런 경우의 역류 대기행렬은 단속이나 정보 제공만으로는 사고의 위험성을 제거하거나 교통혼잡을 막을 수 없다. 따라서 진출램프 대기행렬의 본선역류를 방지하기 위한 합리적인 진출램프 제어가 필요하다.

6.2.2 진출램프 제어 전략의 기본 개념

진출램프 제어는 그림 6-2와 같이 신호기(g, G_1)를 이용하여 하부도로에 램프진출 차량을 위한 인위적 공간을 확보해 주어 램프차량이 우선적으로 진출기회를 얻도록 하는 기법이다. 진출램프 제어는 하부간선도로에 교차로가 바로 인접해 있고, 램프 길이가 짧은 도시고속도로에 한하여 진출램프 제어를 시행할 수 있을 것이다.

진출램프 제어는 하부도로의 교통상황이 최악이 된다 해도 이에 관계없이 도시고속도로 위주의 제어만을 시행하는 배타적 제어와 하부도로의 교통상황을 어느 한계까지는 고려하는 상호 보완적 제어 등 크게 두 가지 전략이 있을 수 있다.

진출램프 제어는 하부도로의 교통수요의 증가로 대기행렬이 성장하여 램프 진출차량의 하부도로 진입에 애로를 일으키는 지점(공간 확보를 위해 필요한 지점)까지 왔을 때 시작된다.

[표 6-8] **진출램프 제어의 기본전략 비교**

구 분	진출램프 제어	
	배타적 제어	상호보완적 제어
고속도로	램프대기 적정 유지	램프대기 적정 유지 일부 제한
하부도로	소통상황 보호받지 못함	소통상황의 최저 수준 보호받음

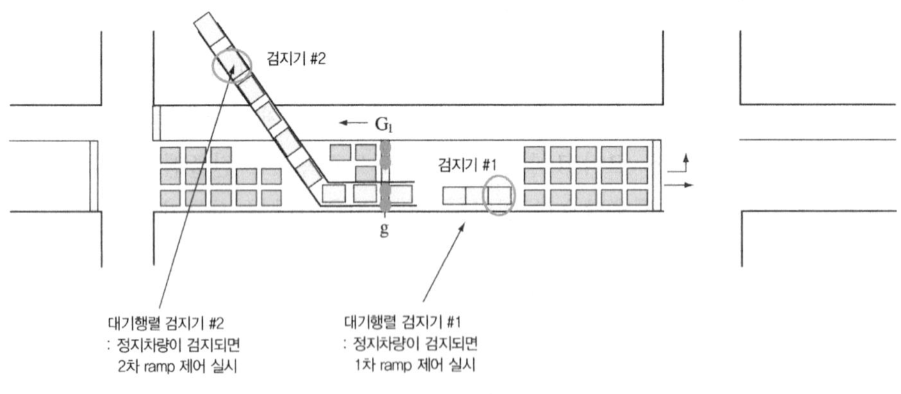

[그림 6-2] **일반적인 진출램프 제어 기법**

6.2.2.1 배타적 진출램프 제어

이 제어방식은 그림 6-3에서 보는 바와 같이 하부도로에 대해 배타적인 진출램프 제어를 시행하는 것으로, 램프를 빠져나가는 차량들의 대기행렬은 최대 제어선까지 허용함으로써 최고의 서비스 수준을 유지할 수 있는 반면에 하부도로는(신신호시스템일 경우 녹색신호의 증가로 어느 정도 보상을 받는다 하더라도 한계가 있음) 더이상 보호받지 못하게 되고 하부도로 대기행렬은 결국 상류부로 계속 성장할 것이다.

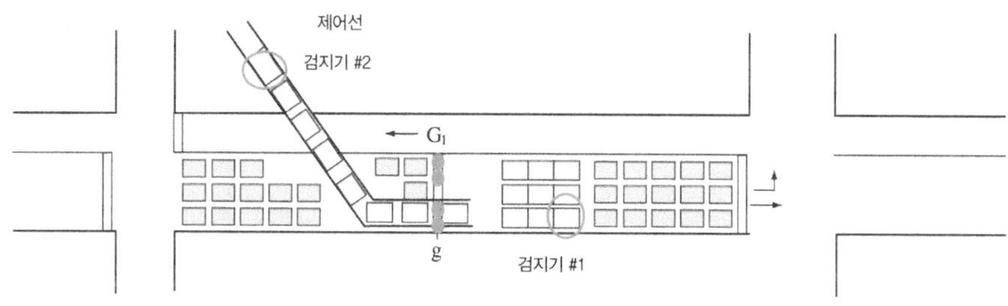

[그림 6-3] **배타적 제어 기법**

6.2.2.2 상호보완적 진출램프 제어

하부도로의 교통수요가 계속 증가하면 도시고속도로를 우선적으로 하는 배타적 진출램프 제어로 인해 하부도로는 순식간에 과포화 상황으로 치달을 것이며, 이는 결국 진출램프 제어 역시 불가하게 할 것이다. 따라서 하부도로의 과포화 진행을 억제하기 위해 하부도로에 spillback 검지기를 설치(제어선)하고, 하부도로 대기길이가 검지되면 진출램프 제어 수준을 떨어뜨려 하부도로 대기행렬이 이 제어선을 유지하도록 진출램프 제어를 시행한다. 이런 경우 본선으로 역류하는 대기행렬은 피할 수 없지만 고속도로와 하부도로 모두에 공평한 교통류 관리 방안이 될 수 있다.

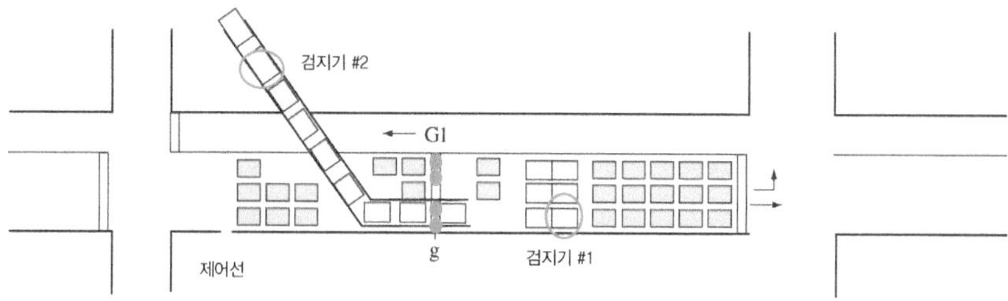

[그림 6-4] **상호보완적 제어 기법**

6.2.3 진출램프 제어 모형

과포화 제어 모형[34)]

제어원리는 진출램프 차량의 신출을 확보하여 본신의 흐름을 보호하면서 간선도로의 영향을 최소화하기 위한 알고리즘이다. 제어이론은 과포화 신호제어방법에서 형평옵셋(Equity Offset)과 내부미터링 기법을 진출부 제어에 응용한 것이다. 진출제어 신호 운영방식을 시공도(時空圖)의 예로 설명하면 다음과 같다. 하류부 교차로의 녹색신호가 켜진 후 출발하는 차량의 충격파가 진출부에 도착하여 진출공간이 생기는 시점에 진출램프의 신호가 시작된다.

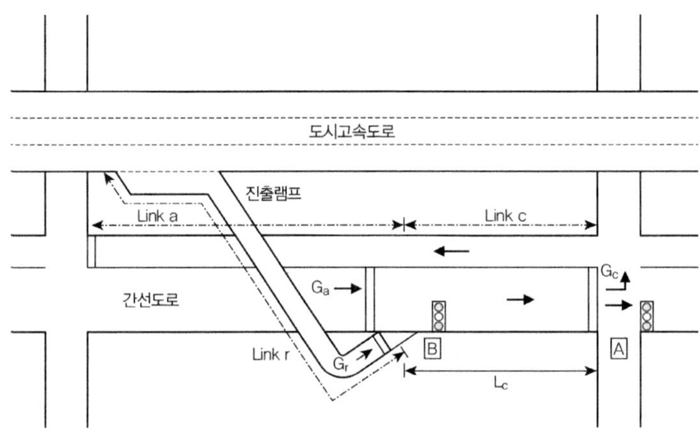

[그림 6-5] 진출램프 개략도

A 교차로

Φ 1	Φ 2	Φ 3	Φ 4	합계
				–
Gc	Rc			C

B 교차로

Φ 1	Φ 2			합계
				–
Gr	Ga			C

34) 과포화 신호제어기법을 응용한 도시고속도로 진출램프 제어전략 개발, 2001

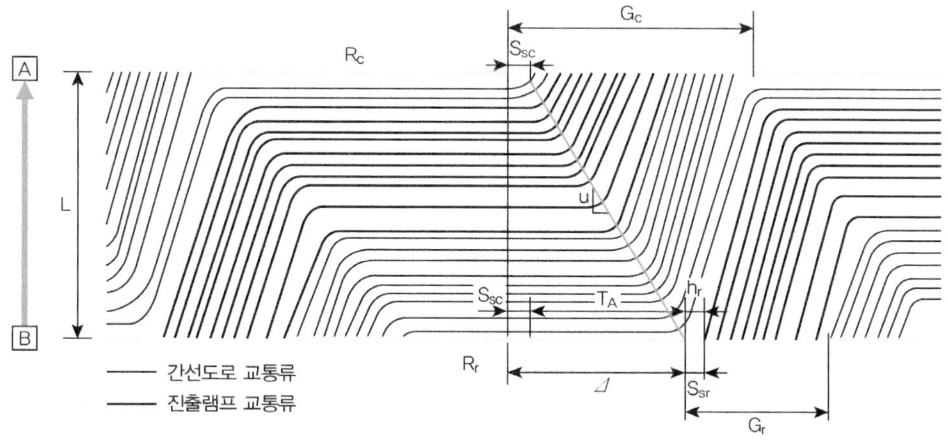

[그림 6-6] **진출램프 제어 시공도**

진출램프의 차량이 충분히 빠져나갈 수 있는 녹색시간을 할당하고 나머지 시간을 간선도로에 할당한다. 진출램프 하류부 교차로가 적색이 되어 진출램프 하류부 교차로를 빠져나가지 못한 진출램프 차량은 다음 녹색시간에 빠져나갈 수 있게 된다. 시공도에서 두 교차로 간 연동신호를 위한 옵셋 산정 관계식은 다음과 같다.

$$\Delta = s_{sc} + T_A + h_r - s_{s_r} \tag{6.1}$$

여기서 T_A는 충격파가 대기행렬 끝까지 도달하는 시간(과포화 상태에서 대기행렬이 링크를 채우게 되므로 대기행렬 길이는 내부링크 길이로 간주하여 산정), h_r은 진출램프의 discharge 차두시간, $s_{sc}(s_{s_r})$ 내부링크(진출램프) 출발손실시간을 의미한다.

시공도상에서 차량흐름은 다음과 같이 이루어진다. A교차로에서 G_c가 켜진 후 충격파가 진출부 지점에 도달하면 진출램프 녹색시간이 켜지게 되므로 진출램프 차량(f_r)들이 G_r동안 B교차로를 빠져나갈 수 있다.

$$f_r = \frac{G_r - s_r}{h_r} \tag{6.2}$$

하지만 간선도로의 경우 하류링크를 진출램프 차량들이 많은 부분을 채우고 있기 때문에 G_a동안 모든 차량이 B교차로를 통과할 수 없으므로 통과할 수 있는 차량(f_a)은 A교차로 통과교통량(f_c)에서 f_r을 빼주어야 한다.

$$f_a = f_c - f_r \tag{6.3}$$

위와 같이 차량들이 움직이는 두 교차로간의 진출램프 제어 전략은 진출램프와 간선도로의 차량저장 공간인 링크길이에 대한 대기행렬 길이 변화율을 고려하여 대기행렬이 관리되도록 하는 대기행렬 관리계수(α)값에 따라 결정된다.

$$\alpha = \frac{\Delta Q_r / L_r}{\Delta Q_a / L_a} \quad (\Delta Q_r = \frac{d_r - f_r}{N_r},\ f_r = \frac{G_r - s_r}{h_r}) \tag{6.4}$$

여기서 $\Delta Q_r(\Delta Q_a)$는 진출램프(간선도로) 대기행렬 길이 변화율(대/시), $L_r(L_a)$는 진출램프(간선도로) 링크길이(m), d_r, d_a는 각 링크의 수요(대/시), N_r, N_a는 각 링크의 차로수, f_c는 현시 통과교통량(대/시), s_r은 링크 총손실시간(초), h_r은 링크 차두시간(초), α값에 따라 진출램프 제어는 다음과 같이 이루어진다.

첫째, '$\alpha = 0$인 경우'는 진출램프 우선 제어로 진출램프 대기행렬은 증가하지 않고 처음의 대기행렬을 유지하게 되고 간선도로 대기행렬은 크게 증가하게 된다.

둘째, '$0 < \alpha < 1$인 경우'는 진출램프의 대기행렬 변화율보다 간선도로 대기행렬 변화율이 크게 되어 진출램프 링크용량 도달시간이 간선도로보다 길게 되어 진출램프에 우선권이 주어진다.

셋째, '$\alpha = 1$인 경우'는 균등 제어로 진출램프 링크용량에 도달하는 시간이 간선도로 링크용량에 도달하는 시간과 같다.

넷째, '$\alpha > 1$인 경우'는 간선도로 우선 제어로 진출램프 링크용량 도달시간이 간선도로 링크용량 도달시간보다 짧게 되는데, 진출램프 제어를 위해 이런 경우는 적용되기 어렵다.

따라서 진출램프 신호시간(G_r)도 진출램프 제어 변수인 대기행렬 관리계수(α)에 따라 다음과 같이 결정된다.

$$G_r = (\frac{d_r L_a N_a - \alpha d_a L_r N_r + \alpha f_c N_r L_r}{\alpha N_r L_r + L_a N_a}) \times \frac{h_r C}{3600 N_r} + s_r \tag{6.5}$$

$$G_a = C - G_r \tag{6.6}$$

감응식 제어 모형[35)]

그림 6-7에서와 같이 검지기를 설치하여 도시고속도로와 간선도로에서의 실시간 대기행렬 검지를 통한 감응식 신호 제어로 도시고속도로 진출램프와 상류부 간선도로에서의 대기행렬 검지뿐만 아니라 진출부 교차로를 통과한 차량들이 머무르게 되는 하류부 링크에서의 대기행렬 또한 검지한다. 이를 통해 상류부 간선도로와 진출램프의 포화 여부 및 하류부 링크에서의 차량의 대기공간 확보 여부를 실시간으로 파악할 수 있도록 하였다. 제어전략은 간선도로와 진출램프에서의 대기행렬 검지기를 통해 수집된 검지기 데이터를 바탕으로 교통상황을 분류하여 각 상황에 적합한 제어전략을 적용한다.

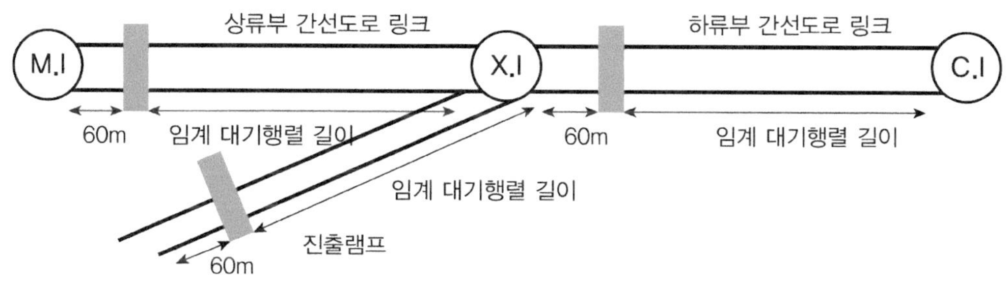

[그림 6-7] **제어 범위 및 검지기 위치**

신호 제어 알고리즘에 따라 간선도로와 진출램프 모두 대기행렬이 임계대기행렬 길이까지 증가되지 않는 비포화 상황에서는 평소 운영되는 TOD 방식에 의거한 정상운영이 이루어진다. 그리고 각 현시별 최소녹색시간이 지난 후 대기행렬 검지 결과에 의해 간선도로와 진출램프 모두 대기행렬이 발생하지 않은 경우에는 정상운영(TOD) 방식이 지속된다. 그러나 진출램프에 대기행렬이 검지된 경우(간선도로 대기행렬은 검지되지 않은 상태) 대기행렬 검지시점이 진출램프의 현시가 진행 중일 때라면 진출램프의 현시가 연장되고, 간선도로 현시가 진행 중일 때라면 간선도로 현시가 최소녹색시간을 만족한 시점에서 진출램프의 현시가 시작된다.

이와 반대로 간선도로에 대기행렬이 검지된 경우(진출램프 대기행렬은 검지되지 않은 상태)엔 대기행렬 검지시점이 간선도로 현시가 진행 중일 때라면 간선도로 현시가 연장되고, 진출램프 현시가 진행 중일 때는 진출램프의 현시가 최소녹색시간을 만족한 시점에서 간선도로의 현시가 시작된다. 또한 간선도로와 진출램프 모두에서 대기행렬이 검지된 경우 각 현시별 대기행렬이 제거될 때까지 현시가 유지된다. 단 각 현시별 대기행렬검지에 따라 현시가 연장될 때 대기행렬이 제거되거나 최대녹색시간을 만족할 경우 해당 현시는

35) 감응식 신호제어를 이용한 도시고속도로 진출부 교차로 제어전략 개발, 2008

종료된다. 또한 하류부 C.I 링크의 대기행렬 검지기를 이용하여 C.I의 대기행렬이 진출부 교차로까지 증가되어 진출램프의 차량들이 진입 못하는 현상을 방지하고자 간선도로의 현시를 종료시킴으로써, 진출램프의 차량이 진출할 수 있는 공간을 확보할 수 있도록 하였다. 최소녹색신호시간은 횡단보도 신호시간 등을 고려하고 최대녹색시간은 상대 현시의 최소녹색신호시간과 황색기간 등을 고려하여 외부적으로 주어진다.

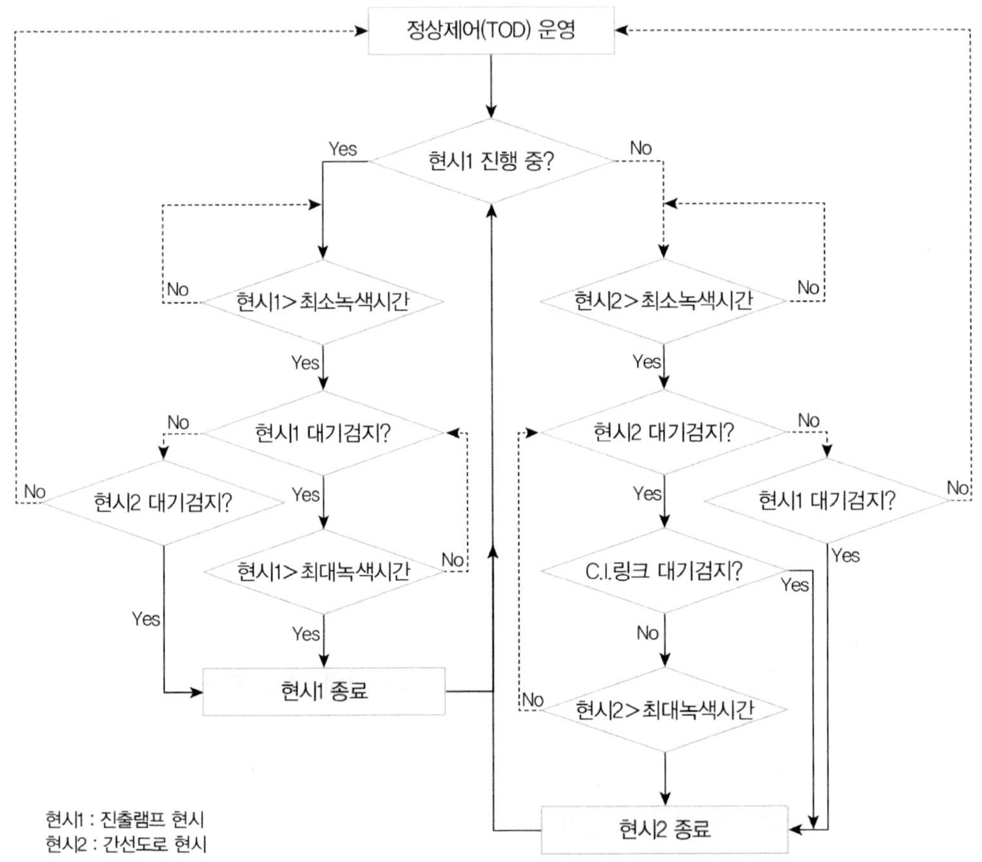

[그림 6-8] **진출램프 교차로 신호제어 알고리즘**

6.2.4 동적 차로 배정

6.2.4.1 동적 차로 배정 모형

차로수가 주어진 신호교차로의 신호 운영 시 고려해야 할 조건은 차로 배정 조건(lane-uses), 신호조건 등으로 크게 나누어진다. 그리고 이들 조건들은 서로 간에 영향을 주고받는다. 예를 들어, 차로수가 많으면 신호시간을 짧게 주어도 용량을 동일하게 할 수 있다. 그러므로 이 두 가지 조건들이 최적의 조화를 이룰 때 신호교차로의 최대 서비스 수준을 얻을 수 있다. 특히 그림 6-9의 진출램프 제어와 같은 경우 상류부 교차로는 2현시로 운영되지만, 하류부 교차로는 4현시로 운영되어 진출램프 하류부 링크에 할당되는 신호시간이 짧기 때문에 상류부 교차로에 비해 용량의 제약을 받게 된다. 따라서 신호시간이 짧은 하류부 교차로에서 진출램프 하류부 링크의 용량을 증대시키기 위해서는 직진과 좌회전 교통량 차이에 따른 차로 배정이 매우 중요하다. 그림 6-9는 진출램프 제어를 위한 진출램프 하류부 링크와 상·하류부 교차로이다.

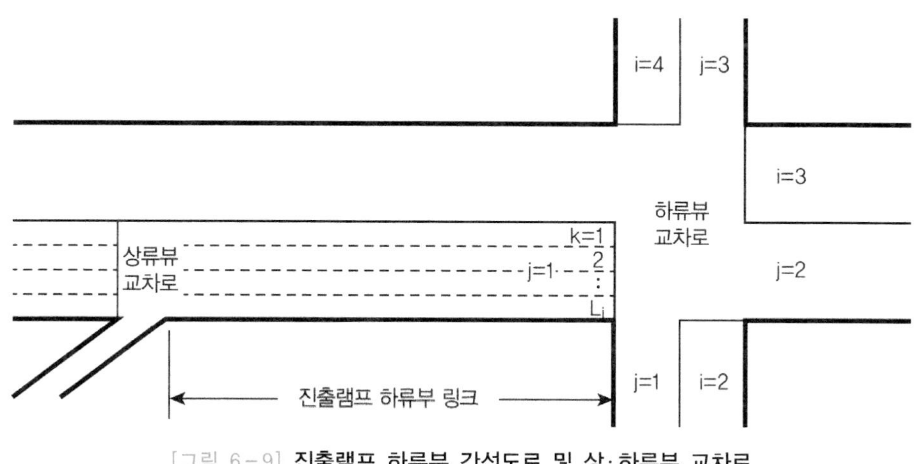

[그림 6-9] **진출램프 하류부 간선도로 및 상·하류부 교차로**

그림 6-9의 하류부 교차로와 같은 어느 교차로에 있어서 회전교통량 변화에 따라 감응제어나 실시간 제어가 가능한 dual ring 조건을 만족하는 교통량비(flow ratio, 교통량/포화교통량)의 합을 최소화하는 차로 배정을 산정해주는 모형[36]을 살펴본다.

---

36) Lane-based Optimization of Signal Timings for Isolated Junctions(2003) & 차로 배정 최적화를 고려한 신호교차로 운영방안에 관한 연구, 2013.

교차로에서 각 이동류는 다음 조건들을 만족해야 한다.

첫째, 각 이동류는 한 개 차로를 이용할 수도 있고 여러 차로를 이용할 수도 있다. 그리고 차로(k)를 이동류(ij)가 이용하면 교통량(q_{ijk})을 갖게 되고, 이용하지 않으면 교통량은 0이 된다.

$$M\delta_{ijk} \geq q_{ijk} \geq 0 \tag{6.7}$$

여기서 q_{ijk}는 i접근로의 k차로에서 j접근로로 회전하는 교통량, δ_{ijk}는 이진변수(binary integer)로 i접근로 k차로에서 j접근로로 회전이 이루어지면 1, 그렇지 않으면 0, M은 모든 차로의 이용 교통량보다 큰 수이다. 그리고 어느 차로는 한 개 이동류만이 이용할 수도 있지만 여러 이동류(직진, 좌회전, 우회전 등)가 함께 이용할 수도 있다.

$$\sum_{j=1}^{N_T-1} \delta_{ijk} \geq 1 \tag{6.8}$$

둘째, 동일 이동류가 이용하는 차로들의 교통량비(y_{ik}, 교통량/포화교통량(s_{ik}))는 다음과 같다.

$$y_{ik} = \frac{\sum_{j=1}^{N_{T-1}} q_{ijk}}{s_{ik}} \tag{6.9}$$

여기서, N_T : 접근로 수

이렇게 산정된 차로별 교통량비는 동일 이동류가 이용하는 차로들의 경우에는 교통량비가 동일하도록 하여 차로 혼잡도가 동일하게 운영되게 한다.

$$M(2-\delta_{ijk}-\delta_{ijk+1}) \geq y_{ik} - y_{ik+1} \geq -M(2-\delta_{ijk}-\delta_{ijk+1}) \tag{6.10}$$

셋째, 어느 접근로에서 동일한 회전 방향에 대한 차로별 이용교통량(q_{ijk})을 합하면 그 접근로에서 회전하는 교통량(q_{ij})과 같아야 한다.

$$\sum_{k=1}^{L_i} q_{ijk} = q_{ij} \tag{6.11}$$

넷째, 서로 다른 차로를 이용하는 이동류들 간에는 서로 상충이 발생되지 않아야 한다. 예를 들어, 1차로에서 직진을 하는데 2차로에서 좌회전을 하게 되면 서로 상충이 발생되므로 이러한 상충 이동류는 허용되지 않아야 한다.

$$1-\delta_{ijk} \geq \delta_{imk+1} \geq \delta_{ijk}-1 \qquad (6.12)$$

여기서, $j=1,...,N_T-2$; $m=j+1,...,N_T-1$; $k=1,...,L_i-1$

다섯째, 이동류의 최대 이용가능 차로수는 그 이동류를 받아주는 교차로 유출부의 차로수(EL_j)를 초과하지 못하도록 한다.

$$EL_i \geq \sum_{k=1}^{L_i} \delta_{ijk} \qquad (6.13)$$

이러한 차로 배정 모형을 진출램프 하류부 링크에 있는 하류부 교차로에 적용할 경우에는 진출제어링크 길이를 고려할 필요가 있다. 예를 들어, 링크 길이가 짧아 직·좌 동시신호로 운영되는 경우에는 dual ring 조건을 만족하는 교통량비의 합을 최소화하는 차로배정을 산정하는 것보다는 차로별 교통량비가 동일한 차로 배정을 산정하는 것이 보다 더 효율적이다.

동적 차로 운영

하류부 교차로의 차로 배정이 변경되면 진출램프 하류부 링크를 통과해야 하는 운전자들은 급차로 변경 등을 수반하는 혼란을 겪게 된다. 운전 중에 이러한 혼란이 발생되지 않도록 그림 6-10과 같이 차로제어 시스템(LCS, Lane Control System)을 설치하여 운전자들이 안전하게 차로 변경을 할 수 있도록 해야 한다. LCS 지점수는 링크 진입부와 진출부를 포함하여 링크 길이를 고려해서 적절하게 설치하면 된다. 그리고 진출램프 하류부 링크가 짧은 경우가 긴 경우보다 진출램프에서 차량들이 간선도로로 진입하기 힘들다. 이러한 경우 진출램프에서 진입한 차량이 좌회전 차로로 진입을 하기 위해서는 직·좌 분리신호보다 직·좌 동시신호가 유리할 수 있다. 그리고 하류부 교차로 차로 배정에 따른 동적 차로 운영에도 직·좌 동시신호가 안전한 차량흐름에 보다 유리할 수 있기 때문에 가급적 직·좌 동시신호가 권장된다.

우리나라 간선도로 좌회전 차로수 현황을 살펴보면 1, 2차로가 대부분을 차지한다. 따라서 최대 좌회전을 2차로까지 허용하고 그림 6-10과 같이 LCS가 3개소인 경우 진출램프 하류부 링크에서 안전한 차량 진행을 위한 LCS의 동적 차로 배정 표출방안은 다음과 같이 이루어질 수 있다. 그림에서 1주기는 현재 신호주기를 의미하며 차로 배정 변경이 시작되면 시간 경과에 따라 2주기, 3주기, 4주기 순으로 차로 배정이 변경된다.

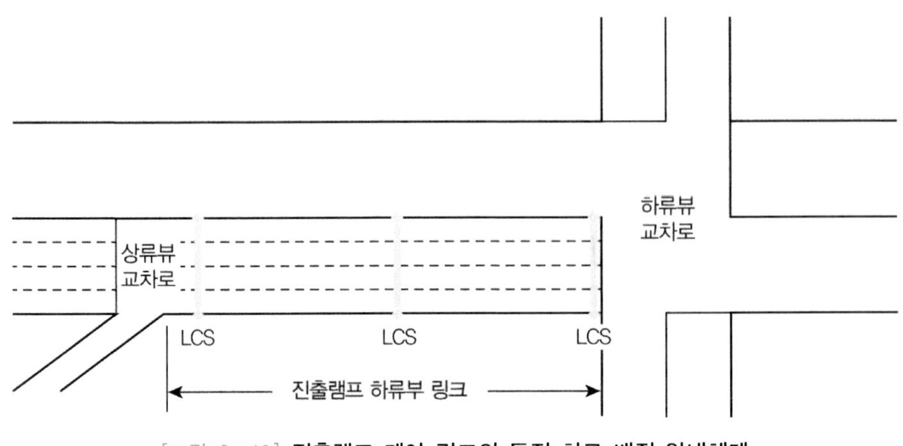

[그림 6-10] **진출램프 제어 링크의 동적 차로 배정 안내체계**

차로 배정 변경은 좌회전 전용차로(직진 전용 2차로 포함)를 직·좌 공용차로로 변경할 경우는 바로 다음 주기(2주기)에 변경하면 된다. 좌회전전용차로를 직진 전용차로로 변경할 때(좌회전은 항상 허용이 되어야 하므로 2차로에만 해당됨)는 그림 6-11과 같이 상류부 LCS부터 하류부 LCS로 변경주기마다 순차적(2주기에 LCS1, 3주기에 LCS1과 LCS2, 4주기에 모든 LCS)으로 직진 전용차로로 변경하고, 하류부 LCS는 직·좌 공용차로로 변경하면 된다. 그림 6-11에서 4주기에 1차로의 좌회전 전용차로를 직·좌 공용차로로 대체하면 좌회전 전용 2차로를 직·좌 공용 1차로로 변경할 수 있다.

시간	4주기	3주기	2주기	1주기
1차로	_↑	_↑	_↑	_↑
2차로	→	→	→	_↑
3차로	→	→	→	→
4차로	→	→	→	→
LCS1				

4주기	3주기	2주기	1주기
_↑	_↑	_↑	_↑
→	→	_↑→	_↑
→	→	→	→
→	→	→	→
LCS2			

4주기	3주기	2주기	1주기
_↑	_↑	_↑	_↑
→	_↑→	_↑→	_↑
→	→	→	→
→	→	→	→
LCS3			

[그림 6-11] **LCS 신호주기별 차로 배정 표시 순서(좌회전 전용 2차로 → 좌회전 전용 1차로)**

직·좌 공용차로를 좌회전 전용차로(직진전용 2차로 포함)로 변경할 때는 변경주기마다 상류부 LCS부터 하류부 LCS로 순차적으로 좌회전 전용차로(직진 전용 2차로)로 변경한다.

시간	4주기	3주기	2주기	1주기
1차로	_↑	_↑	_↑	_↑→
2차로	→	→	→	_↑
3차로	→	→	→	→
4차로	→	→	→	→
LCS1				

4주기	3주기	2주기	1주기
_↑	_↑	_↑→	_↑→
→	→	→	→
→	→	→	→
→	→	→	→
LCS2			

4주기	3주기	2주기	1주기
_↑	_↑→	_↑→	_↑→
→	→	→	→
→	→	→	→
→	→	→	→
LCS3			

[그림 6-12] **LCS 신호주기별 차로 배정 표시 순서(직·좌 공용 1차로 → 좌회전 전용 1차로)**

직진 전용 2차로를 좌회전 전용차로로 변경할 때는 변경주기마다 상류부 LCS부터 하류부 LCS로 순차적으로 직진 전용차로로 변경하고 하류부 LCS는 직·좌 공용차로로 변경한다.

시간	4주기	3주기	2주기	1주기
1차로	↰	↰	↰	↰
2차로	↰	↰	↰	→
3차로	→	→	→	→
4차로	→	→	→	→
LCS1				

4주기	3주기	2주기	1주기
↰	↰	↰	↰
↰	↰	↰→	→
→	→	→	→
→	→	→	→
LCS2			

4주기	3주기	2주기	1주기
↰	↰	↰	↰
↰	↰→	↰→	→
→	→	→	→
→	→	→	→
LCS3			

[그림 6-13] **LCS 신호주기별 차로 배정 표시 순서(좌회전 전용 1차로 → 좌회전 전용 2차로)**

교통정보 수집과 가공

요 약

제7장에서는 교통관리시스템의 기초가 되는 자료 수집 기기와 정보 가공 처리 방법을 다루고 있다. 자료 수집에서는 국내외에서 널리 사용하는 검지기 종류와 검지기 도입 시 고려해야 할 사항이나 설치 간격 등을 설명하고 있고, 또 수집한 자료를 교통관리시스템에 활용하는 데 필요한 이상(異狀) 데이터와 누락(漏落) 데이터 자료 처리 분석 기법, 교통정보 제공에 필요한 통행속도 추정 기법도 설명하고 있다.

7.1 자료 수집 주기와 검지기 선정 기준

7.1.1 자료 수집 주기 선정 기준

검지기 자료의 수집 주기 선정은 정보의 정확도를 결정하는 중요한 변수이다. 수집 주기가 길수록 수집 자료 처리 시간에 여유가 생기고, 시스템 구성 요소가 적어진다. 교통정보 이용 측면에서 볼 때 수집 주기가 길어지면 도로 이용자는 변화하는 교통상황을 적시에 취득하지 못하게 된다. 예를 들어, 5분 수집 주기의 시스템이 만든 교통 정보를 제공받는 이용자는 시스템의 처리시간 등을 고려할 때 10분도 더 지난 교통정보를 제공받고 있다. 실시간 정보를 처리할 수 있는 교통관리시스템 측면에서 수집 주기를 짧게 하는 것이 교통정보 제공 시에 실제 교통상황과 유사한 교통정보를 제공할 수 있는 방안이다.

교통관리시스템에서 말하는 실시간이란 특정 도로 구간의 과거 일정 시간 동안 해당 도로의 교통류 특성이 동일하다고 판단될 때, 그 일정 시간 간격 이내(예를 들어, 30초, 1분, 5분 등)를 실시간이라 한다.

검지기 간격과 자료의 수집 주기는 서로 종속적인 관계를 가진다. 공학적으로 볼 때 넓은 검지기 간격은 긴 수집 주기를 필요로 하고 좁은 검지기 간격은 짧은 수집 주기를 필요로 한다.

짧은 수집 주기는 교통관리와 자료 분석 차원에서 유리하다. 짧은 수집 단위로 수집한 자료는 교통류 현상을 그대로 검지할 수 있으나, 수집 주기를 길게 할 경우 짧은 시간 내에서의 교통류 변화를 검지할 수 없다. 특히 신속한 돌발상황을 검지하기 위해서 짧은 수집 주기와 적절한 검지기 간격이 필요하다.

긴 수집 주기에 비해 짧은 수집 주기는 자료의 신뢰성을 확보하기 위해 별도의 평활화(平滑化) 작업이 필요하나, 수집 자료가 누락된 경우 긴 수집 자료는 짧은 수집 주기에 비해 누락 보정의 효과가 떨어지는 등 신뢰성 차원에서 짧은 수집 주기가 유리하다. 이 때문에 외국의 경우 고속도로 교통관리시스템에서는 대체로 20~30초를 수집 주기로 하고 있다.

그러나 짧은 수집 주기가 언제나 바람직한 것은 아니다. 특히 신호주기가 120~180초가 대부분인 일반국도와 같은 단속류 구간에서는 필터링(평활화)된 1분 이하의 자료는 특이치를 제거하기보다는 신호에 의한 변동을 그대로 반영함으로써 데이터를 왜곡할 수 있기 때문에, 도로시설과 교통류의 특성에 따라 적정한 수집 주기를 선정해야 한다.

[표 7-1] 국가별 고속도로 교통관리시스템의 수집 주기

교통관리시스템		수집 주기(초)
북 미	미국 샌안토니오 TransGuide	20
	미국 미네소타 교통관리시스템	30
	미국 워싱톤 교통관리시스템	20
	캐나다 토론토 COMPASS	20
유 럽	파리 BP 교통관리시스템	30
일 본	일본 수도고속도로 교통관리시스템	60
한 국	한국도로공사 고속도로관리시스템	30

7.1.2 검지기 선정 시 고려해야 할 사항

1995년 영국의 Waters Information에서 발행한 검지 기술은 구축 계획(1995~2000년) 또는 실적에 따라 전 세계의 교통 검지기 사용 추이를 보고한 바 있다. 이에 따르면 루프 검지기를 가장 많이 선호하는 것으로 나타나고 있다. 이는 루프 검지기가 우수하기보다는 타 검지기의 신뢰성이 아직 완전하지 못한 데 있다.

우리나라의 일반국도에는 영상을 이용한 지점 검지기(VDS)가 많이 설치되어 있고, 고속국도에는 루프를 이용한 지점 검지기가 많이 설치되어 있다. 일부에는 레이더 센서를 이용한 지점 검지기가 설치되어 있다.

최근에는 레이더와 영상을 융합한 검지기를 이용하여 돌발 상황을 파악하고 소규모 구간의 교통정보를 획득하는 기법을 적용하고 있다.

검지기를 선정할 때는 다음과 같이 정확도, 유지관리, 환경 적응성, 비용, 검지 자료 등의 장비 성능과 경제성 등을 고려해야 한다.

검지 정확도 측면

일반적으로 매설형 검지기인 루프 검지기는 수집 자료의 신뢰도 측면에서 가장 뛰어나다고 보고되고 있지만, 최근에는 기술의 발달로 인해 비매설형 검지기도 90% 이상의 높은 신뢰성을 보여주고 있다. 검지기 종류별로 검지기의 성능을 비교하기에는 기술 발전 속도가 매우 빠르고, 검지 정확도가 검지기 종류나 특성보다는 제조회사의 제품 모델별로 다르며, 조사 대상 도로 환경의 특성에 따라 검지기의 성능은 다르게 나타날 수도 있다. 따라서 검지기 수집 데이터의 신뢰도는 공인된 평가 기관이 지속적으로 평가하여 검지기의 신뢰도를 유지해야 한다.

유지 관리 측면

일반적으로 비매설형 검지기가 매설형 검지기보다 유지 관리가 용이하다. 특히 대형 화물 트럭의 통행이 많고 포장의 손상(소성 변형, 균열 등)이 잦아 도로의 굴착 공사 빈도가 높은 도로일 경우에는 비매설형 검지기가 유지관리에 더욱 유리하다고 할 수 있다. 그러나 도로 공사가 비교적 드물고 검지기와 도로관리체계를 일원화할 수 있다면 어느 검지기라도 유지관리에 큰 문제는 없다.

기후 환경 측면

비매설형 검지기는 기후 환경에 상당한 영향을 받는 것으로 알려져 있다. 영상 검지기는 조도와 도로 표면 반사, 그림자, 안개, 강설 등에 영향을 받으며, 초단파 검지기는 폭우 시 다소 영향을 받는다. 초음파 검지기는 강풍에 영향을 받으며, 적외선 검지기는 기후의 영향과 더불어 반사율이 높은 빨강 계통의 차량 등에는 검지 성능이 떨어진다. 이에 반해 매설형인 루프 검지기는 기후의 영향이 비교적 적다.

비용 측면

영상 검지기의 비용은 2,000만 원 내외, 능동형 적외선 검지기는 1,500만 원 내외이다. 그러나 비용은 기술 수준이나 사회적 여건에 따라 다르며 변동의 여지가 많다.

검지 자료 측면

검지 자료의 종류는 검지기 종류별로 비교하는 것은 바람직하지 않다. 왜냐하면 검지 자료의 종류가 제품의 기술 측정의 척도가 될 수 없기 때문이다. 따라서 여기서는 검지기의 일반적인 검지 자료 항목을 소개한다.

차종

일반적으로 6~8종의 차종을 구분하기 위해서는 루프, 적외선, 초단파 검지기를 사용한다. 영상 검지기는 일반적으로 3개 차종까지 구분이 가능하다. 그러나 많은 차종보다는 사용 목적에 맞게 적정한 차종 분류가 중요하다.

차로수

한 개의 검지기로 다차로 도로의 교통 자료와 정보를 검출하기 위해서는 영상, 초단파 검지기 등을 사용할 수 있다. 충분한 높이만 확보되면 영상 검지기로 다차로를 검지하는데 문제가 없다. 초단파 검지 방식은 다차로 검지에 유리한데 8차로까지의 교통 정보를 얻을 수 있는 검지기도 있다.

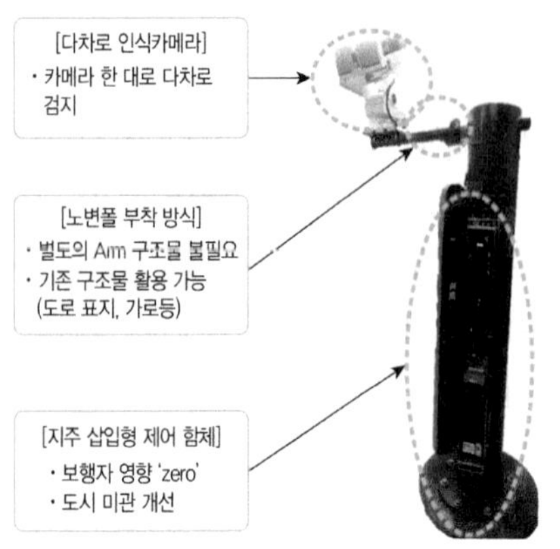

[그림 7-1] **다차로 차량 번호 검지기**[37)]

대기행렬과 돌발상황 검지

루프, 적외선, 초음파 검지기는 지점을 통과하는 차량의 유무를 검지하여 정보를 생성한다. 따라서 이들 검지기를 이용하여 대기행렬이나 돌발상황을 검지하기 위해서는 최소 두 개의 연속된 검지 자료의 조합이 필요하다. 반면에 영상 검지기나 초단파 검지기는 차량의 궤적을 추적할 수 있어 한 개의 검지기로도 돌발상황이나 대기행렬의 검지가 어느 정도 가능하다.

7.1.3 검지기 성능 평가 항목

앞서 언급한 바와 같이 검지기는 기술이 급속히 발전하고 있고, 관련 장비도 다양하게 개발되고 있기 때문에 시스템의 목적에 맞도록 객관적으로 평가하여 선정해야 한다.

성능 평가

정확도(Accuracy)

검지기에서 측정된 값이 기준값과 어느 정도 '정확히 맞는가'를 판단하는 기준이 되며, 식으로 표현하면 다음과 같다.

$$\text{정확도}(\%) = \left(1 - \frac{\varepsilon}{\text{기준값}}\right) \times 100 \tag{7.1}$$

여기서, 에러(ε) = |기준값 − 측정값|

37) 국토교통과학기술진흥원(www.kaia.re.kr)의 연구개발 과제

예를 들어, 실제 속도가 80 km/hr이고 검지기에 의해 측정된 값이 82 km/hr라면 97.5 %의 정확도를 갖는다고 할 수 있다.

해상도(Resolution)

해상도란 측정된 교통 자료들이 어느 정도의 정밀성을 갖는가를 판단하는 기준이다. 차량의 속도 측정값이 80.5 km/hr이면 해상도는 ±0.1 km/hr가 되고, 측정값이 80.54 km/hr이면 해상도는 ±0.01 km/hr가 된다.

반복도(Repeatability)

동일 대상을 검지기가 반복하여 측정하였을 때 그 결과가 얼마만큼 동일한 값을 보여주는가를 판단하는 기준이다.

$$e_R = \frac{z(S_x)}{r_o} \times 100 \tag{7.2}$$

여기서 e_R = 반복 에러율(%)

$z(S_x)$ = 측정된 값들의 표준 편차

r_o = (최대 측정값) - (최소 측정값)

예를 들어, 만약 세 번 측정된 한 트럭의 총 중량이 15.33톤, 15.54톤, 15.28톤이라면 반복 에러율은 53.1%가 된다. 이것을 풀어보면 다음과 같다.

$$\text{표본평균} \quad \bar{x} = \frac{15.33 + 15.54 + 15.28}{3} = 15.38 \tag{7.3}$$

$$\text{표본 표준편차 } z(S_x) = \sqrt{\frac{\sum_{i=1}^{n}(x_i - \bar{x})^2}{n-1}} \text{ 으로부터}$$

$$= \sqrt{\frac{(15.33-15.38)^2 + (15.54-15.38)^2 + (15.28-15.38)^2}{3-1}}$$

$$= 0.138 \tag{7.4}$$

$$\text{반복 에러율 } e_n = \frac{0.138}{(15.54 - 15.28)} \times 100 = 53.1\% \tag{7.5}$$

검지 능력 평가

- 주간, 주야간 전이(轉移) 시간, 야간 등 조도에 따른 검지 능력 평가
- 정체 시 연속 진행하는 차량을 검지하는 능력 평가
- 저속 차량의 검지 능력 평가
- 엇갈림(weaving) 차량의 검지 능력 평가
- 비, 눈 등 기후 조건에 따른 검지 능력 평가
- 온라인 평가
- 전기적 안정도 평가

7.2 검지기 설치 방법

7.2.1 설치 지점을 선정할 때 고려해야 할 사항

검지기의 설치 지점을 선정할 때에는 교통량의 변화가 잦거나 해당 구간을 대표할 수 있는 지점, 교통사고 다발 지점, 지하 지장물 등 설치 시 장애 요소가 없는 지점 등을 함께 고려해야 한다.

교통류 관리의 측면

- 교통류의 변화가 많은 분합류부의 상하류 지점에 설치해야 한다.
- 앞뒤 구간과 교통량 차이가 큰 구간(단속류 : 10% 이상)에 설치해야 한다.
- 최대 대기행렬 지점의 상류 지점(단속류 : 순행속도 확보)에 설치해야 한다.
- 차량 출입이 잦은 도로 옆은 피한다.
- 연결로(ramp)의 진출부에서 교통류 역류로 인한 대기행렬과 지체를 검지하기 위해 분류부 바로 상류 지점에 설치해야 한다.
- 교통량 변화가 심한 차로 감소 지점에 설치해야 한다.
- 터널 출입구에 설치해야 한다.

돌발상황 관리의 측면

- 터널, 다리, 급커브 등 교통장애 구간의 상류 지점에 설치해야 한다.
- 교통 장애 구간이 긴 경우에는 돌발상황을 검지하기 위해 중간 지점에 하나 이상을 설치해야 한다.

- 교통사고 다발 지점이나 위험 구간 등에서 돌발상황을 검지하기 위해서는 검지기 간격을 0.8 km 이내로 설치해야 한다.
- 터널이나 지하차도 구간 등 특별한 위험 관리지역(교통사고 다발 지점, 위험 지점, 급커브 지점, 과속 구간, 내리막 경사가 심한 구간 등)은 0.4 km 이하의 간격으로 조밀하게 구성하여 돌발상황을 놓치지 않도록 한다.

설치 용이성의 측면

- 제어기가 설치되는 지점의 설치 공간, 지반 상태 등 주변 여건을 고려해야 한다.
- 전원과 통신을 수용하기 쉬운 지점을 선정해야 한다.
- 차로 중앙에 설치 시에는 중앙분리대 등 안전한 공간이 확보되어야 한다.
- 교량 구간인 경우에는 차량 진동에 따른 영향을 우선 검토해야 한다.

7.2.2 검지기 설치 간격

검지기 설치 간격 결정 방법

검지기 설치 간격 산정에 있어 기본 가정은 "어느 한 검지기에서 임의의 한 주기에서 검지한 차량 또는 차량군은 다음 인접 검지기에서 다음 주기 내에 검지해야 한다"는 것이다. 그림 7-2에서 보는 바와 같이 검지기를 설치한 station I에서 한 주기 동안 차량 1~5를 검지했다고 하자. 이들 차량들은 자유속도(V_f)로 주행하고 있고 검지기의 수집 주기를 ΔT라 할 때, 차량(군)의 ΔT동안의 이동 거리(L')는 검지기 설치 간격(L)보다 커야 한다. 반대로 검지기 간격(L)이 차량군의 ΔT동안의 이동 거리(L')보다 크다면 한 검지기에서 검지된 차량(군)이 바로 인접 검지기에서는 주기 ΔT동안 검지되지 않고 남는 차량(군)이 있다.

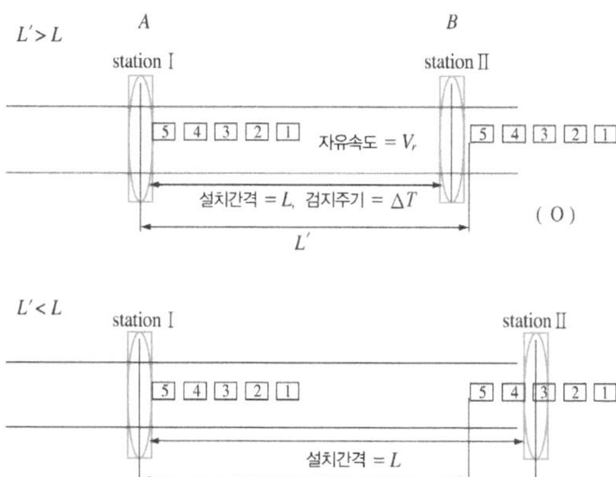

[그림 7-2] 설치 간격 결정 방법

$L'>L$인 경우 $A-B$ 구간의 통과 교통량

$$\Rightarrow V_{A-B}=(5+5)/2=5 \qquad (\text{O}) \tag{7.6}$$

$L'<L$인 경우 $A-B$ 구간의 통과 교통량

$$\Rightarrow V_{A-B}=(5+3)/2=4 \qquad (\times) \tag{7.7}$$

상기 결과를 보면 $L'>L$에서는 구간 통과 교통량 5를 정확하게 검지하였으나, $L'<L$인 경우에는 차량군이 다음 주기 동안 통과하지 못해 구간 교통량이 4로 오차를 나타내고 있다.

따라서 검지기의 적정한 설치 간격은 다음과 같은 기준을 만족해야 한다.

한 주기 동안 차량군의 자유 속도에 따른 설치 간격 L은 이동 거리 L'보다 작아야 한다.

$$L<L' \tag{7.8}$$

$$L<\Delta T\times V_f \tag{7.9}$$

여기서

L : 검지기 설치 간격(m)

L' : 차량군의 자유 교통류 속도에 따른 이동 거리(m)

ΔT : 수집 주기(sec)

V_f : 자유 교통류 속도(m/sec)

검지기 설치 간격에 따른 검지 시간과 도로 용량의 관계

그림 7-3은 캐나다 토론토「Highway 401 COMPASS System」에서 검지기 간격의 변화에 따라 검지 시간과 도로 용량의 변화를 보여주고 있다. 분석 결과에 따르면 검지기 설치 간격과 돌발상황의 검지 시간은 음의 상관관계가 있다. 즉, 검지기 간격이 좁을수록 돌발상황 검지 시간이 빠르고, 돌발상황의 심각도가 크면 클수록 검지 시간이 빠름을 알 수 있다. 예를 들면, 그림 7-3에서 라인 a는 동일한 돌발상황 검지 시간 8분(상황 발생 후 8분)에 대해 검지기 간격 1 mile일 경우(통과 용량이 약 900 veh/hr/lane으로 1,600에서 700 정도 용량을 감소시키는 돌발상황)보다 1/2 mile일 경우(약 1,300 veh/hr/lane으로 1,600에서 300 정도 용량을 감소시키는 돌발상황)가 돌발상황이 덜 심각한 경우에도 검지할 수 있는 능력이 있음을 보여주고 있다. 즉, 검지 간격이 좁으면 좁을수록 심각하지 않은 돌발상황을 검지할 가능성 역시 높아진다는 것이다. 또 라인 b에서 보듯이 동일한 심각도(1000 veh/hr/lane)에서는 검지 간격이 1/4 mile인 경우 약 3분, 1/3 mile 4분, 1/2 mile 6분 그리고 1 mile일 경우에는 9분으로 검지기 간격이 커질수록 검지 시간도 이에 비례하여 커진다.

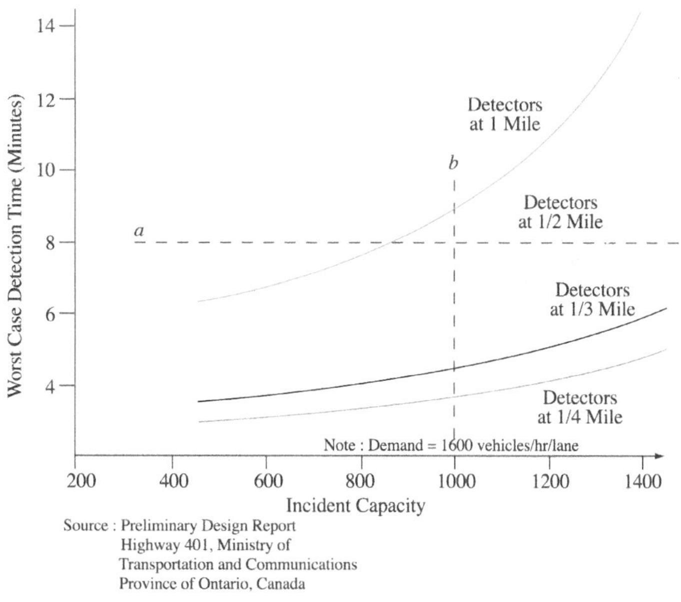

[그림 7-3] **검지기 간격에 따른 검지 시간과 도로 용량의 관계**

검지기 설치 간격과 차량 속도에 따른 자료수집 횟수

검지기 간격은 돌발상황 발생 시 상황의 검지 시간과 직접적인 관계가 있는데, 돌발상황의 검지를 위해 필요한 자료 수집 주기는 60초에 2주기 이상은 되어야 한다고 보고되고 있다. 표 7-2를 보면 돌발상황과 관련하여 2주기 이상의 데이터를 확보하기 위해서는 연속류 구간에서 500 m의 설치 간격이 가장 적정한 것으로 나타난다.

[표 7-2] **검지기 설치 간격과 차량 속도에 따른 분당 자료 수집 횟수**

차량 운행 속도	120 km/h	100 km/h	80 km/h	50 km/h
설치 간격 \ 60초 운행 거리	2 km	1.66 km	1.33 km	0.83 km
500 m	5회	4회	3회	2회
1000 m	3회	2회	2	1회
1500 m	2회	2회	1회	1회
2000 m	2회	1회	1회	1회

즉, 표 7-2는 60초 동안 50 km/hr, 80 km/hr, 100 km/hr, 120 km/h로 주행 중인 차량이 서로 다른 검지기 설치 간격에 따라 검지되는 횟수를 보여주고 있다. 여기서 50 km/h로 주행할 경우에는 설치 간격이 500 m인 경우에만 차량의 2회 검지가 가능함을 알 수 있다.

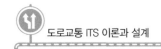

7.2.3 검지기 설치 간격 사례

국내외 교통시스템에서 적용하고 있는 검기기 설치 간격은 표 7-3과 같이 데이터 활용 목적에 따라 200 m부터 1,000 m까지 선택적으로 사용되고 있다.

[표 7-3] 국내외 검지기 설치 간격

시스템	검지기 종류	간격(m)
TransGuide	루프	800
미네소타	루프	800
DACCORD(네덜란드 암스테르담)	루프	500
워싱톤 TMC	루프	800
COMPASS(캐나다 토론토)	루프	600
파리 순환 도시고속도로	루프	500
일본 수도고속도로	초음파 검지기	300
내부순환로 교통관리시스템	영상 검지기	500(터널은 250)
올림픽대로 교통관리시스템	영상 검지기	1,000
인천국제공항고속도로 교통관리시스템	영상 검지기	1,000
한국도로공사 교통관리시스템	루프 검지기	200

7.3 검지기 자료 처리

7.3.1 수집 자료의 문제점과 처리 흐름도

수집한 데이터는 크게 두 가지의 문제를 가질 수 있다. 하나는 데이터 자체의 누락이며, 다른 하나는 이상 데이터와 같은 데이터의 신뢰성의 결여라고 할 수 있다.

먼저 데이터의 누락 처리는 주변 검지기를 이용한 보정과 과거 자료를 이용한 보정이 있으며, 다음으로 이상 데이터 등 데이터의 오류는 사전에 정의한 기준값과 비교하여 이에 미달하는 데이터를 별도로 처리하는 방식을 사용하고 있다.

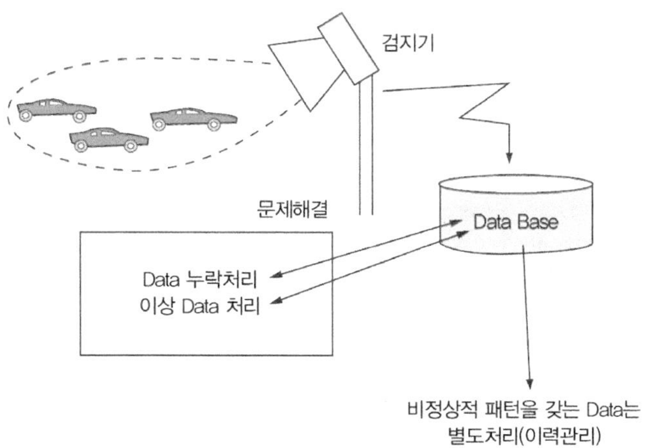

[그림 7-4] **검지 데이터 처리 개념도**

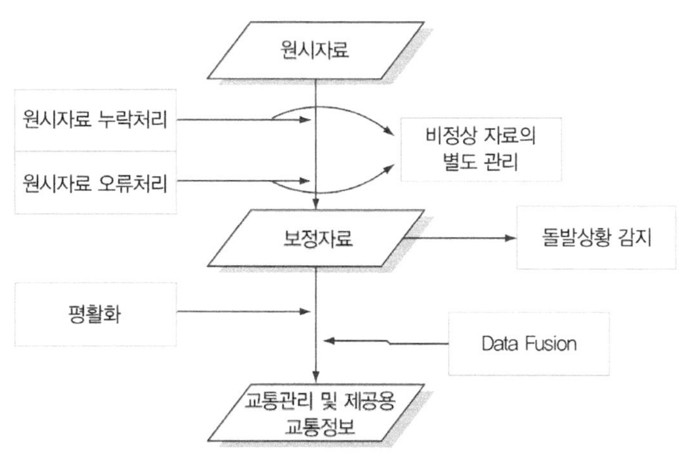

[그림 7-5] **검지 데이터 처리 절차**

검지기에서 수집한 원시 자료 중 누락된 데이터와 이상 데이터들은 문제 처리 후 데이터베이스에 저장하고, 누락 데이터나 이상 데이터는 아니지만 비정상적인 교통 패턴을 보여주는 데이터는 문제 데이터와 함께 그 이력이 기록되는 등 별도로 관리한다.

그림 7-5는 데이터의 안정성 확보와 관련된 데이터 처리 절차를 설명하고 있다. 수집한 데이터인 원시 자료 중 비정상 데이터는 문제를 해결한 후 별도로 관리하며, 이렇게 보정된 데이터만 돌발상황 검지에 사용한다. 그리고 이 보정 데이터를 평활화하는 과정에서 특이치를 제거하고 난 후 교통관리용 데이터로 활용한다. 이때 운전자 제보나 다른 시스템에서 수집한 데이터를 함께 융합(data fusion)하여 관리용 데이터를 재생성해 내기도 한다.

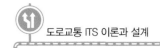

7.3.2 이상 데이터와 누락 데이터 보정 방안

이상 데이터와 누락 데이터는 도로에 설치한 각종 검지기에 문제가 있거나 기타 여건으로 인하여 검지기 자료가 수집되지 않는 경우에 발생한다. 이러한 이상 데이터와 누락 데이터 보정방법은 교통 패턴이 유사한 구간의 자료를 이용하는 '동질 구간 자료 처리', 동질 구간의 모든 검지기가 이상 작동할 때 과거의 데이터를 통해 현재값을 보정하는 '이력 자료 활용 처리'와 '프로파일 데이터 자료 처리'하는 3가지 방안이 있다.

동질 구간 자료 처리

동질 구간이란 교통량, 통행속도 등의 교통자료들이 유사한 특성을 갖는 구간을 말한다. 따라서 검지기 설치 후에 데이터를 분석하여 유사한 패턴을 동질 구간으로 묶으면 한 동질 구간 내에 있는 검지기 중 정상 작동하지 않는 것이 발생했을 때, 동질 구간 내의 다른 검지기에서 수집한 자료로 대체하는 방법을 사용하는데, 이를 동질 구간 자료 처리라 한다.

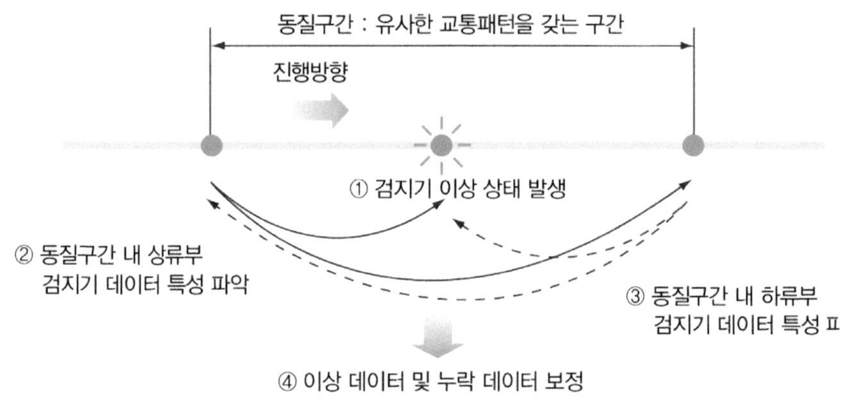

[그림 7-6] **동질 구간 자료 처리 절차(①→②→③→④)**

이전 자료 활용

동질 구간이 주변 검지기를 활용하는 공간적인 보정 방법이라면 이전 자료의 활용은 문제가 발생한 검지기의 과거 이전 자료를 이용하여 누락된 자료를 추정하는 시간적인 보정 방법이라 할 수 있다. 이 방법은 단기간 문제 발생 시에는 문제가 없지만, 어느 주기 이상 계속된다면 데이터의 신뢰가 떨어지게 되므로, 대신 '동질 구간 자료 처리 방법'을 사용해야 한다.

또 이보다 장시간 동안 적용할 경우에는 '프로파일 데이터 처리 방법'을 사용하는 것이 바람직하다.

$$F_t = \frac{A_{t-1} + A_{t-2} + \ \ldots \ + A_{t-k} + \ldots \ + A_{t-n}}{n} \quad (7.10)$$

여기서

F_t : 현재 주기 t의 누락 자료 추정치

A_{t-k} : 기간 $t-k$의 검지 자료

n : 과거 이용 자료의 검지 주기수

[그림 7-7] **이전 자료 활용**

프로파일 데이터 처리

프로파일 데이터 처리는 동질 구간에 있는 검지기가 모두 작동하지 않을 때 데이터베이스에 저장된 과거의 요일별·시간별 데이터를 통해 보정하는 것이다. 프로파일을 이용해 데이터를 보정할 때는 과거 5일에서 10일 정도의 데이터를 일반적으로 사용하는데, 명절과 같은 특이한 교통상황에서는 같은 기간의 동일 시간대 과거 자료를 활용해야 하므로 과거 1년 전의 데이터를 사용한다.

7.3.3 자료 오류 처리 방안

자료 오류 처리 방안은 수집 자료를 신뢰할 수 있는 범위를 사전에 정의하고, 이 값과 수집 자료를 비교하여 이상(異狀) 자료 문제를 해결한다.

교통량

예를 들어, 고속도로 설계속도가 120 km/h일 경우 최대 용량을 「2500 승용차/시/차로」로 제시하고 있다. 이 기준에 따르면 수집 주기가 30 초인 검지기에서 수집한 교통량은 차로당 20.8대 이상일 수 없다. 다시 말해서 30초 동안 한 개의 차로를 통과할 수 있는 최대 교통량은 승용차를 기준으로 20대인 것이다. 따라서 검지기로 주기마다 수집한 자료가 21대 이상이면 20대로 낮추어 처리하는 절차가 필요하다.

```
if volume >= 21

then volume = 20;
```

* $2500 \times \frac{30}{3600} = 20.83$[승용차/30초/차로]임.

속도

속도의 경우는 대상 도로에서 관측된 속도 범위 중 차량의 85 %에 해당하는 속도 범위를 인정하고, 이외의 값은 범위의 최저 또는 최고값을 사용하도록 하고 있다. 예를 들어, 1일 첨두와 비첨두 시간 동안에 조사된 1000대의 차량 중에서 85 %가 10 km/h~100 km/h였다고 하자. 그러면 검지기에서 수집 자료의 속도 범위는 10~100 km/h만 인정한다.

```
if speed < 10  then speed = 10;

else

if speed > 100 then speed = 100;
```

수집 주기 내 통과차량이 없는 경우

수집 주기 내에 한 대의 차량도 검지기를 통과하지 않은 경우가 발생할 수 있다. 이런 경우 교통량과 점유율은 문제가 없지만, 통행속도에는 문제를 일으킨다. 즉, 통행속도가 0 km/h로 처리되고, 시스템은 이 결과를 가지고 실제 상황과 정반대인 '정체'로 판단해 버린다. 따라서 이런 문제를 해결하기 위해서는 교통량이 0인 경우에는 속도 변수에 자유속도 또는 설계속도값을 적용시키는 과정이 필요하다.

```
if (speed < 10)  then (speed = 10);

else if (speed > 100) then (speed = 100)
```

7.3.4 평활화 알고리즘

개별 차량 자료 하나하나 또는 매우 짧은 수집 주기를 갖는 검지 자료들은 불안정하고 불규칙한 특성을 내포하고 있다. 이러한 자료의 불안정성과 불규칙한 특성은 돌발상황의 판단에는 중요한 자료가 되기도 하지만, 통행속도, 통행시간 등의 혼잡의 척도를 도출하는 데에는 오히려 상황을 왜곡시키는 원인이 되기도 한다. 따라서 자료의 불안정성과 불규칙한 성질을 완화시켜 규칙적인 연속성을 줄 필요가 있는데, 이를 위해 평활화 알고리즘을 사용한다.

그림 7-8은 평활화 알고리즘의 수행 결과를 보여 주고 있다. 평활화 이전보다 평활화 이후의 자료 추세가 훨씬 더 완화되어 있음을 알 수 있다. 평활화 알고리즘의 기본 아이디어는 현재의 자료는 과거의 자료에 영향을 받는다는 데 있다. 즉, 과거의 자료와 현재의 자료 그리고 미래의 자료는 불규칙성을 제거한다면 일련의 규칙적인 연속성을 갖는다는 것이다.

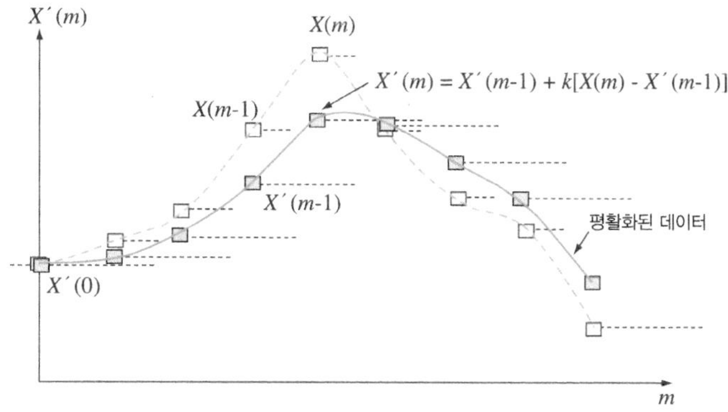

[그림 7-8] **평활화 알고리즘**

$$\overline{X}(m) = \overline{X}(m-1) + k(X(m) - \overline{X}(m-1)) \quad (7.11)$$

여기서

$\overline{X}(m)$: 시점 m에서 평활화된 값

$X(m)$: 시점 m에서의 관측 또는 검지된 자료

k : 평활화 계수($0 \leq k \leq 1$)

평활화 계수는 값이 작을수록 평활화 정도가 크고, 값이 클수록 평활화 정도가 약하게 적용된다. 따라서 연속적인 추세가 주요 관심일 경우에는 평활화 계수의 값을 작게 하고, 연속적인 추세의 중요성이 작고, 불규칙한 특성을 유지하고 싶은 경우에는 큰 값의 평활화 계수를 적용하면 된다.

7.4 통행속도 추정과 통행시간 예측

7.4.1 통행속도 추정

통행속도는 공간 평균속도를 사용하는데, 그림 7-9와 같은 산출 과정을 거친다. 각 차로에서 검지기로 수집한 지점 속도에 교통량에 의한 가중평균을 적용하여 대표 지점 속도를 도출한다. 그리고 이 대표 지점 속도를 바로 인접한 지점의 대표 지점 속도와 조화평균 기법을 사용하여 해당 구간의 공간 평균속도, 즉 통행속도를 구한다.

그림 7-9는 고속도로의 임의 구간에서 공간 평균속도를 활용하여 추정하는 통행속도(통행시간)를 산출하는 절차를 보여주고 있다.

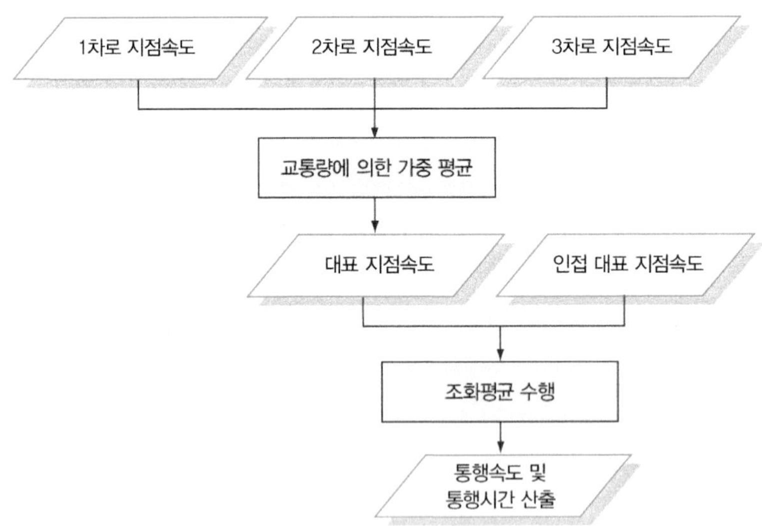

[그림 7-9] 공간 평균 통행속도 산출 절차

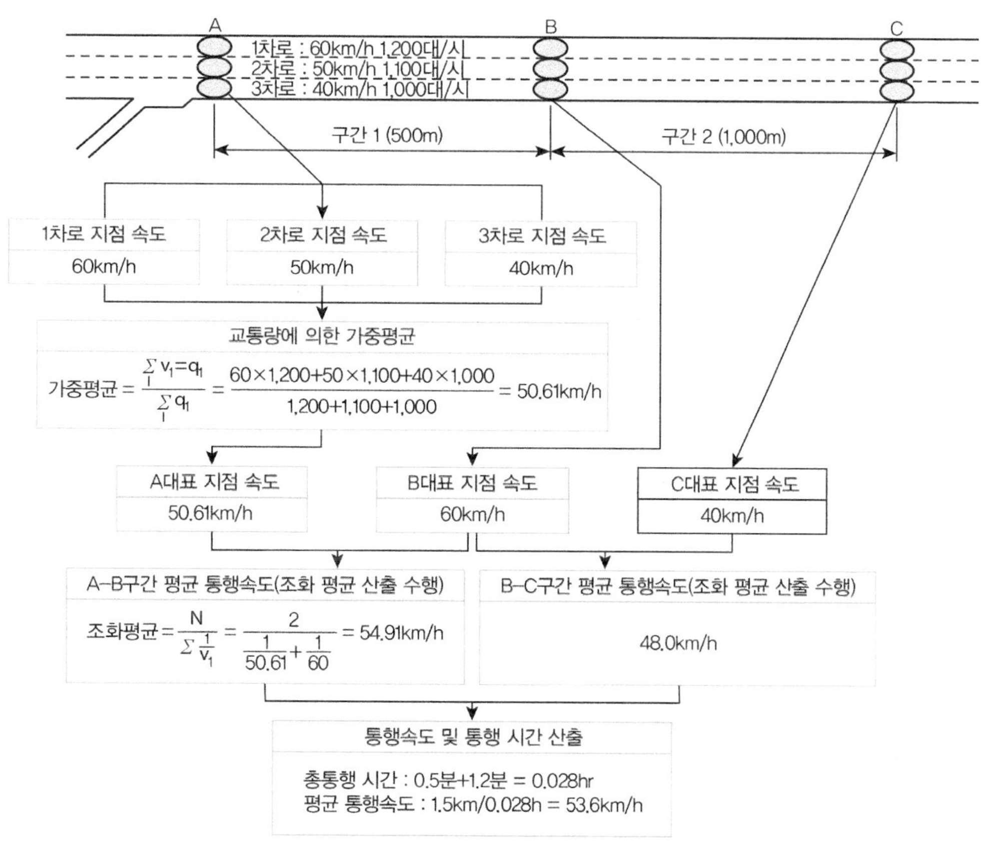

[그림 7-10] **고속도로에서 통행속도 산출 절차**

먼저 A 지점의 차로별 지점 속도를 대표 지점 속도로 변환시키기 위해 교통량을 고려한 가중평균을 적용한다. 교통량을 고려할 경우와 그렇지 않을 경우에는 식 7.12과 식 7.13과 같이 전혀 다른 결과가 나타난다.

차 로	교통량(대/분)	평균속도(km/h)
1차로	100	20
2차로	2	100

교통량을 고려함

$$\text{교통량 가중평균} = \frac{\sum_i v_i \times q_i}{\sum_i q_i} = \frac{[100 \times 20] + [2 \times 100]}{[100 + 2]} = 21.6\,\text{km/h}\,(\bigcirc) \qquad (7.12)$$

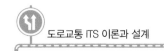

교통량을 고려 안 함

$$\text{산술평균} = \frac{\sum_i v_i}{n} = \frac{[100+20]}{[2]} = 60\,\text{km/h}\,(\times) \tag{7.13}$$

B, C지점의 대표 지점 속도 역시 A지점과 같은 방법으로 구하면 된다. 이제 $A-B$ 구간과 $B-C$ 구간의 공간평균속도를 조화평균 기법을 이용하여 구한다. 이 공간평균속도가 구간 $A-B$, $B-C$ 구간의 통행속도에 해당한다.

이제 최종 목표인 $A-C$ 구간의 통행속도를 산출할 경우에도 유의해야 하는 것은 먼저 $A-B$와 $B-C$ 구간 각각의 통행시간을 구한 뒤 통행시간의 합을 통행속도로 환산해야 한다는 것이다. 왜냐하면 거리를 반영한 평균을 구해야 하기 때문이다.

예를 들어, 그림 7-12와 같은 경우를 살펴보자.

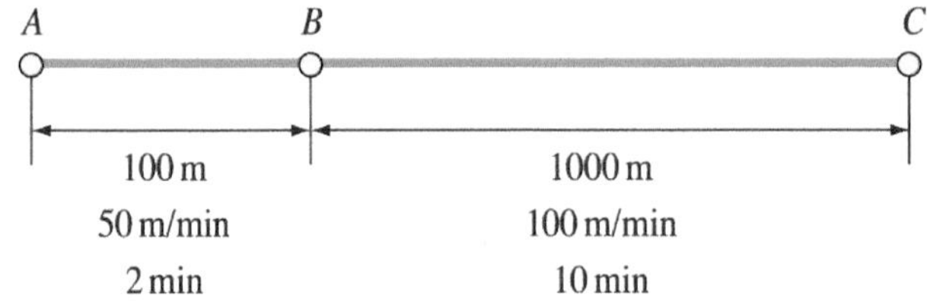

[그림 7-12] **거리에 따른 가중평균 적용**

여기서 $A-C$ 구간의 통행속도를 구하는 방법은 다음과 같다.

먼저 $A-C$ 구간의 총 통행시간을 구한다.

$$2\,\text{min} + 10\,\text{min} = 12\,\text{min} \tag{7.14}$$

$A-C$ 구간의 평균 통행속도는 총거리/총통행시간이고, 그 결과는 다음과 같다.

$$(100\,\text{m} + 1000\,\text{m})/12\,\text{min} = 91\,\text{m}/\text{min} \tag{7.15}$$

7.4.2 통행시간 예측

단기간 구간별 통행시간 예측 모형에는 다양한 접근 방법이 시도되고 있으며, 그중 대표적인 방법에는 다중회귀분석, Kalman Filtering 직관적 기법, ADVANCE 통행시간 예측 기법이 있다.

다중회귀분석

다중회귀분석은 하나의 종속변수와 몇 개의 독립변수의 관계를 설명할 수 있는 통계적인 기법으로서, 이미 알고 있는 독립변수들을 사용하여 미지의 종속변수를 예측하는 가장 일반적인 분석방법이다. 모형식은 다음과 같다.

$$Y = \alpha + \beta_1 x_1 + \beta_2 x_2 + \ldots + \beta_j x_j + \varepsilon$$

여기서

Y : 종속변수

x : 독립변수

ε : 오차항

각각의 파라미터는 최소자승법에 의해 추정되며, 이 모형을 이용하여 통행속도 예측에 필요한 각종 교통변수를 독립변수로 사용하고, 종속변수로서 장래 통행속도를 예측할 수 있다.

칼만 필터링 기법

칼만 필터링은 제어 이론에서 사용하는 시계열 접근 방법의 하나로서, 이 기법의 장점은 단속류(斷續流)의 링크 통행시간과 같이 불규칙한 특성을 갖는 자료를 바탕으로 한 예측에는 정확성이 높다는 것이다. 또, 칼만 필터링 기법은 무작위 변동을 발생시키는 동적 체계에 적용되는 최적 상태 예측 과정으로서 Gaussian white noise에 의해 교란되는 선형 동적 체계의 일시적인 상태를 추정하는 반복적 방법이다. 특히 이 기법은 정상적이지만 불규칙성을 가지는 자료, 즉 교통량이 변할 때 이에 대응하는 통행속도 예측 등에 높은 예측력을 보이고 있다. 그러나 계산이 복잡하고, 자료의 양이 많을 경우에는 많은 시간이 소요되기 때문에 도로망 수준에서는 힘들고 링크 수준의 예측에 적용하고 있다.

$$\text{상태 방정식 } x_{k+1} = A\, x_k + u_k \tag{7.16}$$

$$\text{측정 방정식 } y_k = C_k\, x_k + w_k \tag{7.17}$$

여기서

k : 시점

x_k : $[x_{1(k)}\ x_{2(k)}\ \ldots\ x_{n(k)}]^T$

x_i : 검지기 i에 관계된 상태변수(min)

y_k : 관측 통행시간(min)

C_k : $[c_1(k)\ c_2(k)\ \ldots\ c_n(k)]$

c_i : 검지기 i에서 시간 점유율(%)

u_k : 수식 모형의 근사 오차, 매개변수의 불확실성 등을 집약한 백색 잡음 벡터(min)

w_k : y_k, $c_i(k)$ 계측 오차, 상태 변수의 산정 오차에 의한 백색 잡음 벡터(min)

직관적(heuristic) 기법

Hoffmann과 Janko(1990)는 단기 통행시간 예측을 위해 과거 통행시간 프로파일 자료를 사용하였다. 이 기법은 현재의 통행시간 추정치와 현재 시점의 통행시간 프로파일값의 비율을 사용하여 미래의 예측치를 구한다.

먼저 현재 시간대의 조사된 통행시간 추정치와 프로파일 통행시간의 비율 $\delta_{l,n}$을 구한다. 조사된 통행시간 추정치를 그대로 사용할 수 없는 것은 관찰한 통행시간이 충분히 많지 않기 때문이다. 따라서 이전 시간대의 비율과의 평활화를 통해 조정된다.

$$\delta'_{l,n} = \beta\delta_{l,n} + (1-\beta)\delta'_{l,n-1} \tag{7.18}$$

여기서

$\delta'_{l,n}$: 링크 l, 시간대 n에서 평활화된 통행시간 비율

$\delta_{l,n}$: 링크 l, 시간대 n에서 프로파일 통행시간과 추정된 통행시간의 비율

β : 평활화 계수

인접 링크들의 효과를 고려하기 위해 $\delta'_{l,n}$과 인접 링크의 통행시간 비율의 평균값을 평균한다.

$$\hat{\delta}_{l,n} = \frac{\delta'_{l,n} + \bar{\delta}_{l,n}}{2} \tag{7.19}$$

여기서

$\hat{\delta}_{l,n}$: 최종 통행시간 비율

$\bar{\delta}_{l,n}$: 인접 링크들의 통행시간 비율 평균값

최종적으로 미래의 시점 m에서의 링크 통행시간은 m 시점의 프로파일 통행시간을 이 비율로 나누어 줌으로써 구한다.

$$t'_{l,m} = \frac{\bar{t}_{l,m}}{\hat{\delta}_{l,n}} \tag{7.20}$$

여기서

$t'_{l,m}$: 링크 l, 시간대 m에서 통행시간 예측치

$\bar{t}_{l,m}$: 링크 l, 시간대 m에서 프로파일 통행시간

Koutsopoulos와 Xu(1993)은 예측 통행시간을 프로파일 통행시간 자료의 표준편차에 따라 다음과 같이 조정하였다. 이 경우 프로파일 데이터의 분산이 클수록 현재 추정된 통행시간의 중요도는 낮아진다.

$$\hat{t}_{l,m} = \bar{t}_{l,m} + (t'_{l,m} - \bar{t}_{l,m}) \exp(\theta \cdot \hat{\sigma}_l \cdot t'_{l,m}) \tag{7.21}$$

여기서

$\hat{t}_{l,m}$: 시간대 m, 링크 l에 대해 조정한 예측 통행시간

$\bar{t}_{l,m}$: 시간대 m, 링크 l에 대해 프로파일에 저장되어 있는 평균 통행시간

$t'_{l,m}$: 시간대 m, 링크 l에 대해 예측한 링크 통행시간

θ : 양의 매개변수

$\hat{\sigma}_l$: 링크 l의 프로파일 데이터의 표준편차

프로파일 자료 이용 기법은 예측에 소요되는 계산량이 적고 계산 시간이 짧은 것이 특징이며, 특정 시간대의 평균적인 교통 특성을 대표하는 프로파일을 구축할 수 있다는 것을 전제로 한다. 이 기법은 각 링크에 대해서 요일별로 5분 간격의 probe car에 의한 통행시간 자료를 프로파일 형태로 가지고 있으며, 이 프로파일 자료를 사용하여 특정 시점의 통행시간을 예측한다.

이 기법은 요일별, 시간대별 실제적인 평균 통행시간 자료를 사용하기 때문에 통행시간 예측에 있어서 유용하다. 그러나 제공 정보가 평균적인 정적(靜的) 정보이므로 급격한 변화가 수반되는 동적(動的) 상황의 예측은 어렵다.

ADVANCE 통행시간 예측 알고리즘

ADVANCE 통행시간 예측 알고리즘은 검지기로 수집한 실시간 점유율 자료와 과거 통행시간 자료, 대기행렬 길이 등의 자료를 기반으로 하여 통행시간을 추정 또는 예측하는 알고리즘이다.

과거 자료는 각 링크의 평균 통행시간과 교차로 평균 대기행렬의 두 가지 정보로 이루어진다.

① 정상 상황일 때의 링크 통행시간 예측

$$FT^l_{t,t+1} = m_{l,d,t+1} + \Phi^{l,d}_2 Y^l_t + \Phi^{l,d}_3 (\hat{D}_{t,t+1} - \mu_{l,d,t+1})$$

$$FT^l_{t,t+2} = m_{l,d,t+2} + \Phi^{l,d}_2 (FT^l_{t,t+1} - m_{l,d,t+1}) + \Phi^{l,d}_3 (\hat{D}_{t,t+2} - \mu_{l,d,t+2})$$

$$\vdots$$

$$FT^l_{t,t+h} = m_{l,d,t+h} + \Phi^{l,d}_2 (FT^l_{t,t+h-1} - m_{l,d,t+h-1}) + \Phi^{l,d}_3 (\hat{D}_{t,t+h} - \mu_{l,d,t+h}) \quad (7.22)$$

여기서

$FT^l_{t,t+h}\,(h = 1,2,3,4)$: h(5분 간격) 이후의 예측 통행시간

$m_{l,d,t+h}$: 링크 번호 l, 요일 d, 시간대($t+h$)(5분 간격)의 정적 평균 통행시간 추정치(프로파일 정보)

$\Phi^{l,d}_2, \Phi^{l,d}_3$: 매개변수

$Y^l_t = Z^l_t - m_{l,d,t},\ l \in L_1$ (검지기를 설치하지 않은 링크)

$= ET^l_t - m_{l,d,t},\ l \in L_2$ (검지기를 설치한 링크)

Y^l_t : 실시간으로 검지한 링크 통행시간과 정적 평균 통행시간의 차이

Z^l_t : 조사 차량으로 추정한 실시간 링크 통행시간

ET^l_t : 고정식 검지기로 추정한 실시간 링크 통행시간

$\hat{D}_{t,t+h}$ = 링크 번호 l, 요일 d, 시간대($t+h$)(5분 간격)의 예측 대기행렬 길이

$\mu_{l,d,t+h}$ = 링크 번호 l, 요일 d, 시간대($t+h$)(5분 간격)의 정적 평균 대기행렬 길이

② 돌발상황이 발생했을 때의 통행시간 예측

$$IT^l_{t,t+h} = r^l_t\, m_{l,d,t+h}, \quad \text{if } h \leq IH^l_t$$

$$= m_{l,d,t+h}, \quad \text{if } h > IH^l_t \quad (7.23)$$

여기서

$IT^l_{t,t+h}$ = 링크 l에서 돌발상황 발생 시 시간대($t+h$)의 통행시간 예측치

r^l_t = 시간대 t동안의 돌발상황의 링크 통행시간에 대한 가중치

$m_{l,d,t+h}$ = 링크 번호 l, 요일 d, 시간대($t+h$)(5분 간격)의 정적 평균 통행 시 추정치(프로파일 정보)

IH^l_t = 돌발상황 지속 시간 추정치

7.5 구간 검지기

7.5.1 구간 검지기의 종류

구간 검지기는 검지기 주변의 비교적 짧은 구간의 교통 정보를 수집하는 존(zone) 검지기와 두 대 이상이 짝을 이루어서 비교적 긴 구간의 교통 정보를 수집하는 검지기가 있으며, 검지기가 설치되는 위치에 따라서 노변 설치 방식과 차내 설치 방식이 있다.

노변에 설치하여 차량을 고유 정보를 자동으로 인식하여 구간 정보를 구하는 장비(AVI 장비 ; Automatic Vehicle Identification Equipment)로는 차량 번호판 자동 인식 검지기(ANPR : Automatic Number Plate Recognitions), 하이패스 단말기 검지기(Hi-pass RSE)가 대표적이다. 레이더와 영상을 융합한 검지기는 신장비로 떠오르고 있는 존 검지기이다.

차내에 교통 정보를 얻는 장비를 설치하여 구간 정보를 획득하는 방식으로는 무선통신 기능이 있는 단말기의 위치 정보를 파악해서 구간 정보를 실시간으로 구하거나, 누적된 통행 정보를 이용해서 구하는 방식이 있다. 최근의 C-ITS(Cooperative ITS)에서는 차내 장치와 노변 장치를 함께 이용하여 구간 교통 정보를 생성하는 방식을 사용한다.

7.5.2 구간 검지기 설치 기준

AVI(Automatic Vehicle Identification)는 구간 소통 정보를 수집하는 대표적인 장비로서 우리 나라에서는 자동차 번호 인식 시스템을 일컫는다. 국도에서는 도로 소통 정보를 구하는 대표적인 장비이다.

AVI는 교통 특성이 크게 바뀌지 않는 긴 구간의 소통 정보를 파악하는 데 활용하는 장비이므로, 교통 특성이 크게 바뀌는 두 교차로를 벗어난 지점에 설치한다. AVI 장비는 VDS 대비 가격이 고가이므로 설치에 제약이 많았으나, 최근에 다차로를 검지할 수 있는 시스템이 개발되어 경제성이 높은 시스템 구현이 가능하게 되었다.

DSRC 검지기(하이패스 단말기 검지기 : Hi-pass RSE(Road Side Equipment))는 교통량, 장착률, 매칭률을 조사한 후에 최소 표본수를 확보할 수 있는 구간에 설치한다. 그러나 도로 여건이나 수집 자료의 특성을 고려하지 않고 일률적으로 5대/5분의 최소 설치 기준을 적용하고 있으며, 조사 시간대, 조사 간격 등에 대한 설치 규정도 갖추어지지 않아서 좀 더 많은 연구가 필요하다.

이러한 문제를 해결하기 위해 도로 구간 특성을 고려한 최소 표본수 기준을 마련할 필요가 있다. 기존 도로는 구간별 수집 자료의 분석을 통해 산출된 최소 표본수 기준을 적용하고, 신규 도로는 기존에 DSRC를 운영하고 있는 구간의 수집 자료를 분석하여 도로 유형별 최소 표본수 기준을 도출할 필요가 있다.

[표 7-4] **구간 교통 정보 수집 방법**[38)]

정보 수집 방법		장점	단점	비고
노변 설치 방식	ANPR	전체 차량의 정보 수집	• 개인 정보 보호 방안 필요 • 악천후 때 검지율 저하	AVI라고 함
	Hi-pass RSE	설치 비용이 저렴함	• 개인 정보 보호 방안 필요 • 통행량이 적은 곳에서는 표본수 부족으로 정보 산출 곤란	하이패스 단말기 장착 차량을 검지
	레이더(영상 융합)	• 환경 영향 적음 • 돌발 검지 가능	설치 비용이 많이 소요됨	존(zone) 검지기
차내 설치 방식	무선통신 단말기	개인 단위의 정보 수집 가능	통행량이 적은 곳에서는 표본수 부족으로 정보 산출 곤란	핸드폰, 차내 단말기(UTIS 단말기, DTG 단말기 등) 이용
노변/차내 설치 방식	C-ITS(V2X)	부가 정보 수집	장비 설치 차량이 적어서 정보 산출 곤란	

주1) 자동차 번호 자동 인식 검지기 : ANPR(Automatic Number Plate Recognitions), 대표적인 AVI 장비이므로, ANPR을 AVI라고 함. 자동차 번호 인식 시스템은 과속 단속, 차량 방범, 범죄 차량 단속 등에도 쓰이는 기술임.
주2) 하이패스 단말기 검지기 : Hi-pass RSE(Road Side Equipment), ITS 분야에서는 DSRC라고 부르고 있는데, DSRC는 근거리 전용 통신(Dedicated Short-Range Communications)이라는 통신 분야의 전문 용어임.

레이더 검지기는 단독으로는 지점 검지기로 쓰이고 있고, 영상 검지기와 융합하여 돌발 상황을 검지하는 데 활용할 수도 있다. 또, 수 백 미터 이내의 소구간에서 자동차의 움직임을 트래킹할 수 있는 기능이 있으므로, 이를 이용하여 대기 행렬 길이를 예측하는 데 활용할 수도 있다.

차내 장치를 이용하여 교통 정보를 수집하는 장치로는 UTIS(Urban Traffic Information System) 단말기가 있는데, 자동차의 통행 정보를 차내 장치에 기록하고, 노변 장치와 센터로 전송한다.[39)]

C-ITS 차내 장치는 자동차의 통행 경로를 기록하여 노변 장치 또는 센터로 전송하는 것뿐만 아니라 인근 자동차와의 통신을 하면서 정보를 교류하는 기능까지 가지고 있다.

---

38) ITS 설계 및 구축 개선 방안[(DSRC 중심) 구간교통정보 수집과 교통 알고리즘], 한국건설기술연구원(내부 자료), 2013. 10.
39) http : //www.utis.go.kr/guide/newUtis.do

7.5.3 구간 검지기의 수집 자료 가공

구간 검지기로 수집한 자료는 소통 정보로 만들기 위해 다음과 같은 가공 단계를 거친다.

• 매칭 → 이상치 제거 →결측 보정 → 1분 주기 5분 집계 교통정보 생성 → 정보 제공 구간 통행정보 생성(구간 환산) → 소통상황 판단 알고리즘 적용

DSRC 검지기 자료의 가공 알고리즘은 표 7-5와 같다.

[표 7-5] DSRC 자료 가공 알고리즘

가공 절차	내 용
매 칭	• 구간 통행시간(수집 자료 매칭) - 시점 및 종점 통과 시각, OBU ID, 구간 길이 이용 • 이전 RSE와 매칭 불가 시 최대 4개 구간까지 확대 매칭 • 실시간으로 센터로 전송(event 방식) • 이전 30분 수집 자료와 매칭 • 일정 시간(현재 5분 적용) 이내 동일 OBU ID 자료는 중복 자료로 판단하여 제거
이상치 제거	• 1차 : 상하한 범위 초과 자료 제거 - 속도 0 km/h 이하, 180 km/h 초과 자료 • 2차 : MAD 방법 이용한 통계적 이상치 제거 • 3차 : Voting Rule을 이용한 극단치 제거
결측 보정	• 자료 0개인 경우 : 이력 자료 사용 • 자료 1개인 경우 : 자료의 유효성 검토 후 결측 보정 - 시간적 방법 : 이전 시간과의 통행시간 차이 일정 수준을 초과하면 이력 자료 이용 - 공간적 방법 : 이전 구간과의 속도 차이 일정 수준을 넘으면 이력 자료 이용 • 이력 자료가 없을 경우 VDS 자료 활용
집계 교통정보 생성	• 구간 통행시간 = 개별 차량 통행시간의 산술 평균 • 구간 통행속도 = 구간 길이/구간 통행시간
정보 제공 구간 통행정보 생성	• DSRC 구간(TLink) → DSRC 소구간(DLink) → 표준링크 구간→ 정보 제공 구간 단위로 변환 • DSRC 소구간 통행시간은 DSRC 구간 통행시간을 소구간 길이에 비례하여 분할(교차로 가중치 적용) • 표준링크 구간 통행시간은 소구간 통행시간의 합으로 산정 • 정보 제공 구간 통행시간 = Σ표준 링크 구간 통행시간
소통상황 판단	• 표준링크 구간 속도 기준 3등급 판정 • 정보 제공 구간 속도 기준 A~FFF 등급 판정 - 도시 및 교외 간선, 다차로, 2차로 총 8개 도로 등급별 기준 적용

구간 검지기의 자료 가공 단계에서 개선해야 할 다음과 같은 문제가 있다.

- 이력 자료에 의존하는 결측 보정
- 이상(異常) 데이터의 매칭으로 인한 오류 자료 생성
- 전체 구간에 하나의 알고리즘과 파라미터를 적용함으로써 구간 특성 미반영
- 표준 링크 구간 정보 정확도 부족(구간별 변동성 고려 부족)
- 소통상황 판정 기준 불합리

이러한 문제를 극복하기 위해 개선 방안은 다음과 같다.

[표 7-6] **DSRC 자료 가공 알고리즘의 개선 방안**

개선 방안	세부 내용
다양한 결측 보정 방법 적용	- DSRC 자료 비유효 시 VDS 자료 이용 - 이력 자료 이용 최소화 - 시간적 추세 활용법 등 적용 - 장기 결측 시 패턴 자료를 이용한 보정
오류 자료 필터링 고도화	- 배달 차량, 유턴 차량 등으로 인한 오류 자료 처리 로직 추가 - 우회 도로 존재 여부를 고려하여 DSRC 구간 확장 매칭의 선택적 적용
구간 특성을 고려한 파라미터 및 알고리즘 적용	- 통신 반경을 고려한 구간 길이 조정 - 적용되는 파라미터의 구간별 설정 - 구간별 필터링, 결측 보정 방법(유형 및 파라미터) 선택적 적용
표준링크 구간 정보 생성 알고리즘 개발	- 신호 현시, 교차로 기하구조, 세부 구간 특성 등을 고려한 알고리즘 개발 - 존(zone) 검지기 정보(대기행렬 길이, 밀도) 활용
소통상황 판정 기준 재정비	- 도로 유형별 표준링크 구간 판정 기준 수립 - 정보 제공 구간 혼잡 판정 기준 보완

7.6 데이터 융합

7.6.1 데이터 융합 알고리즘

데이터 융합(Data Fusion)이란 다양한 정보 제공원에서 수집한 자료들을 취합·가공·통합하여 신뢰도 높은 단일의 통행시간 정보를 획득하는 것을 의미한다. 데이터 융합이 필요한 이유는 어떤 정보 제공원에 의한 통행시간도 구간의 통행시간을 대표한다고 볼 수 없기 때문이다. 데이터 융합에서는 각 정보 제공원에 대응하는 통행시간 또는 통행속도로의 변환 알고리즘이 각각 존재하며, 이를 통해 1차 처리하고, 데이터 융합을 수행하는 것이 보편적이다.

데이터 융합의 정보 제공원

① 검지기 자료
② 무인 감시 시스템 자료
③ CCTV 관측 자료
④ 제보의 자료
⑤ 기상 자료

데이터 융합 알고리즘

데이터 융합 알고리즘이란 수집한 정보의 신뢰도에 대해 그 상당하는 만큼의 가중치를 주는 과정이다. 그림 7-12는 데이터 융합의 일반적인 체계이다.

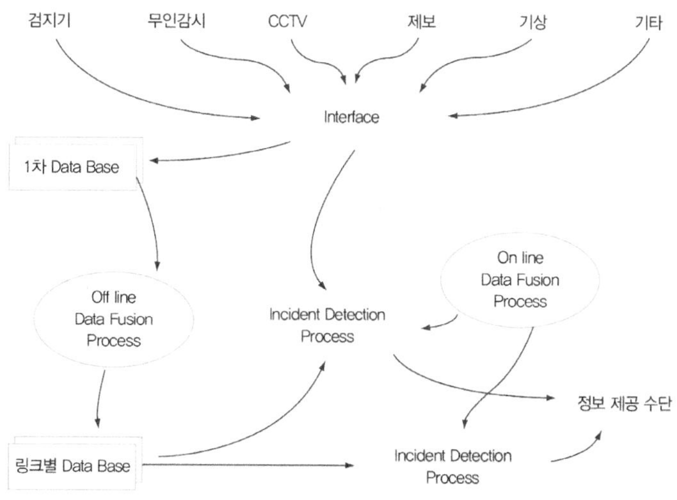

[그림 7-12] **데이터 융합 알고리즘**

통계적 기법을 이용한 데이터 융합

회귀모형과 베이시안 기법을 기초로 한 데이터 융합 알고리즘에 대해 알아보기로 한다. 과포화 상태에서는 검지기 자료와 통행시간의 관계를 명확하게 규명하게 어렵기 때문에, 이 방법은 링크가 비포화(undersaturation) 상태라는 가정을 가지고 링크의 통행시간을 추정한다.

① STEP 1

회귀모형을 이용하여 검지기 자료($EDTT$)로부터 링크 통행시간을 추정한다.

$$EDTT = 60.1 + 1.58 \times DO \tag{7.24}$$

여기서 $EDTT$는 검지기로부터 추정된 통행시간이며, DO는 검지기 점유율(%)이다.

② STEP 2

평균 probe 차량에 의한 통행시간($EDTT$)의 표준편차 σ_p를 구한다.

$$\sigma_p = \frac{S}{\sqrt{N}} \tag{7.25}$$

여기서 S는 이력 데이터베이스에서 probe 차량의 통행시간 표준편차이며, N은 시간간격 동안 probe 차량에 의한 자료수이다.

③ STEP 3

$EPTT$와 $EDTT$를 고려한 링크 통행시간($EDTT$)를 구한다.

$$EOTT = \frac{EDTT/\sigma_D^2 + EPTT/\sigma_p^2}{1/\sigma_D^2 + 1/\sigma_p^2} \tag{7.26}$$

$$\sigma_o^2 = \frac{DF}{DF} + N[\sigma_D^2(EDTT - EOTT)2] + \frac{N}{DF+N}[\sigma_p^2 + (EPTT = EOTT)^2] \tag{7.27}$$

여기서 DF는 잔차 σ_D의 자유도이며, N은 집계 주기 내의 probe reports의 수이다.

④ STEP 4

과거 이력 통행시간 추정값($ESTT$)과 링크 통행시간($EOTT$)을 이용하여 최종 링크 통행시간($EFTT$)을 구한다.

$$EFTT = \frac{ESTT/\sigma_s^2 + EOTT/\sigma_o^2}{1/\sigma_s^2 + 1/\sigma_o^2} \tag{7.28}$$

퍼지 이론과 인공신경망을 이용한 데이터 융합

교통분야에서 퍼지 이론을 데이터 융합에 적용한 것은 미국 Pathfinder와 TravTek이 최초이다. 퍼지 이론은 성공적으로 적용되었으나 수집한 모든 자료를 이용할 수는 없었다. 다시 말해 퍼지 이론에 의해 최고 점수를 얻은 제공원의 자료만이 추정 자료로서 간주되어, 이 자료를 Fusion 결과로 결정한 것이다. 이것은 통행시간을 추정할 때 퍼지 이론에 의해 선정된 하나의 제공원 이외의 나머지 자료는 완전히 무시해 버리는 단점을 가지고 있다.

7.6.2 데이터 융합 적용 사례

데이터 융합의 적용 사례로서 고속도로 요금 징수 장비인 하이패스 단말기를 검지할 수 있는 노변 장비[40]로 수집한 정보와 지점 검지기로 수집한 정보를 융합하는 경우가 수도권 교통정보센터에서는 많이 있다.

교통정보센터의 초기 운용 시기에 단순한 알고리즘으로 융합 정보를 만들어내면, 센터 운영자가 산출한 교통정보의 내용을 쉽게 이해할 수 있고, 추후 알고리즘을 개선하기가 용이하다.

[표 7-7] **센터 운용 초기에 교통량과 표본수에 따른 융합 알고리즘 적용**

구분	최소 표본 수 확보	최소 표본 수 미확보
비포화 상태	DSRC 단독 정보	VDS 단독 정보
포화 상태	DSRC 단독 정보	DSRC : VDS = 5 : 5 융합 정보

초기 융합 알고리즘이 안고 있는 문제는 다음과 같다.

- 구간 특성에 대한 고려 부족
  - 모든 구간에 동일한 알고리즘, 가중치 적용
  - 교차로 또는 출입로 부근의 국지적 교통류 변화 반영 미비
- 단순한 융합 방식 적용으로 정확도 개선 효과 미비
  - 0.0/0.5/1.0의 한정적 가중치를 적용하는 가중합 방식
- DSRC 자료 결측, 검지기 수집 자료에 이상이 생길 경우 교통정보 생성이 어려움

융합 알고리즘이 안고 있는 문제를 해결하기 위해 다음과 같이 개선 방안에 대한 연구가 진행되고 있다.

[표 7-8] **융합 알고리즘의 개선 방안**

개선 방안	세부 내용
구간 특성을 고려한 파라미터 및 알고리즘 적용	통행정보 융합 방법, 적용하는 파라미터를 구간별로 설정
새로운 융합 알고리즘 개발	Kalman Filtering 기법 등 타 융합 방식 적용
	도로 유형, 소통 상태를 고려한 융합
타 기관 수집 자료와의 융합	타 기관(모바일 서비스 제공자 등) 정보 활용

40) Hi-pass RSE, ITS 분야에서는 약칭 DSRC라고 하는데, 원래 DSRC는 통신 용어임

교통정보 제공

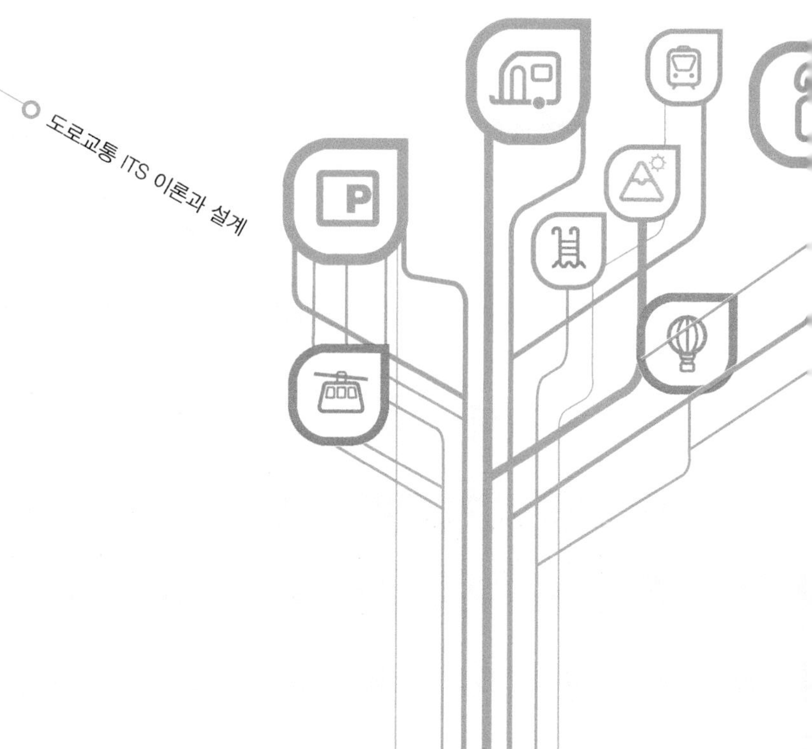

요 약

제8장에서는 교통정보의 기능과 효과, VMS의 설계와 운영을 다루고 있다. 도로 네트워크에서의 통행시간을 절감시키도록 제시되는 교통정보의 역효과가 발생하는 현상과 최근 SNS를 통해 많은 운전자들이 활용하고 있는 앱 기반 교통정보 및 VMS를 통해 제공되는 정보의 우선순위 선정 방안 등을 설명하고 있다.

8.1 교통정보의 제공

8.1.1 교통정보의 기능

정보(information)란 오늘날 가장 흔히 사용되는 용어 가운데 하나로서, 현대인들의 일상 생활은 정보를 창출하거나 가공하고 교류하는 행위들로 점철되어 있다고 할 수 있다. 그런데 정보의 개념을 이와 같이 매우 포괄적으로 이해할 수도 있지만, 경제학적 관점에서는 구체적인 의사결정을 내리고자 할 때 그 정보가 의의를 가진다.

만약 경제주체들이 의사결정을 내리고자 할 때 모든 것이 확실하다면 아무런 정보도 필요로 하지 않기 때문에 정보는 불확실한 상황에서만 그 의미를 가진다. 불확실성 하의 경제 이론에서 경제주체들은 불확실한 상태에서 나름대로 선험적 믿음(prior belief)을 가지고 있다고 본다. 여기서 선험적 믿음이란 불확실한 상태에 대한 선험적 확률분포(prior probability distribution)를 의미한다.

예를 들어, 통행하고자 하는 경로에 대한 두 개의 불확실한 상태 $[s=\alpha \quad \text{or} \quad \beta]$가 예상된다고 하자. 여기서 α는 소통원활, β는 정체상황으로 생각할 수 있다. 만약 운전자들이 각 상태가 실현될 확률을 $\pi(\alpha)$와 $\pi(\beta)$로 예상한다면, 이때의 확률분포 $\pi=(\pi(\alpha), \pi(\beta))$가 바로 운전자들이 보유하고 있는 선험적 확률분포인 것이다. 정보란 바로 이 선험적 확률분포를 통해 경제주체의 의사결정에 영향을 미치는 것이다.

정보란 정보 서비스를 의미하며, 정보 서비스란 불확실한 상태와 관련된 일련의 정보신호들로 구성된다. 운전자들은 어떤 의사결정을 하기 전에 이러한 정보 신호들 가운데 하나를 획득하는데 구체적으로 어떤 정보 신호가 주어질지는 사전에 미리 알 수 없다. 단지 어떤 임의의 정보 신호가 주어지면 이에 기초해서 미래의 불확실한 상태에 대한 선험적 확률분포를 새로운 사후적 확률분포(posterior probability distribution)로 바꾸게 된다. 이것이 바로 정보신호에 기초한 조건부 확률분포(conditional probability distribution)이다.

예를 들어, 고속도로를 이용하고자 하는 운전자는 자신의 경험에 기초하여 이 도로의 소통정도를 판단할 것이다. 그러나 자신의 판단에 대한 절대적인 믿음이 부족한 운전자는 휴대전화를 이용하여 경로상의 교통정보를 제공받기로 하였다면, 이때 교통정보는 정보가 되고 소통상황에 대한 내용이 정보신호가 된다. 운전자는 물론 어떤 정보가 제공될지 전혀 모르는 상태에서 정보를 제공받는다. 이와 같이 정보란 단지 어떤 특정한 불확실한 상태가 실제 상태로 실현될 가능성을 정보신호에 기초해서 새롭게 해석하도록 도움을 줄 뿐이다. 이때 정보가 어느 정도 도움이 되는가는 전적으로 정보의 성격에 달려 있다.

도로 네트워크의 조건에 대해 불완전한 정보를 가지는 운전자에게 교통정보가 제공될 경우, 이는 운전자의 교통환경에 대한 신념의 형성에 영향을 미치며, 결과적으로 경로의 선택행동에 영향을 미치게 된다. 일반적으로 운전자는 획득가능한 정보원을 이용하려 하는데, 공공기관으로부터 제공되는 공공정보(교통방송), CNS, VMS, 개인의 과거 경험 등이 여기에 해당한다.

여기서 Q명의 운전자 집합을 $K=\{1,2,\cdots,Q\}$라 하고, 시각 t에 운전자 k가 이용 가능한 정보를 Φ_{kt}라 하자. 이때 Φ_{kt}는 두 개의 부분집합, 즉 공공정보 m_t와 개인(사적)정보 n_t로 이루어진다. 여기서 n_t는 개인의 의사결정 룰인 e_{kt}와 개인 속성정보인 ψ_{kt}로 구성된다.

공공정보는 모든 운전자에게 같이 제공되는 정보의 형태로 경로를 이용하는 운전자가 공유하는 정보이다(Aumann, 1976). 즉, 경로를 선택하는 운전자에게 출발 전에 제공되는 네트워크의 혼잡상황 및 소요예상시간 등의 정보가 이에 해당한다.

한편 개인의 의사결정 룰은 일단의 운전자 그룹에 속하는 개인들이 공유하는 정보로, 정보원이 같은 운전자 그룹은 동일한 의사결정 룰을 가진다고 할 수 있다. 극단적으로 모든 운전자가 서로 다른 정보원을 가진다면 모든 운전자는 서로 다른 의사결정 룰을 가질 것이다.

한편 개인 속성정보는 개인들이 가지는 그날 그날의 기분, 특성, 성격, 과거 경험 등이 여기에 속하며 다른 운전자가 관측할 수 없는 정보이다. 이때 운전자들이 예상하는 각 경로의 소요시간에 대한 분포를 주관적 신념이라고 한다.

여기서 공공정보로부터 주어지는 정보의 유무에 따른 운전자의 주관적 기대형성의 차이를 살펴보기로 한다. 한정된 정보 환경하에서 운전자 k의 경로 a의 소요시간 τ_a의 주관적 기대를 확률밀도함수$\pi_{ak}(\tau_a|\phi)$로 나타낼 수 있다. 이때 ϕ는 공공기관으로부터 정보가 제공되지 않은 경우를 말한다. 따라서 $\pi_{ak}(\tau_a|\phi)$가 주어지면 운전자 k의 경로 a에 대한 기대소요 시간은 다음과 같이 계산된다.

$$E[T_k(\pi_{ak}(\phi))] = \int \tau_a \pi_{ak}(\tau_a|\phi) d\tau_a \qquad (8.1)$$

한편 공공기관으로부터 정보 $\mu=(m,e)$가 주어지는 경우 운전자 k의 경로 a에 대한 기대소요 시간은 다음과 같이 나타낼 수 있다.

$$E[T_k(\pi_{ak}(\mu))] = \int \tau_a \pi_{ak}(\tau_a|\mu) d\tau_a \qquad (8.2)$$

이때 모든 운전자는 주어진 정보하에서 자신의 기대효용함수를 최대로 하는 경로를 선택할 것으로 여겨진다. 즉, 그들은 소요예상시간이 최소가 되는 경로를 선택할 것이다.

8.1.2 교통정보의 효과

정보의 역효과란 제공된 교통정보에 대해서 다수의 운전자가 단기간의 시간 간격동안 그 정보에 반응하여 네트워크의 효율이 오히려 떨어지고, 경로 변경으로 인한 실익이 발생하지 않는 상황을 의미한다. 정보에 반응하는 운전자 비율과 효과의 관계를 살펴볼 때 총체적 효과가 가장 높을 때를 운전자의 정보 수신율이 최적비율이라고 하자. 즉, 운전자의 정보 수신율이 이 최적비율을 넘어서면 교통정보 제공의 역효과가 발생한다(임강원·임용택, 2003; 석종수 외, 2003).

정보의 역효과에 의해 운전자들이 한 도로에서 대안도로로 전환하며 혼잡이 야기되는 경우에 경로 통행시간에는 진동이 발생할 수 있다. Boyce et al.,(1987)은 그의 연구에서 만약 최소시간 경로유도와 같은 단순한 전략을 사용할 경우에 이는 서로 다른 대안간의 교통류 진동을 일으킬 수 있다고 지적하면서, 이러한 현상을 피하기 위해서는 경로 분배유도와 같은 진보된 전략이 필요하다고 밝히고 있다.

한편 Kobayashi(1979), Emmerink et al.(1995), Ben-Akiva et al.(1986, 1991), Bonsall and Perry(1991) 등도 정보의 역효과에 관련된 연구 결과를 제시하고 있으며, 이청원·심소정(2001)은 남산터널과 대안도로인 소월길을 대상으로 연구를 수행하고 대안도로로 40% 이상이 경로를 전환할 경우에는 역효과가 발생한다고 밝히고 있다. 도명식 외(2004)는 정보수신율이 최적비율 이하인 경우에는 총통행시간이 정보가 없이 오직 운전자의 경험에만 의존하는 경우보다 감소하여 정보제공의 효과가 있었지만 최적비율 이상으로 경로 유도정보에 따르는 운전자의 수가 많아지면 정보의 역효과가 발생함을 시뮬레이션을 통해 증명하였다.

8.2 VMS

8.2.1 VMS 기능

도로에 설치·운영되는 VMS(Variable Message Signs ; 도로전광표지)는 주행 중인 운전자에게 전방의 교통소통상황 및 돌발상황(교통사고, 도로공사 등), 통행시간 등의 교통 관련 정보와 도로 정보(기하구조, 노면상태 등), 기상 정보 등을 실시간으로 제공하는 기능을 수행한다.

특히 VMS는 상습정체 등으로 인하여 교통류의 분산이 필요하거나 사고다발지점 등과 같이 안전성 확보가 요구되는 구간 등의 전방 또는 주요 결절점(주요 도로, 특히 통과교통이 주로 이용하는 도로의 교차점)을 기준으로 운전자가 제어성 정보를 인지하고, 운행경로를 변경할 수 있는 지점 등에 전략적으로 설치하여 교통흐름을 효율적이고 안전하게 관리하며, 궁극적으로 도로 서비스의 질을 높이는 기능을 수행한다.

즉, 정확한 교통정보를 제공함으로써 운전자에게 노선선정의 선택권을 부여하여 간접적인 교통류 제어의 효과를 유도할 수 있으며, 도로상황에 대한 궁금증 해소 및 대국민 홍보효과의 기능도 수행한다.

8.2.2 VMS 종류

VMS의 종류는 메시지 표출형식에 따라 문자식, 도형식, 동영상식으로 구분할 수 있다.

1) 문자식

문자식 VMS는 표출되는 정보의 형태가 문자 또는 문자와 기호가 함께 사용되며, 가장 보편화되어 있는 형식이다.

[그림 8-1] **문자식 VMS**

[그림 8-2] **도형식 VMS**

2) 도형식

도형식은 문자식으로 표현하는 경우의 한계를 보완하기 위하여 도형으로 표현하여 정보를 제공하는 형식이다. 이 형식은 표시면에서 필요한 부분(도형 표현 부분)에만 LED를 배치하여 교통 상황을 표현하는 형태와 문자식과 도형식을 상황에 따라 조합하여 다양하게 표출하는 형태 등이 있다.

3) 동영상식

동영상식은 문자 및 도형은 물론 동영상 화면을 제공할 수 있는 형식으로, 주로 교통상황 관제용으로 설치되는 폐쇄회로 TV(Closed-Circuit Television; CCTV)의 화면을 제공하며, 여기에 문자 등을 통해 부가정보를 제공하는 형식을 띠고 있다.

[그림 8-3] 동영상식 VMS 사례

8.2.3 VMS 설치

VMS의 설치

VMS의 설치위치를 선정하기 위해서는 먼저 교통조건과 도로 조건, 시스템 및 기타 조건(지장물 등) 등에 대해 충분히 고려하고 검토되어야 한다.

① 교통 조건

- 첨두시, 상시, 주말 또는 휴일 교통 수요로 인한 혼잡이 문제가 되는 지점의 상류부에 설치함
- 돌발상황이 잦은 곳이나 돌발상황 발생 시 혼잡이 예상되는 지역의 우회가 가능한 상류부 지점에 설치함
- JC, IC, 주요 교차로 등 교통류의 분산이 기대되는 주요 우회 가능지점 상류부에 설치함
- 병목지점, 터널 진입부 등 통행에 주의가 필요한 지점의 상류에 설치함

② 도로 조건

- 운전자의 시인성 확보를 위해 되도록 직선구간에 설치하며, 곡선부나 종단경사가 심하지 않은 곳에 설치함
- 기존 시설(표지판, 신호등)의 기능을 방해하거나 상충하지 않는 지점에 설치함
- 햇빛의 반사영향을 되도록 받지 않는 지점에 설치함
- 강우, 강설 및 낙뢰 등의 자연재해로 인한 피해가 적은 지점에 설치함
- 안개로 인한 가시성 확보에 문제가 없는 지점에 설치함

③ 시스템 조건

- VMS 설치 및 운영을 위한 통신·전력체계 등의 기본적인 부대시설이 갖추어져 있는 지점에 설치함

④ 기타 조건

- VMS의 현장 시공 시 기초공사가 가능토록 지장물(광선로, 상수도 등) 및 토질 여건을 고려하여 설치함
- VMS를 안전하게 유지관리할 수 있는 위치에 설치함

VMS 설치형식

도로에 설치하는 VMS 설치형식은 측주식, 문형식으로 구분하며, 고속도로에서 편도 2차로 이하의 도로는 측주식, 편도 3차로 이상의 도로는 문형식을 기본으로 한다. 고속도로 이외의 도로에서 편도 2차로 이하일 때는 측주식을 원칙으로 하며, 편도 3차로 이상일 때는 문형식 또는 측주식을 사용한다. 단 현장여건에 따라 해당 지주의 설치가 어려울 경우 다른 형식의 지주 설치가 가능하다.

[표 8-1] **문자식 VMS 설치 형식의 기준**

구 분	고속도로	고속도로 이외의 도로
편도 2차로 이하	측주식	측주식
편도 3차로 이상	문형식	문형식 / 측주식

측주식은 도로의 가장자리, 보도 등에 설치된 지주를 차도부분까지 높게 달아내어 끝부분에 VMS를 설치하는 형식을 말하며, 문형식은 도로의 양 가장자리, 보도 또는 중앙분리대 등에 지주를 설치하고 그 지주를 문(門)의 형태로 가로로 연결하여 가로축에 VMS를 설치하는 형식을 말한다.

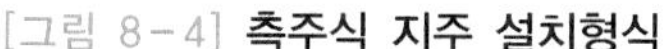

[그림 8-4] **측주식 지주 설치형식**

[그림 8-5] **문형식 지주 설치형식**

VMS 설치위치

VMS의 설치위치는 도로 기능에 따라 다르게 설정된다.

① 고속도로 [41)]

- 고속도로
  고속도로 진출부에서 3,000 m 상류지점에 VMS를 설치하는 것을 기본으로 하며, 이를 충족시킬 수 없는 경우에는 운전자의 안전을 고려하여 고속도로 진출부 전방 1,500 m 이상 되는 지점에 설치할 것을 권장하고 있다.
  차량 시뮬레이터 실험결과 고속도로에서 운전자가 안전하게 우회할 수 있는 이격거리는 유출입 램프로부터 3,000 m로 분석되었으며, VMS가 1,500 m 이내에 설치될 경우 우회성공률이 30% 이하로 떨어지게 된다. 따라서 운전자의 안전을 고려하여 고속도로 진출부 전방 1,500 m 이상 되는 지점에 설치할 것을 권장한다.

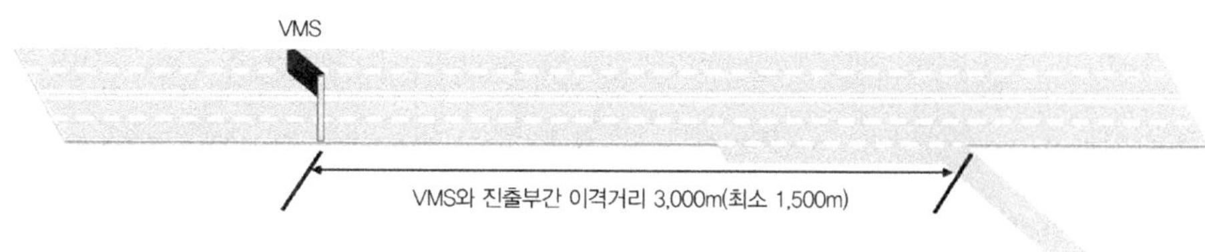

[그림 8-6] **고속도로 VMS 설치 지점 예시**

41) 도로법 제12조 규정에 의한 고속국도와 자동차에 한하여 이용이 가능한 도로로서 중앙분리대에 의하여 양방향이 분리되고 입체교차를 원칙으로 하며, 설계속도가 80 km/h 이상인 도로를 말함. - 국토해양부 제정, 도로설계기준, 2012.

• 도시고속도로

도시고속도로는 진출부에서 1,500 m 상류부에 VMS를 설치하는 것을 기본으로 한다. 그러나 도시고속도로의 경우 램프간 간격이 짧아서 VMS 이격거리가 1,500 m보다 짧아지는 경우가 발생할 수 있다. 이 경우 운전자가 정보를 인지하고, 차로변경을 위한 판단을 내려야 할 때의 최소거리인 판단시거(Decision Sight Distance)를 적용한다.

AASHTO에서는 제한속도 80 km/h인 도로에서 운전자가 차로변경을 할 때, 판단시거는 최소 315 m가 확보되어야 한다고 제시하고 있으며, 본 지침에서는 안전을 고려하여 도시고속도로 진출부 전방 500 m 이상 되는 지점에 설치할 것을 권장하고 있다.

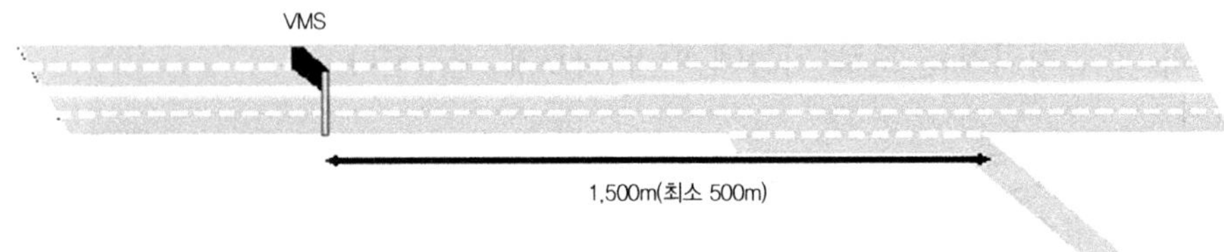

[그림 8-7] **도시고속도로 VMS 설치 지점 예시**

② 일반도로[42)]

• 도시부도로

도시부도로의 경우 교차로간 거리가 짧으므로 교차로와 교차로 사이에 VMS 설치 시, VMS 설치도로로 진입하는 회전 차량이 충분한 판독시간을 확보할 수 있도록 상류부 교차로에서 일정거리 이상 이격하여 설치한다. 최소 이격거리는 VMS의 최대정보단위인 9정보단위 3현시를 기준으로 하며, 이에 따라 운전자가 판독할 수 있는 판독소요시간이 18초가 소요되므로, 주행속도를 약 30 km/h로 할 경우 상류부 교차로와 최소 150 m를 이격하여 설치한다. 또한 하류부 교차로와의 간격은 운전자가 VMS의 메시지 정보를 인지하고, 운전조작 등의 판단을 내려야 하므로 판단시거를 적용, AASHTO에서 제시한 제한속도 60 km/h인 도로에서 운전자가 차로변경을 할 때, 판단시거는 최소 235 m를 확보해야 한다는 내용을 준용하여 하류부 교차로와의 간격은 235 m 이상 이격하여 설치한다.

42) 도로법에 의한 도로(고속도로를 제외함)로서 그 기능에 따라 주간선도로, 보조간선도로, 집산도로 및 국지도로로 구분되는 도로를 말함. - 국토해양부 제정 도로설계기준, 2012.

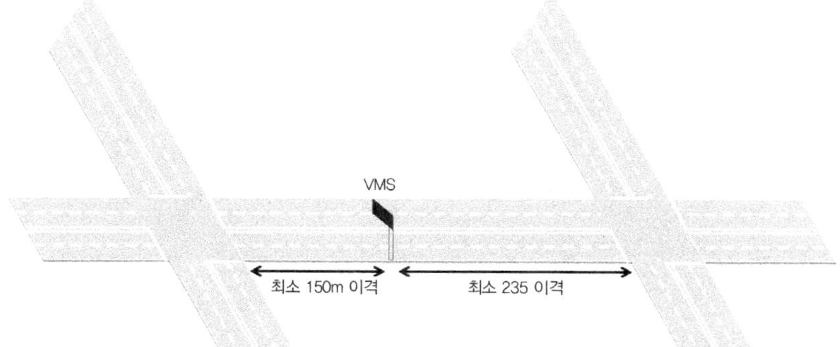

[그림 8-8] **도시부도로 VMS 설치 지점 예시**

- 지방부도로

  지방부도로에서의 VMS는 교차로 상류지점에서 1,000~1,500 m 이격된 지점에 설치하는 것을 기본으로 하며, 교차로 출구 예고표지와 기능상 상충되지 않도록 표지판 관련 설치위치 지침을 준용하여 설치한다.

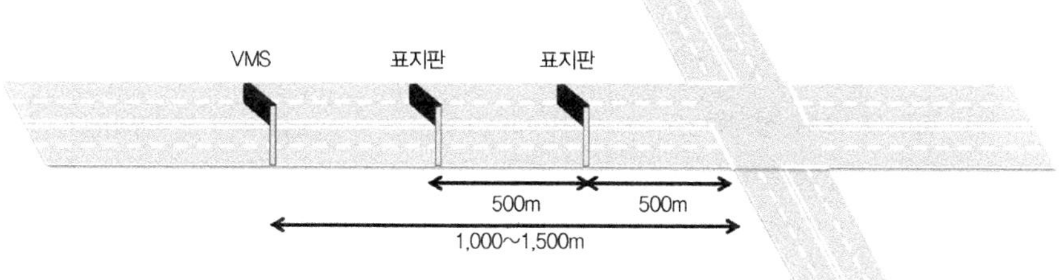

[그림 8-9] **지방부도로 VMS 설치 지점 예시**

도로 횡단면상 VMS 지주 설치 위치

VMS의 지주는 도로 횡단면 구조상 보도에 설치하는 것을 기본으로 하고, 길어깨 바깥쪽과 VMS 지주와의 이격거리는 1 m 이상 확보하여 설치한다. VMS의 설치높이는 일반적인 표지판의 설치높이가 차도에서 표지 아래의 이격이 5 m인 점을 감안하여 높이는 6 m 이상 확보되어야 한다.

또한 실제 현장에 설치할 때에는 이와 같은 기본 설치 위치에 지주 설치를 위한 기초 공사 여건(광선로 및 수로 통과 여부, 토질 여건 등) 또는 지장물 존재 여부나 대지의 안전성 등을 고려하여 지주의 최종 설치 위치를 결정하게 된다.

측주식은 도로의 가장자리, 보호길어깨[43], 보도 등에 설치된 지주를 차도부분까지 높게 달아내어 끝부분에 VMS를 설치하는 방법으로, 도로 횡단면을 고려한 측주식 VMS 지주 설치방안은 그림 8-10과 같다.

한편 문형식은 도로의 양 가장자리, 보도 또는 중앙분리대 등에 지주를 설치하고, 그 지주를 문(門)의 형태로 가로로 연결하여 가로보에 VMS를 설치하는 방법으로, 도로 횡단면을 고려한 문형식 VMS 지주 설치방안은 그림 8-11과 같다.

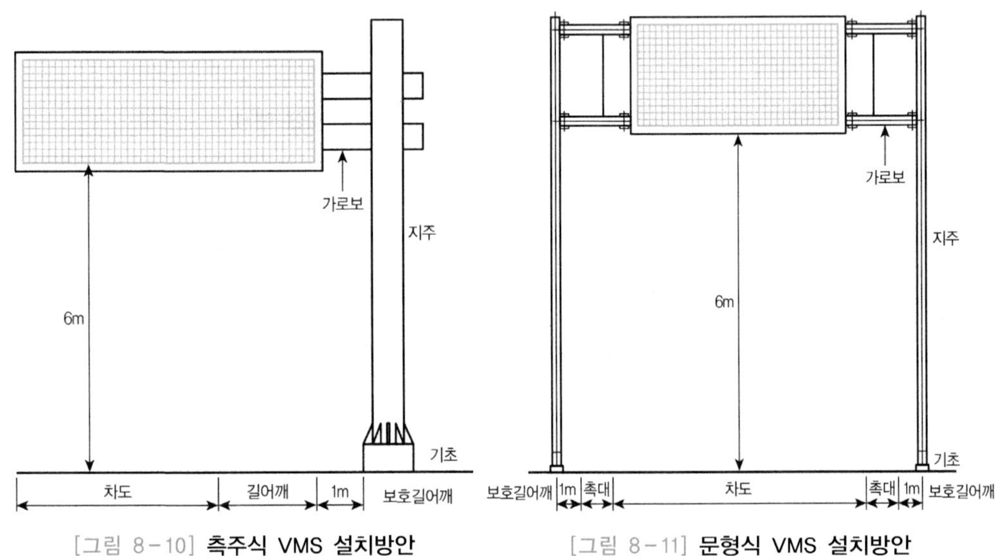

[그림 8-10] 측주식 VMS 설치방안 [그림 8-11] 문형식 VMS 설치방안

기하구조에 따른 VMS 설치방안

VMS는 도로의 진행방향에 따라 중심선의 길이 변화에 따라 통행에 방해를 주지 않으면서 모든 운전자가 볼 수 있도록 설치지점의 여건을 고려하여 설치해야 한다.

곡선부 설치방안

- VMS는 시인성이 확보되지 않는 곡선부에는 설치를 지양함
- 곡선진입부에 설치할 경우 도로와의 각도변화에 따라 시인성 저해요소가 생길 수 있으므로, 이를 개선하기 위해 주행방향과 직각 또는 차도로부터 10° 이내에 설치함[44]

43) "도로의 구조·시설 기준에 관한 규칙 해설", 도로의 가장 바깥쪽에 있으며, 포장구조 및 노체를 보호하나 시설한계에는 포함되지 않음. 노상 시설물을 설치하기 위한 것과 보도 등에 접속하여 도로 끝에 설치하는 것의 두 종류가 있다.

44) 10° 이내의 각에서는 표시부의 변화가 미미하다.

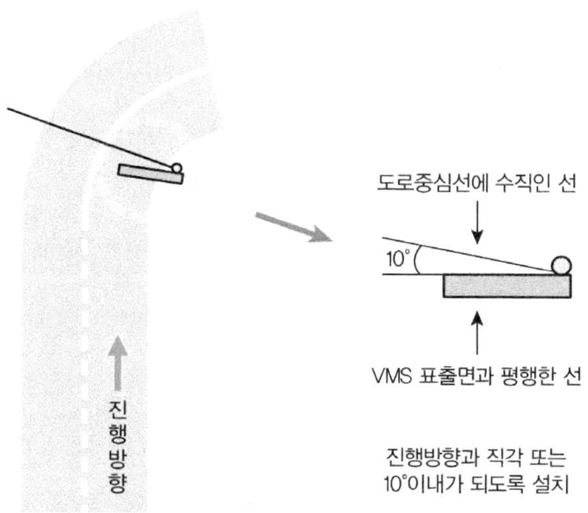

[그림 8-12] 곡선부에서의 VMS 설치방안(예시)

8.2.4 VMS 운영전략

정보제공 우선순위 정립

VMS 정보제공의 우선순위는 도로의 정체여부 및 도로상황 등에 따라 결정되며, 정체 시 교통사고, 재해재난, 공사정보 등의 돌발상황이 최우선순위를 가지며, 순차적으로 이상기후, 교통상황, 교통홍보 순으로 표출 우선순위를 가진다. 비정체 시에는 돌발상황이 최우선순위를 가지며, 순차적으로 이상기후, 교통상황 순으로 표출 우선순위를 가진다.

[표 8-2] 정보제공의 우선순위

정체여부	순위	도로상황	표출정보
정체	1	돌발상황 (교통사고, 재해재난, 공사정보 등	• 돌발상황 종류, 발생지점, 처리상황 등 • 돌발상황으로 기인한 정보 - 차로폐쇄정보 및 도로(진입)통제정보 등
	2	이상기후	• 이상기후 종류 및 상황 정보 • 이상기후상황에서의 주의 및 감속운행 유도 - 눈, 비, 안개 및 강풍발생 상황 시, 노면 미끄럼 주의 필요시
	3	교통상황	• 정체구간 교통상황 및 소요시간 정보 • 우회도로 정보 등
	4	교통홍보 (필요시)	• 차종별 운행차로 준수, 버스전용차로 시행 • 교통정보 ARS 등 교통관련 홍보 • 적재불량 금시 및 낙하물 예방 능

(계속)

정체여부	순위	도로상황	표출정보
비정체	1	돌발상황 (교통사고, 재해재난, 공사정보 등	• 돌발상황 종류, 발생지점, 처리상황 등 • 돌발상황으로 기인한 정보 - 차로폐쇄정보 및 도로(진입)통제정보 등
	2	이상기후	• 이상기후 종류 및 상황 정보 • 이상기후상황에서의 주의 및 감속운행 유도 - 눈, 비, 안개 및 강풍발생 상황시, 노면 미끄럼 주의 필요시
	3	교통상황	• 구간별 교통상황 • 소요시간 정보 등

정보제공 원칙 수립

VMS의 표출정보는 정보제공단계 설정, 색상 구분, 메시지내용 설계 고려사항, 홍보문안 표출 및 현시당 메시지 정보단위 제한에 대한 정보제공원칙 등을 고려하여 운영전략을 수립해야 한다.

① 정보제공 단계 설정

VMS의 정보제공단계는 3단계를 기본으로 한다.

- 정체 : 교통량이 매우 많아 정체상황일 때
- 서행 : 교통량이 많아 서행을 반복할 때
- 소통원활 : 교통류 흐름이 원활할 때

제공정보의 각 단계별 임계속도는 기본적으로 도로의 기능에 따라 표 8-3과 같이 기준을 정립하며, 해당도로 구간의 교통 특성 및 도로 속성에 따라 다양하게 적용할 수 있다.

[표 8-3] **제공정보의 단계별 임계속도**

구 분		도로 제한속도	정보제공단계		
			정체	서행	소통원활
고속도로	도시고속도로	80 km/h 이상	30 km/h 미만	30~50 km/h	50 km/h 이상
	고속도로	100 km/h 이상	30 km/h 미만	30~70 km/h	70 km/h 이상
일반도로	도시부도로	60 km/h 이상	20 km/h 미만	20~40 km/h	40 km/h 이상
		60 km/h 미만	15 km/h 미만	15~30 km/h	30 km/h 이상
	지방부도로	80 km/h 이상	30 km/h 미만	30~50 km/h	50 km/h 이상
		80 km/h 미만	20 km/h 미만	20~40 km/h	40 km/h 이상

② 색상 구분

교통상황에 따라 각기 다른 색상을 표출하여 색상만으로 교통상황을 인지 가능하도록 한다.

- 적색(red) : 돌발 상황(교통사고나 공사 구간 등)으로 인한 교통 정체, 차로 폐쇄 등 운전자에게 경고를 줄 필요가 있는 정보나 규제 정보 표출 시 사용되며, 교통상황이 '정체'인 경우에 사용함
- 황색(yellow 또는 amber) : 교통상황이 '서행'인 경우나 운전자의 주의가 필요한 경우에 사용함
- 녹색(green) : 교통 상황이 '소통원활'인 경우 등 전반적인 교통 상황이 운전자가 주의를 기울이지 않아도 되는 양호한 상태에 대한 정보 표출 시에 사용함

③ 메시지 내용 설계 시 고려사항

• 불필요한 단어 및 어절, 유추 가능한 정보 생략

운전자는 제한된 시간동안 메시지를 판독해야 하므로, 최대한 간단하고 명확하게 정보를 제공하여 쉽게 읽고 이해할 수 있도록 해야 한다. 이해하는데 불필요하거나 큰 의미가 없는 단어 및 어절, 앞뒤 문맥 또는 현재 위치 등으로 유추가 가능한 단어 및 정보는 가능한 생략하는 것을 원칙으로 한다.

- 이해하는데 불필요하거나 큰 의미 없음 : 약, 전방, 부근 등
- 앞뒤 문맥 등으로 유추 가능 : 다리, 대교, 도로 등
- 명백한 정보 또는 중복 정보 : 앞뒤 문맥으로 유추 할 수 있는 정보

• 표 8-4는 불필요 단어 및 어절의 생략 예를 나타낸 것으로 명백한 정보 또는 중복 정보의 경우 생략하는 것을 원칙으로 한다.

- 도로작업/돌발상황이 메시지를 읽는 운전자와 동일 도로상에 있다면 도로명 표출 생략함
- 운전자 행동 메시지인 '우측차로 이용'은 폐쇄 차로 메시지인 '좌측 2차로 폐쇄'의 중복 설명이며, 운전자는 좌측차로 폐쇄 정보로 자연스럽게 우측차로를 이용할 것임이 예측 가능하므로 생략함

[표 8-4] **불필요한 단어 및 어절 생략 예**

메시지 사용 예	불필요 단어	설 명	비 고
약 ○ km 전방	'약', '전방'	'약', '전방'은 '2 km'라는 단어로 유추할 수 있음	○ km
○○터널 작업중 1, 2차로 폐쇄	'중'	작업 중에서 '중'은 간단히 유추할 수 있는 상태정보임	○○터널 작업 1, 2차로 폐쇄
동부간선도로	'도로'	'도로'는 '동부간선'이라는 도로명으로 유추할 수 있음	동부간선
서강대교 ⇒ 성산대교	'대교'	'대교'는 앞뒤 문맥으로 유추할 수 있음	서강 ⇒ 성산

• 표준화된 약어 및 단어 사용

약자 사용 시 표준화된 약어를 사용하고 쉽게 이해되어야 하며, 유사 단어의 혼용을 금지하고 단어의 통일성을 유지해야 한다.

- VMS 메시지 정보를 제공하기 위해 약어를 사용할 경우 대상 운전자가 쉽게 이해할 수 있도록 표준화된 약어를 사용함
- 메시지 설계 시 뜻이 유사한 단어는 하나의 단어로 통일하여 사용해야 운전자에게 혼란을 주지 않음 (예 '출구, 진출로, 나가는 곳' 등의 유사한 단어는 통일된 단어를 사용)

• 의사결정이 가능하도록 명확하고 구체적인 정보제공

운전자는 제공되는 메시지를 판독한 후 상황별 대응을 할 수 있어야 하며, 그에 상응하는 명확하고 구체적인 정보를 제공하여야 한다.

- 작업, 사고 지점의 정확한 위치정보를 제공하여 운전자의 우회 여부 결정에 도움을 줄 수 있도록 하여야 함
- 작업, 사고의 영향에 관한 정보는 폐쇄차로수(예 1, 2차로 폐쇄)의 형태로 정보를 제공함
- 메시지는 가능한 구간정보, 상황정보를 포함한 지시/권고형태의 운전자가 행동할 수 있는 형태로 제공해야 하며, '권고'의 이유가 무엇인지 명확하게 밝혀야 함
- 구간속도 정보는 구체적인 숫자의 사용은 가급적 피함(예 63 km/h)

• 기존 표지와의 주요 지명 연계성 고려

VMS의 표출 메시지 중에서 주요 지명은 기존 표지판에서 사용하는 지명과 연계하여 시스템의 효용성을 높이고 운전자의 이해도를 높이도록 한다.

- 주요 지명은 자연·문화 지명과 행정구역 단위의 지명 정보로 이루어져 있음
- 주요 지명의 사용으로 운전자는 지역의 위치 정보를 쉽게 이해할 수 있음
- 주요 지명의 표출 메시지는 기존 표지에서 사용하는 지명과 연계하여 운전자의 혼란을 막고 통일된 정보를 제공해야 함

④ 홍보문안 표출 제한

운전자는 VMS에서 제공되는 정보를 판독하는데 시간의 제약을 받게 되며, VMS에서 교통정보 이외의 정보가 제공될 경우 원하는 교통정보를 습득할 수 없는 상황이 발생할 수 있다.

교통정보 이외의 홍보문안 표출은 원칙적으로 금하는 것으로 하며, 부득이하게 교통정보 이외의 홍보문안의 표출이 요구되는 상황에서는 VMS 메시지 판독 소

요시간 내에서 1주기의 메시지를 2회 제공하고도 여유시간이 있다면, 1주기 메시지 2회 제공 후 마지막 현시에 홍보문안 메시지 정보를 표출할 수 있도록 설계할 수 있으며, 표출시간은 정보량에 상관없이 3초 이내로 제한한다.

⑤ 현시당 메시지 정보단위 제한

VMS 메시지 설계 시 현시당 메시지 정보단위수는 최대 9단위 이내로 설계한다.

8.2.5 메시지 운영설계

메시지 운영설계 절차

메시지 문자높이를 결정하고, 그에 따른 판독소요거리(legibility distance)를 산출한 후 판독소요시간을 산출한다. 그리고 메시지 정보량에 따른 정보제공시간을 결정하고, 산출한 판독소요시간 내에서 주기 및 현시운영을 계획하게 된다. 이러한 일련의 설계 프로세스를 거친 후 VMS 운영을 실시한다.

메시지 운영설계 프로세스는 그림 8 - 13과 같은 일련의 과정을 거치게 된다.

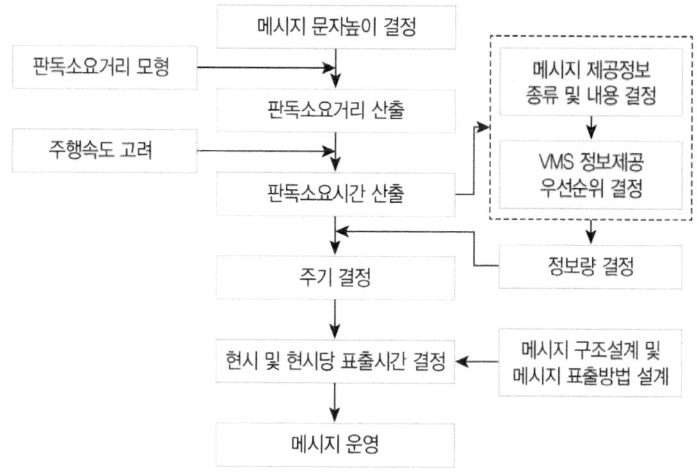

[그림 8 - 13] **메시지 운영설계 프로세스**

- 메시지의 문자높이가 결정되면 판독소요거리 모형을 통하여 판독소요거리를 산출하고 현장 주행속도를 고려하여 판독소요시간을 산출함
- VMS 메시지 운영전략에 따라 메시지 제공정보의 종류 및 내용을 결정하고 정보제공 우선순위를 결정함
- 정보단위당 판독시간 모형을 통하여 결정된 정보단위당 판독시간으로 메시지 정보량에 따른 정보제공시간을 결정하고, 산출한 판독소요시간 내에서 주기 및 현시운영을 계획함
- VMS 운영을 실시함

메시지 문자높이 결정

VMS 표출메시지의 문자높이는 운전자가 주행 중에 판독하는 판독소요거리를 결정짓는 중요한 요소이다. 설계 시 주의를 기울여 결정해야 하며, 문자높이가 너무 작으면 운전자의 판독소요거리가 짧아져서 VMS를 통해 표출되는 필요한 정보를 충분히 제공받지 못하는 경우가 발생하며, 전체 메시지 운영의 효율성이 저하된다.

따라서 적정 메시지 문자높이 결정 시 설계자의 임의의 판단에 의하여 결정하는 것이 아니라 주행 중인 운전자가 적정 판독소요거리 내에서 표출 메시지를 읽고, 필요한 정보를 충분히 제공받을 수 있도록 문자높이를 결정해야 하며, 최소 메시지 문자높이는 60 cm를 권장한다.

판독소요거리 산출

① 판독소요거리 개요

VMS 판독소요거리는 운전자가 VMS에 표출되는 메시지의 판독 시점부터 판독 종점까지의 거리를 의미하며, VMS가 본래의 기능을 충분히 발휘하기 위해서는 적정한 판독소요거리가 확보되어야 한다.

도로 및 교통여건, 운전자 특성 등을 고려한 적정 판독소요거리의 산정은 차량의 주행속도에 따른 판독소요시간, VMS 메시지 정보량 등과 함께 효과적인 VMS 메시지의 설계 및 운영을 위한 필수조건이다.

그림 8-14는 운전자가 VMS 메시지를 판독하는 과정을 시공간상에서 도식화한 것이다.

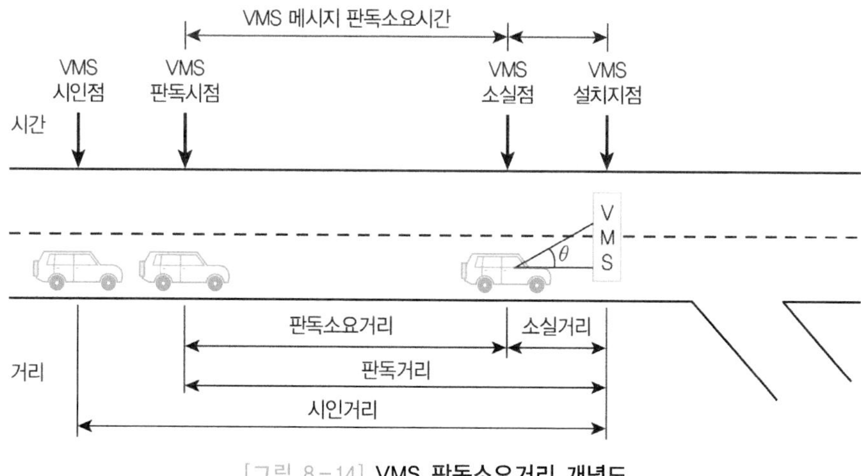

[그림 8-14] VMS 판독소요거리 개념도

② 판독소요거리 산출

판독소요거리 모형은 실제의 교통상황 하에서 운전자의 다양한 내적/외적 작업부하를 고려하여 기존에 설치·운영 중인 VMS에 대한 현장 실험조사를 통해 수집된 자료를 기반으로 개발되었으며, VMS 메시지 특성(문자높이)을 고려한 것이다.

$$\text{판독소요거리} = 294.23\ln(\text{문자높이}) - 1024.49 \qquad (8.3)$$

여기서, 판독소요거리 : m, 문자높이 : cm

[표 8-5] 메시지 문자높이에 따른 판독소요거리 산출 사례

문자높이(cm)	60	90	120
판독소요거리(m)	180	300	385

판독소요시간 산출

판독소요시간은 VMS에 표출되는 메시지의 판독 시점부터 판독 종점까지 운전자가 메시지 정보를 판독할 수 있는 메시지 판독 소요 시간으로 VMS 운영 설계시 고려해야 할 중요 요소이다.

판독소요시간은 판독소요거리 모형에서 산출된 판독소요거리 및 운전자의 주행속도를 기준으로 산출할 수 있다. 예를 들면, 속도 80 km/h에서 결정된 판독소요거리가 400 m일 경우 판독소요시간은 다음과 같이 계산할 수 있다.

$$\text{판독소요시간(sec)} = \frac{\text{판독소요거리}(m)}{(\text{주행속도}(km/h) \times \frac{1}{3.6})} = \frac{400}{(80 \times \frac{1}{3.6})} = 18.0\,(\text{초})$$

판독소요시간의 산출 사례를 정리하면 표 8-6과 같다.

[표 8-6] **판독소요시간 산출 사례**

주행속도(km/h)	60			80			100		
문자높이(cm)	60	90	120	60	90	120	60	90	120
판독소요거리(m)	180	300	385	180	300	385	180	300	385
판독소요시간(sec)	11	18	23	9	14	18	7	11	14

정보단위당 판독시간 결정

정보단위당 판독시간은 주행 중인 운전자가 VMS에 표출되는 메시지 정보단위에 따른 판독시간이며, 주기 및 현시운영 설계 시 기본적으로 고려해야 할 사항이다. 가상현실도구인 차량시뮬레이터(Driving Simulator)를 이용하여 가상주행 하에서 수집된 자료를 기준으로 개발된 정보단위당 판독시간 모형을 적용하여 판독시간을 결정하게 된다.

정보단위에 따른 VMS 판독시간 모형식은 다음과 같으며, VMS 메시지 설계 시 정보단위별로 제시한 판독시간 이상으로 정보제공시간을 설정해야 한다.

$$\text{판독시간} = 0.851x^{0.860} \qquad (x : \text{정보단위})$$

[표 8-7] **정보단위당 판독시간 산출 사례**

정보단위	메시지 예	판독시간(sec)	
		최소	적정
1	소통원활	1	1
2	도로보수 운행주의	2	2

(계속)

정보단위	메시지 예	판독시간(sec)	
		최소	적정
3	내부순환 홍제 5 분	3	3
4	노들길 63빌딩 ➡ 성산 6 분	3	3
5	강변북로 난지IC ➡ 가양 시설물보수 5차로차단	3	4
6	강변북로 행주 7 분 올림픽대로 행주 9 분	3	4
7	올림픽대로 한남 ➡ 반포 5 분 한남 ➡ 동작 10 분	3	5
8	성산 ➡ 한남 올림픽대로 소통원활 11 분 강변북로 소통원활 10 분	4	6
9	강변북로 마포 ➡ 동작 지체 8 분 마포 ➡ 청담 지체 25 분	4	6

주기 및 현시운영 설계

주기 및 현시운영 설계에서 VMS 메시지 조합의 표출 주기는 기본적으로 판독소요시간 내에서 결정되어야 한다. 판독소요시간을 초과하는 주기 및 현시운영 설계는 필요한 정보를 제공받지 못하는 운전자가 발생하며, 결과적으로 전체 메시지 운영의 효율성이 저하된다. 따라서 판독 소요시간은 주기 및 현시운영 설계 시 우선 고려 대상이 되며, VMS에서 표출되는 여러 현시로 구성된 메시지 조합을 1주기로 구성할 경우 주기길이는 판독 소요시간을 초과할 수 없다.

VMS 운영 설계 시 주기를 결정하고 이에 적절한 현시를 설계하여 메시지 운영을 하도록 하며, 주기운영 설계는 운영자가 주기 및 현시운영 전략에 따라 다양하게 설계가 가능하며, 판독소요시간 내에서 2주기 이상으로 운영을 계획하는 설계도 가능하다.

주기 및 현시운영 설계 예시

- 속도 60 km/h, VMS 문자높이 90 cm일 경우 모형에서 판독거리는 300 m이므로 판독소요시간은 18초임
- 1주기로 메시지 운영을 계획하고 있다면 주기시간은 18초이며 이에 따른 현시운영 설계는 그림 8 - 15와 같이 계획할 수 있음

[그림 8 - 15] **1주기 현시운영 설계 예시**

8.2.6 메시지 구조설계

글자속성 설계

VMS에서 표출되는 메시지는 문자체, 문자 두께, 장평 비, 자간 간격, 단어간 간격, 줄간 간격 등의 글자속성들을 고려하여, 운전자들이 인식하기 용이하며, 판독성이 양호하게 설계되어야 한다.

기본적으로 고려되는 글자속성은 표 8 - 8과 같이 문자체는 운전자들에게 가장 인식성이 높은 것으로 분석된 고딕체를 권장하며, 기타 글자속성 설계값은 기존의 국내지침[45] 에서 제시되고 있는 기준을 준용하여 설계한다.

45) 국토해양부, 도로안전시설 설치 및 관리 지침 - VMS 편, 2009. 2.

[표 8-8] **문자 변수와 메시지 변수값**

항 목		설계값	비 고
문자 변수	문자체	고딕체	-
	문자 두께	0.125H (0.0625H)	기본적으로 0.125H로 설계, 부득이한 경우에는 0.0625H도 가능
	장평비	1 : 1 (0.9 : 1)	기본적으로 1 : 1로 설계, 문자수 증가 등의 문제 발생 시 0.9 : 1까지 표출 가능
메시지 변수	자간 간격	0.25H	-
	단어간 간격	0.375H (0.25H)	기본적으로 0.375H로 설계, 0.25H까지 가능
	줄간 간격	0.375H (0.25H)	기본적으로 0.375H로 설계, 0.25H까지 가능

주) H : 문자 높이, 장평 비(W : H) = 문자폭(Width) : 문자 높이(Height)

픽토그램 조합

문자와 간단한 픽토그램을 조합하여 정보를 제공할 때 단순 문자정보만을 제공할 때보다 선호도가 높으며, 픽토그램 사용 시에는 모든 운전자가 쉽게 이해할 수 있는 일반화되고, 표준화된 픽토그램을 사용해야 한다. 기존의 국내지침[46] 에서 제시되고 있는 픽토그램(기호) 표준을 수용하여 문자와 픽토그램이 조합된 정보를 표출하도록 한다.

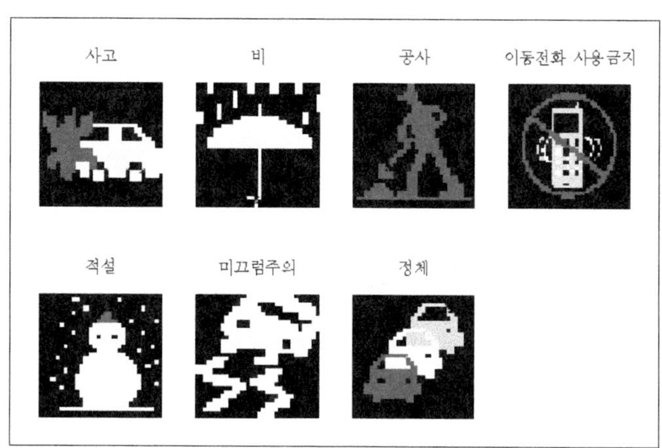

[그림 8-16] **픽토그램(기호) 표준 사례**

46) **'국토교통부, 자동차·도로교통 분야 ITS 사업시행지침'**으로 개정 · 통합됨. 즉, 기존 지침은 폐지됨(아래 내용 참조)
자동차 · 도로교통 분야 ITS 사업시행지침(국토교통부 고시 제2015-739호) : 종전의 「ITS 업무요령」(국토해양부 훈령870호), 「ITS 사업시행지침(도로전광표지(VMS) 설치 · 운영 및 유지 · 관리)」(국토교통부 고시 제2010-714호) 및 「ITS 사업시행지침(교통정보 수집용 폐쇄회로TV(CCTV) 설치 및 관리)」(국토교통부 고시 제2010-714호) 내용을 「자동차 · 도로교통 분야 ITS 사업시행지침」으로 개정 · 통합

참고. VMS 운영 설계 예시

사례지점) 서울도시고속도로 교통관리센터에서 운영 중인 강변북로상 한강대교와 동작대교 구간의 VMS를 대상으로 한 운영 설계 예시

▶ Step 1. 판독소요거리 결정

- 이 구간의 VMS 표출문자높이는 60 cm임. 운영자는 효과적인 VMS 운영을 위하여 현재의 표출문자높이에서 운전자가 메시지를 읽을 수 있는 거리를 파악하고 있어야 함
- 지침에서 제시한 판독소요거리 모형을 적용하면, 이 구간에서의 판독소요거리는 180 m임

[표 8-9] **메시지 문자높이에 따른 판독소요거리**

문자높이(cm)	60	90	120
판독소요거리(m)	**180**	300	385

운영사례) 이 구간에서 차량사고가 발생하여 운영자는 사고정보를 포함한 VMS 메시지 표출운영전략을 수립하려고 함

▶ Step 2. 판독소요시간 산정

- 교통사고 발생 시 이 구간의 통행속도는 25 km/h로 예상되며, 지침에서 제시한 판독소요시간은 26초임

[표 8-10] **판독소요시간**

주행속도(km/h)	25			40			60		
문자높이(cm)	60	90	120	60	90	120	60	90	120
판독소요거리(m)	180	300	385	180	300	385	180	300	385
판독소요시간(sec)	**26**	43	56	17	27	35	11	18	23

▶ Step 3. 정보제공 우선순위 선정

- 운영자는 메시지 운영전략에 따라 돌발상황 정보를 우선적으로 제공해야 하며, 추가적인 교통상황정보를 제공할 수 있음

[표 8-11] **제공정보의 우선순위**

정체여부	순위	도로상황	표출정보
정체	1	**돌발상황 (교통사고, 재해재난, 공사정보 등**	**• 돌발상황 종류, 발생지점, 처리상황 등 • 돌발상황으로 기인한 정보 - 차로폐쇄정보 및 도로(진입)통제정보 등**
	2	이상기후	• 이상기후 종류 및 상황 정보 • 이상기후상황에서의 주의 및 감속운행 유도 - 눈, 비, 안개 및 강풍발생 상황 시, 노면 미끄럼 주의 필요시
	3	교통상황	• 정체구간 교통상황 및 소요시간 정보 • 우회도로 정보 등
	4	교통홍보	• 차종별 운행차로 준수, 버스전용차로 시행 • 교통정보 ARS 등 교통관련 홍보 • 적재불량 금지 및 낙하물 예방 등
비정체	1	돌발상황 (교통사고, 재해재난, 공사정보 등	• 돌발상황 종류, 발생지점, 처리상황 등 • 돌발상황으로 기인한 정보 - 차로폐쇄정보 및 도로(진입)통제정보 등
	2	이상기후	• 이상기후 종류 및 상황 정보 • 이상기후상황에서의 주의 및 감속운행 유도 - 눈, 비, 안개 및 강풍발생 상황시, 노면 미끄럼 주의 필요시
	3	교통상황	• 구간별 교통상황 • 소요시간 정보 등

• 정보제공 우선순위에 따라 선정한 메시지는 표 8-12와 같음

[표 8-12] **제공 메시지**

주기		
1현시 메시지	2현시 메시지	3현시 메시지
강변북로 한강 ➡ 동작 추돌사고 2차로차단	강변북로 한강 ➡ 동작 정체 15분	강변북로 청담 30 분 올림픽대로 청담 12 분

▶ Step 4. 정보단위당 판독시간 결정

• 선정된 메시지는 지침에서 제시한 정보단위당 판독시간에 의해 결정됨

[표 8-13] **정보단위당 판독시간**

정보단위	판독시간(sec)	
	최소	적정
1	1	1
2	2	2
3	3	3
4	3	3
5	3	4
6	3	4
7	3	5
8	4	6
9	4	6

▶ Step 5. 주기 및 현시운영 설계

[표 8-14] **제공 메시지 정보단위별 정보제공시간**

주기		
1현시 메시지	2현시 메시지	3현시 메시지
강변북로 한강 ➡ 동작 추돌사고 2차로차단	강변북로 한강 ➡ 동작 정체 10 분	강변북로 청담 20 분 올림픽대로 청담 12 분
5 정보단위 정보제공시간 4초	5 정보단위 정보제공시간 4초	6 정보단위 정보제공시간 4초

• 결정된 제공 메시지 조합의 주기는 12초로 결정되었음

• 판독소요시간에 의거 주기는 최대 26초로 결정할 수 있음

• 최대 26초의 사용 가능한 주기시간 중 결정된 제공 메시지 조합을 2주기로 사용할 경우, 2초의 여유 정보제공시간이 발생함

• 2초의 여유 정보제공시간은 교통 홍보문안을 표출할 수 있음

8.3 웹기반 교통정보 제공

8.3.1 개요

인터넷과 웹기술의 발달로 교통정보의 제공과 이용환경에도 큰 변화가 일어나고 있다. 기존의 VMS를 이용한 교통정보의 제공은 불특정 다수의 운전자에게 동일한 내용의 정보를 단방향으로 제공하는 형태인데 반해, 최근 ICT 기술의 발전으로 이용자별, 이용목적별, 상황별 교통정보를 제공할 수 있게 되었다. 이러한 변화는 최근 무선인터넷의 보급, 정보 및 콘텐츠의 공급, 스마트폰이 공급되면서 더욱 두드러지게 나타나고 있다.

국내에서도 추석, 구정 등 특별수송기간 및 연휴기간에 이용자들이 많이 이용하는 고속도로 지·정체와 통행시간 예측정보와 대중교통 연계 및 환승정보는 이미 우리들의 생활의 일부분이 될 만큼 친숙한 정보이다. 이 절에서는 해외와 국내의 대표적인 웹기반 교통정보의 제공사례를 살펴보기로 한다.

8.3.2 웹기반 교통정보 제공사례

고속도로 교통정보

먼저 「고속도로 교통정보」 앱은 고속도로, 국도, 지자체 교통정보를 통합, 가공한 교통정보를 고속도로 이용자에게 제공함으로써 고속도로 이용효율을 높이고, 지·정체에 해소에 기여하기 위해 제공된다. 주요 메뉴는 교통지도, 노선별 교통상황(CCTV), 경로탐색(TG간), 돌발정보, 교통예보 그리고 교통방송 등으로 구성되어 있다. 이용현황은 일평균 접속건수가 27만 건(2014년 기준)으로 국내 대표적인 사례이다.

한편 전방 30km 이내 사고, 지정체, 휴게소 혼잡 및 노면상태 등을 자동적으로 제공하는 고속도로에 특화된 앱으로는 「고속도로 길라잡이」가 있으며, 경로안내 및 돌발상황 비상알림 서비스도 포함되어 있다.

출처 : http://www.tago.go.kr/

[그림 8-17] 고속도로 교통정보와 타고 메인 화면

대중교통 연계 및 환승정보

국내 대표적인 대중교통 연계 및 환승정보서비스로는 타고(TAGO : Transport Advice on GOing anywhere)와 알고가(ALGOGA) 그리고 스마트 갈아타기(Smart Garatagi) 등이 있다. 특히 타고는 전국 대중교통(도로, 항공, 열차, 고속/시외/시내버스, 지하철, 해운 등)의 운행정보를 수집, 통합하고, 인터넷, 키오스크, 휴대폰을 통하여 정보와 서비스를 제공하고 있으며, 전국의 KTX/기차역의 버스환승 정보도 제공하고 있다. 그 외 포털사이트인 네이버, 다음 등의 민간영역에서도 교통정보를 인터넷, 스마트폰 등을 통해 이용자들에게 유익한 정보를 제공하고 있다.

출처 : http://www.algoga.org/

[그림 8-18] 고속도로 길라잡이와 알고가(ALGOGA) 메인 화면

해외의 웹기반 교통정보 제공사례

해외의 경우에도 미국, 일본, 호주 등을 중심으로 지역간 및 지역내 교통정보를 제공하는 서비스를 운영하고 있다. 미국 LA시는 정부 주도하에 웹사이트를 구축하여 운영하고 있으며 항공, 버스, 전철, 철도 등에 대한 연계 교통서비스를 「Metro」를 통해 제공하고 있다. Metro에서 제공되는 서비스는 대중교통의 운행시간표, 여행 전 대중교통정보를 제공하는 Trip Planner와 실시간 교통정보 등이 있다.

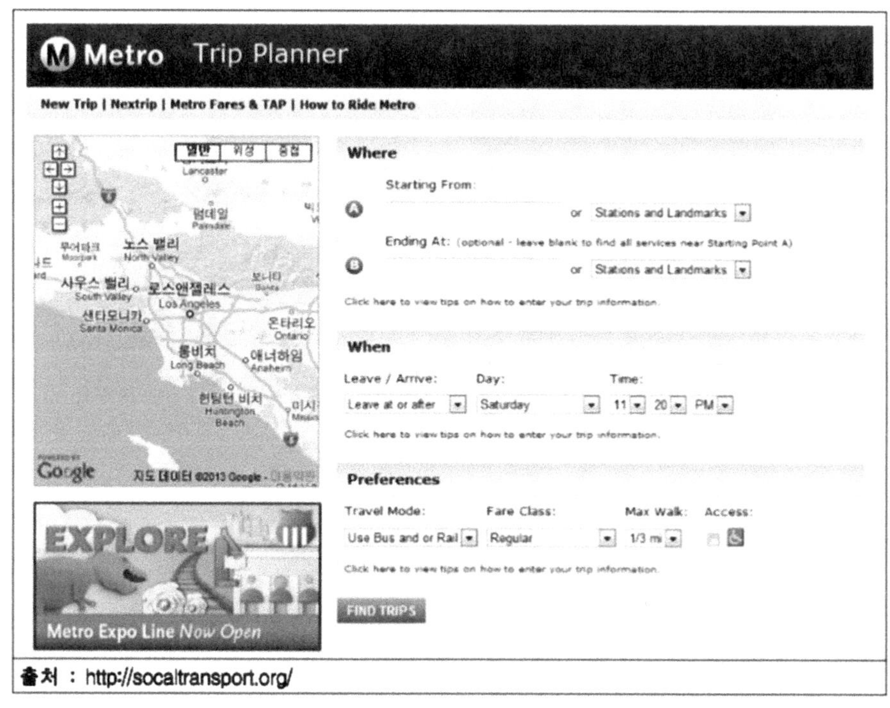

출처 : http://socaltransport.org/

[그림 8-19] LA시의 Metro

일본의 「NaviTime」은 정부의 보조금 없이 민간부문 독자적으로 운영되는 있는 서비스로, 대중교통 및 차량 내비게이션 기능을 제공한다. 그리고 일본 이외에 미국, 유럽, 아시아 등지에 서비스를 제공하고 있다. 실시간으로 교통상황과 기상 상태를 고려한 자동차 경로 정보를 제공함과 동시에 버스, 철도, 항공의 운행시간표 정보도 함께 제공하는 토탈 네비 서비스를 제공하는 것이 특징이다.

출처 : http://www.navitime.co.jp/

[그림 8-20] NaviTime의 홈페이지

8.4 대피정보 제공

8.4.1 개요

최근 안전 및 방재기능을 관리하기 위한 목적으로 국민안전처가 출범하는 등 국내에서도 재난관리에 대한 관심과 필요성이 증가하고 있다. 2011년 3월 일본에서 발생한 대지진과 쓰나미로 인한 대규모 재난과 2012년 9월 구미 산업단지 불산 누출사고는 도시지역 교통부문의 재난 대비의 중요성을 부각시키는 계기가 되었다. 실제 재난 발생 시 단·장기적인 측면에서 도시 내 교통시스템은 응급대피와 구출·구조 및 복구 등에 사용되므로 2차 피해를 최소화하기 위한 대피정보의 제공이 필요하다.

선진국의 경우 각 지자체 혹은 주정부 단위로 방재조직을 구성하고, 태풍, 홍수, 지진, 화재, 테러, 원자력 관련 사고 등의 다양한 재난에 대비한 교통로 확보, 대피정보 제공, 수

송계획 및 대응계획을 수립하여 운영하고 있다. 또한 향후 도시방재 및 첨단교통시스템 분야를 중심으로 활발한 연구가 이루어질 것으로 예상되는 분야 가운데 하나이다.

이 절에서는 대형 교통사고와 자연재해가 발생했을 경우를 대상으로 한 대피정보의 제공에 대한 선진국과 우리나라의 사례를 살펴보기로 한다.

8.4.2 재난문자 발송시스템

2015년 2월에 발생한 인천공항고속도로의 영종대교 106중 추돌사고를 계기로 교통사고가 발생했을 경우 2차 피해를 감소시키기 위한 정보 제공의 필요성이 크게 대두되었다. 처음 사고 이후 뒤에서 달려오는 차량들이 속도를 낮추어 조심 운전하도록 정보를 제공하거나 우회정보의 제공으로 추가적인 비용손실을 최소화할 수 있는 재난문자 발송시스템이 도입단계 수준에서 운영되고 있다.

이러한 교통정보 제공기술의 발전은 IT 기술이 디지털화되고 이용매체가 모바일화되면서 가능하게 되었는데, 최근 경찰청에서 대형사고 이후 발생하는 2차 사고를 예방하기 위해 운전자들에게 사고 상황 및 우회로를 알려주는 '대형 교통사고 알림문자' 서비스를 발송하고 있다. 알림문자는 국민안전처가 운영하는 '재난 문자 발송시스템(CBS; Cell Broadcasting Service)'을 통해 전송되는데, CBS는 재난발생 지역 이동 통신 기지국을 통해 인근 주민들에게 재난 상황과 행동요령 등을 알리는 시스템으로 특정 지역의 주민이나 운전자들에게 제공되는 맞춤형 교통정보 서비스의 일종이라 할 수 있다.

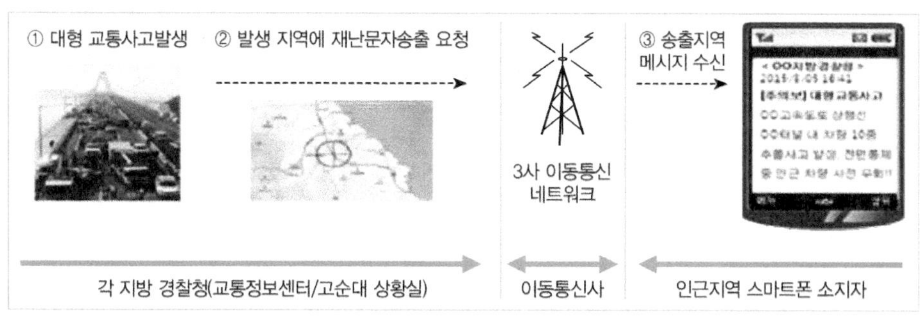

[그림 8-21] 대형사고 시 문자발송 흐름도

8.4.3 대피정보의 제공과 효과분석

자연재해가 빈번한 일본은 완벽한 방재는 불가능하다고 판단하여 재난 대응전략을 기존의 방재(防災)에서 감재(減災)로 일부 수정하였으며, 지진과 쓰나미 등이 발생했을 경우 시민을 안전하게 대피시키기 위한 긴급교통로와 긴급수송로 등 방재도로의 선정과 함께 대피정보를 제공하기 위한 시나리오를 구축하여 재난에 대비하고 있다.

미국의 경우에도 연방재난관리청(FEMA)이나 연방도로청(FHWA)을 중심으로 국가와 주정부 차원에서 재난에 대응하고 있으며, 교통 분야에서의 방재관련 연구는 2005년 남부 지역을 강타한 태풍 카트리나 이후 활발히 진행되고 있다. 특히 교통시뮬레이션을 이용하여 재난 발생 시 도로상의 교통흐름 변화를 분석하여 신속한 대피를 위한 대피 경로 산정과 주요 도로를 중심으로 한 대피정보 제공에 대한 연구도 활발히 진행되고 있다.

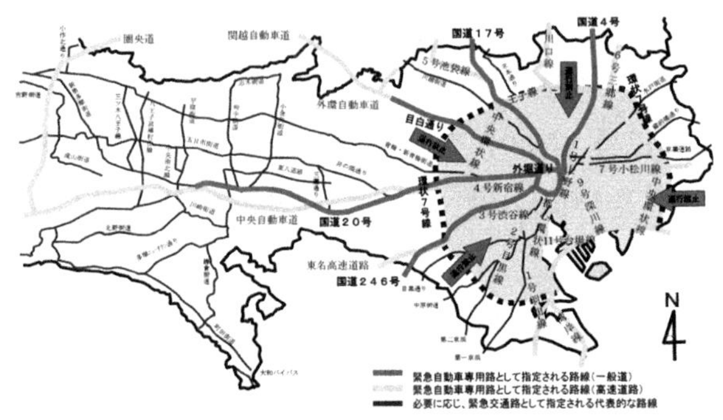

http : : //www.kensetsu.metro.tokyo.jp/

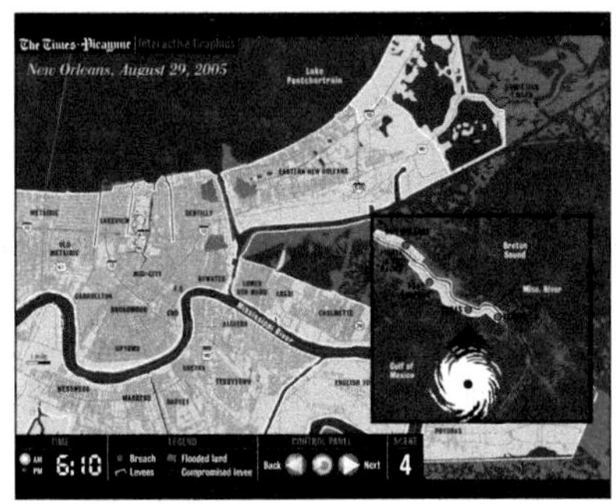

http : //www.nola.com/katrina/graphics/flashflood.swf

[그림 8-22] **일본의 긴급수송도로와 미국의 카트리나 태풍 정보제공 사례**

한편 안전한 도시의 정주여건을 조성하기 위해 교통사고, 자연재해, 부주의로 인한 대형사고 등의 재난에 대비한 교통정보의 제공도 매우 중요하며, 이 경우 차량 및 보행자의 대피모형을 기반으로 지역을 대상으로 한 시뮬레이션 분석을 통해 risk map을 작성하고, 대피정보 제공에 따른 경제성 분석과 정보의 효과분석을 검증하는 것을 목표로 한다.

그림 8-23에는 재난이 발생하기 사전 혹은 사후 단계에서 감재의 노력과 정보의 제공이 네트워크 혹은 도시의 기능회복에 어떠한 영향을 미치는가를 보여주고 있다.

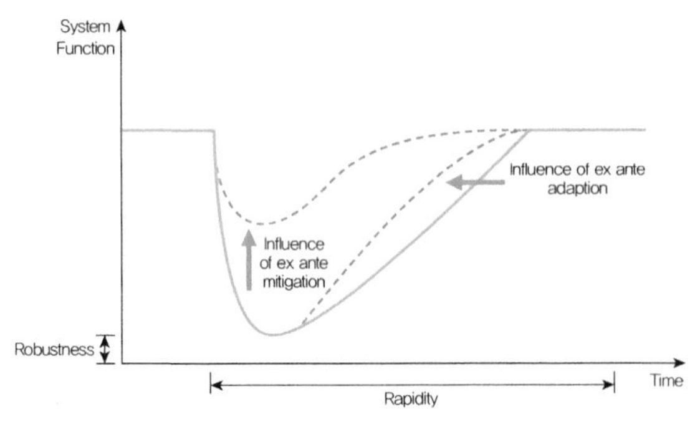

[그림 8-23] **대피시스템(정보)의 효과 분석**

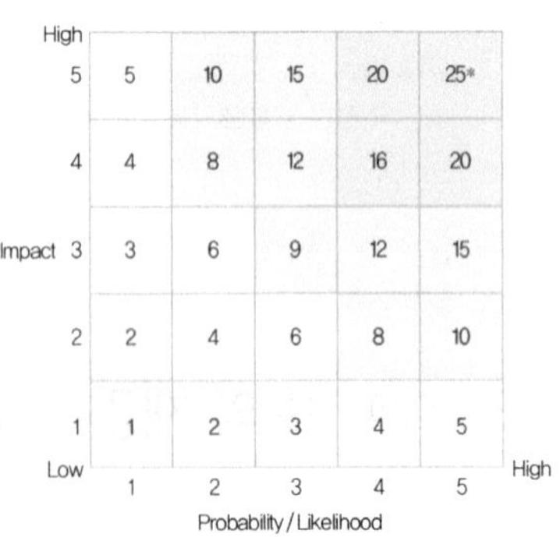

[그림 8-24] **Risk matrix(map)**

세종시를 대상으로 한 방재도로 선정과 대피정보의 제공으로 인한 효과를 분석하기 위해 1) 정보가 제공되지 않는 경우, 2) 최단경로를 대상으로 대피를 유도하는 경우, 3) 방재도로를 대상으로 대피를 유도하는 경우, 4) 차로기반 경로유도(Lane-base route guidance) 방식으로 대피하는 경우로 구분하여 시뮬레이션을 수행한 결과, 총 통행시간, 총 지체시간 등에서 대피정보의 효과가 존재함을 확인하였다(노윤승·도명식, 2014).

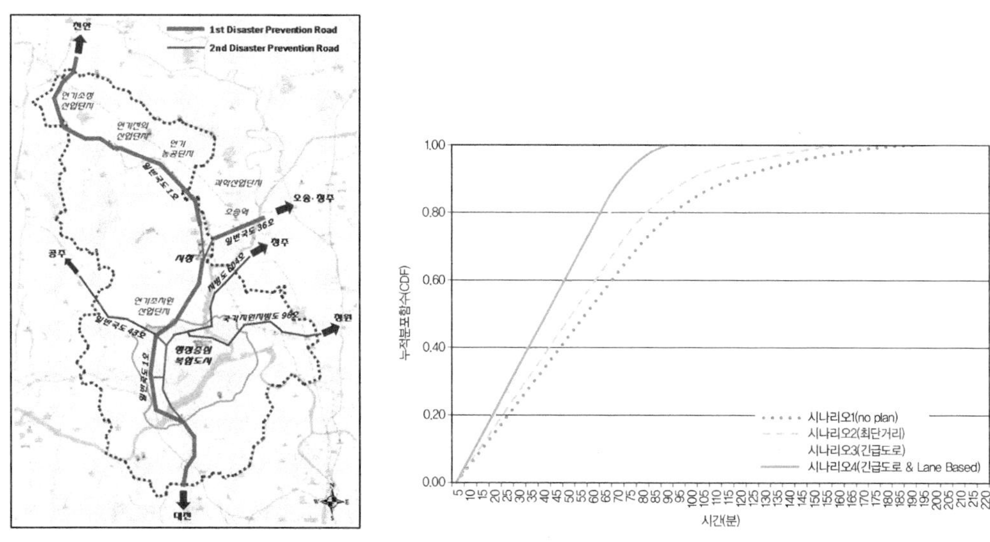

[그림 8-25] **방재도로의 선정과 대피정보의 효과**

[그림 8-26] **대피 정보의 효과**

8.5 교통정보의 신뢰성

8.5.1 통행시간의 대푯값

현재 대상 도로의 교통서비스의 수준은 통행 소요시간이나 혼잡도 등의 평균값(확정치)으로 표현하여 교통현상의 변동으로 생기는 소요시간의 분산의 폭 등을 나타내기가 어려웠다. 즉, 교통현상은 수요와 공급 두 측면의 영향을 받아 변동하기 때문에 교통량의 평균값이 같다 할지라도 도로의 구조나 종류에 따라 소요시간의 변동은 크게 차이가 날 수 있다.

소요시간의 안정성은 교통네트워크 신뢰성이라 할 수 있으며, TCS(Toll Collection System) 자료를 이용하여 경로별 소요시간의 분포를 파악할 수 있다.

그림 8-27에서 보듯이 소요시간의 분포 형상이 횡으로 넓게 분포되어 있으면 소요시간 변동이 크며, 소요시간의 신뢰성이 낮음을 의미한다. 또한 분표형상이 특정 시간 주위에 집중되어 있으면 소요시간의 변동이 적고 소요시간 신뢰성이 높음을 의미한다.

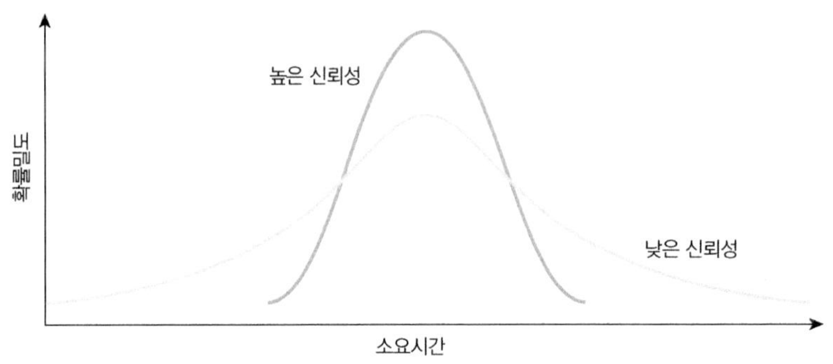

[그림 8-27] **소요시간분포와 신뢰성**

도로를 이용하는 운전자에게 제공되는 소요시간 정보는 특정 지점에 도착할 때까지 소요되는 시간을 현재의 시점에서, 예를 들어 [소요시간 30분]과 같은 형태로 확정값 정보로 제공되고 있다. 이것을 확률값 정보, 예를 들어 [소요시간 30분의 확률이 80%]와 같이 확률값으로 제공하는 경우 이용자의 반응을 살펴보면, 확정값으로 제공되는 교통정보는 소요시간이 짧은 경로로 운전자의 선택이 집중될 가능성이 있지만, 확률값으로 제공되는 교통정보의 경우에는 이용자의 행동 특성과 필요성에 따라 다양한 선택행동이 가능하게 되어 경로의 분산효과도 나타난다. 따라서 교통변동은 확률값의 형태보다 확정값의 형태로 주어지는 편이 훨씬 크게 된다(Uno et al., 2002).

경로 선택의 주요한 결정요인으로 목적지까지의 최단시간에 도착할 수 있는 최단시간도착성과 예정시각까지 도착할 수 있는 확실성이 있다. 양자를 동시에 만족하기는 매우 어렵다. 따라서 두 가지 중 하나를 선택해야 하며 이 경우 리스크가 적은 경우에는 최단시간도착성을 우선하지만, 리스크가 커지면 확실성을 우선하여 행동하게 된다. 나아가 이용자는 각자 리스크에 대응하는 행동양식이 차이가 있으며, 리스크회피형과 리스크선호형으로 크게 분류할 수 있다. 리스크회피형은 지연손실을 적극적으로 회피하는 행동을 취하는 타입이며, 리스크선호형은 지연의 가능성이 있어도 최단소요시간의 경로를 선택하는 행동을 취하는 타입이다.

즉, 확정값으로 교통정보를 제공하는 경우에는 리스크에 대응하여 교통행동을 취할 수 없게 되지만, 확률값으로 제공되는 소요시간 정보는 도착시각의 확실성을 파악할 수 있기 때문에 리스크에 대응한 다양한 선택행동을 취할 수 있게 된다.

예를 들어, 소요시간 정보를 확정값의 형태와 확률값의 형태로 제공하는 경우의 차이를

설명해 보자. 목적지까지 두 개의 경로가 존재하는 네트워크에서 경로 A의 소요시간은 40분, 경로 B의 소요시간은 30분이란 확정값의 형태로 제공되는 정보에 대해 운전자들은 대부분 경로 B를 선택해 주행하게 된다. 이 경우 네트워크의 교통상황을 파악하기 힘든 운전자들은 대부분 소요시간이 짧을 것으로 예상되는 경로 B를 선택하게 되어, 교통량 집중으로 경로 A보다 오히려 소요시간이 더 많이 걸리는 경우가 발생할 수 있다. 이 경우에 공공기관은 이번에는 경로 A의 소요시간이 짧다는 정보를 주게 되며, 경로간의 소요시간의 대소관계가 빈번하게 변경되어 소요시간의 신뢰성이 떨어지는 결과를 초래하게 된다.

한편, 경로 A는 [40분, 90%], 경로 B는 [30분, 40%]라는 확률값의 소요시간 정보가 제공되는 경우를 살펴보면, 경로 A는 다소 시간은 더 걸리지만 거의 확실하게 제공된 소요시간(40분)에 도달할 가능성이 크다. 이에 반해 경로 B의 경우는 소요시간은 짧지만 제공된 소요시간에 도달할 가능성은 매우 낮다. 도착시간에 늦게 되면 페널티가 부과되는 통행을 하는 경우, 리스크 회피형 운전자의 경우 거의 확실하게 도착시간을 담보할 수 있는 경로 A를 선택할 가능성이 크다. 그러나 목적지까지 급하게 가야만 하는 리스크선호형 운전자의 경우에는 늦게 도착할 위험이 있다 하더라도 경로 B를 선택하게 될 것이다. 이는 출발시각의 선택에 있어서도 동일한 형태로 운전자가 분산될 것이다. 그 이유는 시간가치가 높은 운전자는 지각확률이 적은 쪽을 선택하겠지만, 시간가치가 낮은 이용자는 지각확률이 높아도 큰 문제가 되지 않기 때문이다.

이와 같이 소요시간의 정보가 확률값의 형태로 제공되면 이용자의 통행목적이나 행동특성에 따라 선택할 수 있게 된다. 그 결과 교통량의 경로 분산과 출발시각의 분산이 촉진되어 소요시간의 신뢰성이 높아지게 된다.

8.5.2 소요시간 신뢰성

교통 네트워크에서 소요시간 신뢰성은 특정의 소요시간 이내에 목적지에 도달할 확률로 정의할 수 있다.

일반적으로 대부분의 이용자들은 특정의 경로를 일주일에 몇 번이고 이용하는 경우가 많기 때문에 매번의 소요시간에 차이가 있음을 경험하게 된다. 도로교통의 경우 소요시간이 일정하지 않고 변동하는 것은 교통수요와 도로용량의 변동에 영향을 받기 때문이다. 교통수요는 시간대, 요일, 기후, 계절, 이벤트 등에 의해 변화하는 것이며, 도로용량도 공사, 주차, 사고 등에 의해 변동한다. 이 양자의 변동에 의해 교통류의 상황은 항상 변화하게 된다.

경로의 소요시간의 데이터를 축적하게 되면 소요시간의 안정성을 나타내는 소요시간의 확률밀도함수를 구할 수 있다. 소요시간의 분포를 이용하여 소요시간의 신뢰성, 즉 '특정 목적지까지 특정 시간 내에 도달할 확률'을 평가할 수 있다.

소요시간의 신뢰성은 도로의 종류와 구조에 따라 달라지며, 일반적으로 소요시간분포의 분산이 적으면 신뢰성이 높다고 하며, 분산이 크면 신뢰성이 낮다고 한다. 즉, 소요시간분포의 분산이 적은 경우 소요시간의 평균값이나 최빈치에서 크게 벗어나는 경우가 없으며, 소요시간이 안정적으로 변동하게 된다. 이에 반해 분포의 분산이 큰 경우에는 소요시간의 변동이 크며 안정적이지 않게 된다. 그림 8-28에서 보듯이 경로 A의 소요시간 분포는 분산이 작아 신뢰성이 높으나, 경로 B의 소요시간 분포는 분산이 크기 때문에 신뢰성이 낮음을 나타내고 있다.

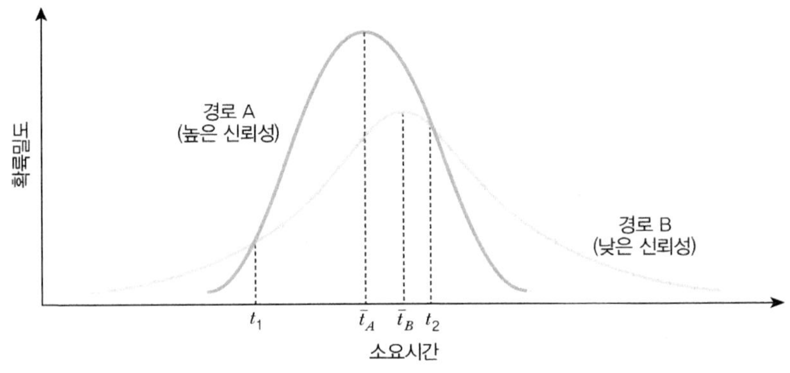

[그림 8-28] **경로 A와 B의 소요시간 분포**

경로 A와 B가 동일한 OD간에 대체경로인 경우 경로 A는 거리가 다소 길지만, 도로의 용량이 크며 교통량이 증가해도 소요시간이 비교적 안정적이나, 경로 B의 경우에는 거리는 상대적으로 짧지만 용량이 적어 교통량이 증가하면 소요시간도 크게 증가하는 경우이다. 따라서 교통량이 적은 경우에는 경로 B가 최단시간에 도착할 가능성이 크지만, 교통량이 큰 시간대는 경로 A를 이용하는 것이 목적지에 빨리 도달할 가능성이 높게 된다.

그림 8-28에서 교통량이 적은 경우의 소요시간 t_1에 대해 양 경로의 소용시간은 같지만, t_1 이내에 도달할 확률은 확률밀도함수의 적분값으로 산정할 수 있기 때문에 경로 B가 크지만, 교통량이 많은 경우 소요시간 t_2에 대해 t_2 이내에 도달할 확률은 경로 A가 큼을 알 수 있다.

8.5.3 소요시간 신뢰성 분석 방법

소요시간 신뢰성을 분석하기 위해서는 소요시간의 분포형태, 즉 소요시간의 확률밀도함수를 파악할 필요가 있다. 소요시간의 관측자료를 축적하면 소요시간의 분포형태를 구할 수 있지만, 교통네트워크가 대규모인 경우 대상 경로의 수가 많아지며, 이러한 자료를 모

두 관측하는 것은 매우 힘들다. 따라서 링크 혹은 경로별로 관측된 소요시간 분포를 결합하여 특정 경로의 소요시간 분포를 구하는 방법과 관측링크의 소요시간 분포에서 비관측 링크의 소요시간 분포를 추정하는 방법이 있다.

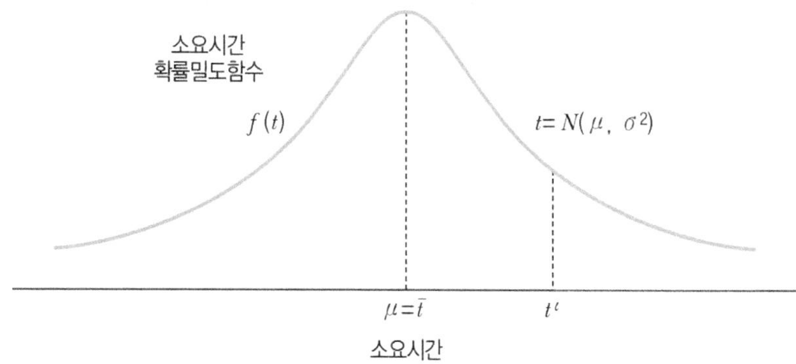

[그림 8-29] **링크의 소요시간 분포**

이러한 정규분포의 확률밀도함수는 식 (8.4)와 같이 나타낼 수 있고, 링크의 소요시간 신뢰성은 확률밀도함수에 대한 특정의 임계치 이하의 면적으로 구할 수 있기 때문에 소요시간 신뢰성의 임계치를 t_i^*라 하면 식 (8.5)와 같이 나타낼 수 있다.

$$f(t_i) = \frac{1}{\sqrt{2\pi\sigma_i}} exp[-\frac{1}{2}(\frac{t_i - \mu_i}{\sigma_i})^2] \tag{8.4}$$

$$\text{Pr} t_i \le t_i^* = \frac{1}{\sqrt{2\pi\sigma_i}} \int_{-\infty}^{t_i^*} \exp[-\frac{1}{2}(\frac{t_i - \mu_i}{\sigma_i})^2] \tag{8.5}$$

여기서 임계치 t_i^*를 교통량이 링크용량에 도달하는 경우의 소요시간을 t_i^c라 하면, 식 (8.5)는 지체상황에 직면하지 않고 원활하게 주행할 소요시간의 신뢰성으로 해석할 수 있다.

링크의 소요시간의 분포가 정규분포에 따른다는 가정은 데이터의 축적으로 검증을 해야 할 과제이지만, 근사적으로 정규분포를 따른다고 가정할 수 있는 경우에는 소요시간 신뢰성의 분석을 매우 용이하게 할 수 있다. 그 이유는 정규분포의 합은 정규분포에 따른다는 정규분포의 재생성의 성질을 이용할 수 있기 때문이다. 이 정규분포의 재생성의 성질을 이용하면 경로의 소요시간 분포(밀도함수)는 링크의 소요시간 분포에서 식 (8.6), (8.7)과 같이 추정할 수 있다.

$$T_s \sim N(\sum_{i \in P_s} \mu_i, \sum_{i \in P_s} \sigma_i^2) \tag{8.6}$$

$$T_s = \sum_{i \in P_s} t_i \tag{8.7}$$

여기서 T_s는 s번째 경로의 소요시간이며, P_s는 s번째 경로를 의미한다. 2개의 링크로 구성되는 경로의 소요시간 분포를 추정하는 예를 살펴보기 위해 그림 8-29를 보면, 각 링크에서 소요시간 분포가 정규분포를 띄면 경로의 소요시간분포는 합하면 구할 수 있다[47].

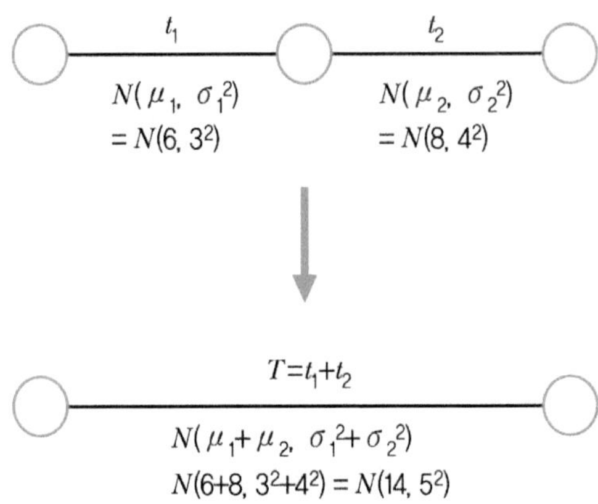

[그림 8-30] **링크소요시간 분포와 경로소요시간 분포 추정**

따라서 경로의 소요시간 신뢰성은 식 (8.8)에 나타낸 확률분포함수에서의 임계값 T^* 이하의 면적을 구하면 된다.

$$\Pr T_s \leq T_s^* = \Phi((T_s^* - \sum_{i \in P_s} \mu_i) / \sqrt{\sum_{i \in P_s} \sigma_i^2}) \tag{8.8}$$

여기서 Φ는 확률분포함수이며, 그림 8-30의 예에 적용시켜 임계값을 10분, 14분, 18분으로 하면, 각 임계값 이하의 시간에서 목적지에 도달할 확률은 다음과 같이 구할 수 있다.

---

47) 정규분포의 성질을 이용하여 $X_i \sim N(\mu_i, \sigma_i^2), i = 1,2,\cdots,n$이 독립인 정규변수이면,

$Y = \sum_{i=1}^{n} a_i X_i \sim N(\sum_{i=1}^{n} a_i \mu_i, \sum_{i=1}^{n} a_i^2 \sigma_i^2)$이 성립

IF, 서로 독립이 아니면 $Var(\sum_{i=1}^{n} a_i x_i) = \sum_{i=1}^{n} a_i^2 Var(X_i) + 2\sum\sum_{i<j} a_i a_j Cov(X_i, X_j)$이 성립

$$\Pr T \le 10 = \Phi((10-(6+8))/\sqrt{5^2})$$

$$= \Phi(-4/5) = 0.2119$$

$$\Pr T \le 14 = 0.500$$

$$\Pr T \le 18 = 0.7881$$

목적지까지 10분 이내에 도달할 확률은 약 20%이며, 14분 이내에 도달할 확률은 약 50%, 18분 이내에 도달할 확률은 약 80%가 된다. 위의 예로부터 링크의 소요시간 분포를 결합하여 경로의 소요시간 분포를 추정할 수 있으며, 이 방법을 이용하면 경로별로 관측된 링크의 소요시간 분포로부터 개별 경로의 소요시간 분포를 추정할 수 있다.

교통관리시스템 평가

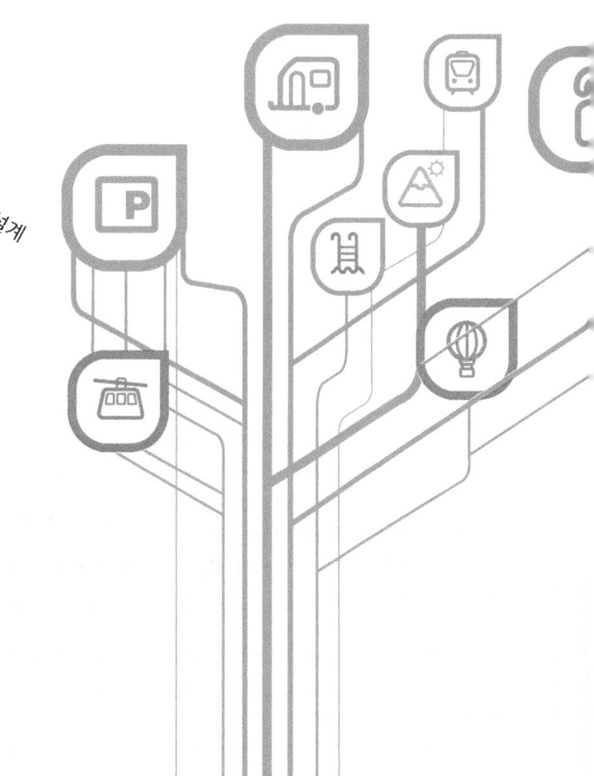

요 약

제9장에서는 ITS 사업 추진 시 계획단계부터 운영단계의 운영 성능평가에 이르는 전 과정에서 필요한 평가 방법론에 대한 이론과 실무를 소개하고 있다. 즉, 장기적으로 ITS 사업의 효율적 투자 재원 배분과 단기적으로 기 구축된 시스템 운영전략의 효율화를 유도하기 위해서 반드시 숙지해야 하는 ITS 사업 평가 방법론과 세부 기법을 소개하고 있다.

9.1 사업 평가

9.1.1 사업 평가의 필요성

ITS 사업의 효율적인 투자 재원 배분과 기존에 구축한 시스템 운영전략의 효율화를 유도하기 위한 체계적이고 과학적인 ITS 사업 평가 방법론을 표준화하여 이를 기반으로 사업의 효과를 분석, 관리하고 활용하는 것이 필요하다. 특히 ITS 사업은 일반적인 건설·교통사업과 다른 사업 특성[48]을 가지고 있어, 이를 반영한 ITS 사업 평가 방법론을 정립하는 것이 필요하다(교통개발연구원, 2002; 이용택, 2003).

따라서 이 절에서는 국내외 ITS 사업 평가 방법론에 대한 사례 및 국내 ITS 사업에 적합한 평가 방법론을 효과척도(Measure Of Effectiveness, MOE), 평가 기법(현장조사, 설문조사, 모의실험 분석, 경제성 분석) 측면에서 사업 평가지침의 제도적 추진 방안도 소개한다.

9.1.2 국내 사업 평가 사례 소개

(1) 국토교통부 첨단교통 모델 도시 사업

사업 개요

국토교통부는 ITS 사업 활성화를 위하여 2000년 첨단교통 모델 도시로 대전광역시, 전주시, 제주시를 선정하여 ITS 시범사업을 추진하였다. 이러한 첨단교통 모델 도시는 월드컵 개최를 지원하는 동시에 해당 도시의 교통, 지리적, 산업적 특성을 고려하여 적정 ITS 서비스를 선정하고, 시스템을 구축하는 것이다. 총 사업비는 907.7억 원으로 대전시 508.8억 원, 전주시 189.1억 원, 제주시 209.8억 원의 사업비가 소요되었다. 이 중 1/3의 재원은 국고 지원, 나머지는 지방자치단체의 재원과 일부 시스템의 경우 민간투자로 이루어졌다.

첨단교통 모델 도시에 구축한 시스템은 도시부 간선도로 교통신호 제어시스템, 교통정보 제공시스템, 도시부 고속도로 관리시스템, 돌발상황 관리시스템, 속도 위반 단속시스템, 시내버스 정보시스템 등 7개 시스템이 지정되었다. 신호위반시스템과 주차정보제공시스템, 기상정보제공시스템은 권장 시스템으로 제시되었으며, 이 외에도 지역적 특성에 부합하는 시스템을 표 9-1과 같이 구축하였다.

---

48) ITS 사업은 일반 건설·교통사업과 달리 정보·통신기술을 기반으로 하여 기술주기가 짧으며, 신제품과 신공법이 빠르게 개발됨에 따라 비용과 공정에 대한 이력자료 구득이 어렵고, 비용 발생도 초기 사업비가 높은 일반 교통사업과 달리 운영비용(통신비, 관리비)이 높다. 또 시스템 구축 시 통합 기술을 도입함에 따라 복합 다공정이 필요하며, 서비스를 제공할 때까지 오랜 시범 운영이 필요하다.

[표 9-1] **3개 첨단교통 모델 도시 구축 시스템 비교표**

ITS 분야	세부 시스템	적용 여부		
		대 전	전 주	제 주
도시부 간선도로	교통신호 제어	○	○	○
	교통정보 제공	○	○	○
	돌발상황 관리	○	○	○
도시고속도로	교통관리	○	×	○
	돌발상황 관리	○	×	○
교통 정보	기본정보 제공	○	○	○
	출발 전 교통정보 안내	○	○	○
교통 단속	속도 위반 단속	○	○	×
	신호 위반 단속	○	○	○
시내버스	시내버스 정보	○	○	×
	버스 운행 관리	○	○	×
	버스 전용 차로 관리	○	○	×
전자 지불	자동 요금 징수	○	×	×
	대중교통 요금 징수	○	○	×
주차 안내	주차 안내	×	○	×
주행 안내	차량 항법	○	×	○

사업 효과분석

첨단교통 모델 도시 사업의 효과분석은 지자체별로 다른 사업 평가 방법과 절차에 따라 수행했으며, 평가 방법론은 사전·사후 비교 분석과 경제성 분석으로 구분할 수 있다. 먼저 사전·사후 비교 분석은 현장조사와 설문조사를 통해 사업 효과척도를 비교하는 방법으로, 현장조사는 교통량, 통행속도, 지체도, 검지기 자료를, 설문조사를 통해서는 시스템 이용도와 서비스 만족도를 조사하였다.

[표 9-2] **첨단교통 모델 도시 건설사업 효과분석**

구 분		대전광역시	전주시	제주시
사업 개요	목 적	교통체계 효율화를 통한 양질의 교통 서비스 제공 및 월드컵 개최 지원	지방 중소 도시 교통난 완화 등 교통 문제 해결을 위해 구축 및 월드컵 개최 지원	관광 도시와 국제 자유 도시 구축 및 월드컵 개최 지원, 관광 안내를 위해 ITS 구축
	사업비	총 509억 원 (국비 161억 원, 시비 131억 원, 민자 217억 원)	총 189억 원 (국비 63억 원, 시비 53억 원, 민자 73억 원)	총 210억 원 (국고 70억 원, 지방비 50억 원, 민간 90억 원)
	구축 규모	대전광역시 전역에 교통정보 시스템 등 6개 분야 14개 시스템 구축	전주시 203 km^2 전역, 첨단신호 제어시스템 외 9개 시스템	제주시내 간선도로를 포함한 총 101.9 km
사업 효과 분석	정량 분석	교통 현장조사 분석(2001. 11.)과 검지기 자료, 시뮬레이션 분석 결과(2002. 11.) 비교 - 통행속도 : 21.1 % 증가 (23.2→28.1 km/h) - 지체도 : 18.4% 감소 (94.8초/대→85.9초/대) - 대기오염 : 35% 감소	교통 현장조사 분석 : 주요 50개 교차로 사전(2002. 4.), 사후(2002. 11.) 비교 분석 - 교통량 : 6.6% 증가 (327천 대→348천 대) - 지체도 : 12% 감소 (62.52초/대→54.88초/대) - 통행속도 : 12.6% 증가 (17.2 km/h→19.38 km/h)	• 교통 현장조사 분석 : 비교 분석(2001. 10.과 2002. 5.) • 검지기 자료 분석 - 지체도 : 12.2% 감소 - 통행속도 : 34% 개선 - 연료 소모 : 9% 절감 - 대기오염 : 21.8%
	정성적 분석	설문조사(2001. 11.) 사전조사	설문조사 - 구축 시스템 만족도 : 34% 증가 - VMS 만족도 (24.8→34.3% 증가) - 시스템 이용도 (56.5→69.9% 증가) - 정보 정확도(23.9→29.5% 증가)	설문조사(기준점 3.0) - 시민 만족도 : 30.2% 증가 (2.41→2.14) - 관광객 만족도 : 25.5% 증가 (2.54→3.19)
	경제성 분석	비용편익 분석(20년, r=13%) - B/C : 5.32 - NPV : 1,869억 원	비용편익 분석(20년, r=13%) - B/C : 3.25 - NPV : 432억 원 - IRR : 65.5%	비용편익 분석(10년, r=13%) - NPV : 224억 원 - IRR : 132%

이 외에 현장조사를 통해 얻기 어려운 효과척도는 교통 시뮬레이터를 활용하여 분석하였으며, 시별로 조사 및 설문방법, 시뮬레이터 종류(대전 : Integration, IDAS, 전주 : T7F, 제주 : IDAS, NETSIM)가 달라서 직접적인 비교 분석이 불가능하였다. 현장조사 결과, 통행속도가 12.6(전주)~34%(제주), 지체도가 12(전주)~18.4%(대전) 등 교통소통 상황이 개선되었다. 설문조사 결과 ITS 도입 전(Do Nothing)에 비하여 교통시스템의 만족도가 25.5(제주)~34%(전주)로 향상된 것으로 나타났다. 경제성 분석은 3개 시 모두 비용편익 분석을 하였으나, 분석 기간, 생애주기 등의 기준이 달라 객관적인 비교 분석은 불가능하였다.

분석 결과 B/C가 3.25(전주)~5.32(대전), NPV가 432억 원(전주)~1869억 원(대전)으로 첨단교통 모델 도시 사업의 경제성이 매우 높다.

(2) 과천시 시범사업

사업 개요

과천시 ITS 시범운영사업은 인덕원-과천-사당사거리를 잇는 과천시 전역을 대상으로 건교부, 지자체, 민간사업자가 26억 원, 7억 원, 80억 원을 출자하여 통합운영시스템, 첨단신호교통제어시스템, 자동요금징수시스템, 자동단속시스템, 중차량 관리시스템, 주행안내시스템, 주차안내시스템, 대중교통정보시스템, 교통관제센터를 구축하였다.

사업 효과분석

과천시 시범운영사업에 대한 사업 평가는 시스템별 사업효과를 계량화할 수 있는 효과척도를 선정하고, 이를 추정하기 위해 사전·사후 비교 분석과 운영 성능평가를 표 9-3과 같이 수행하였다.

[표 9-3] **과천시 시범운영사업의 사업 평가 방법**

구 분	사전·사후 비교 분석		운영 성능 평가
	정성적 분석	정량적 분석	
첨단신호 제어시스템	지체시간, 속도 통행시간, 교통량	편리성, 인력 절감, 사고 감소	지체도, 포화도, 앞 막힘 예방, 운행속도
대중교통 정보시스템	대기시간, 승객 수요, 교통수단 전환율	편리성	정시성, 효율성
주행안내 시스템	정확도	편리성	정확도
주차안내 시스템	주차 시간 감소, 주차 수요, 수단 전환율	편리성	정확도
자동단속 시스템	사고건수, 속도, 공해	-	인식률, 오인식률
자동요금 징수시스템	통행시간, 인력 감축, 토지 면적	편리성	인식률, 정산 정확도
중차량 관리시스템	단속 시간과 인력 절감, 비용 절감, 유지비 감소	-	정확도

교통 현황 조사와 검지기 자료를 이용한 효과척도의 비교 분석을 통해 정량적 분석을 하였다. 분석 결과 통행속도가 18.5~22.5% 증가하고, 지체도도 과천시 전역에서 56%가 감소하여 소통상황이 크게 개선되는 것으로 나타났다. 또, 설문조사 결과 정보의 정확도

(대중교통정보, 36.8%; 주차안내 56.1%), 시스템 이용률(대중교통정보, 33.8%; 주차안내, 40.2%)을 통하여 시스템의 정성적 효과분석을 수행하였다. 이외에도 교통수집 기기의 오인식률(루프 검지기 9.1%, 영상검지기 16.7%)과 제공 기기의 정확도(대중교통정보 오차, 1분 10분, 주차안내정보 오차 7%, 중차량 판독 오차, 7%)를 산정하는 시스템 운영 평가를 수행하였다.

[표 9-4] 과천시 ITS 사업 효과분석 사례

구 분	효과척도	조사 방법	시스템 효과
첨단교통신호시스템	교통량 지체도 통행속도 대기행렬길이 포화도 표준편차	현장조사 현장조사 현장조사 현장조사 현장조사	0.8% 증가 과천 전역 56% 감소 22.5% 증가 30.9% 개선 2.4% 개선
대중교통정보시스템	정보의 정확도 시스템 이용률 대중교통 전환율 서비스 개선	설문조사 설문조사 설문조사 설문조사	36.8% 긍정적 응답 33.8% 감소 12.7% 수요 전환 52.3% 개선
주차안내	정보의 정확도 시스템 이용률 서비스 개선 배회시간 단축	설문조사 설문조사 설문조사 설문조사	56.1% 긍정적 응답 33.8% 이용 54.8% 긍정적 응답 21.5%가 10% 이상 단축되었다 응답
자동요금징수	시스템 인지도	설문조사	74.7% 선호
자동단속시스템	사고 건수	문헌조사	5.6% 감소

9.1.3 국외 시스템 평가 지침 소개

(1) 미국의 평가지침

미국 교통성은 정부 차원의 사업 평가지침을 마련하여 객관화된 평가 방법론에 따라 ITS 사업효과를 추정, 매년 ITS 비용, 편익 및 사업효과보고서를 작성하고 있다. 객관적인 사업 평가 결과를 바탕으로 ITS 도입을 위한 장·단기적 정책을 수립하고 있다.

TEA-21 평가지침

미국의 경우 연방도로국(FHWA)의 JPO(Joint Program Office)에서 TEA-21(Transportation Equity Act for 21st Century)법에 근거한 ITS 평가지침을 통해 정부 예산이 투입된 ITS 사업에 대해 철저히 모니터링하고 있다. TEA-21 평가지침은 ITS 사업의 범위, 평가기관의 객관성과 독립성을 보장하고 평가절차와 방법에 대한 지침을 제공한다. TEA-21 평가지침은 원칙적으로 6단계를 거쳐 ITS 사업 평가를 수행토록 정하였다. 첫째, 독립적인 평가자를 대상으로 평가팀 구성, 둘째, 사업 목적 및 목표에 부합하는 평가전략 수립,[49] 셋째, 정량적, 정성적 부문을 포괄하는 평가계획 수립, 넷째, 사업 평가에 필요한 조사·분석계획 수립, 다섯째, 자료 수집·분석체계를 주기적이고 지속적으로 모니터링이 가능토록 설계, 여섯째, 평가전략, 평가계획, 조사·분석계획, 분석결과, 결론 및 제언 과정을 문서화하는 단계로 구성된다.

ITE 시스템 평가 지침

ITE(Intelligent Transport Handbook, 2000)는 교통전문가를 위한 실용적인 평가지침을 13단계 절차로 나누어 제시하고 있다. 이를 살펴보면 (1단계) ITS 구축 목적·목표 정의, (2단계) 시스템설계과정으로 구축할 시스템 사양을 결정한다. (3단계) 시스템 효과척도를 결정하고, (4단계) 효과척도 추정에 필요한 정보의 특성과 가용성 확인, (5단계) 서비스 목표를 설정한다. 이때 유사 사업의 사업효과를 축적한 데이터베이스(DB)를 참고하여 결정한다. (6단계) 시스템 제약조건을 검토하고, 제약조건 내에서 시스템이 최적으로 운용되어 목표한 서비스를 구현할 수 있도록 한다. (7단계) 효과척도 추정을 위한 사업 평가 분석 방법 선정 과정으로, 이때 분석방법은 가용한 정보의 질과 양, 시스템의 제약조건에 따라 달라진다. 현장에서 효과척도를 직접 추정할 수 있는 경우, 사전·사후 비교분석을 하며, 도로·교통정보가 제한적으로 수집되는 경우, 교통 시뮬레이션 분석을 활용하여 효과척도의 변화를 추정한다. 또 정성적 효과척도는 이용자와 전문가의 설문조사를 통해 다판단 기준 분석(Multi-Criteria Decision Analysis)을 수행한다. (8단계) 사업의 직접 효과(Direct Effect) 추정과정은 대기행렬 길이, 지체 시간, 연료 소모, 통행속도, 지·정체 시간 등 시스템 구축 후 직접 측정이 가능한 효과척도를 추정한다. (9·10단계) 사업의 간접 효과(Indirect Effect) 추정과정으로 유발 수요 증가, 교통 서비스 개선 등을 설문조사, 시뮬레이션 분석을 통해 분석한다. (11단계) 계량화 분석으로 ITS 시스템 대안을 비용과 편익항목으로 구분, 화폐단위로 계량화한다. (12단계) 사업 평가 결과를 DB화하는 과정으로, 이를 통해 사업 평가 결과를 ITS 관련 정책 변수로 효과적으로 관리·활용한다. (13단계) 시스템 운영 개선 등 분석결과를 정책적으로 활용하는 과정으로, 사업효과의 변화를 주기적으로 모니터링하고 DB화하여 이를 바탕으로 의사결정을 한다.

---

49) TEA-21 평가지침에서는 사업 목적을 안전성, 이동성, 효율성, 생산성, 에너지 및 환경으로 설정하여, 이에 부합하는 효과척도 및 조사 방법에 대해 제시하고 있다. 예를 들어, 안전성은 전체 사고율, 사망률, 부상률을, 이동성은 지체, 통행시간 변화, 사용자 만족도를, 효율성은 유효 용량 또는 교통량의 증가를, 생산성은 비용 절감을, 에너지 및 환경은 오염물 배출 감소와 연료 소모량의 감소를 효과척도로 조사·분석하도록 제시하고 있다.

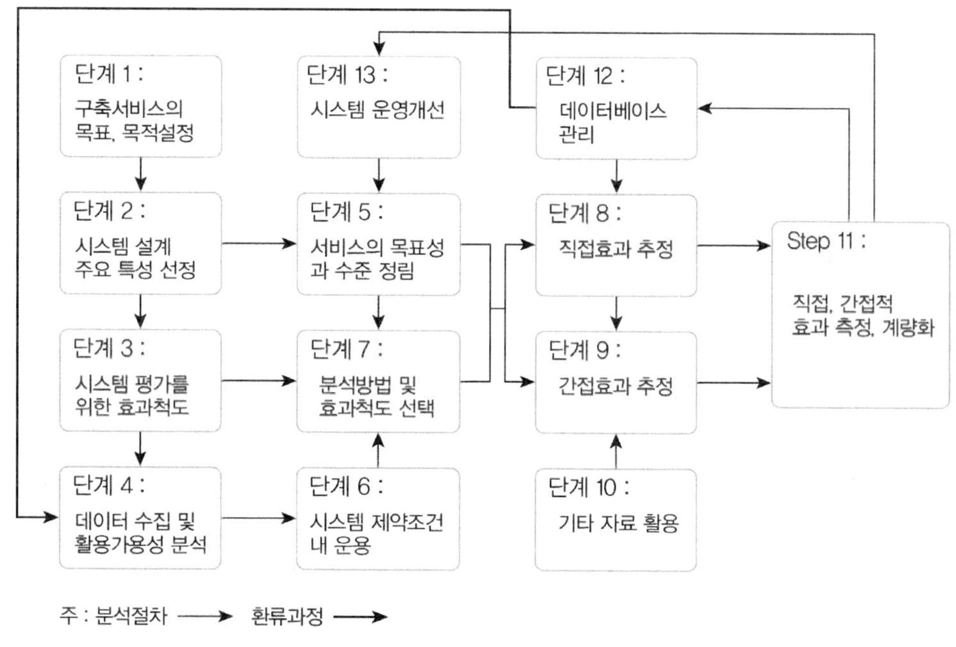

[그림 9-1] ITS 시스템 평가 절차[50)]

(2) 유럽연합(EU)의 평가지침

유럽 국가들은 ITS 사업 평가지침의 필요성을 인식하고 국가별로 이를 작성해 왔으며, 2002년에는 유럽연합 차원의 ITS 연구개발사업(TEMPO Project)을 통하여 평가 전문가를 구성하여 유럽국가의 ITS 평가지침을 제안하였다. 특히 2003년 ITS 세계대회부터 IBEC(International Benefit Evaluation & Cost) 그룹을 편성하여 국제적인 평가지침 작성 및 국가 간의 상호 연계를 통해 사업 평가의 질적 향상을 꾀하고 있다.

핀란드 ITS 평가지침

핀란드 ITS 평가지침은 1999년 R&D 프로그램(Finland R&D Program on ITS Infrastructure & Services : FITS)과 유럽연합의 교통연구개발사업(TEMPO 프로젝트)의 일환으로 만들어 졌다. 본 지침은 다양한 교통투자사업의 대안으로서 ITS 사업을 비교평가할 수 있도록 국가교통투자평가지침과 연계하는 동시에, ITS 사업의 특성을 반영하여 사업 평가를 할 수 있도록 체크리스트를 제공한다.

ITS 사업 평가는 사업목적·목표를 구현하기 위한 ITS 서비스가 교통수요, 여행시간, 수단 선택, 노선 선택, 통행 행태, 교통시스템 관리에 미치는 영향을 해석하는 데 초점을 두

50) ITE, 2000

고 있다. 즉, 구축 시스템이 사업 목적(교통 서비스 개선, 교통안전 증진, 지역사회 발전, 환경 개선, 정보화 사회 대응)에 부합하는지를 평가하기 위해 효과척도[네트워크 비용, 차량 관리비용, 접근성, 통행시간, 교통안전, 소음·배기가스·에너지 소모, 가치]를 제시하고 있다. 또 효과척도를 추정하기 위한 체크리스트를 시장 조사, 인간-기계 인터페이스 분석, 경제적 타당성, 제도·조직 및 기술적 검토 측면에서 제시하고 있다. 이러한 사업 평가 방법론으로 ITS 사업 특성(위험도 수준, 생애주기, 예산 배정 등)을 고려한 비용편익 분석(할인율 조정 등), 다판단 기준 분석과 자문·설문조사를 활용토록 권고하고 있다.

ERTICO 사업 평가지침

ERTICO는 ITS Planning Handbook을 통해 유럽 교통전문가를 위한 실용적인 ITS 사업 평가지침을 다음과 같은 5단계로 나누어 제시하였다. (1단계) 사업 목적·목표 설정 과정으로, 도시 비전과 이용자, 운영자의 요구를 고려하여 사업 목적·목표를 설정한다. 복수의 목적·목표가 도출될 경우 목적·목표 간 사용자, 운영자·전문가·의사결정자의 의견을 반영하여 목적·목표의 가중치를 두어 결정한다. (2단계) 시스템 대안 설정 과정으로 대안별 사업 범위(공간적 범위, 구축 범위 및 시스템 사양)를 결정한다. (3단계) 효과척도 및 추정 방법을 결정하는 과정으로, 여기서 효과척도는 목적·목표 달성 여부를 정량화해 주는 객관화된 지표를 시스템(ATIS, APTS, CVO 등)별로 제공하고 있다[51]. 추정 방법은 시스템 특성과 정보 가용성에 따라 달라지며 운영 성능평가, 영향 효과 분석, 사회·경제적 효과, 사용자 호응도, 재무평가로 구분할 수 있다. 효과 추정을 위한 조사·분석 기법으로 설문조사, 현장시험, 시뮬레이션, 전문가 자문이 사용된다. i) 설문조사는 서비스 만족도, 시스템 이용도를 조사함으로써 다양한 시나리오에 따른 수요 변화를 예측할 수 있으며, ii) 현장시험은 제한된 지역에 시스템을 구축하여 현장시험을 통해 가시적인 사업 효과를 추정함으로써, 확대 구축을 위한 기술검증과 향후 잠재적 총 편익을 추정하는 데 활용한다. iii) 시뮬레이션은 현장 자료 수집이 어려운 자료들(운전자 통행 패턴, 사후 교통 환경 등)을 컴퓨터를 활용한 모의실험을 통해 사업효과를 추정한다. iv), 전문가 자문은 ITS 서비스의 잠재적인 사업 효과(기술 개발 등)를 추정하는 방법으로 활용된다. (4단계) 효과 추정 과정으로 참조 사례[52]와 비교하여 ITS 시스템 대안 도입으로 인해 발생하는 가치를 추정한다. i) 운영 성능평가는 시스템의 기능 수행을 위한 기술적 가용성을 검토하는 과정으로 도입 시스템의 성능(질, 신뢰도)을 판단하여 시스템 사양, 운영전략을 수립하는 데 사용한다. ii) 영향 효과분석은 사업효과를 참조 사례와 ITS 대안을 비교 분석하여 사업효과를

51) 예를 들어, 대중교통 이용 육성을 통한 환경 개선을 사업 목표로 설정하고서 첨단대중교통관리체계(APTS)를 도입한 경우, 효과척도로 대중교통 승객수, 천식 환자수, 질소산화물 발생량 등이 활용된다.

52) 참조 사례는 구현할 ITS 서비스의 Do Nothing 대안 또는 Do Minimum 대안을 의미한다.

도출한다. iii) 사회·경제성 분석(Social-Economic Analysis)은 시스템 도입으로 인해 발생하는 사회·경제적 이득과 손실을 추정하는 과정으로, 화폐가치로 추정이 가능한 경우는 비용편익 분석을 활용하고, 화폐가치로 추정이 어려운 경우는 다판단 기준분석을 사용한다. iv) 사용자 호응도 조사 분석은 의견 투표나 조사를 통해 사용자의 서비스에 대한 만족도를 분석하는 방법으로, 사용자(직접 사용자, 간접 사용자)에 따라 서비스 유용성, 성능, 신뢰성, 접근성, 편리성, 만족도 등을 조사한다. v) 재무성 평가는 사업의 재무적 균형을 맞추기 위해 수행하는 분석방법으로, 시스템 구축에 소요되는 지출과 수입을 추정하여 재무 모형(재원 조달 계획 및 현금 흐름 분석)을 통해 재무성을 판단한다. (5단계) 대안(시스템 또는 운영 시나리오) 평가를 통해 최적 안을 도출한다.

9.1.4 국내외 사례 비교 분석

(1) 국내 관리 시스템 평가의 문제점

국내 ITS 사업은 고속도로교통관리시스템(FTMS), 과천시 ITS 시범운영사업, 첨단교통모델 도시 사업 등 시범사업 위주로 추진해왔으며, 사업 평가는 시범사업의 단발성 효과분석으로 끝나 정책적으로 활용되지 못하는 등 다음과 같은 문제점을 가지고 있다. 첫째, 객관적인 ITS 사업 평가체계를 제도적으로 도입하지 못하여 단일 사업의 단발성 사업 효과분석에 그치고 있다. 따라서 사업 평가 결과가 중·장기적인 ITS 사업 확대 구축과 단기적인 시스템 운영 개선방안 수립 등 정책적으로 활용하지 못하고 있다.

둘째, ITS 사업의 효과분석을 시스템별로 세분화하여 평가할 수 있는 객관적이고, 과학적인 평가 방법 및 조사·분석 기법의 정립이 미흡하다. 지금까지 국내에서는 국지적인 지역에 시범사업을 대상으로 사전·사후 비교 분석과 경제성 분석 위주로 평가 방법이 제한적으로 적용해왔다. 더욱이 사업기관이 단발성으로 조사 분석 및 평가 방법을 선정·평가하다보니 국가 차원의 ITS 구축을 위한 사업효과의 비교 분석이 불가능하여 정책 분석을 위한 자료로서 유용성이 떨어진다.

셋째, 국내 ITS 환경에 적합한 사업 평가 모형(행태 모형, 교통류 시뮬레이션, 경제성 모형)의 개발이 미흡하여 객관적인 사업 평가가 불가능하다. 우선 일반건설교통사업평가에 사용되는 수요 예측 모형은 대규모 공급 위주 분석에 적합한 4단계 수요 예측 모형을 사용하고 있으나, ITS 사업은 교통운영 측면에서 동적이고 미시적 분석이 요구되며, 운전자와 차량의 접촉(HMI : Human Machine Interface)을 고려할 수 있는 분석 모형을 정립해야 한다. 또 교통류 시뮬레이션 분석을 위한 평가 모형은 국외 ITS 환경에 개발된 시뮬레이션 모형을 국내에서도 직접 활용하고 있으나, 활용 시 국내 ITS 환경과 운전자 행태를 반영하여 복잡한 정산(Calibration) 과정을 거쳐 적용해야 하는 한계를 가지고 있다. 따라서 국내

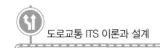

ITS 환경에 적합한 평가계수를 정립하고, 아울러 한국형 교통류 시뮬레이션 모형의 개발이 필요하다.

마지막으로 사업의 타당성 분석에 주로 사용되는 경제성 모형은 다음과 같은 문제점을 가지고 있다. 첫째, ITS 사업은 교통개발연구원(1999), 이(2003)의 연구와 같이 일반 건설·교통사업과 다른 사업의 특성으로 인하여 사업의 편익/비용비가 1.15~17.7로 변동이 매우 심하고, 사업의 위험도 역시 높게 나타난다. 따라서 이를 고려한 평가 방법론의 개발이 필요하다고 판단된다. 둘째, 우리나라에서 사용되는 타당성 분석 방법론은 공급측면에서 교통시설물 투자의 타당성을 평가하는 것으로 운영상 동적 변화를 계량화하는 ITS 사업의 경제성 평가 목적에는 부적합하다(교통개발연구원, 2002). 셋째, ITS 비용, 편익항목의 정의와 계량화 방법론이 객관적으로 정립되지 않아 일관성 있는 경제성 평가가 어렵다.

(2) 국내외 관리 시스템 평가의 시사점

국내외 ITS 사업 평가체계 및 평가 방법론을 비교 분석한 결과 다음과 같은 시사점을 도출하였다. 첫째, 체계적이고 지속적이며, 반복적인 ITS 사업 평가체계를 구축하여 일정 규모 이상의 사업이나 정부 예산이 투자된 국책사업의 경우 제도적으로 시행토록 해야 한다. 미국과 유럽연합의 경우 정부 차원의 체계적인 사업 평가체계를 도입하여 지속적이고 반복적으로 ITS 사업 평가를 모니터링함으로써, 중·장기적으로 효율적인 예산 배분 및 단기적으로 시스템운영전략을 수립하는 합리적인 ITS 정책 도입을 위한 수단으로 활용하고 있다.

둘째, 사업 평가를 위한 과학적인 평가 방법론 및 조사·분석 방법론을 정립하여 지침화해야 한다. 이때 평가지침은 전통적인 교통투자사업과 연계하는 동시에 ITS의 사업 특성을 반영하여 수립함으로써, 교통사업과 ITS 사업을 객관적으로 비교·분석할 수 있도록 개발해야 한다. 또 이렇게 도출한 평가 방법론을 정부 차원에서 ITS 사업 평가지침으로 제정하여 사업 주체에게 최소한의 효과척도, 조사·분석방법에 대한 가이드라인을 제시할 필요가 있다. 즉, 사업 평가지침을 따름으로써 개별적으로 추진된 사업이 같은 효과척도로 병렬적으로 비교·분석됨에 따라, 구축된 시스템 간의 사업효과가 명확히 구분될 수 있다. 미국의 연방도로국과 유럽연합 및 유럽국가의 경우 지속적인 연구개발(FITS, TEMPO 등)을 통해 자국의 ITS 환경에 적합한 사업 평가지침을 제정하여 사업 주체에게 사업 평가를 위한 가이드라인을 제공하고 있다.

셋째, 사업 평가를 위한 조사·분석 방법론 및 평가 모형 개발(교통류 시뮬레이션 모형, 경제성분석 모형 등)에 관한 연구를 지속적으로 갱신해야 한다. 미국과 유럽연합의 경우 적은 재원으로 신규 시스템을 평가할 수 있는 시뮬레이션 모형(유럽 : DRACULA, FLEXSYT, HUTSIM, PADSIM, SIMNET 등, 미국 : CORSIM, MITSIM, IDAS 등)을 개발

하여 활용하고 있다. 또 경제성 분석에 활용되는 정책 변수(비용, 편익, 생애주기, 위험도 등)에 대한 연구도 지속적으로 갱신하여 데이터베이스화하고 있다. 즉, 비용·편익 항목뿐만 아니라 계량화에 필요한 시간가치(VOT), 차량 운행비용(VOC) 등 사회·경제 환경의 변화에 따라 지속적으로 갱신해야 할 항목 및 안전, 환경 등 계량화가 미비한 항목에 대한 연구를 통해 객관적인 평가지표를 제시하고 있다. 또 미국 연방도로국은 ITS 사업이 전통적인 건설교통사업에 비해 위험도가 높으므로, 이를 고려할 수 있는 확률적 위험도 기법을 평가 모형에 내재화하여 개발·활용하고 있다.(FHWA, 2001)

넷째, 사업 평가 결과물(사업 효과, 비용, 편익, 평가계수 등)을 체계적으로 관리·활용하여 과학적인 ITS 정책을 수립·활용한다. 미국의 경우 사업 평가 결과물을 데이터베이스화하고, ITS 비용·편익 보고서, 사업 효과 보고서를 작성하여 온라인과 오프라인으로 배포하고 있다. 특히 사업 평가 결과를 데이터베이스화하여 과학적이고 합리적인 운영전략 또는 중장기 확대계획을 수립·추진하고 있다. 즉, 장기적으로는 구축시스템의 데이터베이스 운영 결과를 분석하여 효율적인 시스템 구축을 위한 투자 우선순위 선정, 운영관리를 위한 중·장기 추진 계획을 도출하고, 단기적으로는 현재 운영되는 시스템의 운영전략을 수정·보완하여 운영 효율화 전략을 도출, 최적의 실시간 시스템 운영을 유도하고 있다.

9.1.5 효과 척도별 평가 방법

ITS 사업의 효과는 크게 직접효과(통행시간 절감, 운행비용 감소 등 이용자나 운영자가 수혜를 받는 편익)와 간접효과(대기오염, 소음 감소 등 불특정 다수가 수혜를 받는 편익)로 구분된다. 이러한 사업효과의 계량화를 위해서는 표 9-5와 같이 시스템별 효과척도를 현장조사, 성능평가 또는 교통 모의실험을 통해 도출이 가능한 정량적 분석과 사용자의 서비스 만족도 등 설문조사를 통한 정성적 분석으로 나누어 분석할 수 있다.

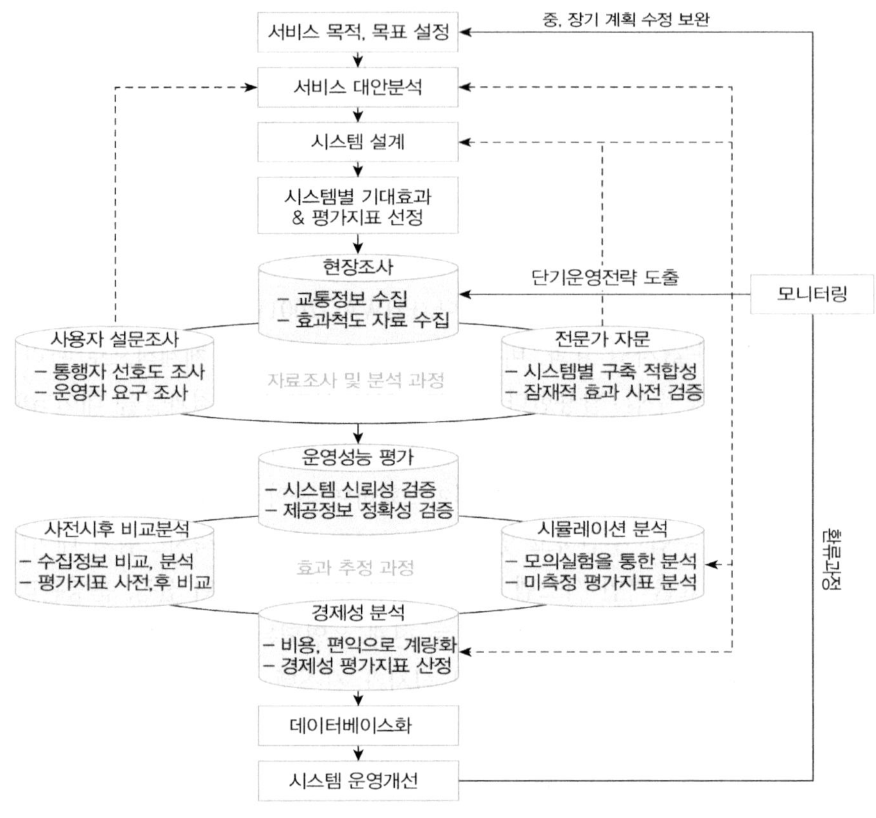

[그림 9-2] ITS 사업 평가체계

[표 9-5] 시스템별 효과척도와 평가 방법론 정립

구 분	사업효과	효과척도(MOE)	정량적 평가			정성적 평가
			현장 조사	모의 실험	성능 평가	설문조사
첨단신호제어 시스템	• 통행 편익 증가(U) • 차량 운전자의 서비스 향상(U) • 운행의 경제성 향상(U) • 대기오염과 소음 감소(S) • 시스템 운영, 관리의 경제성(O)	교통량	○	○		
		교차로 지체 시간	○	○		
		통행속도·통행시간	○			
		지체도, 포화도	○		○	
		시스템 만족도(사고 감소)				○
간선도로 교통정보정보 제공시스템	• 통행 편익 증가(U) • 차량 운전자의 서비스 향상(U) • 차량 운행의 경제성 향상(U) • 대기오염과 소음 감소(S)	통행속도·통행시간	○	○		○
		지체 시간	○	○		
		시스템 만족도 (VMS 만족도, 정보 정확도)			○	○
돌발상황관리 시스템	• 안전성 향상(U) • 시스템 운영, 관리의 경제성(O)	돌발상황 처리 시간		○	○	
		유관기관 대응에 대한 만족도				○

(계속)

구 분	사업효과	효과척도(MOE)	정량적 평가			정성적 평가
			현장조사	모의실험	성능평가	설문조사
대중교통정보 시스템	• 대중교통 이용자 통행 편익(U) • 대중교통 이용자 서비스 향상(U) • 시스템 운영, 관리의 경제성 • 생산성 향상(O)	대기 시간	○			
		승객수요, 교통수단 전환율	○	○		
		정시성	○		○	
		시스템 만족도(편리성)				○
교통정보 시스템 (주행안내 시스템)	• 통행 편익 증가(U) • 차량 운전자의 서비스 향상(U) • 운행의 경제성 향상(U) • 대기오염과 소음 감소(S) • 접근성 향상(U), 생산성 향상(O)	통행속도·통행시간	○	○		
		교통정보의 정확도	○			
		시스템 만족도			○	
주차안내 시스템	• 차량 운전자의 서비스 향상(U) • 시스템 운영, 관리의 경제성(O)	주차 수요	○			
		주차시간 감소	○			
		교통수단 전환율	○			
		정보의 정확도	○			
		시스템 만족도				○
자동단속 시스템	• 차량 운전자의 서비스 향상(U) • 운행의 경제성 향상(U) • 대기오염과 소음 감소(S) • 시스템 운영, 관리의 경제성(O)	사고건수	○			
		통행속도·통행시간	○			
		공해(소음, 배기가스)	○	○		
		인식률, 오인식률			○	
		시스템 만족도				○
자동요금징수 시스템	• 새로운 고용 창출(S) • 시스템 운영, 관리의 경제성(O)	통행속도·통행시간	○			
		인력 감축	○			
		토지 면적 감축	○			
		시스템 만족도				○

주) U; 사용자 측면, O; 운영자 측면, S; 시스템 측면 편익항목

9.1.6 관리 시스템 평가 분석 기법

(1) 운영 성능평가

운영 성능평가의 목적은 구축시스템의 개별 장비와 알고리즘의 운영 상태를 검증하는 과정으로, 이를 통해 운영상태가 미흡한 개별 기술 대안에 대한 운영개선방안을 도출하게 된다. 즉, 서브시스템별 개별 장비와 알고리즘의 운영상태를 파악하고 시스템 운영이 정상적으로 수행되는지를 판단하기 위해서 정보수집·가공·제공 기기별로 현장조사, 운영자 설문조사 및 운영 DB 자료를 분석한다. 정보수집 기기는 검지기의 기계적 오작동률과 검지기를 통해 계측된 교통 속성 자료가 실측자료와 얼마나 정확히 일치하는지를 검토하기

위해 등가계수방법[53]·RMSE(Root Mean Square Error) 방법[54]·평균 절대오차 백분율(MAPE)과 같은 통계적 분석방법을 활용한다.

[표 9-6] **운영 성능평가의 효과척도와 조사 방법**

항 목	효과척도(MOE)	검토 항목	조사 방법
수집 기기	- 수집 자료 신뢰성 - 장애 발생 빈도	- 수집 정보의 정확도 (검지값과 실측치의 오차 분석) - 기계적 오작동률	- 운영자 설문조사 - 현장 실태 조사 - 운영 DB 분석
가공 기기	- 분석 시간 - 오류 발생 여부	- 소프트웨어의 정확성 - 전산시스템 S/W·H/W 오작동률	- 운영자 설문조사 - 현장 실태 조사 - 운영 DB 분석
제공 기기	- 제공 정보 적합성 - 장애 발생 빈도	- 제공 교통정보 정확성 - 운전자의 이해도 - 기계적 오작동률	- 운영자·사용자 설문조사 - 현장 실태 조사 - 운영 DB 분석

또 가공·분석 알고리즘은 분석 시간 및 오류 발생 여부를 통해 작동성을 평가하고, 알고리즘을 통해 도출된 결과가 현장 실측 자료에 부합하는지를 평가한다. 제공 기기는 제공되는 정보가 실제 도로·교통 상황을 잘 묘사하는지, 정보 제공 기기의 작동 오류는 없는지, 통행자에게 제공한 정보가 정확히 인지, 이용되고 있는지를 평가하게 된다. 또 구축 후 시스템의 운영 성능을 지속적으로 모니터링하기 위해서는 운영 DB를 분석하여 운영기간 축적된 교통정보·시설물 관리정보(시설물별 장애 원인, 장애 건수 등)를 점검하고 시스템의 운영 성능 개선 방안을 도출한다.

(2) 사전·사후 비교 분석(Before-After Study)

사전·사후 비교 분석은 정량적인 분석이 가능한 효과척도인 경우 사업 전후에 현장조사 자료와 검지기 자료를 이용하여 효과척도를 측정하여 비교·분석하고, 효과척도가 정성적 지표인 경우 운영자와 사용자에게 설문조사를 통해 평가할 수 있다. 이때 효과척도의 특성에 따라 조사 방법도 표 9-7과 같이 교통량조사, 대중교통 이용 실태 조사, 현장 실태 조

53) 등가계수란 실측값에 대하여 검지기의 측정값이 얼마나 근접한지를 판별하기 위한 계수로, 실측값과 검지기 측정값이 동일한 경우 1이 된다.

(등가계수 $= 1 - \dfrac{\sqrt{\sum(\text{실측값} - \text{검지기값})^2}}{\sqrt{\sum \text{실측값}^2} + \sqrt{\sum \text{검지기값}^2}}$)

54) RMSE는 검지기 측정값이 실측값에 평균적으로 얼마만큼 벗어났는지를 판단하는 방법으로, 이 값 자체가 절대적인 오차를 반영하지 못하며, 검지기의 원시 자료값이 실측값에 비하여 과대 및 과소평가되고 있는지를 평가할 수 없는 단점이 있으나, 여러 검지기 간 상대적인 신뢰성 평가에 유용하게 사용된다.

(RMSE $= \sqrt{\dfrac{\sum(\text{검지기측정값} - \text{실측값})^2}{\text{자료수}}}$)

사, 설문조사 등으로 다양하다. 이러한 사전·사후 비교 분석은 분석이 쉽고 시민과 의사결정자에게 사업효과를 손쉽게 이해시킬 수 있는 장점이 있다. 특히 정성적 사업 효과의 계량화에 대한 관심이 높아지면서 설문조사를 활용한 사용 주체별 서비스 만족도를 통계분석(순위화 등), 다판단 기준 분석을 활용하여 분석해야 한다.

[표 9-7] **효과척도별 현장조사 방법**

효과척도	조사 항목
교차로 접근별 교통량	교통량조사, 검지기 자료 분석
교차로 지체도	정지 차량 대수, 신호 주기/현시 조사, 검지기 자료 분석
링크별 통행시간 및 통행 지체	시험 차량 운행법, 프로브 차량 자료 (기종점 출발 시각, 도착 시각, 링크 길이, 차량 정지 시간)
통행속도	시험 차량 운행법, 프로브 차량 자료
사고 건수, 사망자수	교통사고 조사
구간 평균 불법 주차 대수	현장 실태 조사
버스 전용차로구간, 통행시간, 버스 도착 시간 간격	대중교통 이용 실태 조사
시스템의 만족도	설문조사

(3) 교통 시뮬레이션 분석(Traffic Simulation Analysis)

교통 시뮬레이션 분석은 외부적 요인(급격한 사회경제지표 변화, 토지이용 변화 등)에 따라 도로·교통조건이 급변할 경우, 사업 평가를 위해서 꼭 필요한 효과척도나 현장조사를 통해 자료 수집이 불가능한 경우, 기타 보완적으로 다양한 대안을 분석할 필요가 있을 경우 활용된다. 이때 사용되는 시뮬레이터는 교통환경 또는 분석 시스템의 유형과 추정할 효과척도에 따라 달라진다.

국외의 경우 공학 모형과 계획 모형, 미시적 모형과 거시적 모형 측면에서 다양한 시뮬레이터가 있으며, 이를 통해 다양한 ITS 서비스 또는 시스템의 분석이 가능한 분석 모듈이 있다. 따라서 교통 시뮬레이션 분석 시 시스템별로 해당 효과척도에 대해 모의실험을 제공하는 시뮬레이터를 선별하여 사용하되, 국내 현실에 맞도록 도로교통과 ITS 환경, 운전자 행태와 관련된 계수들을 정산한 후 적용한다. 특히 사업 초기에는 제한된 예산 내에서 효과적인 시스템을 구축하기 위한 사업 타당성 분석이 필요한데, Sketch Planning 기법[55]을 활용하여 경제성 분석과 교통류 시뮬레이션을 통합 분석하는 방안을 활용하고 있다. 아울

55) 남두희·이용택(2005)은 전통적인 4단계 수요 모형을 기반으로 ITS 구축에 따른 여행자 수요 패턴 변화를 입력변수로 하여 구축할 ITS 시스템의 대안을 수립하고, 이때 기본 사례와 실행 사례를 비교하여 이에 대한 비용과 편익을 산출하는 Sketch Planning 과정을 정립하고, 이러한 과정에 따라 미국의 FHWA(1999)가 개발한 IDAS(ITS Deployment Analysis System)를 활용하여 대전시 첨단모델도시사업의 타당성 분석에 적용하였다.

러 운전자 행태와 HMI(Human－Machine Interface : 가시성, 감지성, 인지성, 운전자 작업 부하 등)를 고려한 사업 평가 방법론이 대두됨에 따라, 이러한 관계를 시뮬레이션에 내재화하는 방법론 연구가 활발하다.

(4) 경제성 분석

경제성 분석은 사업의 비용 항목과 편익 항목을 계량화하여 경제성 지표(편익/비용비, 순현재 가치, 내부 수익률)를 통해 사업의 타당성을 분석하는 방법이다. 분석 절차는 국토교통부(2002)와 한국개발연구원(2002)에서 제시한 일반적인 교통 투자 분석의 경제성 분석(Deterministic Economic Analysis : DEA) 과정과 동일하다.

먼저 시스템 또는 운영 대안별로 비용·편익 항목으로 구분하여 화폐단위로 추정하는데, 비용 항목은 크게 사업비와 유지관리비로 나누어진다. 여기서 사업비는 공공과 민간을 모두 포함한 건설·구축비용을 적용하며, 유지관리비는 일반적으로 건설·구축비용의 10% 수준에 해당한다. ITS 시설물은 도로시설물에 비해 수명주기가 5~10년으로 짧은 내구 연한을 가지고 있어 분석 기간 중에는 생애 주기 비용(Life Cycle Cost : LCC) 분석을 적용하는 것이 바람직하다. 또한 편익 항목은 일반적으로 계량화가 가능한 통행시간 절감 효과, 차량운행비 감소 효과, 교통사고 저감 효과, 환경오염 저감 효과를 중심으로 추정하며, 추정방법은 일반적으로 국토교통부와 한국개발연구원의 지침을 사용한다.

[표 9－8] **비용과 편익 항목과 화폐가치 방안**

구 분		평가항목	화폐가치 방안
비용 항목		• 건설비 • 시스템 구축비 • 시스템 운영 • 용지비	• 공사 비용 • 시설 가격 및 설치 비용 • 운영비, 인건비, 재료비 • 보상비
편익 항목	이용자 편익	• 차량운행비 절감 • 통행시간 단축 • 교통사고의 감소 • 통행 안락감 증대 • 교통관리 업무의 효율성 증대	• 운행비용 • 시간가치(수단 선택법 등) • 사고비용(임금율법 등) • 곤란 • 업무시간의 시간가치
	비이용자 편익	• 대기오염 감소 • 소음 감소 • 지역개발	• 오염물질 처리 비용 • 방음시설 설치 비용 • 곤란

주 : 교통개발연구원(1998) 연구 수정·보완

그러나 이러한 DEA 모형을 기반한 분석방법은 장기간에 걸쳐 고정값을 예측하여 사용함으로써 ITS 사업과 같이 위험도[56]가 높은 사업에는 적합하지 못하다는 문제점이 야기

56) 사업성의 변동은 미래의 불확실성(Uncertainty) 또는 위험도(Risk)로 인해 발생한다. 이와 관련하여 Frank

되었다. DEA 모형 기반 하에 이러한 문제점을 보완하기 위해 도입된 위험도 예측·평가하는 방법으로는 위험도 프리미엄을 반영한 할인율 산정[57], 민감도 분석(Sensitivity Analysis)[58] 또는 스파이더 다이어그램(Spider Diagram)[59]과 확률 등고선(Probability Contour)[60] 방법 등이 있으나 이는 여전히 DEA 모형과 유사한 문제점을 안고 있다.[61]

이러한 타당성 평가의 한계점을 개선하고 사업성의 변동을 사전에 고려하기 위해, 고정값(Deterministic Value)으로 주어지던 사업성 분석의 항목들을 확률적 개념으로 적용하는 위험도 분석(PRA : Probabilistic Risk Analysis) 기법을 도입하는 방안이 연구되어 ITS 사업의 위험을 합리적으로 관리해 나갈 수 있도록 하고 있다(FHWA, 2001; 이, 2003).[62]

이러한 위험도 모형의 종류에는 분산－공분산법(Variance－Covariance Approach), 이력 시뮬레이션 기법(Historical Simulation Approach), 몬테카를로 시뮬레이션 기법(Monte Carlo Simulation Approach), 시나리오 시뮬레이션 기법(Scenario Simulation Approach)이 있으며, 이를 살펴보면 다음과 같다.

분산－공분산법(Variance-Covariance Approach : VCA)

VCA는 중심극한이론(Central Limit Theory : CLT)[63]에 의해 관찰치가 정규분포가 된다

Knight(1972)는 확실성이 결여되어 있는 세계에서 의사결정을 하는 경우, 의사결정의 기초가 되는 확률분포가 존재하느냐의 여부를 기준으로 삼아 존재하면, 위험성하의 의사결정이라 하고 존재하지 않으면, 불확실하의 의사결정이라고 하여 양자를 구분하였다. 이외에도 Schumpeter(1934)는 결과에 대한 확률분포가 알려져 있는 경우 Lindley(1971)는 통계분석이 가능한 경우로 유사하게 위험도를 정의하고 있다.

57) 위험도 프리미엄을 반영하여 할인율을 산정하는 방안은 경상할인율에 위험도 프리미엄을 반영하여 할인율을 산정함으로써 사업기간 내에 일정 수익률을 보장하는 방안으로, 산출식은 $\frac{1+\text{경상할인율}}{1+\text{물가상승률}}-1$ = 불변할인율이다. 여기서 경상할인율 = 이자율 + 스프레드 + 위험도 프리미엄이고, 스프레드는 금리 결정 시, 동일한 대출이라도 행사 가격과 만기가 다르기 때문에 서로 다른 금리를 적용받는데 이 가격의 차이를 스프레드라고 정의한다(김인호, 2001).

58) 민감도 분석을 활용하는 방안으로 경제성 분석 시 여타 조건이 동일하다는 가정하에 해당변수의 조건을 변화시켜 사업의 경제성에 해당 변수가 미치는 평가지표(NPV, B/C 등)의 민감도를 분석하는 것이다.

59) 스파이더 다이아그램은 변수의 변동에 따른 비용 예측치의 변화를 나타내는 방법이다. 각 선의 기울기가 작을수록 해당 변수의 변화율이 예측 결과에 미치는 영향도가 더욱 민감한 것으로 판단할 수 있다.

60) 변수 간에 발생확률이 같은 지점을 연결한 것을 확률 등고선이라고 한다(Perry 외, 1985). 이러한 방법은 위험도와 관련된 변수의 민감도를 분석함으로써 변수의 상대적인 중요성을 파악하고, 불확실성의 감소로 인해 발생하는 비용절감의 잠정적인 편익을 도시화할 수 있는 장점이 있다.

61) DEA 모형 하에서 위험도를 고려하는 기법들은 사업의 변동을 고려하기 위해 여타 조건은 일정하다는 가정 하에 특정 위험 변수의 변동만을 추정하거나, 총량적으로 위험도를 경제성평가 지표에 반영할 뿐, 위험도의 원인을 직접 규명·해석하여 이를 관리하기 위한 대안을 제시하지 못하는 단점을 여전히 가지고 있다.

62) 이용택(2003)은 ITS 사업을 대상으로 DEA과 PRA 모형을 각각 개발하고 모형의 적합성(Goodness of fit)을 비교·분석한 결과, PRA 모형을 이용하여 ITS 사업의 위험도를 확률분포로 분석할 경우 사업의 경제성 변동을 계량화할 수 있으며, 이때 평가결과가 DEA 모형과 달라질 수 있어 불확실성이 높은 ITS 사업에서는 경제성 분석 시 PRA 모형을 적용하는 것이 바람직하다고 제언하였다.

63) 중심극한정리(Central Limit Theory)는 관찰값이 많아지면 표본의 평균이 정규분포를 따르게 된다는 이론이다.

는 가정에서 출발하였다. 따라서 모든 위험 변수는 정규분포를 띠고 정규분포 하의 위험도 함수는 선형의 성질을 가지는 것으로 분석하는 대표적인 모수적 추정방법이다. 따라서 분석이 쉽지만 정확도가 떨어지고 위험 변수의 비정규(Non-normality)·비선형(Non-linearity) 특성을 반영하지 못하는 단점을 가지고 있다.

이력 시뮬레이션 기법(Historical Simulation Approach : HSA)

HSA는 과거의 이력 자료를 이용하여 위험 변수의 확률분포를 추정하는 모수적 추정 방법이다. 개념적으로 간단하고 확률분포에 관한 가정에 의존하지 않아 분포의 모수 예측으로 인한 오차가 발생하지 않고, 과거의 위험도 발생 추세를 적절히 반영하여 위험도를 계량화할 수 있는 장점을 가지고 있다. 그러나 통계적으로 유의한 실 자료의 수집이 어렵고, 이력 자료의 신뢰성에 문제가 발생할 수 있을 뿐만 아니라 분석 기간 내 이력 자료의 추세와 동일하게 위험도가 발생하지 않을 경우에 대한 분석이 불가능한 단점을 가지고 있다.

시나리오 시뮬레이션 기법(Scenario Simulation Approach : SSA)

이력 시뮬레이션 기법과는 반대로 사업성을 결정하는 중요한 변수에 대해 일어날 수 있는 대안들을 시나리오로 작성한다. 이때 분석가는 이력 자료에 없지만 있음직한 대안을 주관적으로 판단하여 적용한다. 그러나 잘못 설정된 시나리오는 잘못된 추정을 낳게 되고, 변수 간의 상관관계가 발생할 경우 추정의 정확도가 떨어지는 단점이 있다. 따라서 이력 시뮬레이션 기법 등 다른 기법을 보완하여 적용하는 것이 바람직하다.

몬테카를로 시뮬레이션 기법(Monte Carlo Simulation Approach : MCSA)[64)]

MCSA는 위험 변수(예를 들면, 공사비, 유지관리비 등)를 주어진 확률분포 형태별로 난수(Random Number)[65)] 를 발생하여 확률밀도함수, 누적확률밀도함수 등 위험도의 평가지표를 반복적으로 계산하는 시뮬레이션 기반의 분석 기법이다. 확률분포의 활용에 제약을

64) 몬테카를로 시뮬레이션 기법은 협의의 해석과 광의의 해석으로 구분되는데, 협의의 해석은 결과변수의 확률분포를 입력변수의 확률분포로부터 추출하여 계산하는 샘플링 기법을 의미한다. 또 광의의 해석은 난수를 사용하여 모의실험을 반복적으로 수행하는 시뮬레이션 기법을 포괄적으로 의미한다.

65) 난수(Random Number)란 간격 [0, 1] 사이에 균등하고 독립적으로 배분된 확률변수(Probabilistic Variable)로 일반적으로 독립적인 균등분포를 가진 확률변수라고 해석할 수 있다. 본 연구에서는 컴퓨터 시뮬레이션 분석을 위해서 연속형 확률밀도함수 f(x)를 무수한 n개의 구간으로 분할하여 단계적(Stepwise Approximation)으로 이산형 확률밀도함수와 같은 방법으로 추정함으로써 연속형 확률분포를 추정한다(Haitsma 외, 1964 ; Halton, 1970 ; Molenaar, 1968). 그러나 컴퓨터 상에서 대규모 난수를 저장하고 이를 검색하여 적용하는 방법은 계산시간이 많이 걸리는 문제점을 안고 있다. 이에 Shreider(1964), Telchreew(1965) Tocher(1963) 등은 가난수(Pseudo Random Number)를 개발·이용하였다. 가난수는 대수학적 공식(algebraic formula)에 의해 상호 독립적이고 균등하게 배분된 분포를 발생하는 방법으로, Power Residue 기법과 multiplicative congruential 기법이 주로 사용된다.

받고 있는 타 방법들의 문제점을 극복할 수 있는 장점이 있다. 또한 MCSA는 분포 형태와 상관관계를 비모수적 추정방법으로 손쉽게 적용할 수 있으나, 계산된 위험도를 분석가가 직관적으로 이해하기가 어렵고, 많은 추정량에 따른 계산 시간 때문에 컴퓨터 기술이 발달하기 전에는 적용의 한계가 있었다. 현재에는 컴퓨터 기술의 발달로 몬테카를로 시뮬레이션 기법이 위험도 분석 기법으로 가장 널리 사용되고 있으며, 몬테카를로 시뮬레이션을 기반으로 한 위험도 분석을 수행할 수 있는 상용 소프트웨어[66] 도 다양하게 개발되어 있다.

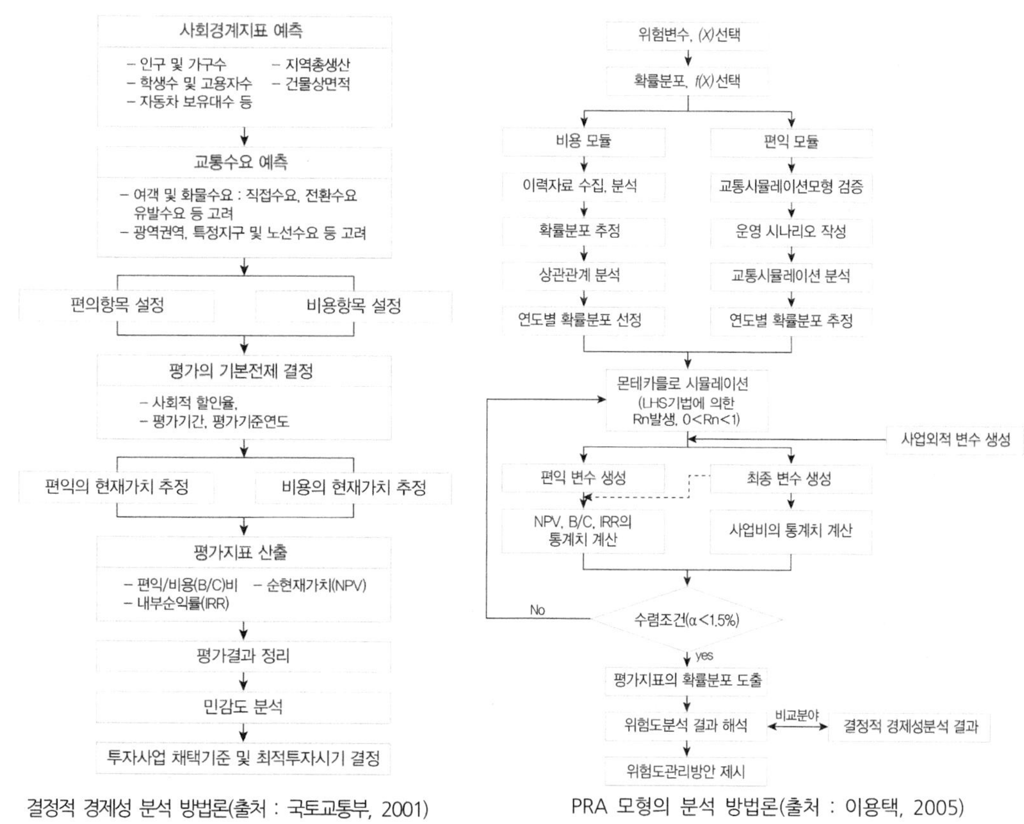

[그림 9-3] **ITS 사업 평가를 위한 경제성분석 절차 비교**

---

66) 위험도 분석용 소프트웨어는 시뮬레이션 작성 언어로 구축하는 방법과 소프트웨어 패키지를 사용하는 방법이 있다. 대표적인 시뮬레이션 언어에는 SLAM(pritsker, 1986), SIMAN(pegden, 1990)이 있다. 이는 분석가 마음대로 자유롭게 분석의 틀을 구성할 수 있는 장점이 있지만, 사용이 어려워 학습에 시간이 소요되고, 분석가가 확률적 시스템을 모형화하는 데 전문적인 지식이 있어야 한다. 반면 대표적인 소프트웨어 패키지로는 Palisade 사의 @RISK와 Primavera 사의 MontecarloTM이 있다. 본 분석은 사용이 편리하나 주어준 패키지 틀을 확장할 수 없다는 단점이 있다. 본 소프트웨어들은 공정별 시간과 재원이나, 재무

9.2 성능 평가[67)]

9.2.1 필요성과 종류

ITS는 교통정보의 수집 · 가공 · 정보 제공까지 서브시스템이 상호 의존적으로 연결되어 있어 특정 부문의 단일 고장으로도 전체의 성능, 즉 교통정보의 신뢰성을 떨어뜨릴 수 있다. 따라서 수요자에게 최종적으로 제공되는 교통정보의 신뢰성을 확보하기 위해서는 ITS 장비의 도입 전에 장비의 성능을 시험하여 좋은 장비를 선택해야 하며, 도입 후에 주기적으로 검사하고 교정해야 한다.

성능 평가란 ITS의 성능 및 신뢰도 등을 확보하기 위하여 관련 장비, 시스템, 서비스의 성능 및 신뢰도를 검사하는 행위를 말한다. 국토교통부는 자동차 · 도로교통분야 ITS 성능 평가 기준(국토교통부 고시 제2015－740호, 2015년 10월 7일)에 본 내용을 다루고 있다.

9.2.2 추진 단계별 평가 시기

ITS 장비 성능에 대한 고려는 ITS 사업 추진 시 그림 9－4와 같이 사업계획수립단계, 사업집행단계, 운영 · 유지관리단계에 걸쳐 지속적으로 이루어져야 한다.

사업계획 수립단계에서는 ITS 사업 추진으로 인한 효과 분석 후 목표 성능에 맞는 장비를 계획하여 가용한 범위 내에서 필요한 예산을 배정하고, 집행 단계와 운영 · 유지관리단계에서 필요한 ITS 성능 평가 시행계획을 수립한다. 또 사업집행단계에서는 ITS 성능 평가 시행계획에 따라 요소 장비를 선정하여 기본성능 평가 및 준공평가를 실시하고, 정해진 성능 평가 기준을 통과한 장비를 구축에 활용한다. 마지막으로 운영 · 유지관리단계에서는 현장장비, 통신설비, 센터시스템을 정기적으로 평가하여 장비의 성능을 일정 수준으로 유지하면서 장비의 교체, 수리, 확장 등 운영 관리 계획을 수립하는 데 활용한다.

옵션에 따른 사업 주체의 현금 흐름을 누적확률분포함수 등의 평가지표 통계분석 및 보고 기능을 제공한다. 이 외에도 교통투자사업의 목적에 따라 위험도 분석을 적용함으로써 교통학자나 경제학자가 아니더라도 이용하기 쉽고 편리하도록 개발된 패키지가 있다. 예를 들어, 미국 교통부(DOT)에서 도로포장관리의 사업비 산정을 위해 개발한 HDM－4, 고속도로 계획 및 예산 관리를 효율적으로 운영하기 위해 개발한 StraBENCOST, 지능형 교통체계(ITS)의 서브시스템 선정 및 경제성 분석을 위해 개발된 IDAS 등이 대표적인 교통 투자 사업용 위험도 분석 패키지라고 할 수 있다.

67) 이 절에서는 국가통합교통체계효율화법 제86조와 ITS 성능평가기준(국토교통부고시)에 따른 행정 절차와 분석 기법을 소개한다.

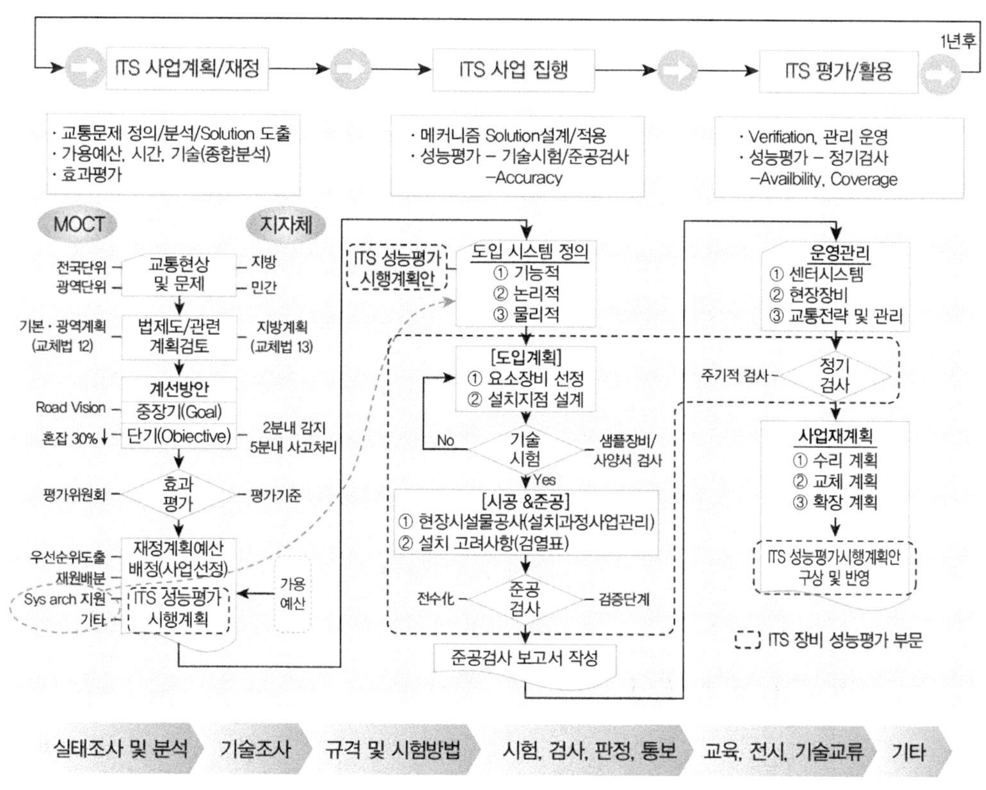

[그림 9-4] ITS 사업 추진 단계별 ITS 성능 평가[68]

9.2.3 대상 및 종류

운영 성능 평가는 그림 9-5와 같이 성능 평가 대상에 따라 성능 평가가 다양하다. 먼저 VDS, AVI, VMS, CCTV, DSRC 교통정보시스템 등의 현장장비 성능 평가는 기본성능 평가, 준공평가, 정기평가, 변경/이설 평가를 한다. ITS 시설 · 장비 관련 성능 평가는 통신망 성능 평가와 통신망 운용 품질평가로 구분된다. 또 센터시스템 성능 평가는 시스템 성능 평가와 교통 데이터 및 정보의 품질평가로 분류된다.

68) 한국건설기술연구원, ITS 성능 평가 시행 계획, 2006

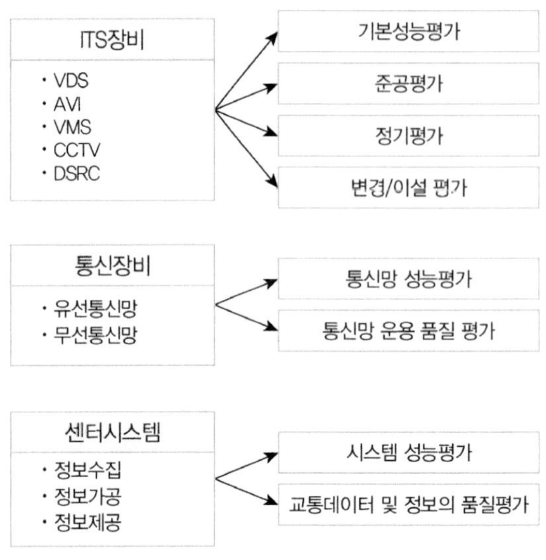

[그림 9-5] **성능 평가 대상과 종류**

9.2.4 현장장비 성능 평가

성능 평가 대상 현장장비는 차량 검지기, 차량 번호 자동 인식장치, VMS, 폐쇄회로 텔레비전, DSRC[69] 교통정보 시스템으로 표 9-9와 같이 해당 장비의 용도별로 성능 평가 항목이 다르다. 여기서 차량검지기는 교통량, 속도, 점유율의 정확도를, 차량 번호 자동 인식 장치는 인식률의 정확도를, VMS는 장비의 휘도, 휘도비, 빔 폭, 색상, 균일성을, 폐쇄회로 텔레비전은 장비의 해상도, 조도, 색상을 성능 평가 항목으로 평가하고, DSRC 교통정보 시스템은 기준 OBU를 차량에 탑재하여 DSRC 교통정보 수집 시스템과 통신을 정확도를 평가한다.

[표 9-9] **성능 평가 대상 현장 장비와 성능 평가 항목**

현장 장비	장비 용도	성능 평가 항목
차량 검지기(VDS)	도로를 주행하는 차량의 교통량, 속도, 점유율 등의 자료를 수집하기 위하여 도로 또는 도로변에 설치하는 장비	• 교통량 • 속도 • 점유율

(계속)

69) DSRC(Dedicated Short-Range Communication) : 근거리 전용 무선통신

현장 장비	장비 용도	성능 평가 항목
차량 번호 자동 인식 장치(AVI)	주행 차량의 지점 통과 시각, 번호판 등의 자료를 수집하기 위해 도로 또는 도로변에 설치하는 장비	인식률
VMS	도로 이용자에게 도로 · 교통, 기상상황 및 공사 중 교통통제 등에 대한 실시간 교통정보를 제공하는 장비	• 휘도, 휘도비 • 빔폭 • 색상 • 균일성
폐쇄회로 텔레비전(CCTV)	현장 상황을 영상으로 수집하기 위한 시스템으로 카메라, 카메라 하우징, 줌렌즈, 팬틸트 등으로 구성된 장비	• 해상도 • 조도 • 색상
DSRC교통정보시스템(DSRC)	DSRC 기술을 기반으로 노변 장치(RSE, Road Side Equipment)와 차량탑재 장치(OBE, On Board Unit) 사이에서 교통정보를 수집하고 제공하는 장비	통신 정확도

ITS 현장장비 성능 평가 절차는 국가통합교통체계효율화법 제86조 규정에 의하여 ITS 시설 장비의 성능 평가를 받고자 하는 자가 성능 평가를 성능 평가 전담기관에 의뢰하면 그림 9-6과 같은 절차에 따라 해당 기관에서 사업 추진 단계별로 기본성능 평가, 준공평가, 정기평가, 변경/이설 평가를 시행하고 최종적으로 성능 평가전담기관에서 성능 등급을 확인하여 성적서를 발급한다.

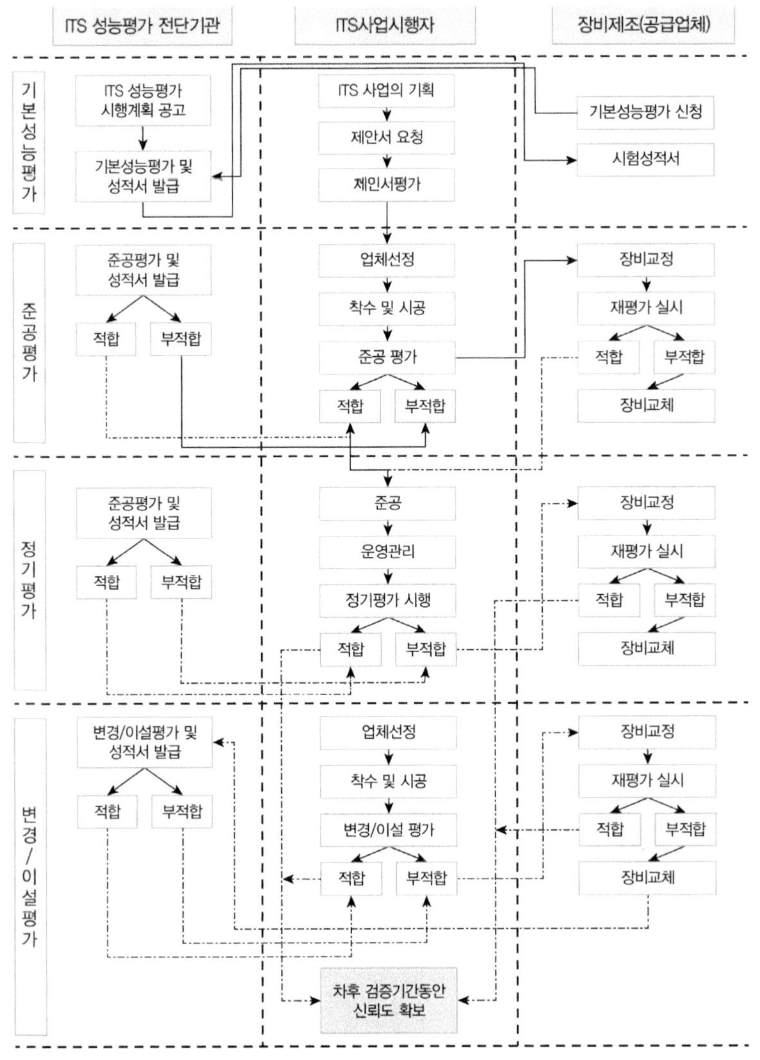

[그림 9-6] **현장장비 성능 평가 절차도**

현장장비 성능 평가의 경우 표 9-10과 같이 사업 추진 단계별로 사업 기획 및 사업자 선정 시 현장에 설치 예정인 현장장비의 기본적인 성능을 판단하는 기본성능 평가, 준공 전에 현장에 설치된 현장장비에 대한 성능이 관리청의 요구 수준과 규정에 맞는지 여부를 사업 준공 전에 확인하는 준공평가, 운영관리단계에 기 구축 운영 중인 ITS 장비가 노후 등으로 인해 발생할 수 있는 성능 수준 저하의 여부를 판단하기 위하여 정기적으로 수행하는 정기평가, 운영 중인 장비의 이설 및 설정 변경, 시스템 및 서비스 개선 등에 따른 변경 시, 해당하는 ITS 장비 및 시스템, 서비스가 성능 요구 수준을 만족하는지 여부를 판단하기 위한 변경/이설 평가로 구분된다.

[표 9-10] **현장 장비 성능 평가의 종류 및 내용**

현장 장비 성능 평가	평가 내용	수행 주체
기본성능 평가	• 설치 예정인 현장장비의 기본적인 성능을 판단하는 시험 • 평가 대상은 VDS, AVI, DSRC 이동식 평가 기준 장비(PODEs)	성능 평가 전담기관
준공평가	• 현장에 설치된 현장장비에 대한 성능이 관리청의 요구 수준과 규정된 성능수준을 만족하는지 여부를 사업 준공 전에 확인하는 평가 • 평가 대상은 VDS, AVI, DSRC 등	• 관리청 또는 사업시행자 • 성능 평가 전담기관
정기평가	• 운영 중인 ITS 장비가 노후 등으로 인해 발생할 수 있는 성능 수준 저하의 여부를 판단하기 위하여 정기적으로 수행하는 평가 • 평가 대상은 VDS, AVI, DSRC 등	• 관리청 또는 사업시행자 • 성능 평가 전담기관
변경/이설 평가	• 운영 중인 장비의 이설 및 설정 변경, 시스템 및 서비스 개선 등에 따른 변경 시, 해당하는 ITS 장비 및 시스템, 서비스가 성능 요구 수준을 만족하는지 여부를 판단하기 위한 평가 • 평가 대상은 VDS, AVI, DSRC 등	• 관리청 또는 사업시행자 • 성능 평가 전담기관

[표 9-11] **ITS 성능 평가 종류별 평가 시기**[70]

구 분		평가시기	비 고
기본성능 평가 (기존의 기술시험)	일반 장비 또는 시스템	장비 또는 시스템 제조 후 1회	• 사업시행자가 요구하는 장비에 대한 기본적인 성능을 평가 • 장비 또는 시스템 1식에 대해 1회 시행. 다만 주요 부품의 교체 등 성능에 영향이 미칠 수 있는 사항이 발생한 경우에는 다른 제품으로 간주 • 평가 결과는 평가일부터 5년 간 유효
	평가 기준 장비	사용 전 1회, 평가 후 1년 주기	성능 평가 기준 장비로 사용 전에 시행하고, 이후 1년마다 시행
준공평가		ITS 사업 준공 이전	성능 평가 대상 장비, 시스템, 서비스의 설치 및 튜닝을 완료하여 정상 작동하는 것으로 판단되는 시기에 시행
정기평가		ITS 준공 후, 일정 주기	준공 후 2년(DSRC는 4년) 주기로 시행
변경/이설평가		이설, 변경 후	성능 평가 대상 장비 및 시스템, 서비스의 이설 및 설정 변경, 시스템 및 서비스 개선 등에 따른 변경을 완료하고 정상 작동 여부를 판단해야 되는 시기에 시행

앞에서 언급한 현장장비 중 VDS, AVI, DSRC의 정확성을 평가하기 위한 성능 평가 방법과 기준은 표 9-12와 같다.

70) 자동차·도로교통분야 ITS 성능 평가 기준(국토교통부 고시 제2015-740호, 2015. 10. 7)

[표 9-12] VDS, AVI, DSRC의 평가 항목과 평가 척도

대상 장비	평가 항목	조사 내용	평가 척도
VDS	교통량	분석 단위 시간당 측정된 차량	100(%) - 평균 절대오차 백분율(MAPE)
	속 도	분석 단위당 측정된 차량의 속도를 산술평균한 값	
	점유율	분석 단위 시간당 검지 영역을 통과하는 차량의 점유 시간 합이 차지하는 비율	
AVI	인식률	분석 단위 시간 동안 검지한 유효 차량 대수 중에 장비가 번호판을 오인식 또는 미인식한 차량 대수의 비율	100(%) - 오차 백분율(PE)
DSRC	통신 정확도	시험 차량 내 탑재되는 기준 OBU(교통정보 수집용)에 대해 평가 대상 DSRC 교통정보시스템이 기준 OBU 정보를 검지 성공한 비율	100(%) - 오차 백분율(PE)

먼저 VDS의 성능 평가는 식 9.1과 같이 검증하고자 하는 현장장비에서 단위 시간 동안에 수집한 교통량, 속도, 점유율 데이터와 기준 장비에서 얻은 기준 데이터 간의 평균 절대오차 백분율(MAPE)을 100(%)에서 차감하여 90% 이상인 경우 적정한 것으로 판단할 수 있다.

$$\text{평가지표} = 100(\%) - MAPE(\%) \geq 90(\%)\text{이면, 적정} \qquad (9.1)$$

여기서 $MAPE(\%) = \sum_{i=1}^{n} \frac{\frac{Y_i - X_i}{Y_i}}{n} \times 100$

Y_i : i번째 분석단위 시간의 기준값

X_i : i번째 분석 단위 시간의 평가 대상 장비 측정값

n : 분석단위 시간 계수

AVI의 성능 평가는 식 9.2와 같이 검증하고자 하는 현장장비에서 단위 시간 동안에 검지한 유효 차량 대수 중 해당 장비가 번호판을 오인식 또는 미인식한 차량 대수의 백분율을 100%에서 차감하여 80% 이상인 경우 적정할 것으로 판단할 수 있다.

$$\text{평가지표} = 100(\%) - PE(\%) \geq 85(\%)\text{이면, 적정} \qquad (9.2)$$

여기서 $PE(\%) = \frac{E}{Y} \times 100$

E : 분석 단위 시간 동안 해당 장비가 번호판을 오인식 또는 미인식한 차량 대수

Y : 분석 단위 시간 동안 검지한 유효 차량 대수

평가항목	합격 기준	비 고
인식률	상급 이상 (≥85 %)	2010년 10월 이후 ITS 사업에 적용
	상급 이상 (≥80 %)	2010년 9월 이전 ITS 사업에 적용

또 DSRC의 성능 평가는 식 9-3과 같이 검증하고자 하는 현장장비에서 시험 차량 내 탑재되는 기준 OBU(교통정보 수집용)에 대해 평가대상 DSRC 교통정보시스템이 기준 OBU 정보를 검지 성공한 비율을 백분율로 나타내어 100%에서 차감하여 95% 이상인 경우 적정할 것으로 판단할 수 있다.

$$\text{평가지표} = 100(\%) - \text{PE}(\%) \geq 95(\%)\text{이면, 적정} \quad (9.3)$$

여기서 $PE(\%) = \frac{E}{Y} \times 100$

E : 시험차량에 탑재한 기준 OBU가 DSRC 교통정보 시스템과 통신을 정확하게 하지 못한 횟수

Y : 시험 통신 횟수(= 시험 차량 대수 × 차량당 기준 OBU 수량 × 주행 횟수)

9.2.5 통신장비 성능 평가

성능 평가 대상 통신설비는 센터와 센터 간, 센터와 현장 간, 센터 내부를 연결하는 공중망, 사설망, 전용선 등의 유선 통신망과 무선광역통신, 근거리 차량과 노변통신, 차량 간 무선통신, 위성통신을 말한다. 이러한 통신망의 성능 평가는 각 통신 장비의 규격서와 비교 검사를 통해 통신장비의 전송 속도 및 방식, 통신 상태, 작동 상태, 통신회선 상태 등을 평가한다. 또 통신망 운용의 품질평가는 서비스 이용이 가능한 상태에서 계획된 품질의 보장 여부를 평가하는 것으로, 가용성, 손실률, 지연 및 사용률 등을 측정한다.

[표 9-13] **통신망 운용의 품질평가 평가지표**[71)]

성능 지표	정 의	단 위
가용성 (Availability)	네트워크의 연결성으로 전체 시간과 전체 시간에서 서비스 중단 시간을 제외한 시간 간의 백분율	백분율(%)
손실률 (Loss Rate)	전체 전송 패킷과 목적지에 도달하지 못한 패킷 간의 백분율	백분율(%)
지 연 (Delay)	정보 전달 시 종단 간 월 평균 지연의 정도	m/초
사용률 (Usage)	통신망 구간별 할당된 대역폭과 실제 전달되는 데이터량의 백분율	백분율(%)

71) 건설교통부 · 한국건설기술연구원, 알기 쉬운 ITS 성능 평가 p.13, 2006

9.2.6 센터시스템 성능 평가

센터시스템 성능 평가는 교통관리 및 정보 제공에서 기준 신뢰도 이내의 시스템 성능 유지를 위해 제반 구성체계의 수행 성과를 일정 기간 동안 계측·평가하는 것을 말한다. 즉, ITS 센터 시스템 성능 평가를 통해 ITS 센터 시스템이 제공하는 서비스의 유용성을 확보하고 성능을 유지 또는 높이기 위한 것으로, 시스템 성능 평가와 교통 데이터 및 정보의 품질평가로 구분할 수 있다.

먼저 시스템 성능 평가는 시스템의 성능 관련 문제를 사전에 적극적으로 예방함으로써, 운영자 또는 사용자의 시스템 활용도 및 만족도를 향상시키기 위한 것으로 시스템 성능 평가 지표로는 응답 시간, 시간당 처리량, 자원 사용량, 효율성 등이 있다.

다음으로 교통 데이터 및 정보의 품질평가는 센터시스템을 구성하는 각각의 단위시스템 또는 서브시스템의 유용성을 정하는 성질 또는 서비스의 목적을 달성하기 위해, 단위시스템이나 서브시스템을 통해서 산출되는 자료나 정보의 신뢰성을 일정 수준 이상으로 확보하기 위한 일련의 성능 평가를 말한다. 또 교통 데이터 및 정보의 품질평가는 검지기 및 AVI 등 교통 데이터 수집 장비로 수집한 데이터의 신뢰성을 평가하는 성능 평가와 이를 가공한 정보의 품질을 평가하는 성능 평가로 크게 나누어진다.

[표 9-14] **시스템 성능 평가 지표**[72)]

성능 지표	정 의	단위
응답 시간 (Response Time)	작업 처리를 요청하는 시간으로부터 이를 시스템이 처리하여 결과를 보여줄 때까지 소요되는 시간	초
시간당 처리량 (Throughput)	시스템이 성공적으로 처리한 단위 시간당 요청(트랜잭션) 처리 건수	TPS[(주1)] OPS[(주2)]
자원 사용량 (Utilization)	자원(CPU, 메모리 등)의 용량 중 실제 사용하고 있는 값의 비율	%
효율성 (Efficiency)	시간당 처리량을 자원 사용량 또는 비용으로 나눈 값	% TPMC[(주3)]

(주1) TPS(Transaction per Second) : 초당 트랜잭션 처리 건수
(주2) OPS(Operation per Second) : 초당 요청 처리 건수
(주3) TPMC(Transaction per Minute per Cost) : 단위 비용당 분당 처리 건수

수집 데이터 성능 평가는 검지 데이터의 정확성을 평가하기 위해 실제 현장에서 조사한 데이터와 검지 데이터와의 정확도를 검증하기 위하여 조사 데이터와 검지 데이터의 % 오차를 평가척도로 평가한다. 가공 정보 성능 평가는 제공되는 구간 통행시간의 정확도를 평가하기 위해 실제 현장에서 조사한 데이터와 제공 데이터가 부합하는지 조사 데이터와 통

72) 정보통신부, 정보시스템 성능관리지침, p.5, 2005

행시간 제공 정보의 % 오차를 평가척도로 평가하는 등 데이터 특성에 따라 표 9-15와 같이 적절한 평가항목과 평가척도를 선정하여 분석한다.

[표 9-15] **교통 데이터 및 정보의 품질평가 평가항목 및 평가척도**

구 분		평가항목	평가척도	내 용	주 체	수행시기
수집 데이터 성능 평가		정확성	검지 데이터의 신뢰도	조사 데이터와의 % 오차	현장	주기적
		완전성	데이터 수집 항목 비율	데이터 수집 항목 수집 비율	센터	실시간
		유효성	유효 수집률	항목별 허용 요구 수준을 만족하는 정도	센터	실시간
		적시성	수집 적시성	해당 수집 단위 주기의 데이터가 수집되는 비율	센터	실시간
		접근성	검지기 가동률	검지기의 온라인 비율	센터	실시간
		포괄성	데이터 수집 범위	시스템 설치 범위 중 데이터 수집 범위의 비율	센터	실시간
가공 정보 성능 평가	구간통행 시간 정보	정확성	통행시간 신뢰도	조사 데이터의 % 오차	현장	주기적
		접근성	요구 데이터 수집률	해당 구간의 통행시간 산출을 위해 요구되는 지점 데이터 또는 구간 수집장비로 수집한 데이터의 수집 비율	센터	실시간
		포괄성	데이터 제공 범위	서비스 범위에 대한 정보제공 범위의 비율	센터	실시간
	돌발상황 감지	정확성	감지율	전체 돌발상황에 대한 감지된 돌발상황의 비율	현장	주기적
			오보율	돌발상황 경보 중 실제 돌발상황이 아닌 비율	현장	주기적
		적시성	감지 시간	실제 돌발상황이 발생한 시각과 알고리즘을 통하여 돌발상황이 감지된 시각의 차이들의 평균	센터	실시간

교통관리센터 운영 관리

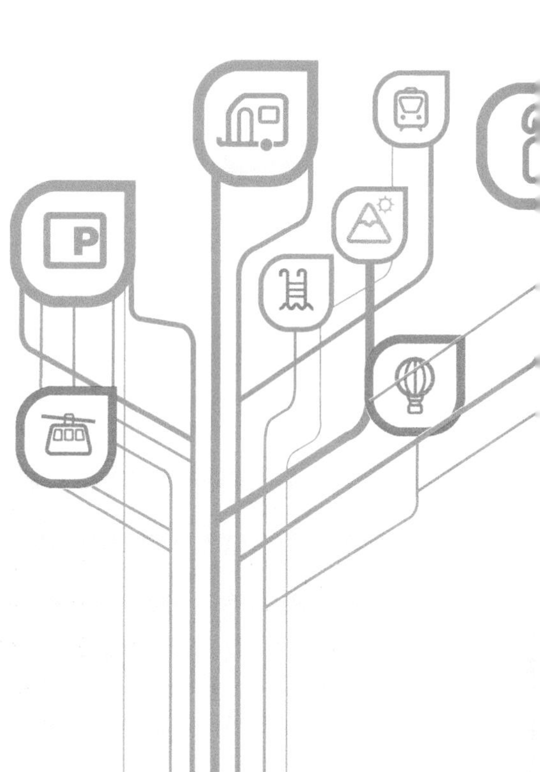

요 약

제10장에서는 교통관리정보센터의 운영 관리를 총괄 관리, 센터 운영, 시설 유지 관리, 품질 개선으로 나누어 다루고 있다. 총괄 관리에서는 센터 운영 관리 계획 전반, 교육과 훈련, 업무 매뉴얼 작성, 문서 관리 등을 설명하고, 센터 운영에서는 상황실 운영, 시스템 운영, 정보 연계 운영 방법을 설명하고, 시설 유지 관리에서는 현장 시설 유지 관리와 교통관리센터 시설 유지 관리를 설명하고, 품질 개선에서는 시스템 품질 관리 및 개선 방법을 설명하고 있다.

10.1 개요

10.1.1 운영 관리 업무 분류

현재 우리나라에는 다양한 규모의 교통관리센터가 있으며, 각 교통관리센터에서는 상황에 적합하게 운영 관리를 하고 있다.

기존에 교통관리시스템을 구축하여 운영하고 있는 기관의 운영 관리 업무를 근거로 교통관리센터의 운영 관리 업무를 분류해보면, 총괄 관리, 센터 운영, 시설 유지 관리, 품질 개선으로 나눌 수 있다.[73)]

[표 10-1] 기존 교통관리시스템 운영 관리의 업무 구성표

서울시(도시고속도로 교통관리 센터)	한국도로공사 (FTMS, 고속도로 우회도로)	신공항하이웨이 (인천국제공항 고속도로관리 시스템)	한국건설연구원 (RTMS)		업무 분류
소요예산 수립 및 집행 유관기관 업무조정	소요예산 수립 및 집행 유관기관 업무조정	소요예산 수립 및 집행 교통관리 운영조직	소요예산 수립 및 집행 관리감독 및 대외 업무		
기술이전교육/ 정기교육	기술이전교육/ 정기교육	–	기술이전교육/ 정기교육		
–	–	–	–	⇒	총괄 관리
각종 문서관리	각종 문서관리	–	각종 문서관리		
–	–	–	–		
홍보	홍보	견학실 운영	–		
–	–	–	–		
교통관리전략수립 교통상향대응	데이터 수집, 가공, 제공 데이터 연계 교통관리전략 수립	데이터 수집, 가공, 제공 유고 및 특별상황관리	교통상황 모니터링 교통관리전략 운영 교통상황관리	⇒	센터 운영
시스템 자원관리	–	시스템 관리	DB관리		
운영 일지 및 보고서	운영 일지 및 보고서	사고이력 관리	운영 일지 및 보고서		
현장시설 유지보수 현장순찰 및 안전관리	–	유지보수 관리	현장순찰 및 현장장비 유지보수		
센터시설 유지관리	전산실 유지관리	시스템 장애관리	전산시스템 및 S/W 유지관리	⇒	시설 유지 관리
점검 일지 및 보고서	점검 일지 및 보고서	장애이력 관리	점검 일지 및 보고서		
시스템 튜닝	–	–	정밀도 측정 및 보완		
교통전략 개선 시스템 개선	교통정보 유료화 사업	사고통계 분석관리	데이터 분석 및 통계 알고리즘 개선 운영프로그램 개선	⇒	품질 개선
–	–	–	–		

73) 이 장은 건설교통부에서 발행한 ITS 분야별 업무 절차 및 직무 표준 설정에 관한 연구(2006년)를 바탕으로 작성하였다.

[표 10-2] **운영 관리의 업무 분류**

분 류	업무 내용
총괄 관리	운영 관리 계획 수립, 교육과 훈련, 문서관리
센터 운영	상황실 운영, 시스템 운영, 정보 연계 운영
시설 유지 관리	교통관리시스템 현장 시설[74] 유지 관리, 교통관리센터 시설[75] 유지 관리
품질 개선	시스템 품질 관리, 시스템 개선

10.1.2 운영 관리 업무의 수행 방식

교통관리시스템을 시행하는 관리청 또는 사업 시행자는 운영 관리 업무를 직접 수행하거나 전문 기관에 전체 또는 일부를 위탁할 수 있다. 왜냐하면 운영 관리에는 전산 전문 인력(H/W, 응용 프로그램)과 시설, 도로교통 전문 인력과 시설, 상황실 운영 인력이 필요한데, 이러한 인력과 시설을 모두 확보하고 관리하기에는 어려움이 있기 때문이다.

[표 10-3] **자체 수행과 위탁 관리 방식의 장단점**

구 분	장 점	단 점
자체 수행	• 센터 상주 업무에 유리 • 관련 기관 협조에 용이 • 지시, 보고체계 원활로 신속한 상황 처리 가능 • 보안 업무에 적합	• 인건비 높음 • 전문 업무 부여 시 교육 필요
위탁 관리 (outsourcing)	• 전문 인력의 신속한 확보 • 인건비 등의 비용이 상대적으로 저렴 • 센터에 상주할 필요가 적은 업무에 적합	• 자료 보안과 관리에 취약 • 관공서 등 관련 기관 연계 업무에 한계

[표 10-4] **운영 관리 업무에 따른 수행 방식**

구 분	수행 방식	근 거
총괄 관리	자체 수행	총괄 관리는 계획, 교육과 훈련, 문서 관리 등 업무 전반에 관한 계획/교육/지원/감독 업무이므로 자체 수행이 적합함
센터 운영	자체 수행 또는 위탁 관리	상황실 운영과 시스템 운영은 자체적으로 하는 것이 바람직하나, 자체 전문 인력을 보유하기 어려운 경우 전문업체에 위탁하여 관리할 수 있음

(계속)

74) 교통관리시스템 현장 시설은 도로에 설치되어 있는 교통 검지기(VDS), 폐쇄회로(CCTV), 차량 번호 인식 장치(AVI), 도로 기상 정보 장치(RWIS) 등과 같이 데이터를 수집하는 장비와 VMS와 같이 정보를 제공하는 장비를 말한다.

75) 교통관리센터 시설은 센터에 설치되어 있는 시설(H/W, 응용 프로그램)을 말하며, 교통관리시스템 현장 시설을 제외한다.

구 분	수행 방식	근 거
시설 유지 관리	위탁 관리	교통관리시스템 시설(현장 시설, 센터 시설)의 유지보수에는 전문 인력이 필요하므로, 자체 수행보다는 센터시스템과 현장 시설에 관한 전문적인 지식을 가지고 있는 전문 유지보수 업체에 위탁하는 것이 적합함
품질 개선	자체 수행 또는 위탁 관리	• 교통정보의 품질이나 현장 장비의 성능 평가는 ITS 성능 평가기관에 의뢰하는 것이 객관적임 • 관련 이력 데이터베이스를 분석하여 시스템 개선안을 수립하는 업무는 자체 수행 또는 위탁 관리가 가능함

[그림 10-1] **국내 교통관리센터의 운영 관리 조직 예**

10.2 총괄 관리

10.2.1 총괄 관리 업무 분류

총괄 관리는 한 해의 살림살이를 계획하는 운영 관리 계획과 교육, 훈련, 업무 매뉴얼 작성, 문서 관리 등의 시행 부문으로 나눌 수 있다.

[표 10-5] **총괄 관리의 업무 분류**

분 류	업무 내용
운영 관리 계획	교통관리센터 운영 관리에 관한 모든 업무의 추진 계획과 이에 수반되는 인력 및 예산 계획을 세우는 업무
교육과 훈련	교통관리센터 운영 관리 요원에게 신규 시스템 도입에 따른 기술 교육과 시스템 조작, 운전 등의 변경 사항에 대한 정기교육과 수시 교육 업무
매뉴얼 작성	시스템 운전, 조작에 관한 신설 및 변경 사항들에 대한 각종 업무 매뉴얼(manual)의 작성, 보완 업무
문서 관리	운영 관리를 통해 산출되는 문서를 관리

10.2.2 운영 관리 계획

운영 관리 계획은 해당 업무에 따라 추진 계획을 세우고, 이에 필요한 예산 계획과 인력 계획을 세우는 것을 말한다.

(1) 업무 추진 계획과 인력 계획 수립

업무 추진 계획은 총괄 관리, 센터 운영, 시설 유지 관리, 품질 개선으로 구분하여 수립한다.

[표 10-6] **업무 분야별 업무 추진 계획 내용**

업무 분야		업무 추진 계획
총괄 관리	운영 관리 계획	• 업무별 실시 계획 • 시설 확장과 변경 계획 • 업무 수행 방식 계획(자체 수행, 위탁 관리)
	교육과 훈련	교육 계획
	매뉴얼 작성	업무 매뉴얼 작성 계획
	문서 관리	문서 취합, 보관 계획
센터 운영	상황실 운영	상황실 운영 계획
	시스템 운영	시스템 운영 계획
	정보 연계 운영	정보 연계 계획
시설 유지 관리	현장 시설 유지 관리	•예방 점검 계획 •현장 시설 유지 관리 계획
	센터 시설 유지 관리	•예방 점검 계획 •센터 시설 유지 관리 계획
품질 개선	시스템 품질 관리	시스템 품질 관리 계획
	시스템 개선	시스템 개선 계획

운영 관리 인력은 업무 분야별로 필요한 전공자와 기술 기준 등을 고려하여 계획을 세운다. 전체 인력 규모는 교통관리센터 규모(장비 보유 대수와 관리 연장)와 특성에 따른 운영 관리 업무 수준과 범위에 따라 결정한다.

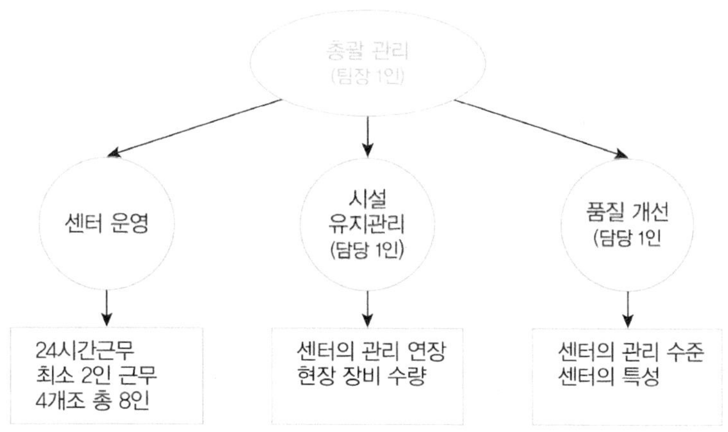

[그림 10-2] **운영 관리 인력 산정**

고속도로의 교통관리센터 교통상황실의 경우 담당자별 임무는 따로 구분하여 정하고 있으며, 특히 조장(팀장)의 임무는 다음과 같다.

1) 수도권 교통상황 관리 및 보고 총괄
2) 지역본부별 교통상황 관리상태 확인 및 보고
3) exTMS 운영 관리 총괄
4) 민자 VMS 문안표출 지시 및 점검
5) 각종 유고상황관리 및 보고
   - 주요상황 발생 보고 : 지휘보고 계통(특이사항 발생 보고)
6) 주요 유고상황에 대한 SMS 발송
7) 유관기관 업무협의 및 상황전파 : 고속도로 순찰대 , 각지자체 , 방송사 등
8) 교통상황별 업무 매뉴얼 관리
9) 교통상황 안내문의 응대
10) '일일교통소통상황' 작성 및 보고
11) SNS(Social Network Service)를 통한 교통정보 제공
12) 영업소 진입교통량 조절 시스템 운영
13) 근무일지 작성

(2) 예산 계획 수립

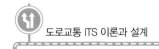

예산을 세울 때에는 업무를 원활히 수행하는데 필요한 인건비, 시설관리비, 운영비를 책정해야 하며, 이를 위해 전년도 지출을 평가하고 이에 대한 분석을 토대로 다음 해의 예산 집행 계획을 세운다.

운영 관리 비용은 다음 사항을 분석하여 책정한다.

- 운영 관리 인력
- 검·교정 경비
- 전년도 시스템 가동 실적 대비 전기료와 통신비 : 전년도의 전기료와 통신비용을 토대로 전력 과다 사용 통제와 통신비용 절감 방안 등을 검토하여 예산을 책정한다.
- 시설물의 보증 기간 : 구입한 모든 시설의 보증 기간을 시설물별로 기록하고, 보증 기간이 완료된 장비에 대해서는 관리 비용을 산정한다.
- 적정 예비품 : 예비품은 유지 관리 이력 데이터베이스를 분석하여 적정 교체 주기를 구한 뒤 시설물을 원활하게 교체할 수 있도록 충분한 양을 확보한다. 이력 데이터베이스가 충분하지 않을 경우에는 5% 이상 확보하는 것이 바람직하다.

[표 10-7] **예산 항목별 세부 내역**

예산 항목	세 부 내 역
인건비	• 총괄 관리자, 상황실 운영 요원, 시스템 운영 요원 • 교통관리시스템 현장 시설과 교통관리센터 시설 유지 관리 요원 • 시스템 품질 관리자, 데이터 분석가
시설 관리비	• 교통관리시스템 현장 시설과 센터 시설의 점검 경비 • 전력비, 통신비 등 • 예비품 • 검·교정 비용
운영 경비	• 교육과 훈련 프로그램 운영비 • 홍보비 • 운영 경비(전산비, 문서 관리, 소모품 등)

10.2.3 교육과 훈련

운영 관리 요원의 역량에 따라 전체 시스템의 성능이 달라지므로, 운영 관리 요원을 주기적으로 교육하며, 이를 위해 업무 매뉴얼을 작성한다.

교육은 기술 이전 교육, 정기 교육, 수시 교육으로 구분할 수 있다.

(1) 기술 이전 교육

신규 시스템 도입, 신 기술 도입으로 인해 생기는 변경 사항을 습득하고, 신규 직원의 경우 운영 관리 업무를 익히기 위해 기술 이전 교육을 실시한다.

[표 10-8] **기술 이전 교육 항목**

기술 이전 교육 구분			기술 이전 교육 내용
일반 교육			• 운영 관리 개요 • 시스템의 구성과 기능 • 데이터의 수집/가공/제공 • 시설물의 기능
전문교육	시스템 운영		• 시스템 운영 상태 관리 • 자료 백업과 복구 절차 • 운영 체계, 각종 응용 프로그램 사용 방법 • 시스템 보안 관리
	시설 유지 관리	센터 시설 유지 관리	• 교통관리센터 시설 사양 • 교통관리센터 시설 수리·보수 업무 • 장애 발생 시 조치 요령 • 점검 기록과 장애 처리 자료 기록·보관
		현장 시설 유지 관리	• VMS, VDS, CCTV, AVI 등 현장 시설 사양 • 교통관리시스템 현장 시설 수리·보수 업무 • 교통관리시스템 현장 시설 안전 관리 • 점검 기록과 장애 처리 자료 기록·보관

(2) 정기 교육과 수시 교육

상황실 운영자에게 정기적으로 반복 교육을 시킴으로써 업무를 숙달하게 할 수 있으며, 시스템의 성능이 바뀌거나 교통 상황의 변화가 생긴 경우 수시로 교육을 시킬 수 있다.

[표 10-9] **정기 교육과 수시 교육**

구 분		교 육 내 용
정기 교육		운영 관리 일반사항
수시 교육	운영 업무 변경	• 센터 운영 업무의 변경(돌발상황 대처 요령 변경 등) • 시스템 운영 업무의 변경
	유지 관리 업무 변경	• 정기점검 항목과 주기 변경 • 장애 처리 절차 변경
	즉시 재교육이 필요한 경우	현장 교통 여건 변화(도로 확장, 도로 폐쇄, TSM 사업 시행 등)

10.2.4 업무 매뉴얼 작성

업무 매뉴얼은 운영 관리 요원들이 업무에 필요한 업무 처리 내용을 담고 있으며, 주기적으로 내용을 갱신한다. 특히 상황실 운영 매뉴얼의 주요 역할 및 기능은 다음과 같다.

① 상황실 운영자의 책임과 업무범위에 관한 사항
② 유고상황 업무처리 기준 및 방법에 관한 사항
③ 교통상황 관련 업무 수행 표준 지침 기능
④ 기타 관련 지침 및 규칙(본 매뉴얼의 상위 규정으로서 본 매뉴얼과 내용이 다를 경우 해당 규정을 따라야 한다)

[표 10-10] **업무 매뉴얼의 종류**

매뉴얼 종류	매뉴얼 내용
상황실 운영 매뉴얼	교통관리전략과 상황 관리 업무
시스템 운영 매뉴얼	• 시스템 운영 상태 관리 • 시스템 변경 관리 • 시스템 보안 관리 • 시스템 백업 관리 등
시설 유지 관리 매뉴얼	• 교통관리시스템 현장 시설 유지 관리 • 교통관리센터 시설 유지 관리
품질 개선 매뉴얼	• 데이터 품질 관리 • 시스템 품질 관리 • 시스템 개선

10.2.5 문서 관리

센터 운영, 시설 유지 관리, 품질 개선 업무를 통하여 산출되는 자료는 문서 또는 데이터베이스의 형태로 기록한다.

- 교통정보의 수집과 제공에 관한 사항
- 시설·장비의 성능 유지에 관한 사항
- 서비스 기능 유지와 변경에 관한 사항 등

[표 10-11] **문서 자료**

구 분	보관 자료
센터 운영	• 운영 상황 일지 • 시스템 운영 일지 - 시스템 운영 상태 관리, 변경 관리, 보안 관리, 백업 • 교통정보 이력 데이터베이스
시설 유지 관리	• 교통관리시스템 현장 시설 유지 관리 일지 • 교통관리센터 시설 유지 관리 일지 • 시설과 장비의 이력 데이터베이스 - 시설물별 점검과 수리·보수 기록
품질 개선	• 데이터 품질 관리 이력 데이터베이스 • 현장 장비 성능 관리 이력 데이터베이스 • 시스템 품질 관리 일지 • 시스템 개선 보고서

10.3 센터 운영

10.3.1 센터 운영 업무 분류

운영 업무는 상황실 운영, 시스템 운영, 정보 연계 운영 업무로 분류할 수 있다.

[표 10-12] **센터 운영의 업무 분류**

분 류	업무 내용
상황실 운영	교통관리전략 수립과 교통 상황 관리
시스템 운영	교통관리센터 시설 구성 요소에 대한 운영 상태 관리, 변경 관리, 보안 관리, 백업 관리 등
정보 연계 운영	연계 시스템의 계획, 연계 시스템 구성, 연계 시스템 운영 업무

10.3.2 상황실 운영

(1) 교통 관리 전략 수립

상황실을 운영하기 위해서 교통관리센터의 목적에 부합하도록 교통관리전략을 수립하고, 교통관리전략에 근거하여 물리적 시스템을 구성한다.

(2) 교통 상황 관리

교통 상황 관리 업무에는 교통 상황을 상시 모니터링하는 업무와 돌발상황이 발생했을 때 대처하는 업무가 있다.

모니터링은 현장의 도로교통 상황을 감시하는 업무를 말한다. 교통 상황 모니터링을 통하여 돌발상황 등이 감지되었을 경우에는 이를 처리하는 상황을 계속해서 지켜보아야 한다.

고속도로에서 발생하는 정상적인 교통상황 이외에 각종 상황(교통사고, 유지보수작업, 기상이변, 시위, 기타)으로부터 기인하는 비정상적인 교통소통상황(교통소통 특별상황)을 유고상황이라 하며, 다음의 경우로 분류하여 관리한다(한국도로공사 교통상황실 운영 매뉴얼 참조).

① "교통사고" 관련 상황은 "교통 및 안전사고업무처리기준"에 의한 사고를 말하며 등급 및 사고유형은 다음과 같다.

등급 사고유형	A급	B급	C급
1. 인명피해	• 사망 3명 이상 • 사상 10명 이상 • 부상 20명 이상	• 사망 1명 이상 • 부상 5명 이상	부상 1명 이상
2. 관련차량	10대 이상 사망사고	10대 이상 부상사고	3대 이상
3. 교통차단	• 양방향 완전차단 • 일방향 완전차단 2시간 이상	일방향 완전차단	1개 차로 차단 1시간 이상
4. 직원사고	사망사고	부상사고	
5. 기 타	• 공사귀책이 우려되는 사고 • 터널 내 화재사고(5 MW 초과)	터널 내 화재사고(5 MW 이하 소규모 단독)	
	저명인사, 정부요인, 주한외교관 관련 사고		
	화약, 독극물, 유류, 가스 등 위험물 적재차량 사고 중 사회적 여론화가 예상되고 중요하다고 인정되는 사고		
	기타 A급에 준하는 중대하다고 인정되는 사고		

주1) 승용차 반소(1 MW)/전소(2.5 MW), 소형버스·소형트럭 반소(5 MW)
주2) 완전차단은 갓길을 포함함

② "시위 "관련 상황은 각종 이익단체의 도로불법점거, 저속운행 등으로 인하여 고속도로에서의 정체가 발생되는 상황을 말한다.

③ 기상이변으로 정체가 발생하여 지속적으로 교통소통에 지장이 있는 경우, "재해·재난" 관련 상황은 "고속도로 재난관리 매뉴얼"에 의한 풍수해(설해) 등급으로 구분하며 다음과 같다.

단 계	풍수해 등급	설해 등급
관 심	• 호우예비특보 발효 시 • 태풍예비특보 발효 시	대설 빈발시기
주 의	• 호우주의보 발효 시 • 태풍주의보 발효 시	• 대설예비특보 또는 주의보 발효 시 • 수도권 적설량 3 cm 내외 예상 시
경 계	• 호우경보 발효 시 • 태풍경보 발효 시	• 대설경보 발효 시 • 수도권 대설주의보 발효 시
심 각	• 3개 본부 이상 호우경보 발효 시 • 2개 본부 이상 태풍경보 발효 시	• 2개 본부 이상 대설 경보 발효 시 • 수도권 대설경보 발효 시

④ 유지보수작업으로 정체가 발생하여 교통소통에 지장이 있는 경우

⑤ 전면 교통 차단이 발생한 경우

⑥ 기타 위 사항들에 속하지 않으나 정체를 발생시키는 상황을 말한다.

돌발상황 발생에 대비하여 관련 기관(경찰, 병원, 견인업체, 소방서 등)과 상시 유선 연락망을 확보하고, 상황에 적절하게 대처한다.

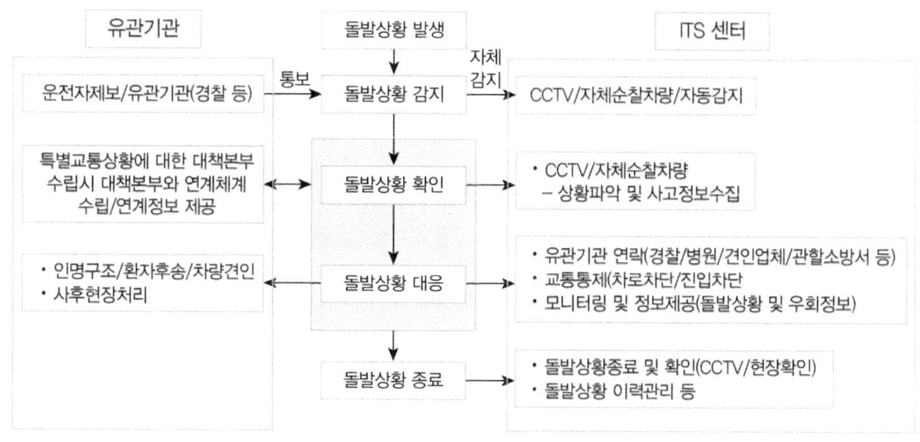

[그림 10-3] **돌발상황 대응절차**

돌발상황은 순찰차량, CCTV, 자동 감지 등 교통관리센터에서 직접 감지할 수 있고, 그 밖에 운전자 제보, 경찰, 관련기관으로부터도 통보받을 수 있다.

돌발상황 감지 이후에는 CCTV나 현장 출동에 의하여 사고에 대한 상황을 확인한다. 이때 파악해야 할 내용은 다음과 같다.

- 발생 일시, 발생 장소, 사고 형태
- 부상자의 유무, 부상자수, 부상 정도
- 차종, 차량 번호, 차량 손상 등의 차량 상태

- 위험물 적재 여부, 위험물의 내용
- 견인 차량 요청 여부
- 도로 손상 유무, 손상 정도

돌발상황에 대응하는 절차는 다음과 같다.
- 관련 기관(경찰/병원/견인업체/관할 소방서 등)에 사고 정보를 알린다.
- 교통통제 여부를 파악하여 통제정보를 운전자에게 제공한다.
- 현장 상황을 주의깊게 모니터링하고 돌발상황, 소통정보, 우회 도로 정보를 VMS, ARS, 교통방송 등의 교통정보 제공 매체에 지속적으로 제공한다.

돌발상황이 종료되면 CCTV나 현장 출동을 통하여 종료 여부를 확인한 후 관련 기관과 도로 이용자에게 통보한다.

10.3.3 시스템 운영

시스템 운영 업무는 교통관리센터 시스템을 운영하기 위한 계획 수립, 운영 상태 관리, 변경 관리, 보안 관리, 백업 관리를 말한다.

[표 10-13] **시스템 운영의 업무 분류**

분 류	업무 내용
운영 상태 관리	교통관리시스템 구성 요소(H/W, 응용 프로그램 등)를 모니터링하여 이상한 징후를 발견, 기록, 분류하고 이를 통지하여 해당 업무 담당자들이 적절한 조치를 하도록 하는 업무
변경 관리	교통관리시스템 구성 요소에 대한 변경 사항이 생기면 변경 신청, 검토, 승인하는 업무
보안 관리	교통관리시스템에서 수집, 가공, 산출하는 데이터와 교통정보의 보안 유지를 위한 업무
백업 관리	교통관리시스템의 심각한 장애나 재해 등으로 인하여 저장해 둔 정보가 손실되거나 손상될 경우에 대비하여 일정한 시간 차이를 두고 데이터를 복사하여 별도 매체(디스크 또는 테이프)에 저장해 두는 업무

(1) 운영 상태 관리

운영 상태 관리는 장애 감시, 성능 감시, 보안 감시 업무 등을 포함한다.
- 장애 감시는 교통관리센터 시스템 구성 요소(응용 프로그램, H/W, 데이터베이스, 서버, 네트워크 등)에 대한 자료 수집과 상태 점검을 통하여 기능적인 작동 여부를 감시하는 업무를 말한다.
- 보안 감시는 보안 관련 로그 분석을 통한 침해 사고 감시 등 데이터와 정보의 보안 감시 업무를 말한다.

- 성능 감시는 교통관리시스템 구성 요소의 성능과 용량 관련 임계치(허용치) 초과 여부 등에 대한 감시 업무를 말한다.

(2) 변경 관리

교통관리센터 시스템 구성 요소의 변경은 시스템 개선, 장애 원인 제거, 신기술 도입이나 기존 시스템 폐기 등의 과정에서 다양하게 일어난다.

교통관리센터 시스템의 구성 요소를 변경하려면 변경 사유, 변경 내용, 변경 일정 등 변경 계획을 세워야 하며, 변경 내용이 운영 중인 교통관리시스템에 미치는 영향이 없는지를 살펴보기 위해 다음 사항을 검토한다.

- 요청된 변경 사항의 기술적 타당성 검토
- 상호 운용성, 접속 등에 대한 영향과 재검토
- 일정과 사용자에 대한 영향
- 시험과 검사 방법에 대한 영향
- 장애 관리, 운영 상태 관리, 성능 관리 업무 등에 미치는 영향
- 응용 프로그램과 인프라 아키텍처에 미치는 영향 등

(3) 보안 관리

교통 정보가 불법 유출, 변경, 파괴되지 않도록 체계적인 대책을 세우기 위해 보안 대상과 보안 범위를 설정하여 관리한다.

[표 10-14] **보안 대상과 적용 범위**

보안 대상	적용 범위
서버, OS	• 사용자 계정 관리 • 패스워드 관리 • 시스템 권한 제한과 분리 • 서버 운영체제의 취약점 관리
데이터베이스	• 데이터베이스 사용자 분류와 역할 구분 • 사용자 권한 관리
네트워크	• 외부에서 내부로의 네트워크 상의 접근에 대한 접근 통제, 감시, 인증 • IP 주소의 관리와 보호 • 외부 기관과의 네트워크 연계에 대한 보안 • 네트워크 로그 관리
응용 프로그램	• 응용 프로그램별 접근 통제 • 단위 업무별 접근 통제 • 응용 프로그램 사용 상태 관리
클라이언트	• 개인 PC에 대한 패스워드 관리 • 개인 PC의 자원(파일과 디렉토리)에 대한 관리

보안 관리 업무는 기술적 보안, 물리적 보안, 관리적 보안 업무로 구분하여 보안 대책을 세운다.

- 기술적 보안은 데이터베이스, 하드웨어, 소프트웨어, 네트워크 등에 대한 접근 통제, 변경 관리 등의 보안 업무를 말한다.
- 물리적 보안은 교통관리센터의 출입 통제, 우발적 사고와 화재 발생 시의 대응 업무를 말한다.
- 관리적 보안은 보안 매뉴얼 작성, 보안교육, 감사 등의 업무를 말한다.

[표 10-15] **보안 대책**

구 분		주요 보안 대책
기술적 보안 대책	사용자 식별, 인증	• 개인에게 고유의 사용자 ID를 부여하여 권한이 허용된 시스템만을 사용함 • 비밀번호의 주기적인 변경, 입력 횟수 제한 등을 시스템 측면에서 강제적으로 통제함 • 사용자의 식별과 인증을 일원화하여 통합 관리함
	시스템 자원의 접근 통제	• 데이터베이스의 접근 권한을 사용자별로 분류함 • 임의의 사용자/그룹에 대한 접근 모드를 설정함
	감사, 관리	시스템 이용에 관한 기록(Login에 실패한 사용자의 ID 식별/인증 처리, 관리자의 특별 권한 사용 등)을 수집하여 감사하고, 불법 사용을 홍보하여 시스템 부정 사용을 억제함
	데이터 복원	사용자의 운영 오류, 하드웨어 결함, 의도적 데이터 파괴, 천재지변 등의 재해로부터 데이터를 보호하고 무중단 운영을 위한 백업 대책을 마련함
	네트워크 보안	상대방 인증, 메시지 인증, 네트워크 패킷에 대한 접근 통제 등의 보안 대책을 마련함
물리적 보안 대책	출입 통제	• 센터 내 출입 인원 통제 • 출입 권한의 승인, 변경 관리
	장비 보안	• 서버와 네트워크 장비를 통제 장소에서 운영 • 장비의 위치, 네트워크 구성 요소와 접속 장치, 하드웨어, 소프트웨어의 등록 사항을 관리
	화재 예방과 감시 시스템	• 화재 초기 진압을 위한 장비를 설치하고 방화구역 설치 • 화재 감시 시스템은 독립적으로 설치 • 소화전을 설치하고 소방 훈련, 화재 대비 훈련을 주기적으로 연습
	설비 보호	• 무정전 전원설비, 항온항습, 공기 정화 설비의 유지 관리 • 장애 발생 시 처리 절차의 수립
관리적 보안 대책	보안 매뉴얼 작성	보안 프로그램 운영 절차서, 방화벽 운영 절차서, 시스템 변경 절차서, ID와 패스워드 관리 절차서 등 시스템 보안 관리에 요구되는 지침과 절차를 매뉴얼로 작성하여 보급함
	보안 교육과 훈련	철저한 보안 교육을 통하여 사용자들의 보안상의 실수를 예방하고, 외부 침입 시도 시 보고 체계를 갖추도록 교육함
	감 사	시스템 보안 체계 수립 시 당시의 목표와 보안 매뉴얼(지침)에서 규정한 내용들이 충분히 이루어지는지를 점검하고, 파악된 문제점을 검증하여 보안 시스템에 반영하고 정보 보안 체계를 적정하게 유지함

(4) 백업 관리

백업(back - up)은 교통관리시스템의 심각한 장애나 화재와 같은 재해로 인해 저장해 둔 정보가 손실되거나 손상될 경우에 대비하여 일정한 시간 차이를 두고 데이터를 복사하여 별도의 매체(디스크 또는 테이프 등)에 예비로 저장해 둔다. 이를 통해 불의의 사고로 시스템이나 파일이 피해를 입더라도 최근에 백업한 시점에서 내용을 복구하여 정보시스템의 영속성을 보장하는 데 목적이 있다.

백업 대상은 데이터베이스, OS, 일반 파일 등을 포함하며 각각의 백업 대상에 대하여 백업 주기 백업 서버명, 백업 매체, 보관기간 등을 명시해야 한다.

10.3.4 정보 연계 운영

정보 연계 시스템은 다음과 같이 계획, 협의, 구축, 운영의 절차에 따라 구성하여 운영한다.

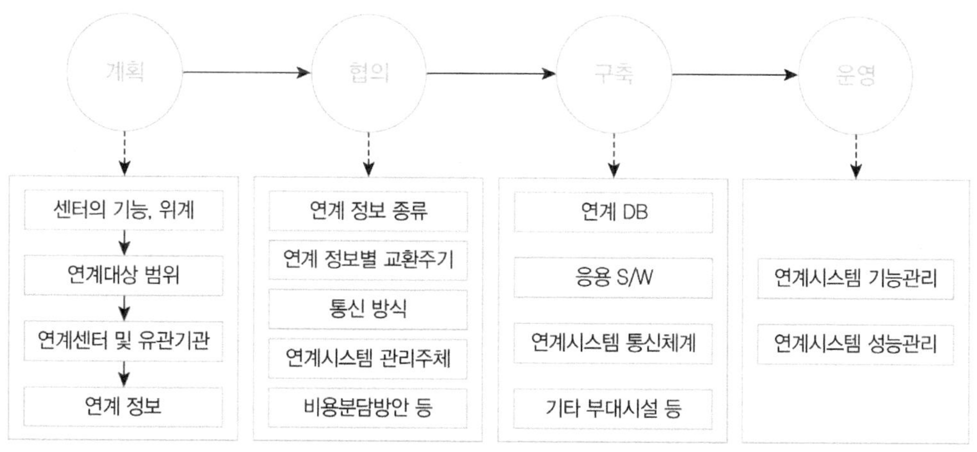

[그림 10-4] **정보 연계 시스템 구성 및 운영 절차**

(1) 정보 연계 시스템 계획

도로 이용자에게 관리 영역 범주 이외의 전국 단위 또는 광역 단위의 통합 정보를 제공하고자 할 경우에는 타 센터와 관련기관과의 정보 연계 계획을 상위 계획에 부합하게 수립해야 한다.

정보 연계 시스템 구축 계획은 정부에서 제정·고시하는 기술 기준을 따라야 한다.

[표 10-16] **정보 연계 관련 ITS 표준과 기준 목록**

번 호	기술 기준과 표준명	제정/고시일	주요 내용
건설교통부고시 제2004-513호[76]	기본 교통정보 교환 기술 기준	2004. 12. 31.	센터 간 교통정보 교환을 위한 정보 흐름과 입력 기준의 정의
건설교통부훈령 제553호	ITS 업무 요령	2005. 8. 31.	ITS의 업무 수행 방법과 절차 등을 세부적으로 정함
건설교통부고시 제2005-390호	대중교통(버스) 정보 교환 기술 기준	2005. 11. 30.	버스의 운행 관리와 이용 안내에 대한 정보 흐름, 정보 입력 기준을 정의
건설교통부고시 제2006-175호	기본 교통정보 교환 기술 기준Ⅱ	2006. 5. 30.	교통정보센터와 단말 장치 간 교환하는 교통정보에 대한 정의
건설교통부고시 제2006-304호	DSRC를 이용한 ETCS의 정보 교환 기술 기준	2006. 7. 3.	근거리 전용 무선통신(DSRC) 규약의 표준화된 응용 인터페이스 방식, 정보 형식을 규정
건설교통부고시 제2007-386호	지능형교통체계 표준 노드·링크 구축 기준	2007. 9. 13.	교통정보의 수집 및 제공에 활용되는 전자도로망의 노드·링크를 표준화하여, ITS 사업자 간의 정보 교환을 원활하게 함
건설교통부고시 제2007-387호	지능형교통체계 표준 노드·링크 구축·관리 지침	2007. 9. 13.	ITS 사업자가 전자도로망의 노드·링크를 구축·관리할 때 따라야 할 내용을 규정

해당 센터에서 관리할 범위를 결정하고, 정보를 직접 수집하는지의 여부에 따라 직접 수집 범위와 연계 수집 범위로 구분한다.

직접 수집 범위는 정보 수집을 위해 해당 센터가 정보수집시스템을 설치, 운영, 유지 관리하는 범위로 정의한다. 연계 수집 범위는 교통관리를 위해 정보 수집이 필요한 영역이나 예산상의 제약, 타 센터가 선행하여 시스템을 구축한 경우 등 연계 시스템을 통해 정보를 수집, 제공하는 범위이다.

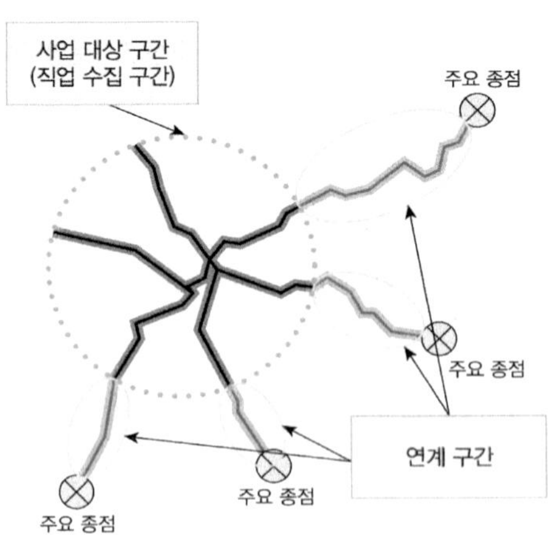

[그림 10-5] **정보 연계 대상 구간**

76) 기본교통정보 교환 기술기준은 2004년 제정된 이래 2009년 8월과 2012년 8월에 국토해양부고시로 개정됨.

정보 연계 대상 구간 결정 이후 연계 대상 범위의 교통정보 수집과 교통관리를 하는 센터가 연계 대상 센터로 결정된다. 또한 여러 가지 각종 돌발상황과 특별상황 발생 시 신속하고, 효율적인 대응 체계 구축을 통한 교통류에 미치는 영향을 최소화하고, 2차 사고 발생을 사전에 예방하기 위해 관련 기관과 긴밀하게 협력한다. 해당 관련 기관으로는 관할 경찰서, 119구급대, 지역 교통방송본부, 도로관리기관, 지역 차량 견인업체 등을 포함한다.

센터가 효율적인 교통관리를 하기 위해 필요한 연계 정보를 연계 센터와 관련 기관별로 결정해야 한다.

센터 간 연계 정보는 기본정보와 대중교통정보를 기본으로 하되, 필요에 따라 센터 간 상호협의하여 연계 정보를 추가 또는 삭제한다.

[표 10-17] **센터 간 정보 연계를 위한 기본 교통정보의 정보명**[77)]

ID	정보명	아키텍처 정보명	정보주기	정보 세부 항목
101	교통소통 정보	교통정보 고속도로교통정보 도시부간선도로국도/지방도 교통정보	상시교환	속도, 교통량, 밀도, 통행시간, 대기 길이, 점유율
102	교통통제 정보	교통통제정보	이벤트 발생 시	위치, 통제 유형, 대상, 시간
103	돌발상황 발생정보	돌발상황정보, 돌발상황 발생정보, 구조 요청, 정보	유고상황 발생 시	위치, 시각, 사상자수, 피해 정도
104	돌발상황 정보	돌발상황 정보, 돌발상황 보완 정보, 돌발상황 종료 정보	유고상황 발생 시	관리기관, 상황 유형, 대상 유형, 조치 상태, 갱신 상태
105	도로상태 정보	도로정보	요청 시	노면 상태, 이용 가능 여부, 강우/강설 수위, 표면 온도
106	기상정보	기상정보	요청 시	기온, 날씨, 확률, 가시거리, 풍속, 풍향, 습도, 기압, 일출·일몰 시각
107	도로관리 정보	도로정보	정적 정보	위치, 관할구역, 도로 유형, 도로명, 길이, 포장 유형, 운영 조건, 중앙 분리 형태, 차선수, 노견폭
108	프로브 정보	프로브정보, 위치정보	상시 교환	차량 종류, 검지 시각, 통행 시간, 검지 위치
109	차량검지 정보	차량 검지정보	상시 교환	검지 위치, 속도, 교통량, 점유율, 대기 길이

77) 기본교통정보 교환 기술기준, 국토해양부 고시 제2012-560호.

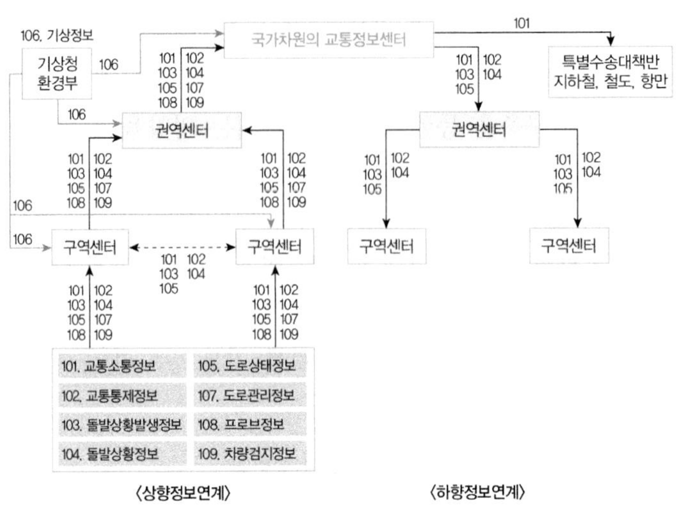

[그림 10-6] **센터 간의 연계를 위한 기본 교통정보 연계도**[78)]

[표 10-18] **정보 연계를 위한 대중교통정보의 정보명**[79)]

ID	정보명	정보내용	정보교환 주기	인터페이스	아키텍처상 정보명
201	버스위치 정보	차량ID, 노선ID, 막차 여부, 막차의 최종도착정류장 ID이벤트정보-메시지발생시각, 이벤트정보수집노드(zone/구역)ID, 노드진입·진출시각, 노드통행시간, 정주기정보-차량위치정보(GPS), 위치정보수집시각, 정보수집주기, 버스잔여좌석정보	실시간	센터-센터	버스 위치 정보
202	도착예정 정보	정류장ID, 노선ID, 차량ID, 도착예정시간(출발정류장ID 및 진출·진입시각, 통과시간), 평균통행속도, 막차정보, 버스잔여좌석정보	실시간	센터-센터	도착 예정 정보
203	운행계획 정보	노선기본정보(노선ID, 노선명칭, 기·종점정류장 ID), 노선부가정보, 노선운행정보(첫차·막차 출발시각, 첨두/비첨두 배차간격), 차량운행횟수, 운행계획정보 갱신시각·갱신내용	변경 시	센터-센터	운행 계획 정보
204	운행지시 정보	차량ID, 다음정차정류장ID, 차간거리조정, 운행지시정보	필요시※	센터-센터	운행 조정 정보
205	운행관리 정보	차량ID, 이벤트정보수집노드(zone, 구역) ID, 차량위치정보(GPS), 운행상태정보, 무단결행노선ID, 무단결행발생대수, 노선 ID	필요시※	센터-센터	운행 상태 정보
206	긴급상황 정보	차량ID, 노선ID, 이벤트정보수집노드(zone, 구역)ID, 차량위치정보(GPS), 발생위치(도로명칭, 관련교차로, 돌발상황발생위치설명), 돌발상황발생시각, 돌발상황부연설명, 돌발상황유형, 돌발상황부연설명, 돌발상황긴급정도, 돌발상황긴급정도 부연설명	유고 발생 시	센터-센터	돌발상황 보완 정보

78) 기본교통정보 교환 기술기준, 국토해양부 고시 제2012-560호.
79) 대중교통(버스) 정보교환 기술 기준, 국토교통부 고시 제2014-176호.

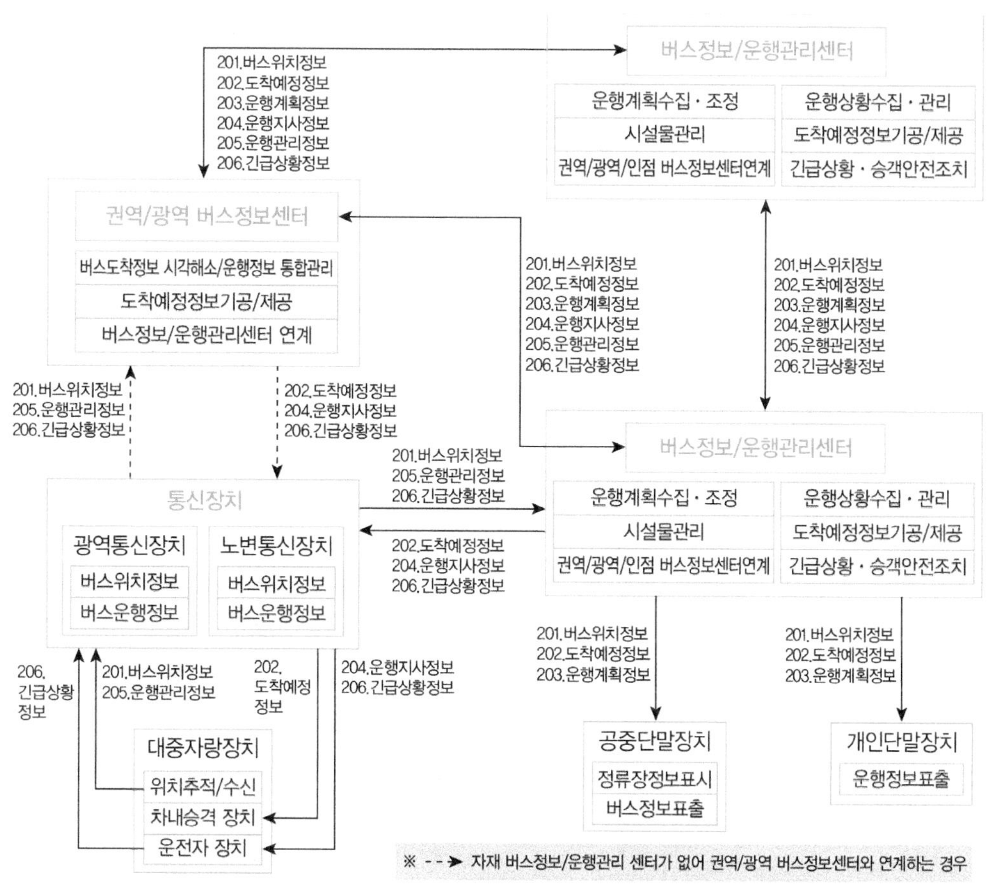

[그림 10-7] **대중교통(버스) 정보 교환을 위한 연계도** [80)]

(2) 정보 연계 시스템 협의

연계 센터 간에는 다음 사항을 협의해야 한다.

- 센터 기능과 위계
- 연계 범위와 정보 종류
- 연계 정보별 교환 주기
- 통신 방식
- 정보 연계 운영 주체와 비용(구축 비용, 운영 관리 비용 등) 분담 방안

80) 대중교통(버스)정보교환 기술기준, 건설교통부 고시 제2005-390호.

10.4 시설 유지 관리

10.4.1 시설 유지 관리 업무 분류

시설 유지 관리는 현장 시설 유지 관리, 교통관리센터 시설 유지 관리로 분류할 수 있다.

[표 10-19] **시설 유지 관리의 업무 분류**

분 류	업무 내용
현장 시설 유지 관리	예방 점검, 사후 점검, 현장 시설 복구
교통관리센터 시설 유지 관리	예방 점검, 장애 처리

10.4.2 현장 시설 유지 관리

정보 이용자의 편의와 안전을 높이기 위하여 시설물을 일상적으로 점검·정비하고 손상된 부분을 원상·복구하기 위한 현장 시설에 관한 점검과 보수 업무는 예방 점검 체계와 사후 점검 체계로 구분할 수 있다.

- 예방 점검 체계는 현장 시설에 대한 정기적인 점검을 통하여 고장을 감지하여 이를 보수하는 업무를 말한다.
- 사후 점검 체계는 교통관리센터 상황실에서 현장 시설에 대한 상시 감지와 모니터링을 통하여 장애를 감지하고, 이에 대해 긴급 점검하고 보수하는 업무를 말한다.

보증 기간이 완료된 시설과 장비는 교통관리센터의 관리자가 시설물 관리 계획과 이에 대한 경비를 확보하며, 보증 기간 이내의 시설·장비에 대한 고장 수리 등의 복구 업무와 소요 비용은 시설 제공 업체가 제공한다.

점검 계획은 현장 시설 각각에 대한 점검 항목, 점검 주기 등을 정의하고, 일상 점검, 주간 점검, 월간 점검, 분기 점검, 연간 점검으로 구분하여 점검한다. 점검 항목과 점검 주기는 현장 시설의 특성에 맞추어서 결정한다.

현장 점검 중에 고장을 발견한 경우 점검자가 간단한 조치를 하거나, 점검자에 의한 수리·보수가 어려울 경우 전문유지보수기관에 의뢰한다.

고장 처리 후에는 고장 이력을 데이터베이스에 저장하여 시스템 개선 업무에 활용한다.

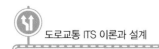

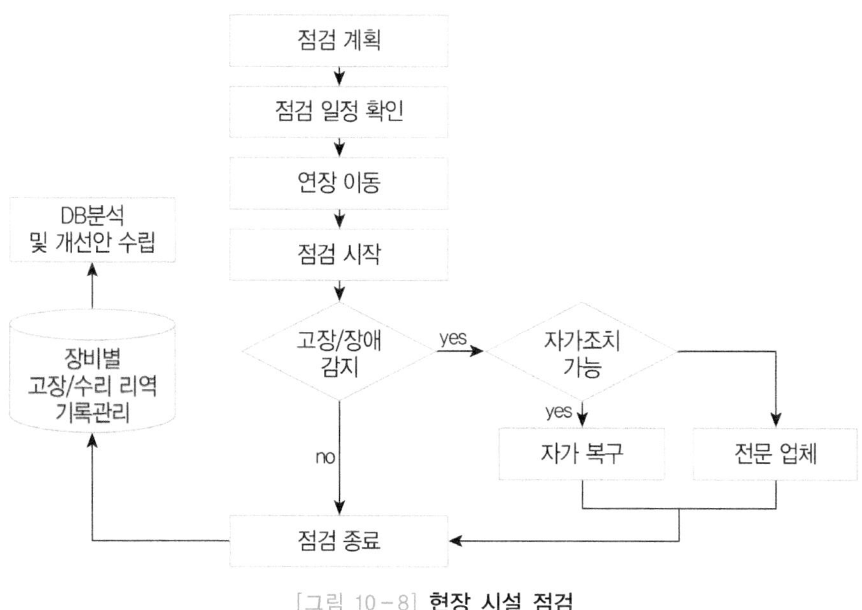

[그림 10-8] **현장 시설 점검**

10.4.3 교통관리센터 시설 유지 관리

교통관리센터 시설 유지 관리는 전산시스템(H/W, 응용 프로그램, 데이터베이스, 네트워크 등) 또는 부대시설의 고장, 장애, 서비스 불능 상태 등 시스템의 장애 여부를 관찰, 진단, 보고, 제어, 처리하는 것을 말한다.

장애의 근본적인 원인을 사전에 차단하기 위해 장애 발생 이력 데이터베이스의 통계 분석을 통하여 장애 발생을 예측하고 이를 기반으로 예방 점검을 실시한다.

[표 10-20] **시스템 장애 분류**

	재해와 장애		재해와 장애의 요인
통제 불가능 요인	자연재해		화재(전산실, 사무실), 지진, 폭우, 태풍 등
통제 가능 요인	인적 장애		시스템 운영 실수, 단말기 또는 디스켓 등의 파괴, 해커의 침입, 컴퓨터 바이러스, 자료 누출 등
	기술적 장애	시스템 장애	OS(운영체계)의 결함, 응용 프로그램의 결함, 통신 프로토콜의 결함, 하드웨어의 손상
		기반 구조 장애	정전 사고, 단수, 설비 장애(발전기, 항온항습기 등), 건물의 손상

(1) 예방 점검

예방 점검은 다음 사항을 포함한다.

- 점검 항목과 점검 주기
- 장애 처리 절차
- 시스템 중단 관리 절차 등

정기 예방 점검 수행 시, 가동 중단이 필요한 경우 사용자가 충분히 대응할 시간적 여유를 고려하여 공지함으로써, 업무에 지장이 없도록 해야 한다.

예방 점검은 계획된 시간 내에 하며, 장애 발생 시에는 자가 조치 또는 전문 유지보수업체에 연락하여 장애를 복구한다.

예방 점검 결과 내용을 기록하고 데이터베이스화하여 다음 연도에 점검 계획을 세울 때 기초 분석 자료로 활용해야 한다.

(2) 장애 처리

장애 처리 절차는 장애 감지와 접수, 장애 정도 판단, 복구 대책 수립, 복구 수행, 결과 기록의 단계로 수행한다.

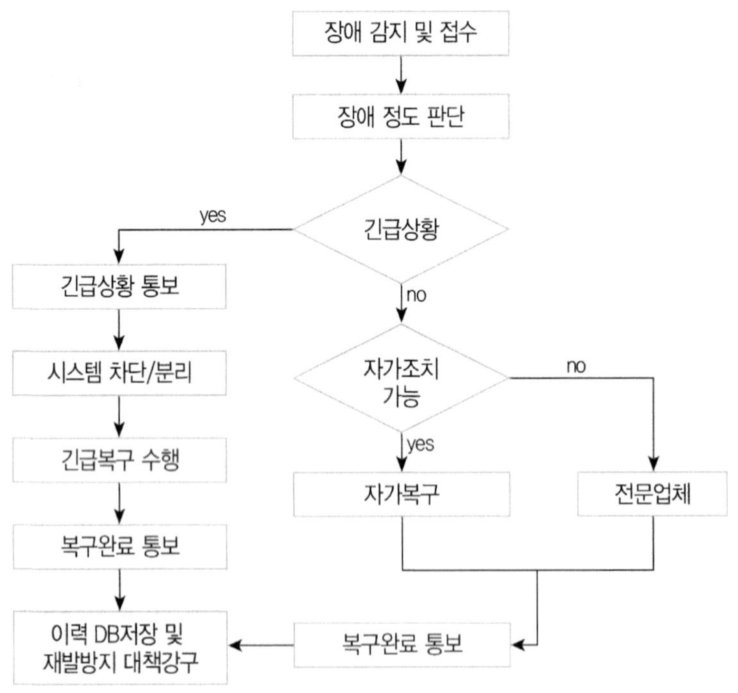

[그림 10-9] 교통관리센터 시스템 장애 처리 절차

장애 감지와 접수 단계에서는 시스템 운영 상태 관리를 통해 장애를 감지하거나 장애 발견자로부터 장애 사항을 접수받는다.

장애를 감지하거나 접수하면 장애의 심각도를 판단하고, 장애가 심각한 경우에는 다음과 같이 처리한다.

- 긴급 상황과 관련된 관계 기관에 연락해야 하며, 관련 업무 담당자에게 이를 즉각 알려야 한다. 또 피해 최소화를 위하여 장애 영역에 대한 시스템 차단과 분리를 할 수 있다.
- 긴급 상황에 대한 긴급복구 전문업체에 연락하여 복구한다.
- 복구가 완료되면 시스템을 재가동하고 관계기관과 이용자에게 복구 완료를 통지한다. 또 원인 분석을 통하여 재발 방지 대책을 강구한다.

복구 대책 수립은 자가 조치, 자가 조치 불가능 시 전문 유지보수팀에 연락하고 장애를 복구하는 업무를 포함한다.

장애 처리에 대한 자료는 기록하여 데이터베이스 분석과 개선안 도출에 활용해야 한다.

10.5 품질 개선

10.5.1 품질 개선 업무 분류

품질 개선은 시스템 품질 관리, 시스템 개선 업무로 분류된다.

[표 10-21] **품질 개선의 업무 분류**

분 류		업무 내용
시스템 품질 관리	현장 장비 성능관리	현장 장비의 정확도에 대한 검사와 교정 업무
	교통관리센터 시스템 품질 관리	센터 시스템을 구성하는 H/W와 응용 프로그램의 성능 관리와 교통 정보의 품질 관리
시스템 개선		• 운영 관리에서 저장·보관하는 각종 이력 데이터베이스를 활용한 운영 관리 업무 개선과 2차 활용 • 도로교통 환경 변화에 따른 시스템 추가·보완

10.5.2 시스템 품질 관리

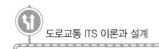

교통관리시스템의 안정적인 운영을 위하여 교통 정보 수집·가공·제공, 기술 기준과 표준 적용 여부 등을 지속적으로 관리하고 개선해야 한다.

현장 장비는 정기적으로 성능 평가를 하여 정확성을 일정 수준 이상으로 유지해야 한다. 성능 평가는 ITS 성능 평가기관에 의뢰하여 검증하는 것을 원칙으로 한다.

교통관리센터 시스템의 구성 요소의 효율과 응답 속도 등을 최적의 상태로 유지하기 위하여 낮은 성능을 보이는 요소를 찾아 성능을 개선한다.

10.5.3 시스템 개선

(1) 운영 업무 개선

이력 데이터베이스(교통량, 속도, 점유율 등)를 분석하여 교통 패턴의 변화 등이 교통관리전략에 영향을 미치는 경우 이에 대한 원인 조사와 분석을 통하여 시설물 제어 전략을 변경(연결로(램프) 미터링 운영 전략 변경, VMS 정보 제공 전략 변경 등)하고, 교통 상황 관리 전략을 변경한다.

(2) 시설 유지 관리 업무 개선

전력과 통신망 등의 현장 장비 주변 조건 현황을 작성·관리하여 현장 장비에 원활하게 전력을 공급하고, 데이터 통신망을 중복으로 구축하지 않아야 한다. 또한 이에 대한 변경 사항 등을 상시 감시, 관리해야 한다.

교통관리센터 관할 대상 구역의 교통 조건과 도로 조건 등을 상시 작성·관리하여 이에 대한 변경 사항이 있을 시, 현장 장비 또는 부속 설비의 철거·이전, 추가 장비의 설치 계획 등을 고려할 수 있다.

교통관리시스템 시설의 기능 유지를 위한 유지보수 이력(점검과 수리 보수)과 성능 유지를 위한 성능 관리 이력을 데이터베이스화하여 기록하고 이를 정기적으로 분석하여 점검과 검사 계획 수립 등에 활용할 수 있다.

(3) 데이터베이스 자료의 활용

교통관리시스템에서 산출되는 각종 교통정보를 교통개선계획 수립, 대중교통운영 계획 수립 등 교통정책과 교통행정을 위한 기초 자료로 활용할 수 있다. 또, 교통정보 콘텐츠 부가 사업자에게 제공하여 텔레매틱스 등의 민간 산업 활성화 등을 도모할 수 있다.

[표 10-22] **교통관리시스템 시설 이력 데이터베이스 분석과 개선 방안**

<table>
<tr><th colspan="3">이력 데이터베이스 분석</th><th rowspan="2">개선 방안</th></tr>
<tr><th colspan="2">유지보수/성능 관리</th><th>분석 자료</th></tr>
<tr><td rowspan="2">시설 유지보수</td><td>현장 시설 유지보수</td><td rowspan="2">• 시설물별 점검 항목
• 시설물별 고장 원인과 횟수
• 수리 보수 시간
• 수리 보수 내용
• 시설 교체 여부 등</td><td rowspan="4">• 점검 계획
- 시설물별 점검 항목과 적정 점검 주기 산출
- 장애 감지/처리 절차 개선 등
• 검사 계획
- 시설물별 검사 항목과 적정 검사 주기 산출
- 성능 관리 자동화 절차 개선 등
• 적정 교체 주기
• 적정 예비품 보유율</td></tr>
<tr><td>교통관리센터 시스템 유지보수(장애 관리)</td></tr>
<tr><td rowspan="2">시설 성능 관리</td><td>현장 시설 성능 관리</td><td rowspan="2">• 시설물별 검정 항목과 검정 결과
• 교정 횟수와 내용 등</td></tr>
<tr><td>교통관리센터 시스템 품질 관리</td></tr>
</table>

1) 교통계획과 개선 사업에의 활용

교통관리시스템에서 산출되는 각종 교통정보를 도로계획, 교통운영 개선계획, 각종 교통사업의 기초 자료로 활용할 수 있다.

교통계획가 또는 교통 개선 사업자는 다음 사항에 대하여 교통관리시스템에서 보관하고 있는 교통정보를 사용할 수 있다.

- 대중교통 개선 사업과 대중교통 관리 정책의 기초 자료
- 도로의 확장·신설을 위한 기초 자료 : 교통량, 구간 속도 등
- 각종 교통사업의 사전·사후 평가의 기초 자료
- TSM 사업의 기초 자료
- 교통안전 점검 시 교통안전지표 산정의 기초 자료
- 교통영향평가 기초 자료 등

2) 교통정보 콘텐츠 부가 사업

텔레매틱스 사업자에게 교통정보 콘텐츠를 제공하여 휴대폰, 웹 등 정보 제공 매체를 통해 다음 교통정보를 제공할 수 있게 한다.

- 교통소통 상태 정보 제공
- 경로안내 : 최단 시간/거리 경로 검색
- 예측 통행시간 정보 제공
- 통과 구간의 해당 VMS 전달 메시지 제공
- CCTV 동영상 제공

(4) 시스템 보완·추가

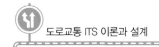

교통관리센터의 외부 교통 환경의 변화가 발생할 경우 이에 대한 시스템 개선 방안을 수립해야 한다.

- 도로의 신설로 기존 정보 수집 구간에 분기점이 발생한 경우
- 대규모 유통시설 또는 휴게소 등이 도로변에 설치되어 자동차 출입 특성이 급하게 변한 경우
- 도로의 선형 개량, 부분 확장, 진입로 개설 등이 발생한 경우
- 도로, 교통 여건의 변화로 인하여 교통정보의 수집 효율이 떨어진 경우 등

교통 패턴이 변화하고 링크 교통량의 변동이 발생할 경우 수집 자료를 분석하여 개선 방안을 도출할 수 있다. 개선 방안은 다음 사항을 포함한다.

- 교통 패턴의 변화에 따른 추가적인 현장 수집 장비의 구축
- 교통 패턴의 변화에 따른 관련 시설물(신호등화, 램프 미터링)의 운영 전략 변경 또는 교통정보 제공 전략의 변경
- 교통 패턴의 변화에 의한 교통관리 전략의 변경 또는 시스템 추가·보완

관련 법률 및 제도

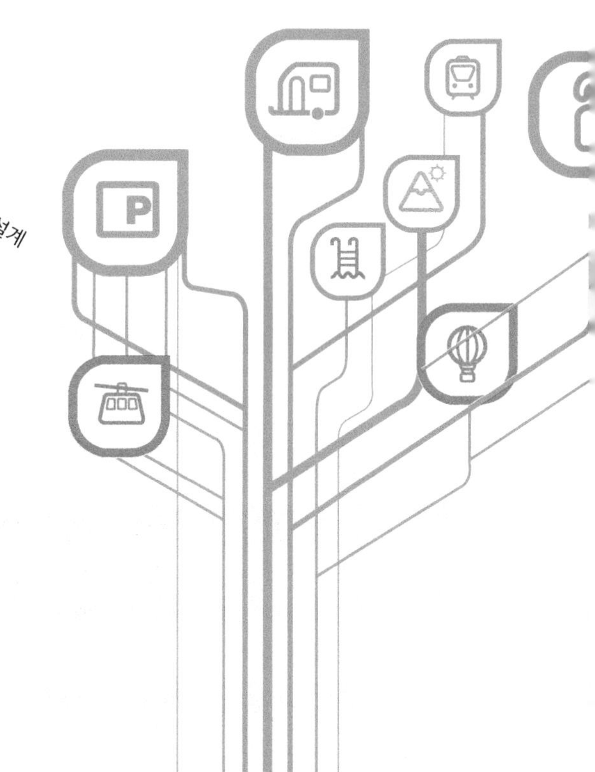

요 약

제11장에서는 ITS 사업을 시행할 때 알아두어야 할 법률과 시행령과 규칙을 다루고 있다. 또한 사업 시행자나 시스템 공급자가 필수적으로 알아야 할 사업법 및 사업추진 절차를 설명하고 있고, ITS 사업의 근거가 되는 국가통합교통체계효율화법과 지능형교통체계 기본계획, 각종 시행지침 등을 상세하고 설명하고 있다.

11.1 ITS 사업 시행 관련 법률

11.1.1 ITS 추진 근거 법

ITS 추진의 근거가 되는 국가통합교통체계효율화법은 교통체계의 효율성·통합성 및 연계성을 향상하기 위하여 육상교통·해상교통·항공교통정책에 대한 종합적인 조정과 각종 교통시설 및 교통수단 등 국가교통체계의 효율적인 개발·운영 및 관리 등에 필요한 사항을 정함으로써, 국민생활의 편의를 증진하고 국가경제 발전에 이바지함을 목적으로 하는 법률로 교통체계의 개발 및 운영에 관하여 다른 법률보다 우선하여 적용된다. 교통체계란 사람 또는 화물의 운송과 관련된 활동을 효과적으로 수행하기 위하여 서로 유기적으로 연계된 교통수단, 교통시설 및 교통운영과 이와 관련된 산업 및 제도로 지능형교통체계(ITS)를 포함한다. 따라서 국가통합체계효율화법은 지능형교통체계 추진을 위한 계획수립 및 사업시행 그리고 표준화 성능 평가 인증제도 등 기반 제도에 대해 명시되어 있는 ITS 추진의 근거가 되는 법으로 다음과 같이 구성되어 있다.

[표 11-1] ITS 사업 관련 국가통합교통체계효율화법 내용

분 야	내 용	국가통합교통체계효율화법
정의	지능형교통체계 정의	제2조(정의) 16
계획 수립	ITS의 계획체계를 정하고 각 계획을 수립하는 주체, 구성내용, 수립절차 등을 제시	제73조(지능형교통체계기본계획의 수립 등) 제74조(지방자치단체의 지능형교통체계계획 수립 등) 제75조(다른 계획에의 반영) 제76조(지능형교통체계시행계획의 수립 등)
사업 시행	ITS 사업의 범위 및 사업시행자를 정하고 사업시행 시 준수해야 할 사항과 필요한 사항을 제시	제77조(교통체계지능화 사업의 시행) 제78조(교통체계지능화 사업시행 지침) 제79조(실시계획의 수립·승인 등) 제80조(다른 법률에 따른 인·허가 등의 의제 등) 제81조(준공검사)
표준화	ITS 표준의 제정과 사업에의 표준 준수에 대한 사항을 제시	제82조(지능형교통체계의 표준화)
표준 및 품질인증	ITS 제품, 장비, 시스템 등에 대한 표준 및 품질인증 제도를 마련하고 인증획득 및 취소에 대한 사항을 제시	제83조(지능형교통체계 표준인증 및 품질인증 등) 제84조(지능형교통체계 표준인증 및 품질인증의 취소) 제85조(지능형교통체계 표준인증기관 및 품질인증기관의 지정 취소)
성능 평가	ITS 성능 평가 기준 고시와 부합 여부 평가에 대한 사항을 제시	제86조(지능형교통체계의 성능 평가)
안전관리	ITS 시설 및 소프트웨어의 이유없는 철거·파손을 금지하는 사항을 제시	제87조(지능형교통체계의 안전관리)

(계속)

분 야	내 용	국가통합교통체계효율화법
교통정보 제공 유통	교통정보센터의 위계를 정하고 센터를 구축할 수 있는 근거를 마련하고 교통정보를 제공, 연계 및 유통하는데 필요한 과정을 제시	제88조(지능형교통체계를 활용한 교통정보의 제공 등) 제90조(국가통합 지능형교통체계정보센터의 구축 등)
민간지원	국토해양부가 민간 ITS를 지원할 수 있는 근거 제시	제89조(민간 참여 및 해외 진출의 활성화) 제91조(한국지능형교통체계협회의 설립) 제92조(협회의 사업)

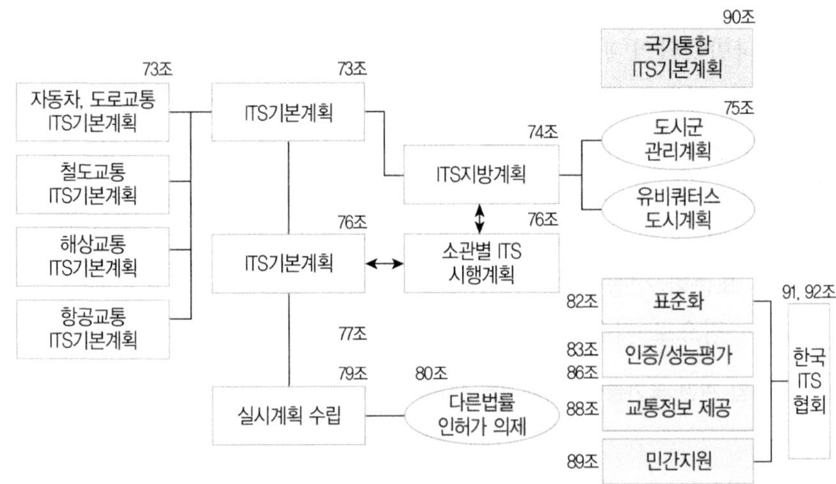

[그림 11-1] ITS 사업 관련 국가통합교통체계효율화법 체계

11.1.2 ITS 사업 관련 상 · 하위 법체계

지능형교통체계란 교통수단 및 교통시설에 대하여 전자·제어 및 통신 등 첨단교통기술과 교통정보를 개발·활용함으로써 교통체계의 운영 및 관리를 과학화·자동화하고, 교통의 효율성과 안전성을 향상시키는 교통체계로 사업추진 시 복잡한 관련 행정절차를 요구하는 사업이다. ITS 사업과 관련된 국가통합교통체계효율화법의 상·하위 법체계는 다음과 같다.

[표 11-2] ITS 관련 국가통합교통체계효율화법 상·하위 법령 체계도

법체계	법률 명
법 률	국가통합교통체계효율화법(법률 제13089호, 시행 2015. 7.29)
시행령	국가통합교통체계효율화법 시행령(대통령령 제26379호, 시행 2015.7.7.)
시행규칙	국가통합교통체계효율화법 시행규칙(국토교통부령 제161호, 시행 2014. 12.30)

(계속)

법체계	법률 명
고시 및 훈령	• 통행료자동지불시스템 단말기 인증제도 시행요령(국토교통부고시 제2013-256호) • 자동차·도로교통분야 ITS 사업시행지침(국토교통부 고시 제2015-739호) • 자동차·도로교통분야 ITS 성능 평가기준(국토교통부 고시 제2015-740호) • 도로·철도 부문 사업의 예비타당성조사 표준지침 수정·보완 연구(제5판) (2008.12, 한국개발연구원) • 정보화부문 사업의 예비타당성조사 표준지침 연구(제2판) (2013.1, 한국개발연구원) • 교통정보 제공 업무요령(국토해양부훈령 제2013-219호) • 교통조사지침개정(안)(국토해양부고시) • 국가교통정보센터 운영관리 위탁 전담기관 추가지정(국토해양부고시 제2013-250호) • 근거리 전용통신(DSRC)를 이용한 자동요금징수시스템(ETCS)의 정보교환 기술 기준(노변-단말간)(국토해양부고시 제2013-251호) • 기본교통정보 교환 기술기준(국토해양부고시 제2012-560호) • 기본교통정보 교환 기술기준 II(국토해양부고시 제2012-560호) • 기본교통정보 교환 기술기준 IV(국토해양부고시 제2012-560호) • 대중교통(버스) 정보교환 기술기준(국토해양부고시 제2014-176호) • 버스정보시스템의 기반정보 구축 및 관리 요령(국토해양부고시 제2013-252호) • 지능형교통체계 구축사업 지원 및 관리에 관한 규칙(경찰청 예규 503호, 2015.7.28) • 지능형교통체계 표준 노드·링크 구축기준(국토교통부고시 제2015-756호, 2015.10.16.) • 지능형교통체계 표준 노드·링크 구축 및 관리지침(국토교통부 고시 제2015-755호)

11.1.3 ITS 사업 시행 전 수립할 계획

국가통합교통체계효율화법에 따라 국토해양부장관은 육상·해상·항공 교통 분야의 지능형교통체계를 개발·보급을 촉진하기 위하여 10년 단위로 국가 차원의 지능형교통체계 기본계획을 수립하고, 이를 기초로 자동차도로분야 지능형교통체계기본계획을 수립하도록 되어 있다. 이 두 기본계획은 지능형교통체계지방계획의 상위계획에 해당된다. 각 계획별 수립주체, 범위, 목적, 내용 등은 다음과 같다.

[표 11-3] **지능형교통체계기본계획의 주요 내용**

주 체	국토교통부장관	
범 위	공간적 범위	육상, 해상, 항공교통 수단과 이를 이용하기 위해 필요한 교통시설이 위치하는 전 국토(영해, 영공 포함)
	시간적 범위	수립기간 : 10년 재검토기간 : 5년
목 적	• 육상·해상·항공 교통 분야의 지능형교통체계의 개발·보급을 촉진 • ITS에 대한 공통된 이해를 형성하여 일관성 있는 사업추진 • 관계 행정기관의 역할 및 협력관계를 제시 • 국가 차원에서 마련되어야 할 기반의 조성	
내 용 (법 제73조)	• 지능형교통체계의 구축 목표 및 기본 방향 • 교통서비스별 지능형교통체계의 구축·운영을 위한 추진전략 및 추진체계 • 교통분야별 지능형교동체계의 구축·운영을 위한 주진전략 및 추진체계 • 지능형교통체계의 연구·개발, 산업화 및 표준화 • 지능형교통체계의 구축에 필요한 재원 • 그 밖에 교통 관련 제도의 개선 등 지능형교통체계의 구축 및 운영을 위하여 필요한 사항	

[표 11-4] **분야별 지능형교통체계기본계획의 주요 내용**

주 체	국토교통부장관(해양교통 분야 제외), 해양수산부장관(해양교통 분야로 한정)	
범 위	공간적 범위	육상, 해상, 항공교통 수단과 이를 이용하기 위해 필요한 교통시설이 위치하는 전 국토(영해, 영공 포함)
	시간적 범위	수립기간 : 10년 – 국토해양부장관, 해양수산부상관 재검토기간 : 필요시 – 국토교통부장관, 해양수산부장관
목 적	육상 · 해상 · 항공 교통 분야의 지능형교통체계의 개발 · 보급을 촉진	
내 용 (법 제73조, 시행령 제68조)	1. 자동차 · 도로교통 분야 • 차량용 이동통신 서비스 등 지능형 첨단자동차의 개발 및 운영 • 도로교통 분야 지능형교통체계의 구축 및 운영 • 도로교통 분야 지능형교통체계의 연구 · 개발, 표준화 및 산업화 • 그 밖에 자동차 · 도로교통 분야 지능형교통체계의 구축 및 운영에 필요한 사항 2. 철도교통 분야 • 열차신호 제어 · 통신시스템의 개발 및 운영 • 열차운행 관리시스템의 개발 및 운영 • 철도여객 및 철도물류 정보시스템의 개발 및 운영 • 그 밖에 철도교통 분야 지능형교통체계의 구축 및 운영에 필요한 사항 3. 해상교통 분야(항만을 포함한다) • 해상교통 관제시스템의 개발 및 운영 • 해상안전 관리시스템의 개발 및 운영 • 선박 입항 · 출항 등 항만운영 정보시스템의 개발 및 운영 • 선박 항행시스템의 개발 및 운영 • 그 밖에 해상교통 분야 지능형교통체계의 구축 및 운영에 필요한 사항 4. 항공교통 분야(공항을 포함한다) • 항공교통 관제시스템의 개발 및 운영 • 공항운영 관리시스템의 개발 및 운영 • 항공기 항행시스템의 개발 및 운영 • 항공여객 및 항공물류 정보시스템의 개발 및 운영 • 그 밖에 항공교통 분야 지능형교통체계의 구축 및 운영에 필요한 사항	

ITS 사업시행자는 사업 시행 전에 실시계획을 수립해야 하며 지방자치단체장은 실시계획 수립 전에 지능형교통체계기본계획과 분야별 계획을 반영하여 해당 지역의 지능형교통체계 지방계획을 수립해야 한다. 국가통합교통체계효율화법에서는 실시계획 및 지방계획의 수립 주체, 구성내용, 수립절차 등을 정하고 있어, 사업시행자는 계획을 수립하기 전에 이와 같은 내용을 이해하고 있어야 한다. 지방계획의 수립주체, 범위, 목적, 내용 등은 다음과 같다.

[표 11-5] **지능형교통체계지방계획의 주요 내용**

구분		
주 체	시·도지사, 시장, 군수(광역시 내 군수 제외) 관계 행정기관의 장, 관련 교통시설의 관리청, 관계 시·도지사 또는 시장 등과 협의	
범 위	공간적 범위	• 해당 지역 • 필요시 인접한 특별시·광역시·시 또는 군(광역시의 관할 구역에 있는 군은 제외)의 전부 또는 일부(해당 지방자치단체장과 협의)
	시간적 범위	수립시기 : 교통체계지능화사업 시행 전/계획의 계획기간 시작 6개월 전
목 적	• 체계적이고 효율적인 사업 추진 • 지자체 교통여건에 적합한 시스템 구축 • 인접 지자체 및 타 기관과의 연계 확보	
내 용 (법 제74조, 시행령 제69조)	• 지역적 특성과 교통 현황 및 여건 분석에 관한 사항 • 지역적 특성을 고려한 지능형교통체계 구축의 기본방향과 계획의 목표 및 추진전략에 관한 사항 • 지능형교통체계 구축의 단계별 추진에 관한 사항 • 지능형교통체계의 관리·운영에 관한 사항 • 지능형교통체계 구축에 필요한 재원의 조달 및 운용에 관한 사항 • 인접지역 및 관계기관과의 지능형교통체계의 연계·호환 등 상호협력에 관한 사항 • 관할 구역의 지능형교통체계를 통하여 생산되는 정보의 수집·가공·보관·활용·제공 및 유통에 관한 사항	

사업시행자가 실시계획 수립 시 반영해야 할 기본계획과 지방계획은 국가 및 지방자치단체들이 추진하는 정책 및 사업이 하나의 통일된 목표지향이 되도록 다음과 같이 상호 연계체계가 이루어진다.

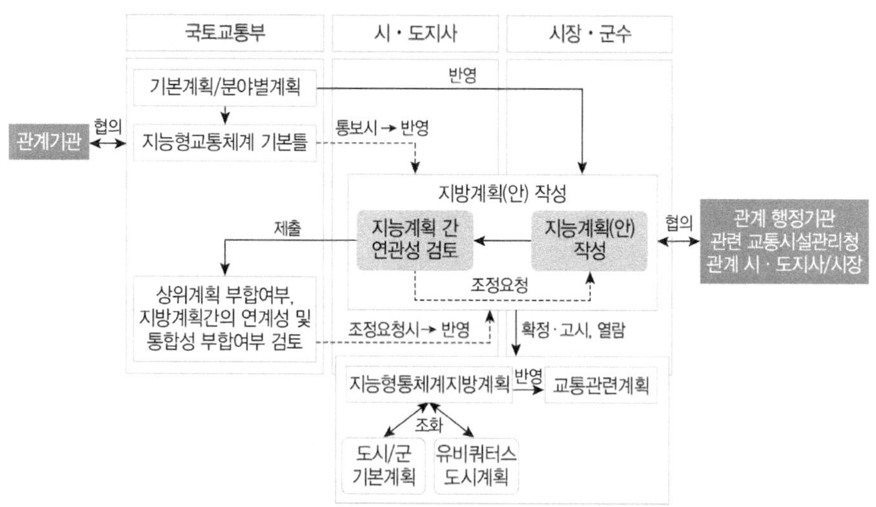

[그림 11-2] **지능형교통체계계획 및 타 계획간 연계체계**

사업시행자가 사업 시행 전에 마련해야 하는 실시계획의 수립주체, 범위, 목적, 내용 등은 다음과 같다.

[표 11-6] **실시계획의 주요 내용**

주 체	교통체계지능화사업시행자(지능형교통체계관리청, 공공기관 및 정부출연기관, 사회기반시설에 대한 민간투자법에 따른 사업시행자) (단, 사업시행자가 지능형교통체계관리청이 아닌 경우 관리청의 승인을 받아야 함)
범 위	• 교통체계지능화사업을 시작하고자 할 때 • 실시계획에서 사업명칭이 변경되거나, 사업시행기간이 2년을 초과하여 변경되거나, 사업규모 또는 사업비가 10/100을 초과하여 사업계획을 변경해야 할 때
목 적	• 전년도 ITS 업무 추진 실적 평가 • ITS 운영 현황 파악 • 당해 연도 및 차년도 추진실적 소개
내 용 (법 제79조, 시행령 제73조)	1. 사업의 명칭(당해 ITS 사업이 제공하는 서비스와 대상지역을 명확하게 제시) 2. 사업시행자의 성명 및 주소 3. 사업시행지역의 위치도 4. 사업의 규모 및 시행방법(ITS 사업의 기본방향을 기반으로 구축기능별 요소시설, 장비 및 범위 등을 명시하며, 사업자 선정방법, 설계 및 입찰방법, 사업의 추진전략 등을 제시) 5. 교통체계지능화사업실시계획 평면도 및 개략설계도서(국가 ITS 아키텍처를 토대로 구상하고 있는 서비스에 대해 정의하고, 이에 대한 시스템 및 추진·협조 주체, 관리영역을 규정) 6. 사업시행기간(사업단계별로 현재 ITS 기술수준을 검토하여 제시) 7. 사업비 및 재원조달계획

모든 사업시행자는 사업 시행 전에 실시계획을 수립해야 하며, 사업시행자가 지능형교통체계관리청이 아닌 경우는 실시계획을 수립하여 지능형교통체계관리청의 승인을 받아야 한다. 실시계획 수립절차는 다음과 같다.

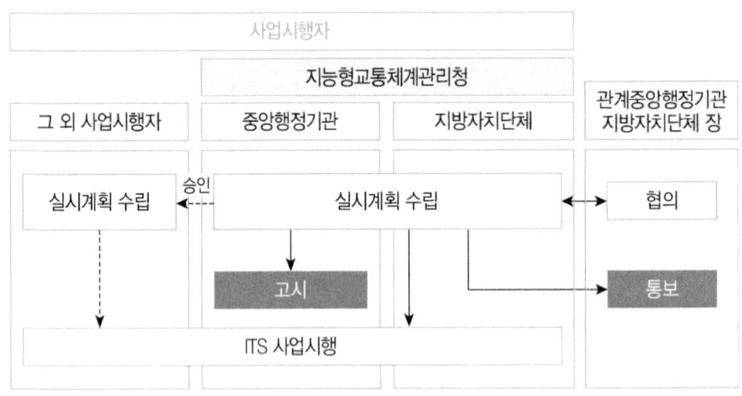

[그림 11-3] **실시계획 수립 절차**

지능형교통체계관리청이 실시계획에 대한 다음 각 호의 인·허가 등에 관하여 관계 행정기관의 장과 협의한 사항에 대하여는 해당 교통체계지능화사업시행자가 해당 인·허가 등을 받은 것으로 간주한다(국가통합교통체계효율화법 제80조).

1. 국토의 계획 및 이용에 관한 법률(제30조 : 다른 도시·군관리계획의 결정, 제44조 :

공동구(共同溝)의 점용 또는 사용의 허가, 제56조 : 개발행위의 허가, 제86조 : 도시·군계획시설사업시행자의 지정 및 같은 법 제88조에 따른 실시계획의 인가
2. 도로법(제61조 : 도로의 점용허가(굴착공사를 위한 점용은 제외한다))
3. 철도사업법(제42조 : 철도시설의 점용허가)
4. 항만법(제30조 : 항만시설의 사용허가·신고)
5. 항공법(제75조 : 항행안전시설의 설치허가)
6. 농지법(제34조 : 농지전용의 허가 및 협의)
7. 산지관리법(제14조, 제15조 : 산지전용허가 및 산지전용신고 등)
8. 초지법(제23조 : 초지전용의 허가 및 협의)
9. 사방사업법(제14조 : 벌채 등의 허가)

11.1.4 ITS 사업 시행 시 검토 사항

육상·해상·항공 교통 분야의 교통수단과 공공교통시설을 이용하여 지능형교통체계를 구축·운영하고 활용하는 사업을 교통체계지능화사업이라 한다. 교통체계지능화사업의 시행자와 사업의 범위는 다음과 같다.

[표 11-7] **교통체계지능화사업의 시행자 및 사업 범위**

구분	내용
시행자	1. 지능형교통체계관리청 2. 공공기관 및 정부출연기관 3. 사회기반시설에 대한 민간투자법(제2조제7호)에 따른 사업시행자
범 위	1. 지능형교통체계를 설계·구축·유지 또는 보수하는 사업 2. 지능형교통체계와 관련된 정보·통신·제어 등 지원시설 또는 장비를 설치하는 사업 3. 지능형교통체계를 활용하여 교통과 관련된 정보를 수집·처리·보관·가공 또는 제공하는 사업 4. 「전기통신사업법」에 따른 전기통신사업 중 교통정보 제공과 관련된 사업 5. 제1호부터 제4호까지의 사업에 부대되는 사업

사업시행자는 ITS 사업을 보다 더 체계적이고 효율적으로 추진할 수 있도록 다음 각 호의 사항이 포함되는 교통체계지능화사업시행지침을 준수해야 한다. 지침은 교통 분야별 지능형교통체계로 나누어 정하거나 이를 통합하여 정할 수 있다.

1. 지능형교통체계 시설·장비 등의 설계·구축 기준 및 방법
2. 지능형교통체계 표준의 적용
3. 지능형교통체계의 운영 및 관리
4. 지능형교통체계의 유지·보수
5. 교통체계지능화사업의 효과 분석
6. 그 밖에 교통체계지능화사업의 시행에 필요한 사항

"국가통합교통체계효율화법 제4장 교통체계의 지능화" 중 도로교통 분야와 관련하여 업무수행 방법 및 절차 등에 관한 세부사항을 정하여, 지능형교통체계를 효율적으로 구축·운영할 수 있도록 하기 위한 "자동차·도로교통분야 ITS 사업시행지침"의 주요 내용은 다음과 같다.

[표 11-8] **ITS 사업시행지침 주요 내용**

분 야	내 용	자동차도로교통분야 ITS 사업시행지침
계획수립	각 계획을 수립하는 주체, 구성내용, 수립절차 등을 제시	제3조(지방계획수립과 운영) 제4조(시행계획의 수립) 제5조(시행계획과 사업지원 우선순위) 제6조-제8조(실시계획의 수립 등)
설 계	기본설계 및 실시설계 고려사항과 작성기준 등 제시	제9조(기본설계 및 실시설계)
사업 시행	사업시행 시 준수해야 할 사항과 필요한 사항 등을 명시	제10조(사업발주 및 시공자 선정) 제11조(착수 및 시공) 제12조(시험운영) 제13조(준공) 제14조-제18조(사업관리 등)
표준 적용	표준과 설계편람 적용 및 준수, 사업비 산정기준 등을 제시	제19조(표준적용 준수) 제20조(ITS 설계편람 운영 및 적용) 제21조(ITS사업비 산정기준의 마련)
운영 및 관리	ITS 운영관리 및 관리체계, 시스템 관리, 안전관리, 성능 평가 등을 제시	제22조(ITS 운영 관리 업무) 제23조(시스템 관리·개선 등) 제24조(안전관리담당자의 지정과 업무) 제25조-제29조(ITS 시설 등 안전 관리) 제30조(ITS 관리체계 및 절차) 제31조(ITS 긴급복구 조치) 제32조(ITS 성능 평가)
효과분석	효과분석 개요, 조사 및 분석 방법 등을 제시	제33조(시기 및 방법) 제34조(범위) 제35조(조사방법) 제36조~제38조(분석방법 등)

ITS 사업시행 시 ITS 사업시행지침 외에 검토해야 하는 지침 등은 다음과 같다.

[표 11-9] **ITS 사업시행 시 기타 검토 대상 지침과 내용**

지 침	내 용
지능형교통체계 표준 노드·링크 구축기준(국토교통부 고시 제2015-756호)	교통정보의 수집 및 제공에 활용되는 전자도로망인 노드·링크를 표준화하여 교통체계지능화 사업자간 원활한 정보교환과 이를 통한 대국민 교통정보 제공 편의증진, 효율적 유지 관리를 도모하기 위한 것임
지능형교통체계 표준노드·링크 구축관리지침(국토교통부 고시 제2015-755호)	원활한 표준 노드·링크의 구축 및 운영 관리에 필요한 사항

(계속)

지 침	내 용
도로·철도부문 사업의 예비타당성조사 표준지침 수정·보완 연구(제5판) (2008.12) 정보화부문 사업의 예비타당성조사 표준지침 연구(제2판) (2013.1)	비용 및 편익 등의 산정과정 등에 대하여 필요한 사항을 제시하고, 비용 및 편익 추정 결과를 바탕으로 경제성 분석을 수행하는 기준을 제시
교통조사지침개정(안)(국토해양부 고시 제2014－호)	교통조사 기준 및 방법 등에 관한 제반 사항을 표준화하여 교통조사의 객관성과 통일성을 확보함을 목적으로, 이 지침은 교통계획 및 정책 등에 필요한 기초자료의 수집을 위하여 공공기관이 실시하는 교통조사를 적용대상으로 하며 구체적인 범위는 다음과 같다. • 국가기간교통망계획 및 중기투자계획 등 국가교통정책의 합리적인 수립·시행을 위한 국가차원의 교통조사(국가통합교통체계효율화법 제12조 제1항) • 법 제2조 제18호에서 규정하고 있는 "공공기관"이 실시하는 개별교통조사 및 경미한 개별교통조사(국가통합교통체계효율화법 제16조 및 영 제10조)
지능형교통체계 구축사업 지원 및 관리에 관한 규칙(경찰청 예규 503호)	경찰청 및 그 소속기관에서 추진하고 있는 도시지역 광역 교통정보 기반 확충사업(지능형교통체계 구축사업)을 효율적으로 수행하기 위하여 경찰청, 지방자치단체 등 관련 기관간의 권리와 의무 관계를 규정하고 있음

사업시행자는 지능형교통체계의 호환성 및 연동성을 확보하고 이용자의 편의를 도모하기 위하여 제정·고시된 지능형교통체계표준을 따라야 한다. 다만 산업표준화법에 따른 한국산업표준, 정보통신산업진흥법에 따른 정보통신표준, 전기통신기본법에 따른 전기통신의 표준, 전파법에 따른 전파이용 기술의 표준에 대하여는 해당 법률에서 정하는 바에 따른다. 현재 적용 중인 기술기준은 다음과 같다.

1. 근거리 전용통신(DSRC)를 이용한 자동요금징수시스템(ETCS)의 정보교환 기술기준 (노변－단말간) (국토해양부고시 제2013-251호)
2. 기본교통정보 교환 기술기준(국토해양부고시 제2012-560호)
3. 기본교통정보 교환 기술기준 II(국토해양부고시 제2012-560호)
4. 기본교통정보 교환 기술기준 IV(국토해양부고시 제2012-560호)
5. 대중교통(버스) 정보교환 기술기준(국토해양부고시 제2014-176호)

지능형교통체계관리청이 아닌 교통체계지능화사업시행자가 교통체계지능화사업을 완료하였을 때에는 다음 각 호의 서류를 포함한 준공보고서를 지능형교통체계관리청에 제출하여 준공검사를 받아야 한다. 준공검사는 사업 준비단계에서 수립·승인된 실시계획(제79조)에 따라 사업이 시행되었는지를 확인하는 것이다.

1. 준공조서(준공설계도서 및 준공사진을 포함한다)
2. 준공 후 토지 및 시설 등의 도면
3. 총사업비 명세서

4. 유지 · 보수 계획서
5. 인 · 허가 관련 관계 행정기관의 장과 협의한 서류 및 도면
6. 표준 준수 확인 결과서
7. 성능 평가 실시 결과서
8. 기타 실시계획의 승인 내용에 대한 이행 여부의 확인에 필요한 서류

11.2 ITS 공사 시 적용 법률

[표 11-10] **도로의 점용 및 공사**

적용 법률	내 용
도로법 제61조 중	① 공작물 · 물건, 그 밖의 시설을 신설 · 개축 · 변경 또는 제거하거나 그 밖의 사유로 도로(도로구역을 포함한다. 이하 이 장에서 같다)를 점용하려는 자는 도로관리청의 허가를 받아야 한다.
도로법 시행령 제54조의 1항, 2항 중	① 법 제61조 제1항에 따른 도로(도로구역을 포함한다. 이하 이 장에서 같다)의 점용 허가(이하 "도로점용허가"라 한다)를 받으려는 자는 국토교통부령으로 정하는 바에 따라 다음의 각 호의 사항(점용의 목적, 점용의 장소와 면적, 점용의 기간, 점용물의 구조, 공사의 방법, 공사의 시기, 도로의 복구방법)을 적은 신청서를 도로관리청에 제출(「정보통신망 이용촉진 및 정보보호 등에 관한 법률」 제2조 제1항 제1호에 따른 정보통신망을 통한 제출을 포함한다)하여야 한다. 이 경우 신청서에는 설계도면(전자도면으로 한정한다)을 첨부하여야 한다. ② 도로의 점용이 도로의 굴착을 수반하는 경우에는 제1항에 따른 신청서에 다음 각 호의 서류를 첨부하여야 한다. 다만, 제56조 제1항에 따라 제출한 사업계획서대로 도로점용에 관한 사업을 할 수 있다는 제56조 제3항에 따른 통보를 받은 경우에는 제56조 제1항에 따른 사업계획서 제출 시 첨부한 설계도면 및 주요지하매설물(법 제62조 제2항 후단에 따른 주요 지하 매설물을 말한다. 이하 같다) 관리자의 의견서 첨부를 생략할 수 있다. 1. 주요지하매설물 관리자의 의견서 2. 주요지하매설물의 사후관리계획(신청인이 주요지하매설물의 관리자인 경우로 한정한다) 3. 제62조에 따른 도로관리심의회의 심의 · 조정 결과를 반영한 안전대책 등에 관한 서류
도로교통법(도로공사의 신고 및 안전조치 등) 제69조 1항, 2항, 3항, 4항 중	① 도로관리청 또는 공사시행청의 명령에 따라 도로를 파거나 뚫는 등 공사를 하려는 사람(이하 이 조에서 "공사시행자"라 한다)은 공사시행 3일 전에 그 일시, 공사구간, 공사기간 및 시행방법, 그 밖에 필요한 사항을 관할 경찰서장에게 신고하여야 한다. ② 관할 경찰서장은 공사장 주변의 교통정체가 예상하지 못한 수준까지 현저히 증가하고, 교통의 안전과 원활한 소통에 미치는 영향이 중대하다고 판단하면 해당 도로관리청과 사전 협의하여 제1항에 따른 공사시행자에 대하여 공사시간의 제한 등 필요한 조치를 할 수 있다. ③ 공사시행자는 공사기간 중 차마의 통행을 유도하거나 지시 등을 할 필요가 있을 때에는 관할 경찰서장의 지시에 따라 교통안전시설을 설치하여야 한다. ④ 공사시행자는 공사로 인하여 교통안전시설을 훼손한 경우에는 행정자치부령으로 정하는 바에 따라 원상회복하고 그 결과를 관할 경찰서장에게 신고하여야 한다.

(계속)

적용 법률	내 용
도로교통법 시행규칙 제42조(도로공사신고)	법 제69조 제1항에 따라 도로공사를 하려는 사람(이하 "공사시행자"라 한다)은 별지 제22호 서식의 도로공사신고서에 다음 각 호의 서류를 첨부하여 관할 경찰서장에게 신고하여야 한다. 1. 공사구간의 교통관리 및 교통안전시설의 설치 계획(필요한 경우에만 첨부한다) 2. 공사 현장 도면 3. 도로공사 시행의 근거가 되는 서류
도로교통법 시행규칙 제43조(교통안전시설의 원상회복)	법 제69조 제4항에 따라 공사시행자는 공사로 인하여 교통안전시설을 훼손한 때에는 부득이한 사유가 없는 한 해당공사가 끝난 날부터 3일 이내에 이를 원상회복하고 그 결과를 관할경찰서장에게 신고하여야 한다.

※도로 점용에 따른 안전관리 등은 다음 법 조항 참조
- 도로법 제62조(도로점용에 따른 안전관리 등)
- 도로법 시행령 제58조(도로의 점용허가에 따른 안전사고 방지대책 등), 제59조(주요지하매설물), 제60조(굴착공사의 시행), 제61조(준공도면의 제출)
- 도로법 시행규칙 제30조(점용공사완료 및 원상회복의 확인신청), 제31조(일반매설물), 제32조(준공도면의 제출 및 관리 등)

[표 11-11] **차량검지기, CCTV, VMS 등의 설치**

적용 법률	내 용
도로법(정의) 제2조 2항 중	2. "도로의 부속물"이란 도로관리청이 도로의 편리한 이용과 안전 및 원활한 도로교통의 확보, 그 밖에 도로의 관리를 위하여 설치하는 다음 각 목의 어느 하나에 해당하는 시설 또는 공작물을 말한다. 다. 통행료징수시설, 도로관제시설, 도로관리사업소 등 도로관리시설 라. 도로표지 및 교통량 측정시설 등 교통관리시설 바. 그 밖에 도로의 기능 유지 등을 위한 시설로서 대통령령으로 정하는 시설
도로법 시행령 제3조(도로의 부속물) 중	법 제2조 제2호바목에서 "대통령령으로 정하는 시설"이란 법 제23조에 따른 도로관리청(이하 "도로관리청"이라 한다)이 설치한 다음 각 호의 시설을 말한다. 6. 도로에 관한 정보 수집 및 제공 장치, 기상 관측 장치, 긴급 연락 및 도로의 유지·관리를 위한 통신시설
도로법 제30조 (도로구역 내 시설의 설치)	도로관리청은 도로의 효용을 훼손하지 않는 범위에서 도로 이용자의 편의를 증진하기 위해 도로구역에 도로의 부속물과 공공목적의 다음 각 호의 시설을 설치·운영할 수 있다.

[표 11-12] **신호기·안전표지의 설치 및 관리**

적용 법률	내 용
도로교통법 제3조 1항	① 특별시장·광역시장·제주특별자치도지사 또는 시장·군수(광역시의 군수는 제외한다. 이하 "시장등"이라 한다)는 도로에서의 위험을 방지하고 교통의 안전과 원활한 소통을 확보하기 위하여 필요하다고 인정하는 경우에는 신호기 및 안전표지(이하 "교통안전시설"이라 한다)를 설치·관리하여야 한다. 다만, 「유료도로법」 제6조에 따른 유료도로에서는 시장등의 지시에 따라 그 도로관리자가 교통안전시설을 설치·관리하여야 한다.
도로교통법 제4조(교통안전시설의 종류 등)	교통안전시설의 종류, 교통안전시설을 만드는 방식과 설치하는 곳, 그 밖에 교통안전시설에 관하여 필요한 사항은 행정자치부령으로 정한다.

(계속)

적용 법률	내 용
교통안전시설 등 설치 · 관리에 관한 규칙 [시행 2013.4.15.] [경찰청훈령 제701호, 2013.4.15., 타법개정]	① 제1조 이 규칙은 도로교통의 원활한 소통과 안전을 확보하기 위하여 교통안전시설 및 교통정보센터(이하 "교통안전시설 등"이라 한다)의 설치 · 관리를 효율적으로 수행함을 목적으로 한다. ② 제2조 경찰에서 설치·관리하는 교통안전시설 등에 대하여 다른 법령에 특별한 규정이 있는 경우를 제외하고는 이 규칙이 정하는 바에 의한다.
도로교통법 제4조의2(무인 교통단속용 장비의 설치 및 관리)	① 지방경찰청장, 경찰서장 또는 시장등은 이 법을 위반한 사실을 기록 · 증명하기 위하여 무인(無人) 교통단속용 장비를 설치 · 관리할 수 있다. ② 무인 교통단속용 장비의 철거 또는 원상회복 등에 관하여는 제3조 제3항부터 제5항까지의 규정을 준용한다. 이 경우 "교통안전시설"은 "무인 교통단속용 장비"로 본다.
도로교통법 제59조(교통안전시설의 설치 및 관리)	① 고속도로의 관리자는 고속도로에서 일어나는 위험을 방지하고 교통의 안전과 원활한 소통을 확보하기 위하여 교통안전시설을 설치·관리하여야 한다. 이 경우 고속도로의 관리자가 교통안전시설을 설치하려면 경찰청장과 협의하여야 한다. ② 경찰청장은 고속도로의 관리자에게 교통안전시설의 관리에 필요한 사항을 지시할 수 있다.
도로교통법 시행령 제86조(위임 및 위탁)	① 법 제147조 제1항에 따라 특별시장·광역시장은 다음 각 호의 권한을 지방경찰청장에게 위임하고, 시장·군수(광역시의 군수는 제외한다. 이하 이 항에서 같다)는 다음 각 호의 권한을 경찰서장에게 위탁한다. 다만, 광역교통신호체계의 구성을 위하여 필요하다고 인정되는 경우, 관계 시장·군수는 상호 협의하여 제1호에 따른 권한을 지방경찰청장에게 공동으로 위탁할 수 있다. 1. 법 제3조 제1항에 따른 교통안전시설의 설치·관리에 관한 권한 2. 법 제3조 제1항 단서에 따른 유료도로 관리자에 대한 지시 권한

[표 11-13] **자가전기통신 설비의 설치**

적용 법률	내 용
전기통신사업법 제64조(자가전기통신설비의 설치)	① 자가전기통신설비를 설치하려는 자는 대통령령으로 정하는 바에 따라 미래창조과학부장관에게 신고하여야 한다. 신고 사항 중 대통령령으로 정하는 중요한 사항을 변경하려는 경우에도 또한 같다. ② 제1항에도 불구하고 무선방식의 자가전기통신설비 및 군용전기통신설비 등에 관하여 다른 법률에 특별한 규정이 있는 경우에는 그 법률에 따른다. ③ 제1항에 따라 자가전기통신설비의 설치에 관한 신고 또는 변경신고를 한 자는 그 설치공사 또는 변경공사를 완료한 때에는 그 사용 전에 대통령령으로 정하는 바에 따라 미래창조과학부장관의 확인을 받아야 한다. ④ 제1항에도 불구하고 대통령령으로 정하는 자가전기통신설비는 신고 없이 설치할 수 있다.
전기통신사업법 시행령 제51조의 6(자가전기통신설비의 신고)	① 법 제64조에 따라 자가전기통신설비를 설치하려는 자는 해당 설비의 설치공사 시작일 21일 전까지 다음 각 호의 사항(신고인, 사업의 종류, 설치의 목적, 전기통신 방식, 설비의 설치 장소, 설비의 개요, 설비의 운용일 또는 운용예정일)을 적은 자가전기통신설비 설치신고서(전자문서로 된 신고서를 포함한다)에 자가전기통신설비 설치공사의 설계도서(設計圖書)를 첨부하여 미래창조과학부장관에게 제출하여야 한다.

(계속)

적용 법률	내 용
전기통신사업법 시행령 제51조의 6(자가전기통신설비의 신고)	② 법 제64조 제1항 후단에서 "대통령령으로 정하는 중요한 사항"이란 제1항 제2호부터 제6호까지의 사항을 말한다. ③ 자가전기통신설비 설치의 신고를 한 자가 제2항에 따른 사항을 변경하려는 경우에는 그 변경 시작일(제1항 제4호부터 제6호까지의 사항을 변경하려는 경우에는 그 변경공사 시작일) 21일 전까지 변경 사항을 적은 변경신고서(전자문서로 된 신고서를 포함한다)에 변경 사항에 대한 자가전기통신설비 설치공사의 설계도서(변경 전·후의 대비표를 포함한다)를 첨부하여 미래창조과학부장관에게 제출하여야 한다.
전기통신사업법 시행령 제51조의 7(설치공사 등의 확인)	① 법 제64조 제3항에 따라 자가전기통신설비의 설치신고 또는 변경신고를 한 자는 그 설비의 설치공사 또는 변경공사가 완공된 날부터 7일 이내에 미래창조과학부장관의 확인을 받아야 한다. ② 제1항에 따라 자가전기통신설비의 확인을 받으려는 자는 자가전기통신설비 확인신청서(전자문서로 된 신청서를 포함한다)에 다음 각 호의 서류(전자문서를 포함한다)를 첨부하여 미래창조과학부장관에게 제출하여야 한다. 1. 「방송통신발전 기본법」 제28조 제1항에 따른 기술기준에 적합하게 시공되었음을 확인할 수 있는 서류 2. 「방송통신발전 기본법」 제28조 제3항에 따른 설계도서에 따라 시공되었음을 확인할 수 있는 서류 3. 시공자의 자격증 사본
전기통신사업법 시행령 제51조의 8 (자가전기통신설비 설치신고의 면제)	법 제64조 제4항에 따라 신고 없이 설치할 수 있는 자가전기통신설비는 다음 각 호와 같다. 1. 하나의 건물 및 그 부지 안에 주된 장치와 단말장치를 설치하는 자가전기통신설비 2. 상호간의 최단거리가 100미터 이내인 경우로서 1명이 점유하는 둘 이상의 건물 및 그 부지(도로나 하천으로 분리되어 있지 아니한 건물 및 부지만 해당한다) 안에 주된 장치와 단말장치를 설치하는 자가전기통신설비 3. 경찰 작전상 긴급히 필요하여 설치하는 경우로서 그 사용기간이 1개월 이내인 자가전기통신설비

[표 11-14] **노측방송의 설치**

적용 법률	내 용
전파법 제19조(허가를 통한 무선국 개설 등)	① 무선국을 개설하려는 자는 대통령령으로 정하는 바에 따라 미래창조과학부장관의 허가를 받아야 한다. 허가받은 사항 중 대통령령으로 정하는 사항을 변경하려는 경우에도 또한 같다. ② 제1항 전단에도 불구하고 「전기통신사업법」 제2조 제6호에 따른 전기통신역무를 제공받기 위한 무선국으로서 대통령령으로 정하는 무선국을 개설하려는 자가 해당 전기통신역무를 제공하는 자와 이용계약을 체결하였을 때에는 그 무선국은 미래창조과학부장관의 허가를 받은 것으로 본다. 이 경우 제1항 후단, 제22조, 제24조, 제25조의 2 및 제69조 제1항 제2호는 적용하지 아니한다. ③ 전기통신사업자는 제2항에 따른 무선국을 개설하려는 자와 이용계약을 체결하였을 때에는 대통령령으로 정하는 바에 따라 신규로 이용계약을 체결한 가입자의 수와 전체 가입자의 수를 미래창조과학부장관에게 통보하여야 한다. ⑤ 제1항에도 불구하고 대통령령으로 정하는 바에 따라 미래창조과학부장관으로부터 주파수 사용승인을 받은 자는 무선국을 개설할 수 있다.

(계속)

적용 법률	내 용
전파법 제19조의 2 (신고를 통한 무선국 개설 등)	① 제19조 제1항에도 불구하고 다음 각 호의 어느 하나에 해당하는 무선국으로서 국가 간, 지역 간 전파혼신 방지 등을 위하여 주파수 또는 공중선전력을 제한할 필요가 없다고 인정되거나 인명안전 등을 목적으로 개설하는 것이 아닌 무선국 등 대통령령으로 정하는 무선국을 개설하려는 자는 미래창조과학부장관에게 신고하여야 한다. 신고한 사항 중 대통령령으로 정하는 사항을 변경하려는 경우에도 또한 같다. 1. 발사하는 전파가 미약한 무선국이나 무선설비의 설치공사를 할 필요가 없는 무선국 2. 수신전용의 무선국 3. 제11조 또는 제12조에 따라 주파수할당을 받은 자가 전기통신역무 등을 제공하기 위하여 개설하는 무선국 4. 「방송법」 제2조 제1호라목에 따른 이동멀티미디어방송을 위하여 개설하는 무선국 ② 제1항에도 불구하고 발사하는 전파가 미약한 무선국 등으로서 대통령령으로 정하는 무선국은 미래창조과학부장관에게 신고하지 아니하고 개설할 수 있다.
전파법 시행령 제21조(허가받은 것으로 보는 무선국)	법 제19조 제2항 전단에서 "대통령령으로 정하는 무선국"이란 다음 각 호의 어느 하나에 해당하는 무선국을 말한다. 1. 법 제10조에 따라 미래창조과학부장관이 할당한 주파수를 이용하는 휴대용 무선국 2. 「전기통신사업법」 제86조 제2항에 따른 승인을 받은 협정에 의하여 이용하는 위성휴대통신용 무선국
전파법 21조(무선국 개설허가 등의 절차)	① 제19조 제1항에 따라 무선국의 개설허가 또는 허가받은 사항을 변경하기 위한 허가(이하 "변경허가"라 한다)를 받으려는 자는 대통령령으로 정하는 바에 따라 미래창조과학부장관에게 신청하여야 한다.
전파법 시행령 제31조(허가의 신청) 제1항 중	① 법 제21조 제1항에 따라 무선국의 개설허가를 받으려는 자는 허가신청서(전자문서로 된 신청서를 포함한다)에 다음 각 호의 서류(전자문서를 포함한다)를 첨부하여 미래창조과학부장관에게 제출하여야 한다. 1. 무선설비의 시설개요서와 공사설계서(법 제24조의 2 제1항 제1호 및 제3호에 따른 무선국은 제외한다)

※ 무선국 개설 관련 참조 법 조항
전파법 시행령 제23조(주파수 사용승인을 받아 개설하는 무선국), 제24조(신고하고 개설할 수 있는 무선국), 제25조(신고하지 아니하고 개설할 수 있는 무선국)

국내외 ITS 표준화 동향

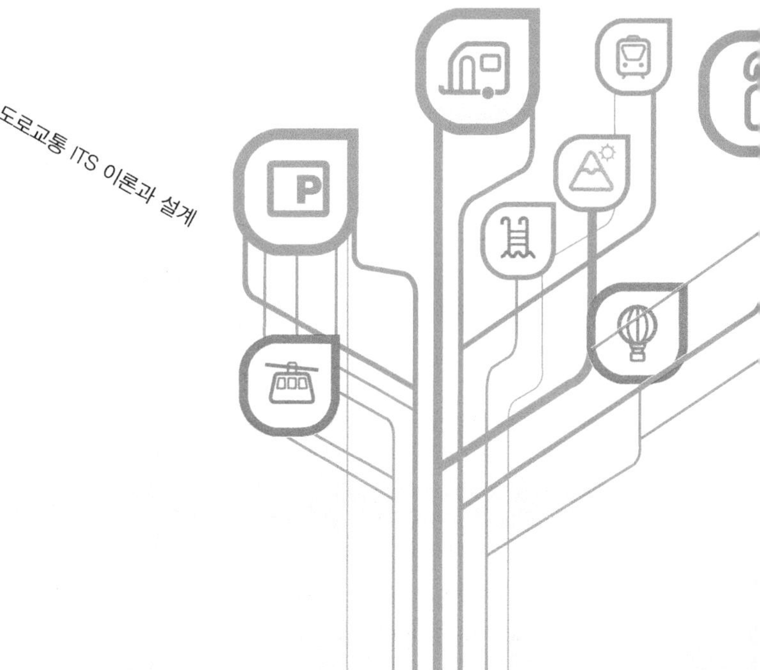

요 약

제12장에서는 ITS와 관련된 다양한 기술과 제품 간의 상호운용성(Inter-operability)을 확보하기 위해 기술과 제품을 규격화하는 일련의 표준화 활동을 다루고 있다. 이를 위해 국내외 표준화기구의 표준화 활동과 주요 이슈를 설명하는 한편, 국내 표준화기구에서 제정한 주요 표준을 실무에서 활용할 수 있도록 자세히 설명하고 있다.

12.1 표준 및 표준화란?

12.1.1 표준화의 필요성

표준화(Standardization)는 다양한 기술과 제품 간의 상호운용성(Inter-operability)을 확보하기 위해 기술과 제품을 규격화하는 일련의 과정이다. 특히 ITS 기술표준은 도로교통, 정보통신, 자동차공학 등 복합학문적(Multi-disciplinary)이고 정보통신기술을 기반으로 한 선두기술로서, 기술의 생애주기가 짧고 수요자, 공급자, 정부 등 관련 주체의 표준 요구가 다양하여 표준화가 매우 어려운 분야이다.

반면 표준화가 지연되면 수요자, 공급자, 국가적으로 큰 손실을 입게 된다. 먼저 수요자 측면에서 사업자는 표준 결정 이전까지 시설투자를 유보하려 하는데, 이로 인해 시장에서 사용자에게 제공되는 서비스 수준(LOS : Level Of Service)이 떨어지게 된다. 공급자 측면에서는 선 투자된 장비가 표준으로 제정되지 않을 경우 사용이 불가능하거나 개조, 대체가 필요함으로써 투자비 손실을 입게 되고, 이로 인해 가급적 표준 제정 이후에 제품을 개발하려 하기 때문에 선진국에 기술 종속적인 투자를 하게 된다. 또한 국가적인 측면에서도 시장에서 경쟁적인 개발로 표준 제정 이전에 구축된 연구개발이 중복 또는 사장되어 예산이 낭비되는 동시에 필수적인 기술이나 고비용·저수익 구조를 가지고 있는 원천기술을 확보하기 어렵게 되어 국가경쟁력이 약화된다.

WTO 체제하에서 국제 표준으로 채택된 기술은 국제무역에 적용해야 하기 때문에, 선진국에서는 자국의 기술 규격 또는 표준을 국제 표준으로 채택하기 위해 국제 표준화 활동에 적극 참여하고 있는데, 국제통상에서 자국의 기술 경쟁력을 확보하는 수단으로 표준화를 활용하고 있다. 따라서 이 절에서는 표준의 정의와 종류를 고찰하고 ITS와 관련된 주요 국내외 표준화 활동을 소개한다.

12.1.2 정의 및 종류

표준의 정의를 살펴보면 일반적으로 산업 관계 표준으로서 “과학 기술적인 표준”(예 케이에스규격이나 법정 계량단위 등)을 우선적으로 떠올리게 되나, 일반적으로 언어, 행동규범, 전통·관습 등도 인문사회적 표준으로 분류하고 있다. 이 절에서는 과학 기술적 표준을 위주로 표준의 정의를 살펴본다. 먼저 우리나라의 산업규격(KS)은 관계되는 사람들 사이에서 이익 또는 편리가 공정하게 얻어지도록 통일, 단순화를 목적으로 물체, 성능, 능력, 배치, 상태, 동작, 절차, 방법, 수속, 책임, 의무, 권한, 사고방법, 개념에 대해 규정한 결정으로 정의하고 있다. 또한 ISO/STACO(1961)에서는 개개의 표준화 노력의 성과로서 어떤 공인된 단체에 의해 승인된 것으로, ISO/IEC 가이드(1978)에서는 일반인이 입수할 수 있는 시방서나 그 밖의 문서로서, 이것에 의해 영향을 받는 모든 이해관계 당사자들 간의 협력과 합의 또는 전체적인 승인을 얻어 시작되는 것으로, 최적의 사회이익을 촉진하며 표준화 단체에 의해 승인받는 것으로 표준을 정의하고 있다.

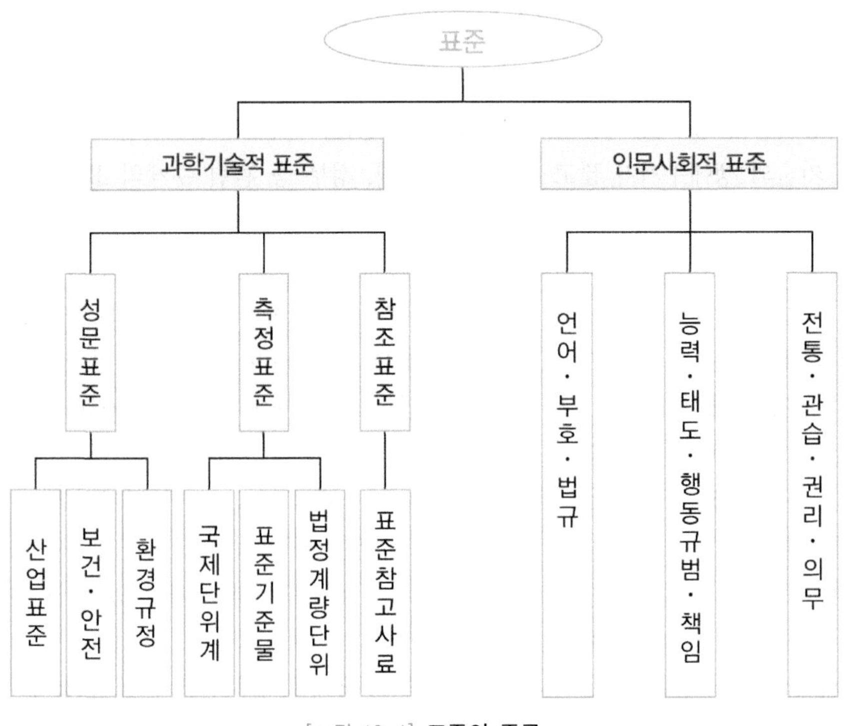

[그림 12-1] **표준의 종류**

또한 표준화는 어떤 주어진 상황에서 최선의 질서를 유지하기 위해서 일반적으로 사물에 합리적인 기준(standard)을 설정하고, 다수의 사람들이 어떤 사물을 그 기준에 맞추는 과정 또는 활동으로, 우리나라의 산업규격인 KS A 3001(품질관리용어)에서는 표준을 설정하고 이것을 활용하는 조직적 행위라고 정의하고 있다. 이외에도 ISO/STACO(1961)에서는 관계되는 모든 사람들의 편익을 목적으로 하는 특정한 활동을 향해 바르게 접근하기 위한 규칙을 작성하고 이를 적용하는 과정이다. ISO/IEC 가이드(1978)에서는 공업기술 및 경제분야에 있어서 문제를 되풀이해서 적용할 수 있는 해결책을 부여하는 활동으로 정의하고 있다.

표준의 종류를 분류할 때에는 크게 성립 주체와 구속성 여부에 따라 구분하는데, 먼저 성립 주체에 의한 분류는 공급자, 사용자 및 민간 협력업체가 참여하여 시장 형성 과정에서 생성되는 사실상 표준(de facto standards)과 정부기관, 국가 내 자발적 표준제정기관에

서 제정한 공적표준으로 구분되며, 세부적인 특징은 표 12-1과 같다.

[표 12-1] **성립 주체에 의한 표준 분류**

구 분	사실상 표준(de facto standards)	공적 표준(de jure standards)
성립주체	시장-공급자, 사용자, 민간의 협력업체	표준화기관-정부기관, 국가 내 자발적 표준 제정기관
정 의	시장형성과정에서 생성되는 표준	표준화 기관에 의해 제정된 표준
특 징	• 책정과정 속도가 신속 • 표준의 보급과 제품의 보급이 동시에 이루어짐 • 표준의 단일화는 시장에서의 경쟁에 위임됨 • 규격을 표준화하는 주체가 시장을 독점할 수 있음	• 책정 과정이 투명하고 표준 내용이 명확하며 개방적임 • 원칙적으로 단일 표준을 제공함 • 멤버십이 비교적 개방적임
단 점	• 정보 공개가 불완전 • 기술 정보의 미공개로 인해 복수 방식의 비교가 곤란, 개발 기업에 의한 경쟁 장벽이 생겨 후발 기업이 불리한 위치에 처함 • 멤버십이 폐쇄적이 되기 쉬움 • 개정 절차가 불투명함	• 표준 개발 속도가 느림 • 표준의 보급과 제품의 보급에 시간 격차가 존재 • 기술에 대한 무임승차 발생
정통성	사업자 및 사용자 선택의 결과	표준화 기관의 권위
표준화의 열쇠	시장 도입기의 점유율, 유력 기업의 참가, 계열 기업수, 소프트수	표준화 기관의 강제력, 참여 기업수, 유력 기업의 참여

구속성에 의한 표준의 분류는 표준화기관, 학술·전문협회 등 단체에서 생산 및 유통 등 경제활동의 효율성을 높이기 위해 제정하거나, 시장에 의해 자발적으로 생성되는 표준과 정부가 안전, 환경 및 소비자 보호, 국방 등의 공공 이익을 추구하기 위해 제정·시행·감독하는 기술규정(Technical Regulation)으로 구분할 수 있으며, 세부적인 특징은 표 12-2와 같다.

[표 12-2] **구속성에 의한 표준의 분류**

구 분	표준(Standard)	기술 규정(Technical Regulation)
제정목적	표준화에 따른 생산 및 유통의 효율성 제고	공중위생, 안전, 환경보호, 소비자보호, 국방 등 공공 이익의 추구
제정방법	• 표준화기관, 학술·전문협회 등 민간차원 에서의 합의를 통해 제정 • 시장에 의해 자발적으로 생성	정부 주도로 제정·시행·감독
준수의무	자발적	의무적이고 강제적
행정조항	거의 포함치 않음	광범위하게 포함

12.2 국내외의 표준화 기구

12.2.1 국제 표준화 기구

국제 표준으로 채택된 기술은 통상에 적용해야 하기 때문에 선진국에서는 자국의 기술 규격 또는 표준을 국제 표준으로 채택하기 위해 ISO, ITU와 같은 대표적인 국제 표준화 활동에 적극 참여하고 있다.

ISO(International Standard Organization, 국제 표준화기구)

ISO는 1947년에 25개국의 국가 표준단체들로 설립된 전기 분야를 제외한 모든 분야의 표준화를 추진하는 비정부 국제기구이다. ITS는 1990년대에 들어 ISO 내 TC204를 신설 ITS 관련 기술 표준화를 추진 중에 있다.

ITU(International Telecommunication Union, 국제전기통신연합)

1865년 유럽 국가들을 중심으로 유선 전신에 관한 국제 협력을 위해 설립된 만국전신연합이 무선 기술의 발달로 인해 유무선 통신을 포괄적으로 취급하게 되면서 1932년에 오늘의 국제전기통신연합으로 발전하였다.

ISO/IEC JTC1(ISO/IEC Joint Technical Committee 1)

ISO/IEC JTC1는 정보처리시스템에 대한 국제 표준화활동(ISO/TC97)과 정보 기기에 대한 국제 표준화활동(IEC/TC83)을 통합하여 구성된 정보기술 분야의 국제 표준화기술위원회이다. ISO, IEC간 정보기술 분야의 상호 협력적인 국제 표준화 추진을 목적으로 1987년에 설립되었다.

12.2.2 미국의 표준화 기구

미국의 표준화 활동은 민간 주도로 수행되고 있으며, 국제 표준화기구(ISO)와 국제전기통신연합(ITU)의 표준화 활동에도 선도적으로 참여하고 있다. IEEE 등 표준화기구에서 단체표준을 제출하여 해당 표준안을 ANSI가 승인하면 제출된 표준안을 자국 내 표준으로 정하고 있다.

ANSI(American National Standards Institute, 미국국립표준협회)

ANSI는 미국에서의 임의 표준 활동을 관리 조정하고, 표준의 적합성 여부에 따라 미국

국가 표준으로의 승인 여부를 결정하는 비영리 민간단체이다. 1918년 5개의 협회와 3개의 정부기관으로 설립된 ANSI는 현재 1300여 개의 업체와 250여 개의 기구, 30여 개의 정부기관이 참여하고 있으며, 직접 표준을 개발하지는 않지만, 각 표준 기구들의 표준안을 국가 표준으로 승인하고 조정하는 역할을 한다.

T1(Accredited Standards Committee T1 – Telecommunications)

T1 위원회는 1984년 2월, AT&T가 AT&T 및 7개 지역 전화회사로 분리된 이후 표준화의 필요성에 따라 설립된 표준화 위원회로, ATIS(The Alliance for Telecommunications Industry Solutions)의 산하기관이다.

NCITS(National Committee for Information Technology Standards, 국립정보기술표준위원회)

NCITS은 시장 주도형 표준 개발 기구이며, ITI(Industrial Technology Institute)의 지원을 받고 있다. 국가 표준의 개발과 ISO/IEC JTC1의 국제 표준 활동에 참여하여 미국의 이익을 도모하고 있다.

IEEE(Institute of Electrical and Electronics Engineers, 전기전자기술자협회)

IEEE는 ANSI에 의하여 미국 국가 표준을 개발하도록 인증받은 표준 개발 기구이다. 1963년 전기공학협회(IEE)와 무선공학협회(IRE)를 합병하여 전기, 전자, 컴퓨터 공학의 발전을 목적으로 설립되었으며, 현재 세계 각국의 전기 및 전자 기술 분야의 전문가들을 회원으로 하고 있다.

NIST(National Institute of Standards and Technology, 국립표준기술협회)

1901년 미국 의회에 의해 NBS(National Bureau of Standards)로 설립되어 1988년 NIST로 개명되었다. 현재 미국 상무성(Department of Commerce) 소속의 정부기관이다.

NIST는 미국의 전반적인 산업 경제를 향상시키기 위해 업계와 협력하여 기술 표준을 개발, 적용 및 지원을 목적으로 설립되었다. 특히 민간 자본으로 달성하기 어렵고, 경제적인 측면에서 중요하다고 판단되는 기술의 선행 연구를 수행한다.

FCC(Federal Communications Commission, 미연방통신위원회)

FCC는 1934년에 제정된 통신 관련 기본법인 통신법(Communication Act of 1934)에 의하여 라디오, TV, 유선, 위성, 케이블 분야 등의 모든 통신 분야에서의 경쟁력을 향상시키고, 공공 부문의 통신산업을 보호하고자 설립된 미국의회 산하 정부기관이다. FCC가 정보

통신 표준 문제에 깊이 관여하게 된 것은 AT&T가 분할되어 7개의 지역 통신회사(ROC)로 분리 독립되고, 장거리 전화 통신사업에 MCI와 Sprint가 신규 진입함으로써 통신 장비 간의 호환성이 심각한 기술적, 경제적인 문제로 등장하면서부터이다. FCC는 이를 해결하기 위하여 통신 분야에서의 통신 장비와 기기, 정보통신 서비스의 표준화 부문에서 활동하고 있다.

NTIA(National Telecommunications and Information Administration, 통신정보청)

1978년에 설립된 NTIA는 통신정보 정책에 관하여 대통령 자문을 수행하며, 국제적인 통신 관련 회의에서 미국의 계획과 정책을 대표한다. 또한 FCC와 국무성, 그 밖의 각 부처들과의 협의를 거쳐 미국 정부의 입장을 조정하는 역할을 수행하기도 한다.

12.2.3 유럽의 표준화 기구

유럽 표준화 기관인 CEN, CENELEC, ETSI의 표준이 유럽 내 국가 표준에 대해 우위를 갖도록 법령으로 뒷받침하고 있다. 또한 통신망의 기술 인터페이스와 서비스 규격에 관한 표준으로 유럽 표준을 이용하도록 하고 있다. 유럽 표준의 사용 여부는 자율에 맡기고 있으나 통신 서비스의 상호 운용성이 부족하면 유럽 표준의 사용을 법령상으로 강제할 수도 있다. 그리고 공공기관이나 통신사업자는 유럽 표준이 존재한다면 특별한 경우를 제외하고는 유럽 표준을 인용하여 규격화하도록 의무화하고 있다.

ETSI(European Telecommunications Standards Institute, 유럽전기통신표준협회)

기존의 표준화 기구가 제정한 표준이 시장의 욕구를 충분히 반영하지 못하였고, 유럽 내 국가들이 초국가적 위상을 나타낼 수 있는 특정한 표준을 채택할 필요성이 대두됨에 따라, 1988년 1월 런던회의에서 유럽 지역 내 표준만을 전담할 기구인 ETSI를 설립하였다.

ETSI는 전기통신 분야뿐만 아니라 전기통신과 정보기술의 공통 분야, 전기 통신과 방송의 공통 분야에서 유럽 통신 표준을 제정하고 있다.

ECMA(European Computer Manufactures Association, 유럽컴퓨터제조업체위원회)

1959년 컴퓨터의 사용이 급증하면서 운영 기술, 프로그래밍, 입출력 코드 등의 표준화에 대한 필요성이 대두되었다. 이에 유럽의 데이터 처리 분야에서 오랜 전통을 지닌 회사들(Bull, IBM 유럽지부 등)이 이러한 표준 작업의 조정을 목적으로 1961년 3월 ECMA를 설립하였다. ECMA는 정보 처리 및 통신 시스템 사용에 관한 표준을 개발하며, 기능적 설계와 정보 처리 및 통신 시스템의 사용에 관한 다양한 표준의 보급을 수행하고 있다.

CEPT(European Conference of Post and Telecommunications Administrations, 유럽 우편 및 전기통신주관청회의)

CEPT는 1959년 스위스 Montrenx에서 설립되어 유럽의 합동 표준 기구인 CEN(European Committee for Standardization)과 CENELEC(European Committee for Electrotechnical Standardization)과 연계 활동을 벌이고 있다. 유럽 국가의 우편 및 전기통신의 조정 활동과 통신에 관한 세율, 동작, 기술 분야에 대한 권고안을 마련하고 있다.

CEN(European Committee for Standardization, 유럽표준기구)

CEN은 1961년 벨기에에 설립된 국제 표준화 기구이다. 전기 및 통신 분야를 제외한 기계, 건축, 건강, 정보, 생물, 품질, 환경, 보건, 에너지, 교통, 식품, 재료, 화학 분야의 유럽 표준 등의 유럽 표준(EN/ENV)을 제정하고 있다.

CENELEC(European Committee for Electrotechnical Standardization, 유럽전기기술표준기구)

CENELEC은 전자기술 분야의 유럽 표준(EN/ENV)을 제정하는 것을 목적으로, 1973년 벨기에에 설립된 국제 표준화 기구이다.

BSI(British Standards Institute, 영국표준협회)

1901년 공산품의 표준화를 통한 인적·물적 자원의 손실 방지를 위하여 민간 기구로 발족하였으며, 1929년에 국가 표준 업무 수행이 공인되었다.

CCTA(Central Computer and Telecommunication Agency, 영국컴퓨터전기통신기관)

1972년에 설립되어 공공부문의 정보화와 관련된 자문과 지침을 제공하는 등 공공 서비스의 개선에 큰 기여를 하고 있다.

DIN(Deutschers Institut fur Normung, 독일표준협회)

독일의 표준화 활동은 1917년 DNA(Deutscher Normen Ausschup)의 설립으로 시작하여 1975년 독일 연방 정부에 의해 DIN으로 변경되었다. 독일 연방 정부의 'DIN 규정 820'에 근거한 서베를린 연방 지역의 공인 표준 기구이며, 국제 표준화 활동에서 독일을 대표하는 표준 기관이다.

AFNOR(Association Francaise de NORmalisation, 프랑스 국가 표준국)

AFNOR는 산업부(Ministry for Industry) 산하의 유일한 프랑스 국가 규격을 제정하는 정부기관이다. 1926년 비영리 민간기구로 출발하여 1933년 1월 설립된 조직으로, 1984년 1월 26일 프랑스 법령 '제84-74호'에 의거하여 표준화 관련 업무를 전담하고 있다.

12.2.4 일본의 표준화 기구

일본에서는 ITU 등의 국제기구 활동에 적극적으로 참여함은 물론 미국의 T1과 유럽의 ETSI 등 지역 또는 국가 표준 기구와의 협력 활동을 활발히 수행하고 있다.

아시아·태평양 지역은 최근에 사회경제 발전이 두드러지고 사회 기반 구조로서 전기통신의 중요성은 점차 높아지고 있으나, ITU와 같은 국제 표준화 기구의 참여 활동은 아직 미약한 단계에 있다. 게다가 일본의 표준화 작업이 아직은 충분하지 않아 이들 국가와의 상호 접속에 지장을 초래하는 상황이 발생하고 있어, 일본은 아시아·태평양 지역에서의 국제 표준을 활성화시키고 정보통신 분야에서의 주도권을 확보하기 위하여 관련 국가들과 협력 방안을 적극적으로 모색하고 있다.

TTC(Telecommunication Technology Committee)

TTC는 1985년 전기통신사업법(Telecommunication Business Law)의 시행에 따라 자유시장 원리가 도입된 전기통신 분야를 활성화하고, 전기통신 분야의 표준화 활동을 위한 민간기관의 성격으로 1985년 10월 설립되었다.

INTAP(Interoperability Technology Association for Information Processing)

INTAP는 일본 통상산업성 산하 공업 기술원의 '전자계산기 상호 운영 DB 시스템의 연구개발' 프로젝트를 위해 1985년 12월에 설립된 정보처리 상호운용 기술 협회로, 동경 미나토구 아카사카에 위치하고 있다. INTAP은 상호 운용되는 정보 처리 시스템의 실현을 목표로 하고, 관련 기구 및 표준 단체와의 조정 작업을 통해 다중 개발자 환경에서 사용자들에게 유용한 상호 운용성에 관한 규약을 개발하고 있다.

INSTAC(Information Technology Research and Standardization Center)

일본의 정보 기술 표준화 추진을 위해 1985년 7월 1일에 설립된 민간 회사들로 구성된 재단법인 형태의 민간 기구이다. INSTAC은 데이터 처리 시스템(Date Processing System) 사용을 활성화하고, 표준화를 위한 방법 및 절차를 국내외의 해당 기관과의 협력을 통해 연구 개발을 수행하고 있다.

12.2.5 기타 표준화 기구

SA(Standard Australia)

SA는 1922년 설립된 비영리 정부기관으로서, 호주 연방 정부에 의해 표준 개발 기구로서의 역할을 수행하고 있다. 설립 당시에는 호주연방 공학표준협회(Australian Commonwealth Engineerign Standards Association)였으나, 폭넓은 업무 수행을 위해 1929년에 Standards Association of Australia로 개편되었으며, 1950년 왕실 칙령에 의하여 법인 기관으로 정식 등록되었다. 이후 1988년 상공기술부와 이해 각서를 체결하고 Standards Australia로 개명되어 지금까지 이르고 있다.

SCC(Standards Council of Canada)

SCC는 1970년 캐나다 왕실 칙령에 의거하여 SCC 의정서를 비준함으로써 설립된 캐나다의 표준 전문 연방 최고 법인(Federal Crown Corporation)이다. 자국 내의 표준화 활성화를 위해 노력하고 있다.

12.2.6 국내 표준화 기구

국내 정보기기 표준이나 정보처리 분야의 국가 표준은 산업통상자원부와 중소기업청이 주도하고 있다.

한국표준협회(KSA : Korea Standards Association)

한국표준협회는 산업표준화법 제32에 의거하여 1962년에 설립된 특별법인으로서, 산업표준화와 품질 경영에 관한 조사·연구 및 교육·컨설팅, KS 규격서의 발간·보급 및 국제 규격의 보급업무를 담당하고 있다. 또한 전사적 품질 경영 시스템 구축을 위해 QM, VE, IE, 물류, TPM 등의 보급과 ISO 9000/14000 인증 교육, 컨설팅으로 원가 절감 및 품질 향상을 도모하고 있다.

한국정보통신기술협회(TTA : Telecom. & Info. Technology Association)

TTA는 통신사업자, 산업체, 학계, 연구기관 등의 상호 협력과 유대를 강화하고, 국내외 정보통신 분야의 최신 기술 및 표준에 관한 각종 정보를 수집, 조사, 연구하여 이를 활용케 하며, 정보통신 관련 표준화에 관한 업무를 효율적으로 추진함으로써 정보통신 산업 및 기술 진흥을 위해 설립되었다.

■ **국가기술표준원(KNITQ : Korean National Institute Technology and Quality)**

국가기술표준원은 우리나라 최초의 국립 시험·연구기관으로 산업기술의 개발과 공산품의 품질을 향상시키고자 산업체에서 필요로 하는 기술을 개발·개량하여 보급하고 있다. 또한 국가 기술력 향상을 위하여 기술 하부 구조(인프라)를 구축하고, 선진 각국의 기술보호주의 장벽에 대처하여 창조적 자립 기술 기반 구축을 목표로 하고 있다.

■ **한국지능형교통체계협회(ITS KOREA)**

한국지능형교통체계협회는 1999년 4월 산학관연 관련자 및 단체들이 ITS 정책 및 현안을 협의하는 사단법인 협회로 출발하였으며, ITS 표준화 분야에서는 단체표준 개발 및 제정, 표준의 적용검증 역할을 수행하고 있다. 2003년부터 ITS 표준총회를 결성하여 단체표준을 제정 보급하고 있으며, 민간의 표준화 요구에 따라 여러 표준 아이템의 발굴과 전국적인 교통정보의 호환성과 연동성을 확보하기 위하여 지능형교통체계표준(기술기준)을 제안하고, 이에 대한 제정을 위해 민간의견 수렴 등 표준화업무를 간접 지원하고 있다. 또한 건설교통부(현재 국토교통부)로부터 2005년 5월 ITS 표준적용검증기관으로 지정받아 현장에서 표준이 적절히 적용되었는지를 검증하는 업무를 담당하고 있다.

12.3 ITS 표준화 동향

국제적으로 ITS 표준화는 제품에 대한 표준이 아닌 서비스에 대한 기능 설정, 서비스 제공 방식, 자료 처리, 시스템 간의 인터페이스 등의 표준을 주요 표준화 대상으로 지정하고 있다.

12.3.1 국외 표준화 동향 및 국제 표준화 동향과 관련 기구

ITS 관련 국제 표준화 기구에는 ISO와 유엔 산하의 ITU(International Tele-communication Union) 등이 있다. 이 중에서 ISO 산하의 기술위원회인 TC(Technical Committee) 204가 1993년에 설립되어 ITS 국제 표준화의 중심 기능을 담당하고 있다. TC 204의 명칭은 Traffic Information and Control Systems(TICS)로 한국을 포함한 21개국의 P-member(정회원)와 26개국의 O-member(옵서버)로 구성되어 있다. 한국은 1996년 4월 정회원으로 가입하였다.

TC 204 산하에는 의사결정을 담당하는 정회원국 대표로 구성된 총회가 있고, 13개 작업

반(Working Group, WG)이 ITS의 전반적인 표준화 작업을 수행하고 있다. TC 204의 WG는 표 12-3과 같다. 이외에도 ITS와 관련하여 기술위원회는 TC 211(Geomatics), TC 22(Human Factor), TC 211(GIS) 등이 있다. 또한 2007년 12월 기준으로 ISO TC204에서는 13개의 WG에서 총 142개의 표준안을 제정하는 등 활발한 활동을 하고 있다.

[표 12-3] TC 204 Work Group

TC 204 Working Group	ITS 표준화 담당분야	팀장국	주관기관	제정건수 (2007.12. 기준)	비고
WG 1	아키텍처	영국	ISO(BSI)	26 건	
WG 2	품질, 신뢰성	미국	ISO(ANSI)	-	중단
WG 3	데이터베이스	일본	ISO(JISC)	9 건	
WG 4	자동 차량 인식	노르웨이	CEN(Norway)	14 건	
WG 5	자동 요금 징수	네델란드	CEN(NNI)	10 건	
WG 6	General fleet Management	미국	ISO(ANSI)	-	WG7에 합병
WG 7	상용 및 화물 운송	캐나다	ISO(SCC)	8 건	
WG 8	대중교통 / 긴급상황 처리	미국	ISO(ANSI)	4 건	
WG 9	통합교통정보의 관리 및 제어	호주	ISO(SAA)	7 건	
WG 10	여행자 정보	영국	ISO(BSI)	24 건	
WG 11	최적경로 안내 및 항법시스템	독일	ISO(DIN)	3 건	
WG 13	인간요소와 MMI	미국	ISO(ANSI)	1 건	TC22로 이관
WG 14	도로 및 차량의 안전	일본	ISO(JISC)	10 건	
WG 15	단거리 무선통신	독일	CEN(DIN)	1 건	
WG 16	WAN	미국	ISO(ANSI)	25 건	
Ad-hoc	Secure Digital Imaging	이탈리아	ISO(Italty)	-	신규

유럽

미국이나 일본에 앞서 유럽은 1991년 7월 유럽표준기구(European Committee for standardization, CEN) 내에 TC 278을 설치하여 ITS 표준화 작업을 시작하였다. 이 위원회는 13개의 work group을 두고 인터페이스, DB, 개념 정의, 데이터 요소 등 4개 분야와 관련한 표준화 작업을 수행하고 있다. 이 중에서도 자동요금 징수, 여행정보, 도로지리정보 DB, 단거리 무선통신(DSRC), 자동차량인식(AVI/AEI)을 우선 표준화 분야로 하고 있다. 이들 표준화 작업은 유럽 연방의 DGX III에서 행정 및 재정적으로 지원하고 있고, CENELEC(European Committee for Electro-technical Standardization)와 ISO와도 깊은 관계를 맺고 있다.

현재까지 유럽 내 ITS의 표준화에 가장 큰 영향력을 행사하고 있는 기관은 CEN으로, ITS 서비스 분야 전체에 대한 표준을 설정하지는 않지만, 일단 CEN과 유관 표준화 조직들이 ITS 표준을 결정한다면 EC 내에서 이들 표준은 강제될 가능성이 높다. 여기서 CENELEC은 전기적인 표준을 관장하며, ETSI(European Telecommunications Institute)는 통신 관련 표준의 개발을 담당하고 있다.

미국

미국에서는 미국 국가 표준연구소(NIST : National Institute of Standards and Technology), 미국 표준협회(ANSI : American National Standard Institute)를 중심으로 국가 표준이 추진되고 있으며, 기술분야별로 전문기관 및 협회가 단체표준화를 추진하고 있다.

미국 국가 표준연구소(NIST)는 미국의 전반적인 산업 경제를 향상시키기 위해 업계와 협력하여 기술, 표준의 개발, 적용 및 지원을 목적으로 설립된 미상무성(Department of Commerce) 소속의 기술연구소이다. 특히 민간자본으로 달성하기 어렵고, 경제적인 측면에서 중요하다고 판단되는 기술의 선행 연구를 수행하고 있다.

미국 표준협회(ANSI)는 1918년에 비영리 민간법인으로 창설되어 미국 국가 표준화제도의 총괄조정기구로서, 국가 표준의 기획, 조정, 심의, 제정, 공고 및 자문을 담당하고 있다. 또한 ISO의 국가간사기관(National Body)으로서 국제적으로 미국을 대표하며, 국제 규격을 국내 표준으로 부합화하거나 국내 표준을 국제 표준화하고 있다.

미국의 표준은 민간과 단체 표준 기구가 단체 표준화를 추진하여 미국 표준협회에 규격안을 작성, 표준으로 상정하고 표준심의위원회(Board of Standard Review)의 심의를 거쳐 국가 규격(ANS)으로 발행하고 있다. 이 과정에서 모든 표준안은 공개적으로 투명하게, 모든 주체가 참여하여, 합리적인 절차를 거쳐 합의를 도출하는 것을 원칙으로 추진하고 있다.

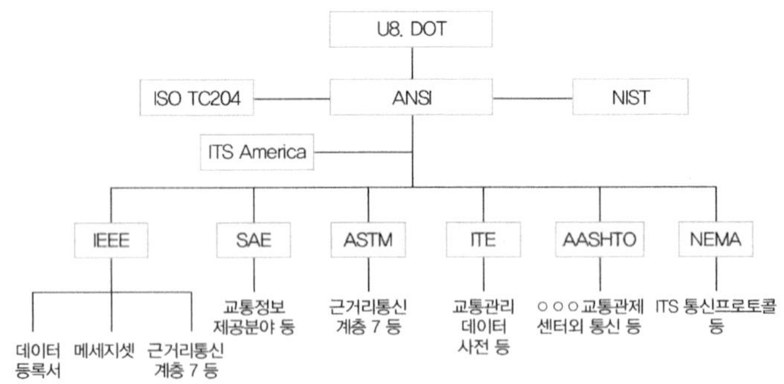

[그림 12-2] **미국의 ITS 표준 추진 체계**

(IEEE(Institute of Electrical and Electronics Engineers)
SAE(Society of automotive engineering), ASTM(American Soceity for Testing & Material)
ITE(Institue of Transportation Engineering), AASHTO(American Association of Atate Highway Trans- portation Official), NEMA(National Electrical manufacturers Association)

이외에도 미국을 중심으로 한 국제적인 사실상 표준화의 핵심이 되는 국제 포럼 활동이 왕성히 진행되고 있다. 여기에는 다수의 민간기업이 참여하여 적기에 개발한 표준안 내용을 활용하고, 미국의 기술을 국제 사회에 보급하여 미국산업의 경쟁력을 높이는 기회로 삼고 있다. 미국 정부 역시 정부의 예산을 지원하여 표준을 개발하고 민간에 이전시킴으로써 민간의 기술력 향상을 도모함과 동시에 포럼 활동과 민간기업의 사업 전략에 의한 사실상 표준화를 유도하면서 공식 표준인 국가 표준화를 추진하고 있다.

미국의 ITS 표준 개발 역시 IEEE는 DSRC 계층 7, SAE는 ATIS 분야, ASTM은 DSRC 계층 2 등 도로교통, 전기통신분야의 전문성 있는 민간단체가 ANSI의 승인에 따라 표준개발기구(SDO)로서 표준을 개발, 단체표준을 제정하고 이를 국가 표준으로(ANS) 제정하고 있다. 이때 미국 교통성은 JPO(Joint Program Office)를 중심으로 ISTEA, TEA21의 법적 근거에 입각하여 ITS 표준 정책에 대한 원칙을 설정하고 표준화 활동 활성화를 위해 국가 예산을 지원하고 있다. 또한 아키텍처, 표준화, 주요 표준 관리 및 적합성에 관한 업무를 담당하고 있다.

ITS America는 ITS 표준 정책을 제언하고 표준 개발 기구 간의 상충을 조율하는 관민협력적인 ITS 표준화 추진 체계를 구축하는 데 중요한 역할을 담당하게 된다.

ITS America의 S&P 위원회(Standard & Protocol committee)는 1990년대 중반 이후 미국 교통성(U.S. DOT)의 지원 프로그램을 시작으로 활성화되어, ITS 관련 표준 개발 기구의 표준에 관한 정책 조율 등 ITS 표준에 관련한 토론의 장으로 활용되고 있다. 또한 최근에는 S&P 위원회 산하에 표준 기관 협의회(Council of Standard Organization)를 구성하여 표준개발기구 공통의 관심사 또는 상충이 발생하는 표준안에 대해서 포럼을 형성하여 문제를 해결하고 있다.

ITS America의 S&P 위원회는 교통성에 정책보고서를 제출하여 이를 토대로 미국의 ITS 표준화를 추진하는 계기가 되었다. 본 보고서의 요지는, 첫째, 국제 표준화 과정에 긴밀히 참여하고, 미국 ITS 표준 전문가를 지원하여 국제 표준과 연계하여 미국의 ITS 표준화를 활성화할 것, 둘째, ITS 표준 수요 조사를 통해 상위 40개(TOP 40) 우선 표준 추진 과제를 도출하여 표준 개발 기구가 해당 분야별로 우선 표준 추진 과제에 대해 표준을 개발토록 하였다.

이 결과 ITS 분야의 표준은 현재 표준 개발 기구(SDO)를 통해 45개가 개발되어 16개 이상이 제정되었으며, 28개의 표준 항목의 표준화가 활발히 진행되고 있다. 특히 표준의 검증 미비 등으로 표준화 추진이 곤란하나, 사업상 당장 필요한 표준은 잠정 표준(Interim Standard) 제도를 두어 사용을 허용하되, 표준의 검증을 통해 강제 표준으로 제정하는 절차를 두고 있다.

또한 ITS America는 ISO 국제 표준화에 대응하기 위해 ISO 기술위원회(TC : Technical

Committee) 또는 부위원회(SC; Subcommittee)에 대응되는 미국의 국내 기술위원회[U.S. TAG(Technical Advisory Group)]을 결성하여 SAE와 함께 지원하는 업무를 담당하고 있다.

미국 교통성은 TEA-21에 따라 도로신탁기금(HTF : Highway Trust Fund)을 사용하는 ITS 프로젝트는 국가 ITS 적용 표준(Applicable Standard)을 반드시 따르도록 명시하고 있다. 또한 실제 사업 구축에 활용이 적합한지를 판단하는 표준의 적합성 평가를 통해 검증된 표준을 확대 사용토록 하고 있다. 이러한 취지에서 교육 및 기술 지원 프로그램을 더욱 강화해 나아갈 계획이다. 향후 미국 교통성의 표준화 추진은 표준 개발에서 표준을 구축하고 활용하는 방안으로 옮겨가고 있다. 여기에는 웹 기반의 표준 활동 구현, 데이터 등록소 구축, 전자표준문서, 교육 등이 포함된다.

일본

일본의 표준 추진 체계는 경제통산성 공업기술원 표준부와 일본표준협회를 중심으로, 공업표준화법을 토대로 일본공업규격(JIS)을 권고 표준의 형태로 국가 표준으로 제정하고 있다. 일본공업표준조사회(JISC)는 공업표준화법을 토대로 설치된 공업표준의 제정 등에 관한 경제통산성장관 등 주무장관의 자문기관이면서, 공업기술원의 부속기관으로서 설치되어 있다. 내부 기구로는 총회, 표준회의, 부회, 전문위원회로 구성되어 있다. 그리고 국제 표준화기구(ISO, IEC) 국가 간사로서 국제 표준과 연계한 국가 표준을 추진하고 있다.

관련 부처별 추진 사업의 국가적 통합 구축 및 안전성과 효율성을 확보하기 위한 표준은 해당 부처가 개별적으로 의무 표준으로 제정하고 있어 권고 표준과 의무 표준이 조화롭게 공존하고 있다. 표준안 개발은 관련 부처의 예산 지원 하에 해당 부처의 산하단체(HIDO 등 표준 개발 기구)를 통해 표준 초안(Draft JIS)을 개발하여, 산하단체의 의견 수렴을 통해 일본공업표준화하고 있다. 일본의 표준화 추진 체계는 국가 표준화 기관에서 개별적인 규격 책정을 위한 위원회를 설치하여 규격을 만들되, 국가 표준화 기구가 민간단체에게 표준 초안을 의뢰하여 민간의 의견을 반영할 수 있다는 점이 특징적이다.

일본의 ITS 표준 추진 체계는 경제통산성, 국토교통성, 내무통신성, 경찰청이 전문성을 살려 해당 ITS 분야의 표준화를 추진하되, 전문적인 지식이 필요한 표준 개발은 주로 연구소 및 협회에 위임하고 있다. 우선 국토건설성은 교통과 차량에 관련한 인프라 관련 표준, 경제통산성은 차량과 전자장비 분야 표준, 내무통신성은 전파법에 의한 통신규격에 관련된 표준, 경찰청은 교통통제분야의 표준을 담당하고 있다. 특히 자동차공업협회의 ITS 표준화 위원회를 중심으로 국내외 표준 연계 방안 등 주요 ITS 표준화 정책을 결정하고 건의한다. 본 위원회는 30여 명의 산학관연 전문가와 소비자로 구성된 상위 의사결정기구이며 산하 국내기술위원회와 조사연구위원회 및 운영위원회를 두고 있다.

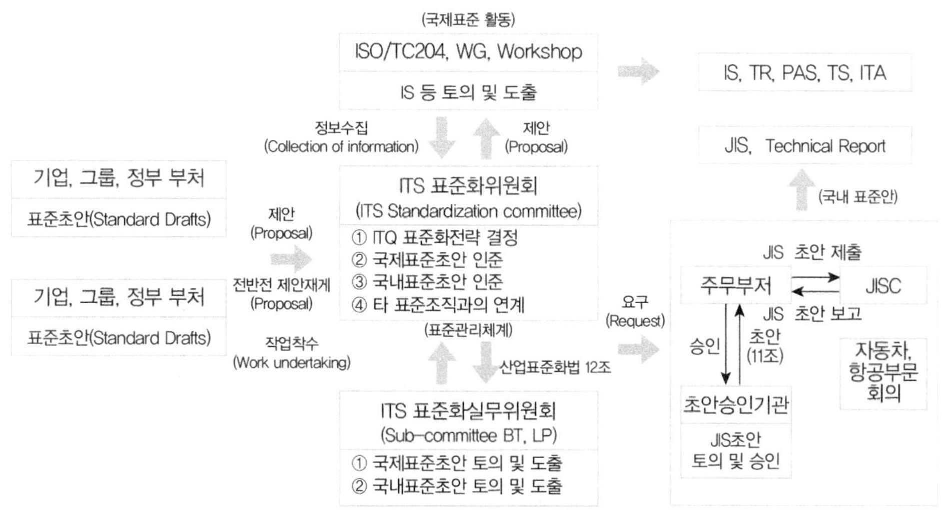

[그림 12-3] **일본의 ITS 표준화 추진 체계**[81]

ITS 표준화 위원회는 ISO/TC 204의 국내 대응 조직(Mirror Group)으로서 국내외 표준화 활동을 실질적으로 주도해 나가고 있다. 현재 시스템 구성 분과, 품질 신뢰성 분과회 등을 포함하여 총 14개의 분과를 만들어 이를 담당할 기관을 지정하여 활동을 하고 있다. 여기서는 주로 국제 표준과 연계하여 국가 표준(JIS)을 추진하고, 표준 환경에 능동적으로 대응할 수 있는 표준 정책을 수립하며, 국내 표준 관련 그룹 간의 연계를 강화해나가고 있다. 특히 ITS 표준화분과위원회는 국가 ITS 표준화 추진을 위한 전략을 수립하고 있는데, 여기에는 표준화 항목 제안, 표준안 검토, 표준 제안, 표준 유지 관리 등 표준화 전 과정에 대해 표준추진체계의 효율적인 추진방안을 제언하고 있다. 이에 따라 정부는 부처별 역할 분담과 관민 협력적 체계 구축 강화, 표준 활동 효율화를 위한 추진 절차, 방법 및 표준화 활동의 전자화, 분야별로 전략적인 표준안 연구개발 등을 추진해나가고 있다.

또한 일본은 ISO/TC 204의 WG3, 14의 의장국으로 활동 중이며, 해당 부처의 지원을 통해 국가적인 차원에서 국제 표준화 활동을 지원, 육성하고 있다. 특히 국제 표준화 기구에서 자국의 이익을 극대화하기 위해서 국제 표준화에 초점을 두어 국내 표준을 개발하고, 아태지역 등 주변 국가와의 표준화 활동(APEC 등)과 전략적 연대에 힘쓰고 있다.

81) Ministry of Economy, Trade and Industry(2000), Policy of Standardization Works in ISO/TC204 National Committee of Japan.

[표 12-4] **일본의 ISO TC204 국내 대응 조직**[82)]

구 분	국내 위원회명	ISO WG	국내 간사 기관
ITS 표준화 위원회	-	-	자동차기술회
국내기술위원회	시스템구성분과회	WG 1	자동차주행전자기술협회
	품질신뢰성분과회	WG 2	자동차기술회
	데이터베이스분과회	WG 3	일본디지탈 도로지도협회
	차량자동인식분과회	WG 4	신교통관리시스템 추진협의회
	요금징수분과회	WG 5	도로 신산업개발기구
	화물운행관리분과회	WG 6	도로 신산업개발기구
	차량운행관리분과회	WG 7	도로보전기술센터
	대중교통분과회	WG 8	국토개발기술연구센터
	교통관리분과회	WG 9	신교통관리시스템 추진협의회
	여행자정보분과회	WG 10	신교통관리시스템 추진협의회
	경로안내분과회	WG 11	자동차기술회
	주행제어분과회	WG 14	자동차기술회
	협역통신분과회	WG 15	일본전자제어공업계
	광역통신분과회	WG 16	일본전자제어공업계
조사연구위원회	-	-	자동차기술회
운영위원회	HMI 사업팀	-	자동차기술회

12.3.2 국내 ITS 표준화 동향

ITS 표준화 추진 현황

ITS 분야의 국가 표준은 ITS 사업의 추진을 위한 기술 기준과 한국산업규격(KS)이 공존한다. ITS 표준의 개발·보급·관리는 한국지능형교통체계협회가 전담하고 있다.

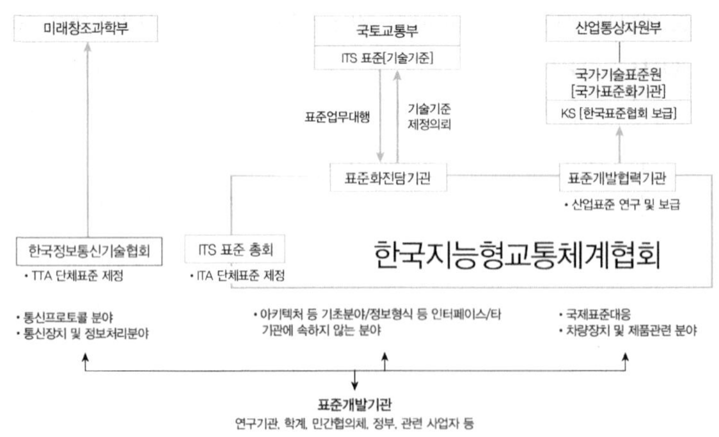

[그림 12-4] **지능형교통시스템 표준화 추진 체계**

82) Ministry of Construction(2000), ITS Handbook 2000-2001(Japan).

KS 제도는 산업표준화법에 의해 국가기술표준원을 중심으로 추진되고 있으며, 산업분류표에 해당하는 산업 전반의 항목에 대해 표준화를 추진하고 있다. KS 제도는 지능형교통체계 구현을 위한 표준안 개발을 위해서 기존 표준 체계 활용이 가능하고, 국제 표준(ISO : International Organization for Standard, IEC : International Electronic Committee) 대응이 용이하다.

국내의 국제 표준화 활동

산업통상자원부의 중소기업청 산하 기관인 국가기술표준원(기존 국립기술품질원)이 주관이 되어 1995년 3월 ISO/TC 204 대응조직으로 국내 운송정보전문위원회(TICS)를 구성하였으며, 1995년 4월 ISO/TC 204의 정회원국으로 등록하여 국제 활동을 시작하였다.

국가기술표준원은 TC204 한국 간사 기관(National Body)으로 국제표준문서에 대한 투표 권한(국가당 1투표권)을 가지고 있다. 또 산업표준화법에 근거하여 TC204에서 제개정되는 국제표준 및 관련 산업 표준을 조사·검토하는 교통정보전문위원회(대표 전문위원 1명 포함, 20인 이내 구성)를 운영하고 있다.

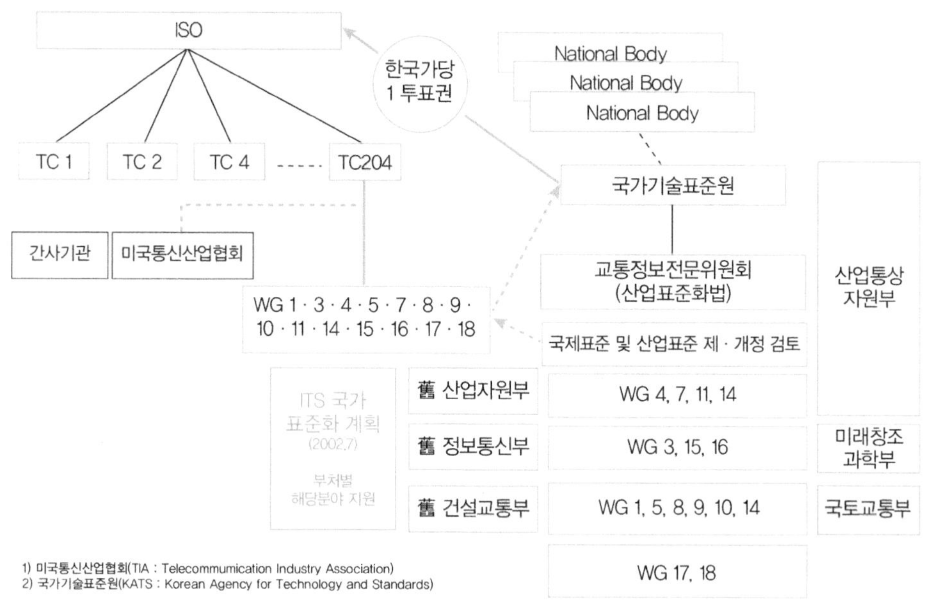

[그림 12-5] **ITS 분야 국제 표준화 활동 추진 및 지원체계**

ISO/TC 204 교통정보전문위원회는 국제 표준과 연계하여 국가 표준(KS)을 추진하는 동시에, 이러한 활동은 ITS 실무위원회 표준분과위원회에 보고되어 범부처적인 국가 ITS 표준 추진 정책 방향에 대한 방침을 수용토록 추진되고 있다.

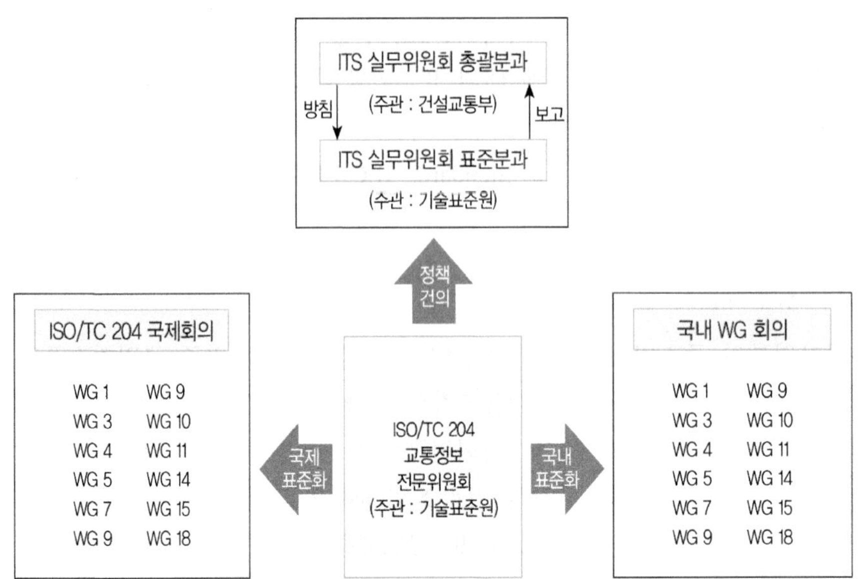

[그림 12-6] **국제 표준과 국내 표준 연계를 위한 추진 조직 체계도**

국제 표준화 단계에 따라 국제 표준화활동(ISO)에 보다 전략적으로 대응하여 국내 표준화와 연계하는 것이 바람직하다. 이를 위해 ISO의 표준화 단계 중 예비 단계, 제안 단계(NP)에서는 국내 표준 제정 후 국제 표준을 제안하고, 준비 단계, 위원회 단계, 질의 단계에서는 단체 표준 또는 국가 표준 제정 후 국제 표준화에 참여하여 국내 표준(안)을 국제 표준에 반영하며, 승인 단계, 발간 단계에서는 국제 표준을 수용하여 국내 표준을 제정하는 것이 바람직하다.

ITS 표준화 추진 항목

국내에서 제정되어 사용되고 있는 ITS 관련 주요 표준은 2007년 말 기준으로 국가 표준(KS) 62건, TTAS 단체 표준 20건, ITSK 단체 표준 32건이 제정되어 있다. 이외에도 건설교통부, 경찰청에서는 공공성을 확보하기 위하여 8건의 기술 규정을 제정하여 운영하고 있다.

국가 표준인 KS는 현재 교통정보 통신 및 인터페이스 분야 11종, 교통정보 전송 분야 9종, 차량·장비 인식·요금징수 분야 12종, GIS·LBS 분야 30종이 제정되어 있다. 이외에도 RFID, ID카드 등의 유사 관련 국가 표준이 KS로 제정되어 있다.

[표 12-5] **국가 표준(KS) 제정 현황**

세부 분야	규격 번호	규격명
교통정보 통신 및 인터페이스 분야 (11종)	KS X 6915	ITS 섹터에서의 적외선 통신기술
	KS X 6916	ITS 섹터에서의 적외선 통신기술 적합성 평가방법
	KS X ISO14813-6	교통정보 및 제어시스템(TICS)-TICS 분야의 참조모델 아키텍처-제6부 : ASN.1 데이터 표현
	KS X ISO14817	교통정보 및 제어시스템(TICS)-ITS/TICS 중앙데이터등록소 및 ITS/TICS 데이터사전을 위한 요구사항
	KS X ISO14827-1	교통정보 및 제어시스템 - ITS를 위한 센터간 데이터 인터페이스 - 제1부 : 메시지 정의 요구사항
	KS X ISO14827-2	교통정보 및 제어시스템 - ITS를 위한 센터간 데이터 인터페이스 - 제2부 : DATEX-ASN
	KS X ISO14906	도로운송과 교통텔레매틱스-전자요금징수-DSRC를 이용한 응용서비스 인터페이스 정의
	KS X ISO15075	교통정보 및 제어시스템 - 차량 내부 내비게이션 시스템 - 통신 정보형식 요건
	KS X ISO15628	교통정보 및 제어시스템(TICS)- 단거리전용통신(DSRC) - DSRC 응용계층
	KS X ISO15662	지능형 교통 시스템 - 광역 무선 통신 - 프로토콜 관리 정보
	KS X ISO17686	대중교통 통신인터페이스 프로파일
교통정보 전송 분야(9종)	KS X 6917	교통 프로토콜 전문가 그룹(TPEG)-TPEG-혼잡 교통정보 응용
	KS X 6917-1	교통 및 여행 정보- TPEG 데이터 스트림을 이용한 교통 및 여행 정보 - 제1부 : 서문, 번호체계, 버전
	KS X 6917-2	교통 및 여행 정보 - TPEG 데이터 스트림을 이용한 교통 및 여행 정보 - 제2부 : 문법, 의미 및 프레임 구조
	KS X 6917-3	교통 및 여행 정보 - TPEG 데이터 스트림을 이용한 교통 및 여행 정보 - 제3부 : 서비스 및 네트워크 정보 응용
	KS X 6917-4	교통 및 여행 정보 - TPEG 데이터 스트림을 이용한 교통 및 여행 정보 - 제4부 : 도로교통 메시지 응용
	KS X 6917-6	교통 및 여행 정보 TPEG 데이터 스트림을 이용한 교통 및 여행 정보 -제6부 : 위치참조 응용
	KS X ISO14819-2	교통 및 여행자 정보(TTI)-교통메시지 부호화를 통한 TTI 메시지-제2부 : 라디오데이터시스템 교통메시지 채널을 위한 이벤트 및 정보 코드
	KS X ISO14819-3	교통 및 여행자 정보(TTI)-교통메시지 부호화 통한 교통 및 여행자정보 메시지 - 제3부 : ALERT-C를 이용한 위치 참조
차량·장비인식·자동요금징수 (12종)	KS X ISO14815	지능형교통시스템 - 자동차량 및 장비인식 - 시스템 규격
	KS X ISO14816	지능형교통시스템 - 자동차량 및 장비인식 - 넘버링 및 데이터 구조

(계속)

세부 분야	규격 번호	규격명
차량·장비인식·자동요금징수 (12종)	KS X ISO17261	교통정보와 관리체계 - 자동차량 및 장비 인식 - 복합화물(아키텍처와 용어)
	KS X ISO17262	도로 운송 및 교통 텔레매틱스 - 자동차량 및 장비 인식 - 복합 화물 운송 넘버링 및 데이터 구조
	KS X ISO17263	도로 운송 및 교통 텔레매틱스 - 자동차량 및 장비 인식 - 복합 화물 운송 시스템 매개 변수
	KS X ISO15622	차량 - 적응 순항제어 시스템 - 성능요건 및 시험절차
	KS X ISO15623	차량 - 전방차량 충돌 경고 시스템 - 성능요건 및 시험절차
	KS X ISO17386	지능형 교통체계 - 저속주행지원 시스템 - 성능요구사항 및 시험절차
	KS X ISO14904	지능형 교통체계 - 자동 요금 징수(EFC) - 운영자간 정산을 위한 인터페이스 규격
	KS X ISO14907-1	도로운송 및 텔레매틱(RTTT) - 자동요금 징수(EFC) - 사용자를 위한 시험절차와 고정 장비 - 제1부 : 시험절차의 서술
	KS X ISO17573	지능형 교통체계 - 자동 요금 징수(EFC) - 교통서비스와 연계된 차량에 대한 시스템 아키텍처
GIS·LBS 표준 (30종)	KS X 6801-4 (ISO 15046-4)	지리정보(GIS) - 제4부 : 용어
	KS X 6803 (OGC01-026r1)	지오코더 서비스 규격
	KS X ISO19101	지리정보 - 참조모델
	KS X ISO19103	지리정보 - 개념적 스키마 언어
	KS X ISO19105	지리정보 - 적합성 및 시험
	KS X ISO19106	지리정보 - 프로파일
	KS X ISO19107	지리정보 - 공간객체 스키마 표준
	KS X ISO19108	지리정보 - 시간 스키마(개요)
	KS X ISO19109	지리정보 - 응용스키마 규칙
	KS X ISO19111	지리정보 - 좌표에 의한 공간 참조
	KS X ISO19112	지리정보 - 지리식별인자에 의한 공간 참조
	KS X ISO19113	지리정보 - 품질 원리
	KS X ISO19114	지리정보 - 품질평가과정
	KS X ISO19115	지리정보 - 메터데이터
	KS X ISO19116	지리정보 - 위치결정 서비스
	KS X ISO19117	지리정보 - 묘화
	KS X ISO19118	지리정보 - 인코딩
	KS X ISO19119	지리정보 - 서비스
	KS X ISOTR19120	지리정보 - 기능표준

(계속)

세부 분야	규격 번호	규격명
GIS·LBS 표준 (30종)	KS X ISOTR19121	지리정보 - 영상과 그리드 데이터
	KS X ISO19123	지리정보 - 커버리지 기하 및 함수에 대한 스키마
	KS X ISO19125-1	지리정보 - 단순 피처(특징) 접근 - 제1부 : 공통 아키텍처(구조)
	KS X ISO19125-2	지리정보 - 단순 지형 지물 연결 - 제 2 부 : SQL 옵션
	KS X ISO19128	지리정보 - 웹 맵 서버 인터페이스
	KS X ISO19132 : 2006	지리정보 - 위치기반서비스 - 참조모델
	KS X ISO19133 : 2006	지리정보 - 위치기반서비스 - 트래킹 및 내비게이션
	KS X ISO19135	지리정보 - 지리정보 항목 등록절차
	KS X ISO19136 : 2006	지리정보 - 지리 마크업 언어

TTAS는 한국정보통신기술협회(TTA) 표준 총회에서 제정하는 단체 표준으로, TTA 표준총회 Telematics/ITS PG 등을 통해 ITS 분야에 현재까지 20종이 제정되어 있다.

[표 12-6] **한국정보통신기술협회 TTAS 단체 표준 제정 현황**

표준번호	표준명
TTAS.KO-06.0025	5.8 GHz 대역 노변기지국과 차량 단말기 간 근거리전용 무선통신 표준
TTAS.KO-06.0035	DSRC를 이용한 자동요금징수시스템의 응용 인터페이스 표준
TTAS.IE-P1488	ITS를 위한 메시지 집합 형식 표준
TTAS.IE-P1489	ITS 데이터 사전 형식 표준
TTAS.IS-DIS14825	GDF-K 표준
TTAS.IE-P1488/R1	ITS를 위한 메시지 집합 형식 표준 v2
TTAS.IE-P1489/R1	ITS 데이터 사전 형식 표준 v2
TTAS.KO-06.0050	첨단화물 운송체계를 위한 메시지 집합 표준
TTAS.KO-06.0051	ITS 정보통신 프로토콜 파일 프레임워크 표준
TTAS.KO-06.0052	5.8 GHz DSRC L2 시험규격
TTAS.KO-06.0053	5.8 GHz DSRC L7 시험규격
TTAR-0012#	노변기지국과 차량단말기 간 자원관리자 기술보고서
TTAS.OT-06.0001	ITS 정보형식 변환
TTAS.IS-DIS15662	ITS용 중장거리무선통신(CALM) 프로토콜 관리정보 표준안
TTAS.KO-05.0036	차량용 ITS 통합단말기 인터페이스 표준안
TTAS.KO-06.0085	텔레매틱스 표준 참조 모델
TTAS.KO-06.0084	텔레매틱스 단말 소프트웨어 플렛폼 Stage1 : 아키텍처
TTAS.KO-06.0083	텔레매틱스를 위한 교통정보서비스 Stage1 : 기능 요구 조건

(계속)

표준번호	표준명
TTAS.KO-06.0102	텔레매틱스 단말-TSP 서버 간 서비스 프로토콜 stage1- 요구 기능4
TTAR-06.0001	텔레매틱스 서비스 및 시스템

또한 ITSK는 (사)ITS Korea 단체 내 표준 총회를 통해 제정하는 단체 표준으로, 2006년 초 기준으로 32건을 제정하여 운영하고 있다.

[표 12-7] **ITSK 단체 표준 제정 현황**

분 야	표준명	주요 내용
기초분야	ITS 기본 용어를 위한 표준	약 1,600개 ITS 전문용어 정의
	전자도로지도 중앙 DB 표준	ITS용 전자도로지도 DB 구축을 위한 형식 정의
	위치참조 표준(기술보고서)	전자도로상의 위치 확인을 위한 기술 분석
	첨단화물운송시스템을 위한 AVI/AEI 표준 (기술보고서)	주행차량의 번호, 차종 등 인식 표준
	ITS 중앙데이터 관리체계 표준설계	Data 등록·관리 표준절차
	대중교통정거장 ID 번호체계 표준	버스, 지하철 등의 대중교통정거장 번호체계 규정
	교통망(노드-링크) ID체계 표준	노드-링크의 ID 부여방법 규정
데이터사전	첨단교통정보분야 데이터사전 표준	분야별 데이터 항목의 의미, 표현방식, 유효값, 저장소 등
	첨단교통관리분야 데이터사전 표준	
	첨단대중교통분야 데이터사전 표준	
	CVO를 위한 데이터사전 표준	
정보형식	여행자교통정보제공을 위한 정보형식 표준 Part 1	센터-센터 간 정보형식
	여행자정보제공을 위한 정보형식 표준 Part.2	센터와 개인단말기 간 정보형식
	여행자정보제공을 위한 정보형식 표준 Part 3	센터와 차량단말기 및 공중단말기 간 정보형식
	자동교통단속을 위한 정보형식 표준	자동교통단속시스템과 교통센터 간의 교환 메시지 형식
	자동요금징수를 위한 정보형식 표준	자동요금징수 메시지 형식
	교통정보교환을 위한 정보형식 표준 Part.1	권역 간 정보교환, 센터 간 메시지 형식
	교통정보교환을 위한 정보형식 표준 Part.2	비교통센터와 교통센터 간 정보 교환형식
	교통정보교환을 위한 정보형식표준 Part. 3	센터와 비센터(노변장치, 타 정보기관) 간 정보 교환 형식
	돌발상황 관리를 위한 정보형식 표준	각종 돌발상황과 관련한 메시지 형식
	교통제어를 위한 정보형식 표준 Part.1	센터와 센터간 제어정보의 내용과 형식
	교통제어를 위한 정보형식 표준 Part.2	센터와 노변장치 간 제어정보형식
	차량-노변장치간 정보형식 표준 Part.1	첨단차량운영센터와 노변장치 간 정보형식
	대중교통정보제공을 위한 정보형식 표준 Part 1	대중교통운영센터 간 교환되는 정보내용과 형식

(계속)

분 야	표준명	주요 내용
정보 형식	대중교통정보제공을 위한 정보형식 표준 Part 2	대중교통운영센터와 노변장치 간 교환정보 형식
	ETCS의 응용인터페이스 표준	ETCS의 DSRC 응용 계층 인터페이스 및 정보의 형식에 관한 정의
	ITS 도로변 정보교환 Part 1	-
	ETCS 통합차로제어기 규격 Part2 S/W	-
기타	ETCS 성능시험방법에 관한 표준	ETCS 성능시험절차 및 방법 등 정의
	ETCS OBU 기능요구사항	-
	기본교통정보교환 기술기준 적용 적합성 시험 표준	-
	ETCS 통합차로제어기 규격 Part1 H/W	-

이외에도 기술기준은 건설교통부에서 4종의 기술기준과 1종의 지침을 제정 고시하였으며, 경찰청의 경우에는 현재 3종의 기술기준(경찰청 표준)이 제정되어 있다. 이외에도 무인교통단속장비, NTCIP 규격기반 교통신호 제어기, 무선통신을 이용한 교통정보 표준을 논의하고 있다. 아울러 정보통신부의 경우에는 DSRC 5.8 Ghz 주파수, RFID 관련 주파수 등의 기술기준을 제정·고시하였다.

[표 12-8] **정부기관의 기술기준 제정 현황**

정부기관	성격	기술기준명
건설교통부 (5종)	기술기준	기본교통정보교환 기술기준 I(건설교통부 고시 제2004-513호)
	〃	기본교통정보교환 기술기준 II(건설교통부 고시 제2006-175호)
	〃	대중교통 정보교환 기술기준(건설교통부 고시 제2005-390호)
	〃	DSRC를 이용한 ETCS의 정보교환 기술기준(건설교통부 고시 제2006-304호)
	지침	표준 노드·링크 구축 및 운영 지침(건설교통부 2004년 12월 31일 제정고시)
경찰청 (3종)	기술기준	무인 고정식 경찰-6310-98-0001-나
	〃	이동식 자동영상 속도측정기 규격서 경찰 6310-97-0001-나
	〃	경찰청 교통신호제어기 표준규격서(2004년 2월 시행)

12.4 DSRC 표준화

ITS와 관련되는 무선통신에는 광역 무선통신(Wide Area Wireless communication, 노변-차량 간의 단거리 무선통신(Dedicated Short Range Communication), 차량-차량 간 무선통신이 있다. 광역 무선통신은 기존의 셀룰러 전화, 무선 데이터통신, 주파수 공용통신

(TRS, Trunked Radio System) 및 위성통신 등과 같은 통신을 의미하며, 이를 ITS에 응용하기 위해서는 기존의 시스템에 새로운 응용 S/W의 개발 및 교통 관련 DB들과의 연계기술의 개발이 필요하다. ITS의 도입에 따라 새로운 개념의 통신 수단으로 등장한 것이 노변-차량 간의 단거리 무선통신과 차량-차량 간의 무선통신이다. 여기서 DSRC는 노변과 차량 간의 단거리 무선통신에 해당하며, ITS 통신 영역에서 가장 중요하다고 해도 지나치지 않을 정도로 ITS 전반에 큰 영향을 주는 통신이다.

DSRC의 특징

DSRC는 ITS의 서비스를 제공하기 위한 통신수단의 하나로서, 노변장치라고 하는 도로변에 설치한 소형기지국과 차량 내 탑재 장치 간의 '단거리 전용통신(Dedicated Short Range Communication)'을 의미한다. DSRC는 일-대-다 통신을 하며, 1 Mbps의 고속전송이 가능하다. 또 저가의 단순한 변조 기술을 사용하며 통신 프로토콜도 물리 계층, 데이터 링크 계층, 응용 계층으로만 구성된 단순 구조로 이루어져 있다.

DSRC 표준화 추진 현황

ETC 시스템 수입 공급업체 및 서울대학교 IC-card 공동연구센터 등이 공동으로 연구협의체를 구성하여, 유럽의 CEN 규격으로 업체 간 단체 표준이라는 명칭으로 규격 제정을 시도한 바 있으나, 법적인 효력을 갖진 못하였다. 정보통신부는 5.8 GHz 대역의 주파수 할당 문제와 결부되므로 이를 한국통신기술협회 산하의 ITS 통신 연구위원회에서 다루도록 하였다. 이에 1998년 3월부터 위원회가 구성되어 활동하고 있으나, 통신 방식인 DSRC 표준은 다루지 않고 시스템 전체적인 표준인 ETC 표준만을 다루는 것으로 활동을 제한하고 있다. 현재 한국통신기술협회에서는 유럽의 CEN 규격에 의한 수동방식과 일본의 능동방식에 바탕을 둔 국내 규격 표준안이 함께 제안되어 검토되고 있다. 수동 방식의 표준안 제안자들은 ETC 서비스만을 위한 표준화를 목표로 하고 있는 반면, 능동 방식의 제안자들은 ETC을 포함한 일반적인 DSRC 서비스를 위한 표준을 목표로 하고 있다.

DSRC에 대한 각국의 표준 비교

주파수

미국은 900 MHz과 5.8 GHz(5.850~5.925 GHz) 대역을 할당하였고, 일본과 유럽은 5.8 GHz 대역만을 할당한 상태이다.

수동 방식과 능동 방식

능동 방식은 차량탑재 장치(OBE)가 반송파 주파수대 발진기를 갖고 전파를 갖고 전파를 발사하는 방식이다. 즉, 반송파 주파수가 5.8 GHz라고 할 때 차량 탑재 장치에 5.8 GHz대의 발진기를 가지고 송출을 위한 반송파를 만들어 내는 시스템을 말한다.

수동 방식은 차량탑재 장치가 반송파 주파수대 발진기를 갖지 않는 방식이다. 능동 또는 수동 방식의 구분은 반송파 주파수대의 발진기의 유무로 판단되지만, 이 차이가 서비스의 범주를 결정하는 중요한 요인이 된다.

유럽은 일부 회원국의 반대에도 불구하고 CEN 표준으로 수동 방식의 채택을 완료한 상태이며, 일본은 능동 방식으로 표준화를 완료하였다. 미국은 900 MHz 대역에서 수동 및 능동 방식의 기존 시스템들이 공존하므로 능동 및 수동이 동시에 수용될 수 있는 규격으로 표준화가 진행 중이다.

데이터 분할 기능

데이터의 분할 기능은 유럽에서는 OSI 7개 층 중에서 응용 계층에 있으며, 일본은 매체 접속 제어 계층, 미국은 논리 링크 제어 계층에 있다.

응용 계층의 쟁점 사안

초기화 과정을 담당하는 초기화 커널(I-KE : Initialization Kernel Element)의 기능 및 절차에 대한 것이다. 유럽의 규격은 초기화 과정이 고정되어 있으며 빠른 엑세스가 가능하다. 또한 기지국 서비스에 대한 정보를 포함하는 BST(Beacon Service Table)가 유럽은 방송용 채널을 통하여 전달되나, 일본에서는 사용자와의 개별 채널을 사용한다.

빅데이터와 교통

요 약

제13장에서는 최근 이슈가 되고 있는 빅데이터를 다루고 있다. 주요 내용으로는 빅데이터의 정의와 중요성, 빅데이터의 기술 및 추진 현황, 공공데이터 개방 현황 및 국내외 빅데이터 분석 사례 등을 설명하고 있다. 또한 우리나라 교통분야의 데이터 현황 및 분류, 교통분야의 빅데이터 플랫폼 구축 현황, 빅데이터 분석을 위한 과정 및 처리 기술, 빅데이터의 특성과 효과를 설명하고 있다.

13.1 빅데이터의 개요

13.1.1 빅데이터란 무엇인가?[83)]

2001년 META 그룹이 처음으로 언급한 빅데이터는 데이터의 양이 크고(Volume), 생성에서 유통까지의 속도가 빠르며(Velocity), 속성과 형태가 매우 다양한(Variety) 데이터(3Vs)로 정의되었다.

META그룹의 정의가 빅데이터 자체에 대한 설명이었다면, 가트너그룹에서는 빅데이터의 활용처 및 목적까지 포함하는 개념으로 그 의미를 확장하고 있다. 프라모드 J. 사달게이(2013)는 메타그룹이나 가트너그룹에서 정의한 3Vs에 'Veracity'라는 개념을 추가하여 그림 13-1과 같이 4Vs(Volume, Velocity, Variety, Veracity)로 정의하고 있다.

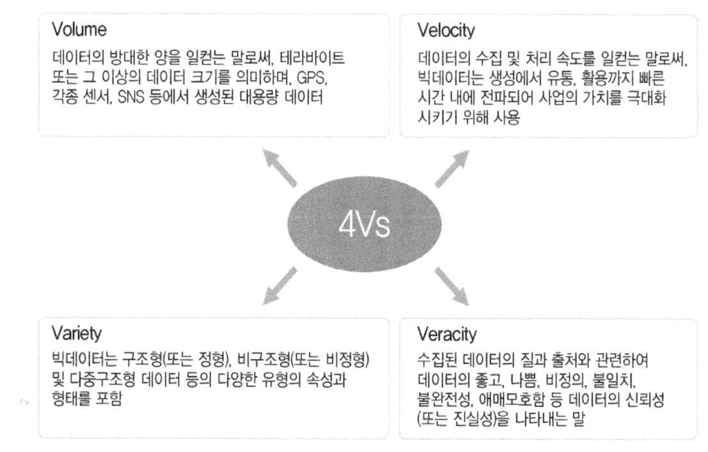

[그림 13-1] 빅데이터의 정의[84)]

최근에는 가치(Value), 정확성(Veracity), 복잡성(Complexity) 혹은 시각화(Visualization)를 덧붙여 빅데이터(6Vs)로 정의하기도 한다. 이러한 특성에 따른 정의뿐만 아니라 빅데이터에 대한 관점, 범위, 개념 등 다양한 시각을 통하여 빅데이터는 정의되고 있다.

빅데이터에 대한 언급은 2000년대 초반부터 꾸준히 있어왔지만 2012년에 들어서 그 관심의 집중도가 폭발적으로 증가하기 시작했다. 세계 경제 포럼은 2012년 떠오르는 10대 기술 중 그 첫 번째를 빅데이터 기술로 선정했다. 우리나라 역시 지식경제부 R&D 전략기획단에서 IT 10대 핵심기술 중 하나로 빅데이터를 선정하는 등 전 세계적으로 빅데이터에

---

83) 천승훈 외, 빅데이터 시대, 교통분야의 현주소는?, 한국교통연구원 월간교통 2015. 6월호.

84) Pramod J. Sadalage, Martin Fowler, 『NoSQL Distilled : A Brief Guide to the Emerging World of Polyglot Persistence』, 2012.

대한 관심이 꾸준히 높아지고 있는 상황이다.

이처럼 빅데이터에 대한 관심과 이슈가 나날이 증대되고 있는 배경은 2000년대 초반 인터넷, 모바일 시대를 지나 디지털 데이터 기반의 시대로 접어들면서 빅데이터도 함께 부각되고 있다. 디지털 데이터 시대에서는 모바일 및 SNS의 대중화, 모든 영역에서의 전산화 심화, 멀티미디어 콘텐츠의 증가 및 사물 간 통신센서의 증가 등으로 과거에는 상상할 수 없을 정도의 방대한 데이터가 나날이 쌓이고 있으며, 향후에는 더욱더 늘어날 전망이다.

이처럼 단순히 데이터의 양이 폭발적으로 늘어났다고 해서 현재와 같은 빅데이터 시대가 도래하게 된 것일까라고 생각해 보면 이는 아니다. 과거에도 데이터는 지금처럼 쌓이고 있었고, 오히려 천덕꾸러기 같은 애물단지와 다를 바 없었다. 이런 애물단지가 오늘날과 같이 "21세기의 원유"라는 새로운 닉네임을 얻게 된 배경에는 크게 세 가지 이유[85] 가 있다[86].

첫째, 디지털 기술의 발달과 디지털 장치의 확산으로 인해 모든 사건에 대한 디지털 기록이 가능해졌다는 것이다. 과거에는 사람이 어떻게 행동했는지, 물류가 어떻게 이동했는지, 재고량이 어떻게 증감했는지 등에 대한 기록을 알 수 없었기 때문에 빅데이터가 저장되지도, 분석되지도 않았지만, 이제는 디지털 기술 및 장치의 확산으로 실제 현실에서 필요로 하는 유의미한 결과들을 기록들을 통해 파악할 수 있게 됨으로써 빅데이터 분석에 대한 관심이 폭발적으로 증가하게 되었다.

두 번째 이유는 데이터 저장과 관련한 기술 개발 및 가격 하락 때문이다. 1980년대 초에는 1 Gbyte의 저장장치를 확보하자면 100만 달러 이상이 들었지만, 2010년대 초에는 0.1 달러 미만으로 거의 1000만 분의 1 미만으로 가격이 떨어졌다. 이로 인해서 데이터를 저장하는데 있어 경제적 부담이 줄어들고 대용량의 데이터 저장이 가능해졌다.

마지막 이유는 대용량 데이터의 병렬처리 및 분석기술 발달 때문이다. 아무리 대용량의 데이터가 수집되고 저장된다고 해도 이를 처리하고 분석할 수 있는 기반이 갖추어지지 않는다면 무용지물이 된다. 하루에 10 Tbyte의 빅데이터가 쌓인다고 가정하면 그것을 한 대의 컴퓨터 디스크에서 메모리로 읽어들이는 데에만도 엄청난 시간이 걸리게 된다. 디스크에서 메인 메모리로 데이터를 전송하는 속도가 보통 100 Mbyte/초 정도인데, 10 Tbyte를 처리하자면 전송 시간만 100,000초가 걸리게 된다. 즉, 24시간(86,400초) 자료를 읽는데만 27시간이 넘게 걸리게 되고, 이를 분석하거나 예측하는 데에는 더 많은 시간이 걸릴 수 있기 때문에 현실적으로 데이터를 처리하고 분석하는 것이 과거에는 불가능했다. 결국 이러한 문제를 해결하는 데에는 수십 대 이상의 컴퓨터에 자료를 나누어 저장했다가 동시에 처리하는 병렬 분산 처리 기술 및 클라우드 컴퓨팅 기술의 발달로 대용량 데이터의 처리 및 분석이 가능해졌다.

85) 권대석, 빅데이터 혁명 - 클라우드와 슈퍼컴퓨팅이 이끄는 미래, 21세기북스.
86) 천승훈 외, 빅데이터 시대, 교통분야의 현주소는?, 한국교통연구원 월간교통 2015. 6월호.

13.1.2 빅데이터 기술의 현황[87)]

정보기술 분야에서 대표적인 컨설팅 업체인 가트너 사에서는 첨단 기술의 개발 단계를 하이프 사이클(hype cycle)을 이용하여 설명하였다. 하이프 사이클이란 새로운 기술이나 애플리케이션이 시장에서 성숙하고 채택되어 실제 당면한 비즈니스 문제를 풀 수 있기까지의 단계를 의미한다. 하이프 사이클은 그림 13-2와 같이 크게 다섯 단계로 구성된다.[88)]

- 1단계(신기술의 등장, Technology Trigger) : 새로운 기술이 시장에 등장하면 새로운 개념이나 언론 매체의 집중적인 보도에 따라 대중의 호기심을 자극하는 단계
- 2단계(기대의 증가, Peak of inflated expectation) : 기대에 부응하는 새로운 몇 가지 성공 이야기가 실패 사례와 더불어 언급되며 기대가 점점 커지는 단계
- 3단계(실망, Trough of Disillusionment) : 연관 기술에 기반을 둔 다양한 시도를 실패하게 되면서 관심이 점차 줄어들어 많은 도전자가 실패함. 소수의 도전자가 개선된 제품을 출시하며 시장의 얼리어답터들의 욕구를 충족시키는 단계
- 4단계(확산기, Slope of Enlightenment) : 기업들이 기술의 활용가치를 이해하면서 널리 확산되고, 해당기술을 2세대, 3세대 제품들로 보완하는 단계
- 5단계(안정기, Plateau of Productivity) : 주류 기술에 편입되어 안정적인 마켓을 확보하는 단계

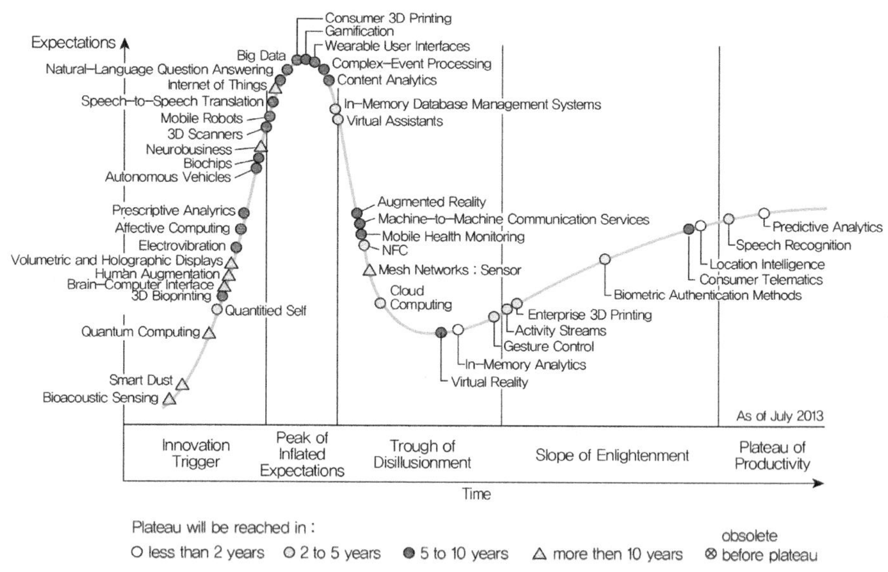

[그림 13-2] 가트너 사의 2013년 신기술 하이프 사이클[89)]

---

87) 이석주, 연지윤, 천승훈, 빅데이터를 이용한 교통정책 개발 및 활용성 증대방안, 한국교통연구원, 2013.
88) http : //www.gartner.com/technology/research/methodologies/hype-cycle.jsp
89) http : //www.gartner.com/newsroom/id/2575515

가트너 사는 2013년 8월 전망에서 빅데이터 기술은 현재 시장에서 2단계인 “기대의 증가단계”에 있지만, 조만간 최저점을 통과하여 확산기에 접어들며 일반화되리라 전망하고 있다.

13.2 빅데이터 관련 추진 현황 및 국내외 분석 사례

13.2.1 빅데이터와 정부 3.0[90)]

(1) 정부 3.0이란

정부 3.0은 국민에게 일방적으로 정보를 제공하던 “정부 1.0”에서 쌍방향 소통이 가능해진 “정부 2.0”을 거쳐, 국민 개개인에게 맞춤형 행정 정보를 제공할 수 있도록 진화한 새로운 정부 형태를 말하는 것이다. 정부 3.0에서는 개방과 공유, 소통과 협력을 기반으로 가능한 모든 원천데이터를 개방형·표준형으로 제공해, 민간에서 자유롭게 사용할 수 있도록 공공정보를 일괄 제공하기 위한 범정부 단일 플랫폼인 공공데이터포털(www.data.go.kr)을 올해 말까지 확대·개편하였다[91)]. 또한, 이를 제도적으로 뒷받침하기 위해 「공공데이터의 제공 및 이용 활성화에 관한 법률」이 2013년 7월30일자로 신규제정되었으며, 2014년 11월 19일자로 일부개정되어 적용되고 있으며, 「공공기관의 정보 공개에 관한 법률」이 2014년 11월 19일자로 일부개정되었다.

(2) 공공데이터 개방 현황[92)]

지금까지의 공공데이터 개방 현황을 살펴보면 2013년 3월 현재 정부는 국민 생활과 밀접한 관련이 있는 국가 통계정보(통계청), 국내 관광정보(한국관광공사), 생활 기상정보(기상청) 등 공공정보 22종을 개방해 스마트폰 어플리케이션 개발 등에 바로 활용할 수 있도록 하였다. 이로써 수도권 버스운행정보, 공공취업정보 등 앞서 민간에 개방한 13종의 공공정보와 더불어 총 35종의 정보를 개방하기로 발표하였다.

90) 이석주, 연지윤, 천승훈, 빅데이터를 이용한 교통정책 개발 및 활용성 증대방안, 한국교통연구원, 2013.
91) 정부 3.0 소개 웹페이지, https : //www.gov30.go.kr/gov30/int/intro.do
92) 정부 3.0과 공공정보 개방, https : //www.data.go.kr

공유서비스 13종 고도화
- 서울시 (버스정보/보육)
- 안전행정부 (공공취업정보)
- 문화재청
- 농림축산식품부
- 기상청
- 문화체육관광부
- 국회도서관
- 식품의약품안전처
- 우정사업본부
- 경기도
- 국민권익위원회
- 법제처

공유서비스 10종 개발
- 통계청
- 한국문화관광연구원
- 기상청
- 농림수산식품 교육문화정보원
- 한국관광공사
- 제주특별자치도
- 전라북도
- 전주시
- 안전행정부 (정보화마을)
- 한국노인인력개발원
- 국립수목원
- 국립민속박물관
- 안전행정부 (자원봉사/기부후원)
- KISTI

공유서비스 12종 연계
- 특허청
- 법제처
- 한국공항공사
- 국립공원관리공단
- 농촌진흥청
- 국립중앙도서관
- 국토교통부
- 전라북도
- 전주시
- 국립중앙과학관
- 안전행정부 (주민서비스)
- 국민권익위원회

ESB/공통연계모듈 · 공통연계기능 고도화 · ESB/공통연계모듈

공공데이터포털 고도화

- **제공자 기능**: 공유자원 등록/변경요청, 포털에서 활용승인/반려
- **관리자 기능**: 공공데이터 등록/반려/승인, 회원관리, 결제/정산, 모니터링(배치)
- **포털 활용자 지원**: 포털소개, 개인화기능 통합제공, 통합검색기능, 공공데이터 활용 신청
- **OpenAPI 연계 기능**: 신규개발(10종), 기관 OpenAPI연계(12종), 인증키 관리, 키값 송수신, 활용정보 송수신
- **국가지식포털자원/서비스 통합**: 지식정보자원DB 통합관리 (1,800만건), 회원통합, 인증, 메타데이터 수집, 지식백서DB 서비스, 테마지식 서비스, 기본OpenAPI 서비스 제공
- **공공데이터활용지원강화**: 민원신청 통합처리, 공공데이터현황제공, Open 활용가이드, 1:1 실시간 상감, 전문컨설팅 관리, 활용사례공유평가, 서비스이용 통계, 영문페이지 제공
- **공통연계기반 고도화**: 통합원격모듈 관리, 서비스현황 송수신, 서비스현황 모니터링, 품질항목 임계치관리, 관리페이지 제공, 서비스통계 제공
- **보안기능강화**: 접근통제 강화, 비밀번호 관리, 개인정보 표시제한, 제공기관 인증지원, 공동연계기반 암호화

WEB · 공공데이터활용지원 기능강화 · WEB

활용자
- 정부기관
- 공공기관
- 민간기관
- 일반국민
- 스마트폰 사용자
- PC사용자

[그림 13-3] **공공데이터 포털시스템 구성도**[93)]

(3) 정부 3.0시대의 빅데이터

정부에서는 정부 3.0의 실천방안으로 10가지의 세부 방안을 제시하고 있으며, 이들 세부 실천방안은 대체로 데이터 공개와 활용 및 이를 기반으로 한 맞춤형 서비스의 제공 및 일자리 창출을 주요 역점 사업으로 삼고 있다.

[표 13-1] **정부 3.0 실천방안**[94)]

실천 방안	내 용	비 고
공공정보 공개 확대로 「국민의 알권리」 충족	국민생활에 큰 영향을 미치는 정보를 사실 그대로 사전에 공개하고 개방대상과 기관을 확대	<국민생활에 큰 영향을 미치는 정보(예시)> - 위해식품 검사결과, 어린이집·장애인 시설 정보 등
공공데이터 민간활용 활성화로 새로운 일자리 창출	정부가 보유한 데이터를 최대한 개발하고 개방수요가 많은 데이터부터 단계적으로 개방을 확대	- 교통·지리·기상 등 공공정보 개방 - 수요가 큰 변동데이터 : Open API 별도 제공
민관협치를 강화하여 국민과 함께하는 정부구현	정책 전 과정에 국민의 참여 확대 및 다양한 협업 공간 마련	- 대규모 국책 사업 '전자 공공토론' 의무화 - 생활공감모니터단 확대·개편
정부 내 칸막이 제거로 통합행정서비스 제공	부처 중심이 아닌 과제 중심으로 일하는 방식을 바꿔 성과를 내는 정부 구현	- 주요 국정과제에 대한 정보공유 및 시스템 연계 - 정부조직과 인력관리를 과제 중심으로 추진

(계속)

93) 공공데이터포털 홈페이지(www.data.go.kr)
94) 행정자치부 홈페이지(www.mosca.go.kr)

실천 방안	내 용	비 고
정보공유와 디지털협업으로 더 나은 행정서비스 제공	언제 어디서나 일할 수 있는 업무환경 조성 및 정보공유로 정책품질 제고	- 스마트워크, PC영상회의 활성화 - 정책정보와 행정지식 공유로 정책품질 제고
데이터에 기반을 둔 과학적 행정구현	다양한 데이터 분석을 통해 주요 정책 과제를 발굴하고, 과학적인 국가미래전략을 수립	미래전략 정책수립 Big Data 공공데이터 지원 신산업 창출
개인맞춤형 서비스 제공	부처 간 시스템을 연계하여 생애주기별·수혜자 유형별 맞춤형 원스톱 복지서비스 제공	- 한 번 입력으로 생애주기에 맞는 맞춤형서비스 제공 - 세금체납조회 등의 민원정보를 「민원24」에 통합제공
창업과 기업활동 지원 강화	기업이 원하는 서비스를 신속히 제공하는 기업특성별 통합관리시스템과 기업활동지원 전담반 구성	- 중소기업 지원을 위한 통합시스템 구축 - 지자체 허가 전담창구 설치확대
정보취약계층 서비스 접근 제고	최접점 민원 창구를 확대하여(주민센터, 집배원 등) 취약계층에 대한 복지서비스 증대	
새로운 정보기술을 활용한 맞춤형 서비스 제공	국민생활과 밀접한 분야는 스마트 정보기술을 활용하여 편리한 모바일 서비스를 제공	<모바일을 활용한 생활밀착형 서비스 제공(예시)> - SOS국민안심서비스, 도로이용불편사항 신고서비스 등

13.2.2 국외 빅데이터 추진 현황

빅데이터를 둘러싼 관심은 민간기업들뿐만 아니라, 미국, EU, 싱가포르와 같은 국가들을 시작으로 국가차원의 전략으로 확산되고 있다. 표 13-2는 국외 여러나라에서 추진 중에 있는 빅데이터 추진 현황을 보여주고 있다.

[표 13-2] **국외 빅데이터 추진 현황**[95)]

국 가	빅데이터 추진 현황
미 국	• 미국 과학기술정책자문위원회는 2010년 "모든 연방정부는 빅데이터 전략 수립이 필요"하다고 제시하고, 2012년 3월 빅데이터 연구개발에 2억 달러 이상을 투입하는 빅데이터 연구개발 이니셔티브를 발표 • 미국의 빅데이터 연구개발 이니셔티브 참가기관은 유전자 연구 및 의료, 교육, 지구과학 및 국방분야 등 빅데이터 활용 효과가 뛰어난 분야의 기관들이(국립과학재단, 국립보건원, 국방부, 고등방위연구계획국, 에너지부, 지질조사원 등) 우선적으로 참여
EU	• EU는 금융위기 극복과 사회의 복잡성을 이해하기 위한 FutureICT와 불확실한 미래탐구를 위해 iKnow 프로젝트를 추진

(계속)

95) 한국정보화진흥원, 2012년도 IT & Future Strategy 보고서 제2호, 선진국의 데이터 기반 국가미래발전전략 추진 현황과 시사점, 2012. 4.

국 가	빅데이터 추진 현황
EU	- FutureICT는 지구 신경망시스템, 전지구 시뮬레이터와 글로벌 참여 플랫폼을 구현하여 세계 변화의 방향과 새로운 지식을 탐구 - iKnow프로젝트는 전 세계의 약신호(weak signal)과 와일드 카드(wild cards)를 포착함으로써 미래를 형성하는 지식과 전략적 이슈를 발굴
영 국	• 영국의 중장기 미래전략 수립을 위해 최신 과학이론과 데이터 등 증거 기반의 정책분석 서비스를 제공하고, 정부의 혁신적 전략 및 정책 개발을 지원하기 위한 목적으로 HSC(호라이즌스캐닝센터)를 2005년 수립 - 미래신성장동력 발굴 : HSC는 각각 연관성이 없는 주제들에 대하여 10~15년 이후 미래를 전망 - 영국의 비만대책수립, 잠재적 위험관리 프로젝트, 전염병 대응책 등 성과
싱가포르	• 국가안보조정사무국(NSCS)은 국가안전을 위협하는 요소에 대한 평가와 주변 환경변화를 탐지하여 새로운 기회를 발굴하는 RAHS 프로그램을 2004년부터 운영 - 데이터 수집, 분류, 관계분석 등을 통해 싱가포르의 주요 이머징 이슈들을 예측하고 발견할 수 있는 RAHS 프로그램을 구축 - 해안 안전 확립을 위해 해상 상황 인식 프로젝트를 추진함으로써 해상 테러, 해안 침투 등 해안 영역에서의 안전 확보 - 조류독감이 싱가포르에 들어옴으로써 벌어질 수 있는 미래 시나리오를 연구하고 대응방안을 마련

13.2.3 국내외 빅데이터 분석 사례

표 13-3은 국내외에서 빅데이터 관련 활용사례를 정리한 것으로, 어떠한 데이터를 활용하여 실생활에 어떻게 적용했는지를 잘 보여주는 경우들이다.

[표 13-3] **국내외 빅데이터 활용사례**[96)]

국가	서비스명	제공 주체	추진배경 및 개념	내 용	효과 및 시사점
한국	심야버스의 노선 선정	서울시	서울시는 KT와 합작으로 심야에 휴대전화를 거는 사람들의 위치와 이들의 등록된 주소를 기반으로 심야버스의 수요를 추정하여 노선을 선정하고 배차간격을 조정	2013년 4월부터 서울 시내 2개 심야버스 노선의 운행을 시작한 데 이어 7월부터 운행할 추가 6개 노선을 선정함에 있어, 기존의 버스 노선 선정 방식에서 벗어나 거주지 및 휴대폰 발신 위치 자료(빅데이터)를 기반으로 기존의 수요추정 방식에서 벗어나 노선 선정 방식의 새로운 방법을 제안	추가 노선 지점은 기존의 노선 지점 결정 방식에 따라 제안된 노선과 아주 유사하지만, 일정 부분에서 수정이 이루어짐
	전국교통 혼잡지도	한국교통 연구원	한국교통연구원은 민간의 내비게이션 데이터 분석을 통해 전국의 도로망 및 행정구역의 혼잡 및 소통지표 제공	한국교통연구원은 민간의 내비게이션 데이터를 이용하여 기존 지점 단위의 분석을 탈피하여 공간적 단위의 분석을 통해 전국 교통혼잡지도 구축 - 전국 단위의 링크별, 행정구역 단위별 공간적 교통정보 제공 - 교통혼잡 및 소통지표 등 다양한 교통지표 제공 - 운영자의 일방적 교통정보 제공이 아닌 이용자가 원하는 형태의 데이터 범주로 지도를 시각화 - 이용자가 서로 다른 지도를 비교할 수 있도록 멀티맵 기능 제공	운영자 중심의 단편적인 교통정보제공에서 탈피하여 이용자가 원하는 범주의 데이터를 제공함으로써 이용자 중심의 교통 관련 정보지도 구축 및 정보 제공 기틀을 마련

(계속)

96) 한국정보화진흥원, 국내·외 빅데이터 서비스 구현 사례 조사 결과, 2013. 4.

국가	서비스명	제공 주체	추진배경 및 개념	내 용	효과 및 시사점
일본	지능형 교통안내 시스템	노무라 연구소	일본 내 내비게이터를 이용하는 사용자의 폭발적 증가 등 지능형 교통 정보시스템의 발전으로 인해 실시간 GPS 데이터 분석을 통한 최적의 교통 정보를 사용자에게 제공	1. GPS로부터 자동차의 주행 스피드를 계산하여 교통 정보 수집 - 스마트폰형 내비게이션 서비스를 활용하여 일본 대지진 발생 시, 도로 교통 체증 피해 최소화 - 일본 전역 지정 도시의 택시 약 11,000여대와 데이터 제공에 동의한 사용자로부터 실시간 교통 정보 수집 2. UTIS(Ubiqlink Traffic Information System)를 통한 독자적 교통정보망 구축 - 도로 교통 정보 예측 결과를 사용자의 스마트폰으로 송신 - 도로 체증이 발생할 경우 최상의 빠른 길을 재검색하여 출발지에서 목적지까지 최적 경로 안내 3. UTIS를 활용하여 구조차량 및 지원 자원 수송 차량에게 피해자의 실제 도로 교통 상황을 안내하는 '흐르는 도로맵' 무상 제공	교통 체증으로 인한 불필요한 에너지 낭비 방지를 통해 에너지 효율 증대
이탈리아	지능형 교통정보 시스템을 이용한 길 안내 서비스	밀라노 정부	차량의 비효율적인 이동을 막아 생산성 향상, 에너지 낭비 방지 및 자동차 배기물 감소 등을 통해 삶의 질을 개선하기 위해, 정부는 도로망 및 인프라 구축을 담당하고 자동차 및 시스템 제조업자는 지능형 교통 시스템 서비스 및 콘텐츠 제공	1. 밀라노 시내의 교통량 및 속도, 기후 변화 등을 주기적으로 관찰 및 분석 - 교통은 5분 간격으로 분석하고 도로 곳곳에 900여 개의 센서를 부착, 기후 변화는 1시간마다 센서 지도 구축 - 2007~2009년까지 경찰청의 사건 정보, 기상청의 날씨 정보, 도로 교통 상황, 주변 건물 및 도로 공사 상황, 시위 행사 등의 데이터를 수집	1. 미래의 발생 가능성을 예측할 수 있는 시스템 구현 - 5~15분 간격으로 수집된 데이터를 분석하여 향후 2~24시간을 예측 가능 - 밀라노 도시 전체 정보를 분석하기 위한 소요 시간은 0.1초에 불과 - 데이터가 사전에 입력되지 않았지만 갑작스럽게 발생하는 정보는 실시간으로 수집하여 데이터화시키고 시스템에 반영
	차량 정보 분석	피아트	자동차 이용 고객의 정보를 분석하여 차량 판매 마케팅에 이용	자동차 판매율 향상을 위해 고객의 성향을 보다 정확히 파악하는 것이 중요하다는 인식 하에 6400만 명 이상의 고객 및 6400만 대 이상의 차량의 정보를 분석	딜러의 개별 시장에서 차량 구매 확률이 높은 신규 고객 및 재구매 고객에 대한 마케팅 효과를 높임
영국	지하철 실시간 정보통합 서비스	ITO World	영국 정부의 공공데이터를 활용하여 가치 창출에 기여하기 위해 영국에 위치한 교통 및 운송 데이터를 실시간으로 제공하여 시각화하는 서비스를 추진	1. 2012년 4월부터 구글과 협력하여 런던 지하철 혼잡에 대한 실시간 정보 통합 서비스를 제공 2. 'Open Street map'과 연계하여 수많은 이용자 소스 데이터를 수정할 수 있는 툴 제공	각 기관과의 협력을 통해서 데이터의 접근성 확보 및 정확성/신뢰성 등 높은 정보를 확보하고 데이터를 실시간으로 제공
	국민참여형 안전관리 플랫폼	패치 베이	공공 부문, 산업 개인의 데이터가 축적되면서 천문학적 수치의 데이터가 생성됨에 따라, 이를 상	1. 수많은 센서로부터 입력된 전력, 환경 등의 정보를 개방·공유하는 플랫폼 개발	1. 공공기관, 개인, 민간이 가지고 있는 센서 데이터를 통합적으로 분석하여 정

(계속)

국가	서비스명	제공 주체	추진배경 및 개념	내 용	효과 및 시사점
영국	국민참여형 안전관리 플랫폼	패치 베이	호 공유하여 다양한 정보를 이용 및 분석하고자 하는 안전관리 플랫폼 구현	- 2010년 영국에서 시작되었으며 공공 기관, 민간 기업, 개인 등이 보유하고 있는 전기, 가전, 휴대폰, 가로등의 센서로부터 제공된 정보를 저장하여 분석·제공 - 개방된 소스로서 재난 안전 관리 시스템의 상호 연계를 지원 - 공유 데이터를 기반으로 웹 프로그램, 스마트폰 앱 개발 등에 응용 및 활용 - 일반적인 수준의 데이터 이용은 대중에게 무료로 공개 - 앱 개발 또는 분석된 데이터의 독점적 이용을 원하는 고개들에게는 유료로 제공	확한 정보의 수집이 가능하며, 각종 데이터를 효율적으로 이용 2. 스마트폰에서 앱 등의 다양한 플랫폼을 제공하여 사용자가 원하는 정보에 손쉽게 접근하는 것이 가능
미국/ 영국/ 호주	data.gov	각 정부	인터넷 양방향성을 활용하여 적극적인 정부 정보의 공개 및 정책 결정에 시민 참여가 촉구되면서 정부 정책 투명성 제고와 시민 참여 확대를 목적으로 한 데이터 공유 플랫폼을 제공하여 정책 수립에 기여	1. 미국 : data.gov 1) 오바마 정부가 '투명하고 열린 정부'라는 국정운영을 발표함에 따라 추진 2) 미국 연방 정부는 각 부처와 기관 지역 정부의 공공 정보를 제공하여 국가 공공 정보 이용의 접근성을 높이고 이용을 촉진할 수 있도록 하는 data.gov 포털 운영 - 272,677개의 데이터세트를 제공하고 있으며 236개의 애플리케이션이 개발된 상태 2. 영국 : data.gov.uk 1) 영국 정부는 공공 부문의 정보 공유 및 활용에 따른 가치 창출을 위해 '정보의 힘(POI)' 보고서를 기반으로 데이터 공유 플랫폼을 구축 2) 시민들이 공공정보에 대한 검색 및 재사용을 쉽게 할 수 있도록 정부가 보유한 다양한 데이터를 제공 3. 호주 : data.gov.au 1) Government 2.0(Gov. 2.0) 태스크 포스팀이 정부 차원의 열린 정부 선언을 촉구하는 보고서(Engate getting on with Government 2.0) 발표에 따라 추진 2) 정보의 접근 용이성 향상, 중앙 및 지역 공공기관의 데이터 재생산과 활용 추진 - 제공 비용을 별도로 부과하지 않지만 개별 데이터 제공 기관의 카피라이트 정책을 규정하고, 개인적인 활용은 가능하지만 상업적 이용을 위해서는 승인 후에 사용 가능 - 현재 총 111개 기관의 867개의 데이터세트 정보 제공	1. 일반 시민, 개발자 정부 기관의 접근성을 강화하기 위해 클라우드 기반의 개방형 데이터 플랫폼으로 온라인 상에서 공공정보에 대한 보편적 접근성을 강화하는 방식으로 발전 2. 차트 및 지도와 같은 시각화된 자료의 데이터 검색과 소셜네트워크에서의 자료 공유도 가능한 형태로 발전 3. 국민의 세금이 투입되어 생산된 정보는 저작권을 적용하지 않으며, 개발된 애플리케이션은 data.gov에서 공시 가능 4. 데이터 저장 및 복잡한 활용 절차로 인해 발생하게 되는 비효율적인 예산 남용 방지 가능 5. 정부기관이 제공하는 데이터를 활용하여 시민이 참여하는 정책 의사결정 지원 가능

(계속)

국가	서비스명	제공 주체	추진배경 및 개념	내 용	효과 및 시사점
스웨덴	운전 정보 무선 데이터화	볼보 (Volvo)	분석 지능으로 업무 효율을 높이고 비용을 줄이기 위해 자동차 운전 과정의 데이터를 수집 및 분석	1. 소비자의 자동차 운전 과정에서 수집된 데이터를 본사의 분석 시스템에 자동 전송하도록 하여 빅데이터를 축적 2. 자사 자동차에 내장된 센서와 중앙처리 장치(CPU) 등을 통해 데이터를 수집하고 본사의 분석 시스템에 자동 전송 3. 모든 자동차에 운전자의 운전 정보를 기록하고 이 정보를 무선으로 데이터화하는데 성공	1. 운전 중에 일어나는 자동차의 상태를 통해 다양한 차량 결함과 운전자의 요구 사항 파악 가능 2. 예전에는 특정 자동차의 모델이 50만 대 팔렸을 때 결함을 발견했다면, 지금은 1000대 출고로도 자동차의 안전과 리콜 필요성 여부를 확인 가능

13.3 교통분야 빅데이터 현황

13.3.1 교통분야 데이터의 분류 및 특성[97)]

교통이란 사람 또는 재화의 움직임을 나타내는 것으로서, 인간의 사회적 활동 및 경제적 필요성에 의해서 사람이나 재화가 이동하는 모든 일련의 과정이라 할 수 있다. 이러한 일련의 과정 속에서 필연적으로 나타나는 것이 교통데이터이다. 교통데이터는 교통의 현상에 따라 나타나는 결과물인 동시에 이러한 교통의 현상을 설명하기 위한 설명변수로도 이용되기 때문에, 교통데이터를 수집·구축·관리하는 것은 교통을 이해하기 위한 첫 단추이자 마지막 결과물이 될 수 있을 정도로 중요한 요소이다.

교통분야 데이터의 발전은 일반적인 데이터 발전의 흐름과 그 맥을 같이 하고 있다. 초기 교통분야 데이터의 수집은 특정 지점에서의 제한적인 시간 범위 내의 점적인 데이터가 주를 이루었으나, 이후 위치정보시스템의 발전과 ITS 기술의 발전을 토대로 구간 범위 혹은 시간 범위 내의 연결성이 존재하는 선적인 측면의 데이터로 발전하였다. 최근에는 개인 GPS 기기, ICT, 스마트폰 등의 기술 개발과 더불어 공간과 시간의 제약이 없는 전수 데이터를 습득할 수 있는 면적이고, 입체적인 단위로까지 발전하게 됨으로써 바야흐로 교통분야에도 빅데이터의 시대가 도래하게 되었다고 볼 수 있다.

김원호(2006)는 교통운영 및 계획과 관련된 데이터들을 교통데이터라 정의하였으며, 교통데이터의 수집방법, 역할과 목적, 활용에 따라서 여러 가지 데이터로 구분이 가능하다고 하였다. 그 분류 결과는 표 13-4와 같다.

97) 이석주, 연지윤, 천승훈, 빅데이터를 이용한 교통정책 개발 및 활용성 증대방안, 한국교통연구원, 2013.

[표 13-4] **교통데이터의 분류**[98)]

교통데이터의 분류	분류 기준	내 용
수집방법에 따른 분류	On-line data	교통데이터 수집 장비들이 중앙처리장치(컴퓨터 시스템)와 온라인으로 연결되어 조사되는 교통데이터를 실시간으로 전송·저장·처리해 주는 시스템에 의해 생성되는 데이터
	Off-line data	입출력장치나 보조 장비들이 컴퓨터와 연결되지 않아 직접적인 통제하에 있지 않고, 부수적인 데이터의 관리 및 핸들링이 필요한 데이터
목적 및 활용에 따른 분류	시설적인 데이터	교통시설물을 포함한 모든 형태의 시설물에 관련된 데이터
	사회·경제적인 데이터	교통체계를 구성하는 도로이용자, 차량, 도로, 교통운영시설 등에 관련된 총량지표에 관한 데이터
	교통운영 데이터	교통운영에 대한 자료로서 도로상을 주행하는 차량들의 특성에 관련된 데이터
	대중교통 데이터	대중교통에 관련된 데이터
	기타 데이터	네 가지 분류에 속하지 않는 모든 종류의 교통 데이터

최근 교통분야에서는 기존에 없던 새로운 형태의 다양한 데이터들이 쏟아져 나오고 있다. 교통카드를 활용한 이용 실적이 실시간으로 수집됨으로써 대중교통 이용현황에 대한 전수 데이터가 수집되고, 개별 차량에 장착되어 있는 내비게이션을 이용해 개별 차량의 통행행태 자료를 수집할 수 있게 되어 과거 연구개발에서 불가능했던 여러가지 제약사항들이 점차 완화되고 있는 상황이다. 이러한 교통분야 수집 데이터의 발전은 이전의 수집 데이터로는 불가능한 것으로 여겨졌던 다양한 연구 분야에 대한 새로운 활로를 개척해 주고 있으며, 모형 기반의 분석이 대다수를 이루었던 교통분야의 발전에 실 데이터 기반의 새로운 원동력이 될 것으로 기대되고 있다.

교통분야 빅데이터는 일반적인 빅데이터의 특성과 마찬가지로 대규모성, 현실성, 시계열성, 결합성 등의 특성을 공통적으로 보유하고 있으나, 사람과 재화의 이동에 관한 본질적인 문제에 대한 분야인만큼 독특한 빅데이터 특성을 보유하고 있다. 교통분야 빅데이터는 통행의 본질적인 의미와 연계되어 위치 정보와의 연계성이 매우 큰 특성을 지니고 있다. 그리고 교통에 대한 정보를 수집하기 위한 정보 수집 도구가 활성화되어 있는 데이터 수집 체계의 특성상 비정형 데이터의 형태보다는 수치화된 정형데이터가 주를 이루고 있다. 이로 인해 GPS와 연계된 위치정보 분석이 핵심적인 위치를 차지하고 있으며, 분석적인 측면에서 비정형 데이터 분석에 비해 분석 신뢰도는 일반적으로 높은 편에 속한다. 이러한 위치정보 특성을 지닌 정형적인 데이터를 기반으로 한 시계열적 자료를 융합·분석하여 합리적인 현실 모사와 추론을 가능케 하는 것이 교통분야 빅데이터 시장에서 우선적으로 해

98) 김원호, 교통데이터 구축 및 관리 활용방안 연구, 서울시정개발연구원, 2006.

결해야 할 과제이지 않을까 싶다.

그림 13-4는 기존 교통데이터와 비교하여 최근 교통부문에서는 수집되는 빅데이터가 가지고 있는 일반적인 특성을 나타낸 것이다.

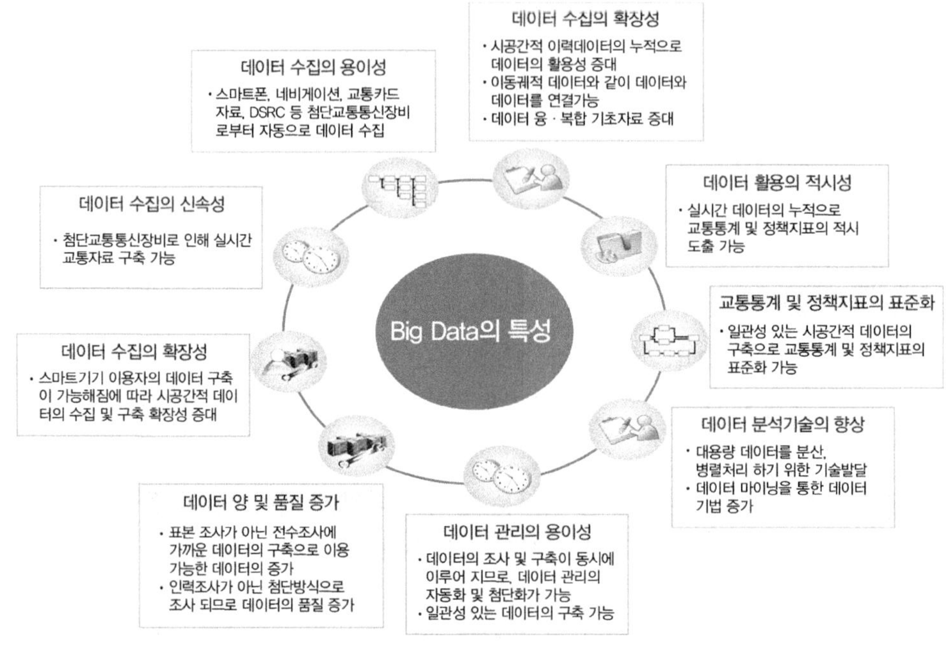

[그림 13-4] **빅데이터의 특성**[99)]

13.3.2 교통분야 데이터의 현황[100)]

실제 교통분야에서 많이 이용되고 있는 가장 기초적인 교통부문 데이터는 교통량, 통행속도이다. 이외에도 통행의 특성 및 수요를 파악하기 위한 O/D(Origin-Destination Table) 및 대중교통데이터가 있으며, 각종 교통시설물에서도 여러 가지 유용한 데이터들을 얻을 수 있다.

이러한 교통부문 데이터들 역시 디지털화되면서 종류도 다양해지고 그 양도 방대해지고 있어, 교통부문에서도 빅데이터 분석을 위한 기술의 도입이 요구되고 있다. 다음은 교통부문에서 고려할 수 있는 빅데이터 현황에 대해서 간략하게 살펴보도록 한다.

99) 이석주, 연지윤, 천승훈, 빅데이터를 이용한 교통정책 개발 및 활용성 증대방안, 한국교통연구원, 2013.
100) 천승훈 외, 교통분야 빅데이터 현황, 한계점 그리고 향후과제, 한국교통연구원 월간교통 2015. 7월호.

(1) 공공부문 교통량, 속도, 돌발 데이터 현황

[표 13-5] 공공부문 교통량, 속도 데이터 현황

<table>
<tr><th>① 교통량, 속도 자료</th><th colspan="2">내 용</th></tr>
<tr><td rowspan="3">자료의 질
(보통)
자료의 양
(보통)
현재 활용도
(보통)
자료접근 용이성
(높음)
장래 기대치
(높음)</td><td>자료
개요</td><td>교통량 및 속도자료는 지역간도로(고속, 일반, 지방, 국지도)와 도시부도로(특광역시도)에 대해 상시 및 수시 조사를 통해 수집되고 있음</td></tr>
<tr><td>수집
기관</td><td>- 지역간도로 : 한국도로공사, 건설기술연구원, 국토관리청, 지자체
- 도시부도로 : 지자체</td></tr>
<tr><td>수집
범위</td><td>- 지역간도로 : 고속도로(510지점), 일반국도(1,598지점), 국지도(341지점), 지방도(1,155지점) ※ 2014년 기준
- 도시부도로 : 특광역시도(수시 : 1,620지점, 상시 : 1,576지점) ※ 93개 지자체 기준</td></tr>
<tr><th>② 속도, 돌발 자료(UTIS)</th><th colspan="2">내 용</th></tr>
<tr><td rowspan="3">자료의 질
(보통)
자료의 양
(보통)
현재 활용도
(보통)
자료접근 용이성
(높음)
장래 기대치
(보통)</td><td>자료
개요</td><td>UTIS 자료는 도시부도로를 대상으로 하며, 7만여 대의 프로브 차량에서 얻어지는 속도정보와 경찰청에서 얻어지는 돌발정보(사고, 공사, 행사, 기상)에 대한 자료임</td></tr>
<tr><td>수집
기관</td><td>도로교통공단, 경찰청, 지자체</td></tr>
<tr><td>수집
범위</td><td>- 속도정보 : UTIS 구축 35개 도시
- 돌발정보 : 전국(※ 정보제공은 UTIS 구축 35개 도시만)</td></tr>
</table>

(2) 개별 통행·이력 데이터 현황

[표 13-6] 개인 통행 및 이력 데이터 현황

<table>
<tr><th>① 민간 내비게이션 소통정보 자료</th><th colspan="2">내 용</th></tr>
<tr><td rowspan="3">자료의 질
(높음)
자료의 양
(높음)
현재 활용도
(높음)
자료접근 용이성
(보통)
장래 기대치
(높음)</td><td>자료
개요</td><td>민간 내비게이션 소통정보 자료란 차량운행 시 활용되는 내비게이션 단말기, 휴대폰을 통해 수집되는 자료이며, 링크 통행속도와 이동궤적 정보를 수집함</td></tr>
<tr><td>수집
기관</td><td>현대엠엔소프트, 팅크웨어, Tmap, 김기사 등 민간 내비게이션 회사</td></tr>
<tr><td>수집
범위</td><td>전국</td></tr>
</table>

(계속)

② 민간 핸드폰 통신 자료	내 용	
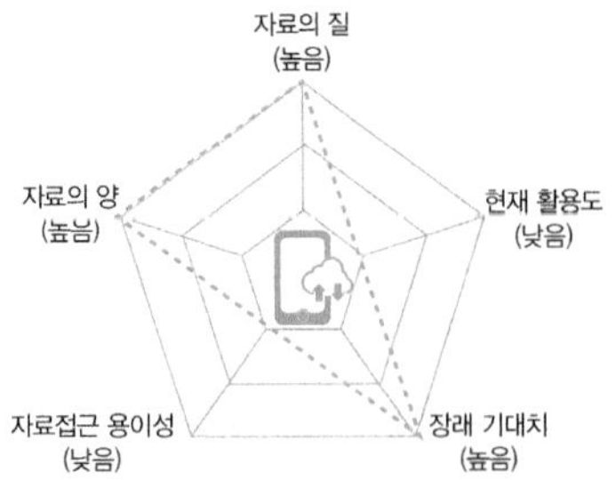 자료의 질 (높음) 현재 활용도 (낮음) 장래 기대치 (높음) 자료접근 용이성 (낮음) 자료의 양 (높님)	자료 개요	민간의 핸드폰 통신 자료란 핸드폰 사용자의 통화(발·수신) 및 문자(데이터 트래픽)를 기준으로 수집되며, 이에 대한 핸드폰 사용자의 위치정보를 자료가 수집됨
	수집 기관	SKT, KT, LG
	수집 범위	전국

③ 운행기록분석 시스템 자료(e - TAS)	내 용	
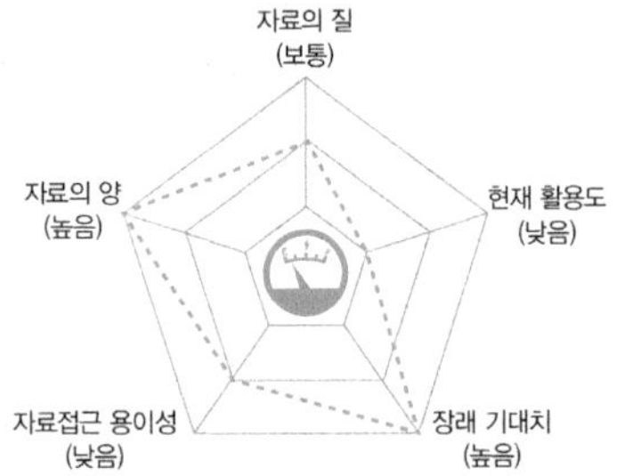 자료의 질 (보통) 현재 활용도 (낮음) 장래 기대치 (높음) 자료접근 용이성 (낮음) 자료의 양 (높음)	자료 개요	운행기록분석 시스템 자료는 영업용 차량(버스, 택시, 화물)에 장착된 디지털운행기록계를 통하여 속도, RPM, 브레이크, GPS 등의 운행기록을 수집한 자료임
	수집 기관	교통안전공단, 국토교통부
	수집 범위	전국 약 57만 대(2014년 기준)

④ 자동차 등록관리 시스템 자료	내 용	
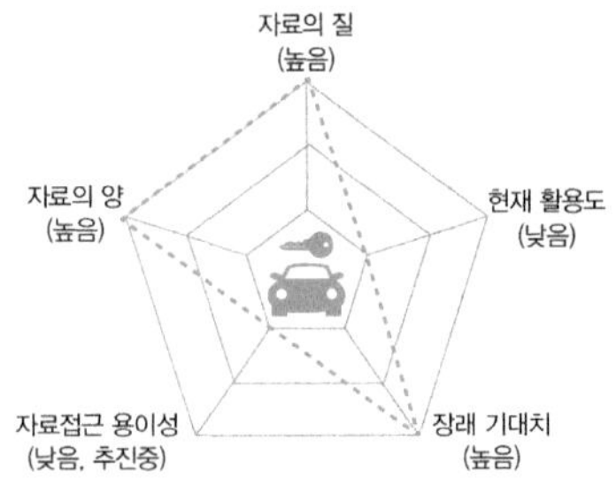 자료의 질 (높음) 현재 활용도 (낮음) 장래 기대치 (높음) 자료접근 용이성 (낮음, 추진중) 자료의 양 (높음)	자료 개요	자동차 등록관리 시스템 자료란 자동차 등록, 이전, 말소, 저당에 대한 자동차 등록 통계에 대한 자료이며, 검사이력, 세금, 보험, 사고 등 다양한 자동차 관련 DB와 연계되어 있음
	수집 기관	- 교통안전공단, 국토교통부 - 유관기관 및 협력기관 : 행정안전부, 국가보훈처, 국세청, 건강보험공단 등
	수집 범위	전국 자동차 등록정보 및 관련 DB(검사이력, 세금, 보험/사고, 압류 등)

(3) 대중교통 데이터 현황

[표 13-7] **대중교통 데이터 현황**

① 교통카드 자료	내 용	
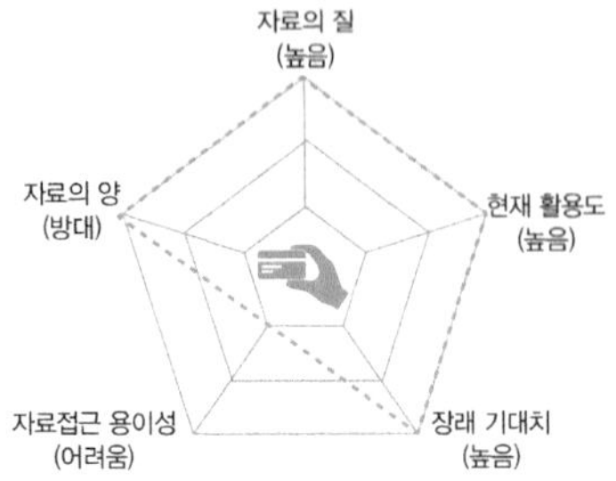 자료의 질 (높음) 현재 활용도 (높음) 장래 기대치 (높음) 자료접근 용이성 (어려움) 자료의 양 (방대)	자료 개요	교통카드 자료란 버스, 지하철, 택시에서 사용되는 교통카드 이용정보에 대한 자료임
	수집 기관	한국스마트카드, 유페이먼트, 한페이시스, 각 카드회사, 은행 등
	수집 범위	전국(일 1,300만 명 사용, 2013년 기준)

(계속)

② 통합대중교통 자료(TAGO)	내 용	
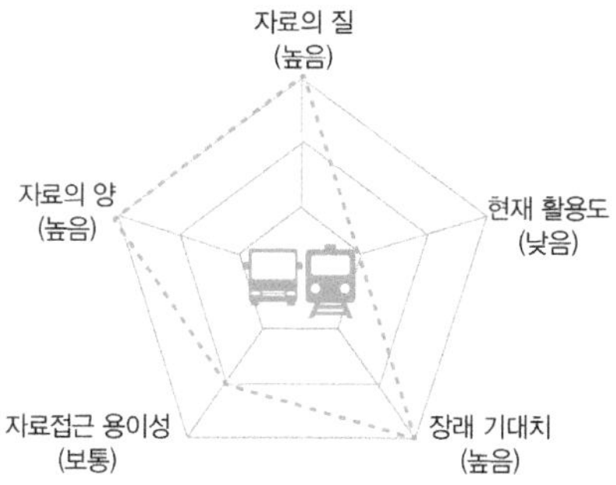 자료의 질 (높음) 자료의 양 (높음) 현재 활용도 (낮음) 자료접근 용이성 (보통) 장래 기대치 (높음)	자료 개요	통합대중교통 자료란 버스, 지하철, 철도, 항공, 해운에 대한 노선, 정류소, 시간, 운임정보 실시간 정보 등 대중교통 현황 및 운영에 관련된 자료임
	수집 기관	지자체, 전국고속버스운송사업조합, 전국 터미널협회, 인천 국제공항공사, 한국철도공사, 코레일 공항철도, 서울지방항공청, 한국해운조합
	수집 범위	전국

(4) 네트워크 및 공간정보 데이터 현황

[표 13-8] **네트워크 데이터 수집현황**

① 교통망 자료	내용	
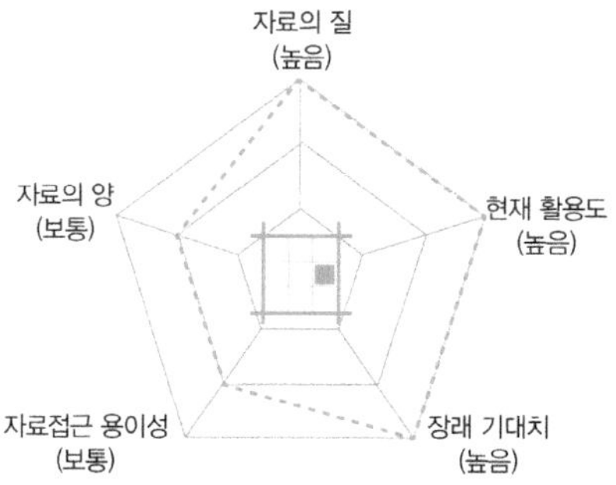 자료의 질 (높음) 자료의 양 (보통) 현재 활용도 (높음) 자료접근 용이성 (보통) 장래 기대치 (높음)	자료 개요	- 도로 부문 : 내비게이션 수치지도를 이용한 도로 위계별 Multi-Map Network (Lv2 : 고속도로, Lv3 : 도시고속도로/일반국도, Lv 4 : 국지도/지방도, Lv5 : 주요도로, Lv6 : 세도로) - 대중교통 부문 : 대중교통시설물 조사, 첨단교통정보를 이용한 버스, 철도, 항공, 해운 교통망
	수집 기관	민간 내비게이션 회사, 대중교통관련 기관, KTDB(통합구축기관)
	수집 범위	전국
② POI 자료	**내 용**	
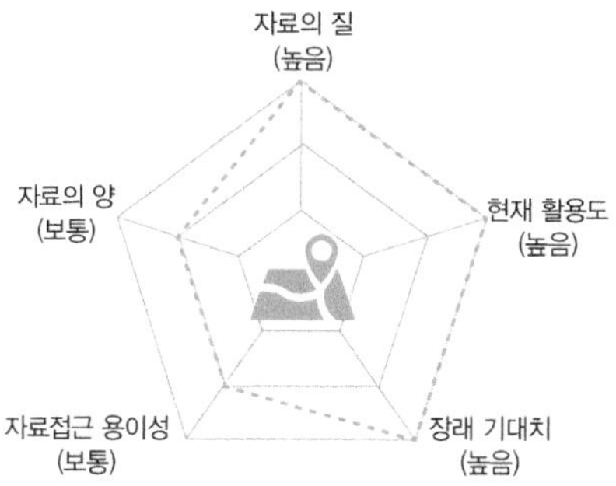 자료의 질 (높음) 자료의 양 (보통) 현재 활용도 (높음) 자료접근 용이성 (보통) 장래 기대치 (높음)	자료 개요	POI(Point of interest) 자료란 시설물 및 지점에 대한 정보를 좌표로 지도에 표시하는 자료임
	수집 기관	국토교통부, 국토지리정보원, 민간 내비게이션 회사, 포털 지도 사이트 등
	수집 범위	전국(약 1,000만 건, 국토지리정보원 2014년 기준)

(계속)

③ 국토공간정보유통 시스템 자료	내 용	
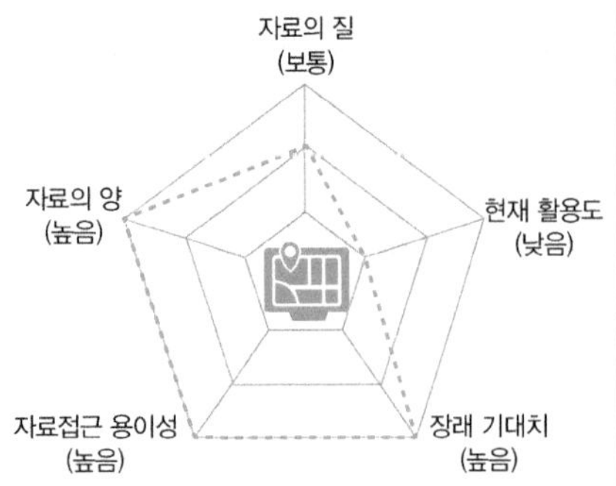 자료의 질 (보통) 자료의 양 (높음) 현재 활용도 (낮음) 자료접근 용이성 (높음) 장래 기대치 (높음)	자료 개요	국토공간정보유통 시스템 자료란 기관별, 권역별로 분산 운영되고 있는 공간정보를 통합하여 관리하는 자료이며, 관련 자료로 도로명주소 전자지도, 국가공간정보, 민간공간정보, 수치지형도, 부동산 정보 등이 있음
	수집 기관	국토교통부, 국토지리정보원, 한국해양개발, 민간기업 등
	수집 범위	전국

④ 집계구 및 기상 자료	내 용	
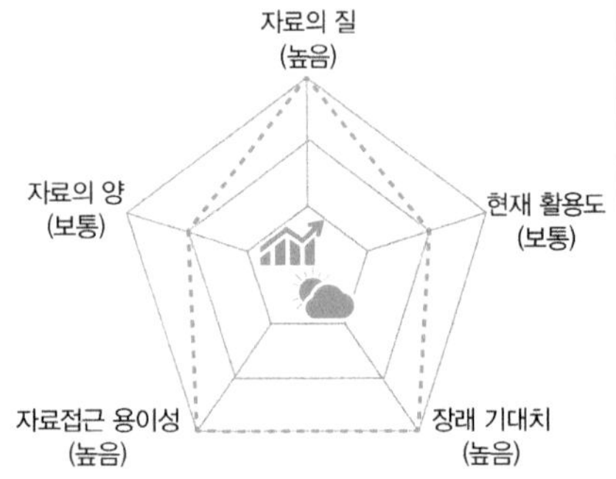 자료의 질 (높음) 자료의 양 (보통) 현재 활용도 (보통) 자료접근 용이성 (높음) 장래 기대치 (높음)	자료 개요	- 집계구 : 통계청에서 통계정보를 제공하기 위해 구축한 최소 통계구역 단위 정보 (기초단위구≤집계구≤읍면동) - 기상자료 : 기상청의 무인자동기상관측장비에서 수집되는 분단위 기상정보
	수집 기관	- 집계구 : 통계청 - 기상자료 : 기상청
	수집 범위	- 집계구 : 전국 82,751개(2010년 기준, 5년 단위 발표) - 기상자료 : 전국 679개(2015년 기준)

(5) 화물 데이터 현황

[표 13-9] **화물 데이터 현황**

① 글로벌 화물추적시스템 자료(GCTS)	내 용	
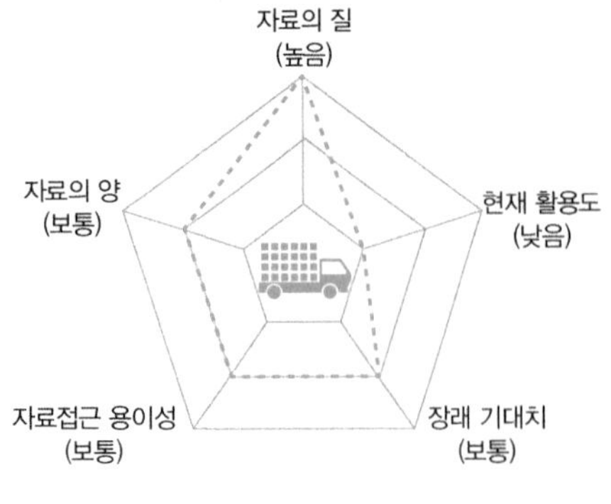 자료의 질 (높음) 자료의 양 (보통) 현재 활용도 (낮음) 자료접근 용이성 (보통) 장래 기대치 (보통)	자료 개요	글로벌 화물추적시스템 자료는 전파식별(RFID) 정보 네트워크를 기반으로 국내외 물류기지 및 주요 고속도로 톨게이트별로 컨테이너/차량/선박의 반출·입 정보 및 양적·하 작업 결과와 물류(컨테이너, 화물)의 위치추적 정보에 대한 자료임
	수집 기관	해양수산부
	수집 범위	- 컨테이너 항만 터미널 : 21개소 - 내륙물류시설 : 29개소(고속도로 톨게이트 포함) - RFID 태그 부착차량 : 약 2만 대(컨테이너 화물)

(계속)

② 화물운송실적관리 시스템 자료(FPIS)	내 용	
자료의 질 (낮음) 현재 활용도 (낮음) 장래 기대치 (낮음) 자료접근 용이성 (보통) 자료의 양 (보통)	자료 개요	- 화물운송실적관리 시스템 자료는 화물운송실적신고제를 통해 신고되는 운송 또는 주선실적 등 화물운송정보에 대한 자료임 - 필수 신고항목(수집자료) : 신고자 정보, 운송의뢰자 정보, 계약내용, 배차내용 등 14개 항목
	수집 기관	국토교통부
	수집 범위	화물자동차 운수사업자 대상(운송사업자, 운송주선사, 가맹사업자)

13.3.3 교통분야 빅데이터 플랫폼 현황

빅데이터 플랫폼은 다양한 IT 플랫폼과 인터넷 비즈니스가 결합된 형태로 빅데이터를 둘러싼 다양한 스마트기기, 플랫폼간의 데이터 확보와 사용자 확보를 위해서 전 세계 국가들뿐만 아니라 민간기업들에서도 보이지 않는 전쟁을 벌이고 있다. 다음은 최근 우리나라 공공기관에서 구축하고 있는 다양한 빅데이터 플랫폼 중에서 교통분야에서 활용가능한 빅데이터 플랫폼에 대해서 간략하게 살펴보겠다.

(1) 국가지도서비스 Vworld

Vworld란 국가가 가지고 있는 공개 가능한 모든 공간정보를 모든 국민이 자유롭게 활용할 수 있도록 다양한 방법을 통해 제공하는 공간정보 오픈플랫폼으로, 다양한 2차원, 3차원의 공간정보를 제공하고 있다.

[표 13-10] 국가지도서비스 Vworld[101)]

홈페이지	

(계속)

소개	- Vworld란 국가가 가지고 있는 공개 가능한 모든 공간정보를 모든 국민이 자유롭게 활용할 수 있도록 다양한 방법을 통해 제공하는 공간정보 오픈플랫폼 - 운영기관 : 국토교통부
제공정보	- 2차원 공간정보 : 지적, 주제도, 도로, 건물, 공공부처 주요 데이터(생활, 안전, 문화, 관광 등) 3차원 공간정보 : 영상데이터, 수치표고모형, 3D 객체모델
활용사례	학구도 안내서비스(한국교육개발원), 공공의료기관 Map(국립중앙의료원), 통합교통정보(국가교통정보센터), 국가지하수정보지도(국가지하수정보센터), 생활안전지도(국립재난안전연구원) 등 총 45건

(2) 고속도로 공공데이터 포털

고속도로 공공데이터 포털이란 한국도로공사에서 보유한 다양한 고속도로 공공데이터 정보(교통, 건설, 유지 관리, 일반행정, 통행료, 휴게소 등)를 외부에 웹서비스 형태로 공개하여 사용자가 원하는 콘텐츠를 만들 수 있도록 지원하는 시스템이다.

[표 13-11] **고속도로 공공데이터 포털**[102)]

홈페이지	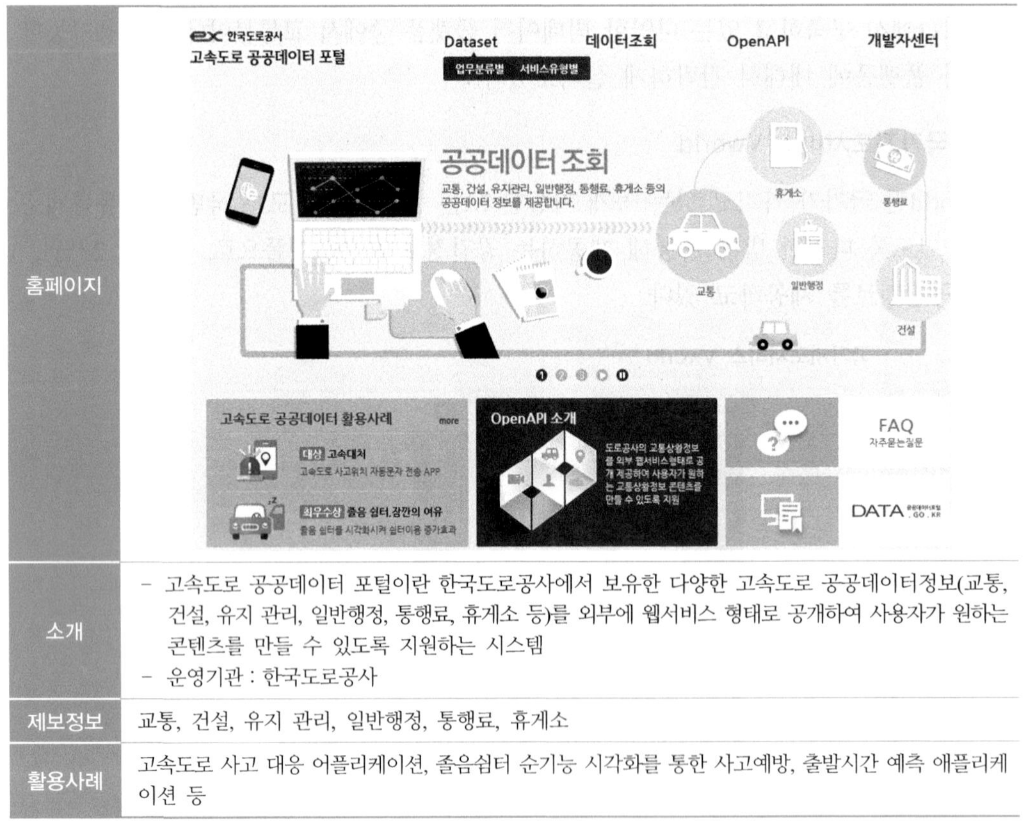
소개	- 고속도로 공공데이터 포털이란 한국도로공사에서 보유한 다양한 고속도로 공공데이터정보(교통, 건설, 유지 관리, 일반행정, 통행료, 휴게소 등)를 외부에 웹서비스 형태로 공개하여 사용자가 원하는 콘텐츠를 만들 수 있도록 지원하는 시스템 - 운영기관 : 한국도로공사
제보정보	교통, 건설, 유지 관리, 일반행정, 통행료, 휴게소
활용사례	고속도로 사고 대응 어플리케이션, 졸음쉼터 순기능 시각화를 통한 사고예방, 출발시간 예측 애플리케이션 등

101) http : //www.vworld.kr
102) http : //data.ex.co.kr/

(3) 서울 열린데이터 광장

서울 열린데이터 광장이란 서울시에서 보유한 개인정보 등 비공개 정보를 제외한 서울시의 모든 공공데이터를 시민들이 자유롭게 이용할 수 있는 플랫폼이다. 다양한 비즈니스 창출 기회의 제공과 IT 콘텐츠 산업의 육성에 기여하고자 제작되었다.

[표 13-12] **서울 열린데이터 광장**[103)]

구분	내용
홈페이지	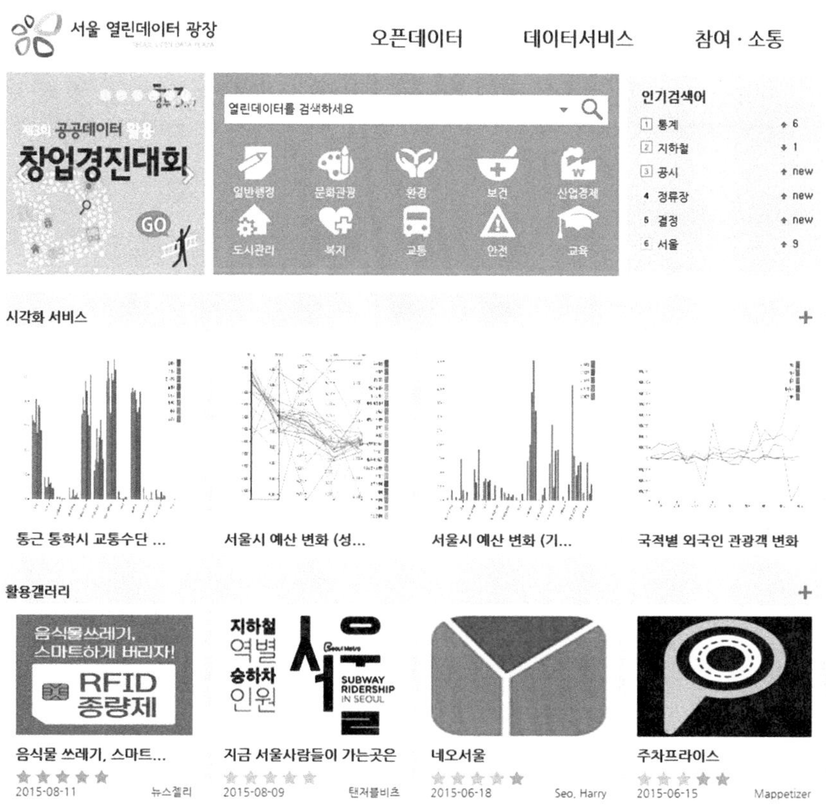
소 개	- 서울 열린데이터 광장이란 서울시에서 보유한 개인정보 등 비공개 정보를 제외한 서울시의 모든 공공데이터를 시민들이 자유롭게 이용할 수 있는 플랫폼으로서, 다양한 비즈니스 창출 기회의 제공과 IT 컨텐츠 산업의 육성에 기여함 - 운영기관 : 서울특별시
제공정보	도로소통정보, 도로돌발정보, 버스운행정보, 버스노선별/정류장별 승하차 인원 정보, 택시운행분석 정보, 지하철 운행 정보, 지하철역별 승하차인원 정보, 주차장 정보, 자전거 정보 등(교통분야)
활용사례	한눈에 보는 서울물가, 오늘의 서울재정, 서울 실시간 자치구별 대기환경 정보, 지능형 도시 정보 시스템 등

103) http : //data.seoul.go.kr/index.jsp

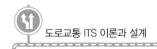

(4) 대전시 교통 데이터웨어하우스

대전시 교통 데이터웨어하우스란 대전교통정보센터의 주요 시스템 중 하나로 대전시의 교통상황을 한눈에 볼 수 있도록 정보를 제공하는 시스템이다.

[표 13-13] 대진시 교통 데이터웨어하우스[104)]

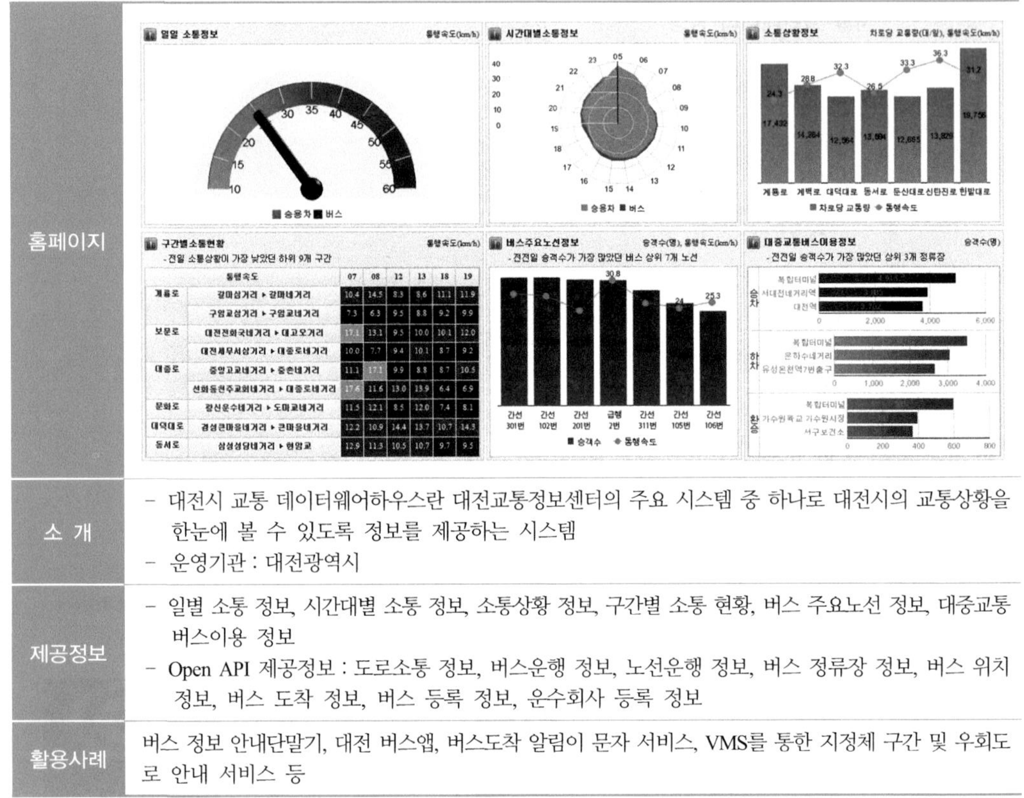

구분	내용
홈페이지	
소 개	- 대전시 교통 데이터웨어하우스란 대전교통정보센터의 주요 시스템 중 하나로 대전시의 교통상황을 한눈에 볼 수 있도록 정보를 제공하는 시스템 - 운영기관 : 대전광역시
제공정보	- 일별 소통 정보, 시간대별 소통 정보, 소통상황 정보, 구간별 소통 현황, 버스 주요노선 정보, 대중교통 버스이용 정보 - Open API 제공정보 : 도로소통 정보, 버스운행 정보, 노선운행 정보, 버스 정류장 정보, 버스 위치 정보, 버스 도착 정보, 버스 등록 정보, 운수회사 등록 정보
활용사례	버스 정보 안내단말기, 대전 버스앱, 버스도착 알림이 문자 서비스, VMS를 통한 지정체 구간 및 우회도로 안내 서비스 등

13.4 빅데이터 분석 및 효과

13.4.1 빅데이터 분석을 위한 3대 요소[105)]

한국정보화진흥원(2012)에서 발간한 『IT & Future Strategy 보고서』에 따르면 빅데이터의 중요성이 증대되어 이를 기업 및 기관의 전략 수립을 위한 도구로 사용하기 위해서, 자원, 인력, 기술의 3대 요소를 중심으로 하는 전략 수립이 필수라고 제안하였다. 그림 13-

104) http : //traffic.daejeon.go.kr
105) 이석주, 연지윤, 천승훈, 빅데이터를 이용한 교통정책 개발 및 활용성 증대방안, 한국교통연구원, 2013.

5는 빅데이터 분석을 위한 3대 요소를 나타낸 것이다.

- 자원 : 내부 혹은 외부적으로 활용 가능한 빅데이터를 발견하고 이를 확보할 수 있는 전략 수립이 필요
- 인력 : 내부적으로 데이터 분석자의 역량을 키우는 동시에 외부 인력 사용을 위한 협력 전략 수립이 필요
- 기술 : 빅데이터를 혁신 전략으로 활용할 수 있도록 빅데이터 플랫폼, 분석 프로세스 및 신기술에 대한 이해가 필요

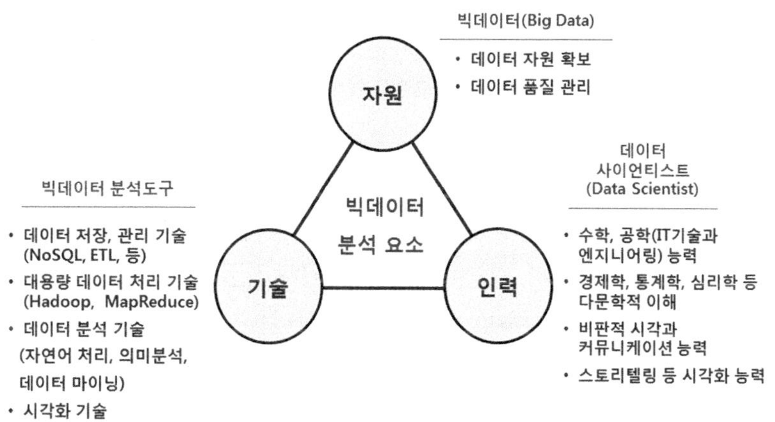

[그림 13-5] 빅데이터 분석을 위한 3대 요소 [106]

빅데이터 분석을 위한 첫 번째 요소인 자원은 가장 기초적이면서 빅데이터를 분석하기 위한 출발점이 된다. 아무리 분석기술과 인력이 풍부하다고 해도 이들을 활용할 수 있는 기초적인 데이터가 없다면 의미가 없어진다. 최근 스마트폰을 필두로 하는 정보통신기술의 발달로 각종 SNS 정보, 실시간 센서 데이터, 방대한 고객정보, 위치정보, Multimedia Contents 정보 등 다양한 데이터 소스가 출현함에 따라 데이터의 양은 급팽창하고 있다. 데이터의 기하급수적인 증가는 새로운 패러다임을 창출하고 있다. 그 새로운 패러다임이 바로 "빅데이터"이다. 과거의 관점에서 단순하게 빅데이터를 바라본다면, 매일 무수히 버려지는 방대한 쓰레기와도 같다. 과거에는 이러한 쓰레기들을 단순히 버리기에 급급했다면 최근에는 이러한 쓰레기 속에서 새로운 정보를 찾고, 새로운 경제적 가치를 창출하고 있다. 이처럼 일명 정보의 쓰레기 더미 속에서 누가 신속하고 정확하게 정보의 가치를 분류하고 추출할 수 있느냐가 빅데이터 시대의 가장 중요한 요소일 것이다. 이처럼 빅데이터 시대의 데이터 분석을 위해서 우선적으로 해결해야 할 것은 데이터 자원을 확보하려는 노력이다. 즉, 아무리 쓸모없는 데이터라 하더라도 이를 뭉쳐놓으면 새로운 정보가 창출될

106) 한국정보화진흥원, 성공적인 빅데이터 활용을 위한 3대 요소, p.27, 2012. 4.

수 있으며, 새로운 정보의 창출을 위해서는 무수히 많은 쓰레기 정보들을 쌓아서 누적시킬 필요가 있는 것이다. 이러한 데이터 자원의 확보와 더불어 2차적으로 필요한 것이 데이터의 품질 관리이다. 즉, 아무리 많은 데이터를 쌓아놓았다고 하더라도 이러한 데이터들이 정말 아무런 의미 없는 쓰레기에 불과하다면 그 속에서 정보를 찾아내기란 모래사장에서 바늘을 찾는 것과 다를 바가 없을 것이다. 최소한 데이터로서의 기능을 하기 위해서는 데이터 그 자체가 가지는 가장 기초적인 정보는 정확해야 그 정보로부터 다른 가치를 창출할 수 있다. 이를 위해서는 데이터의 기초적인 품질 관리를 위한 노력이 필요하다.

빅데이터 분석을 위한 두 번째 요소는 기술이다. 빅데이터를 생각하면 데이터 그 자체로는 무의미할 수도 있는 방대한 양의 데이터가 가장 먼저 떠오른다. "2011년에 발표된 IDC (International Data Corporation)의 연구조사에 의하면 2011년에만 새롭게 생성되거나 복제된 정보의 양이 1.8제타바이트(1조 8천 억 기가바이트) 이상이고, 향후 정보의 양은 기하급수적으로 증가할 것이라고 예측했다."[107] 이처럼 우리는 기하급수적으로 증가하고 있는 데이터들 속에서 살고 있는 것이다. 이러한 데이터들 속에서 유의미한 정보를 추출해 내야 하는 것이 빅데이터 시대의 우리 역할이다. 이를 위해서는 데이터를 저장하고 관리할 수 있는 시스템 기술의 개발이 필요하며, 대용량의 데이터를 효율적이고 신속하게 다루기 위한 데이터 처리 프로그램 또는 프로세스가 필요하다. 또한 데이터들 간의 융·복합 및 분석을 위한 데이터마이닝 및 계량화 또는 수치화되지 못한 비정형 데이터의 처리 및 의미 분석을 위한 빅데이터 분석기법이 필요하다.

최근 방대한 양의 데이터가 발생하고 쌓이고는 있지만, 이러한 데이터들은 현재의 기술 수준에서는 아직 그림의 떡일 뿐이다. 일례로 현재 우리가 많이 쓰고 있는 SNS 정보에서 얻을 수 있는 정보는 단편적인 검색순위 또는 검색어 수준에 불과하다. 실제 SNS의 비정형화된 데이터 속에서 정형화된 의미를 찾기 위한 노력이 필요하다. 교통부문에서도 마찬가지이다. CCTV의 비정형 데이터로부터 우리가 실제 필요한 교통량 정보라든지, 통과비율, 통행분포 등의 통행 특성 자료를 뽑아내기 위한 기술이 필요하다. 마지막으로 빅데이터로부터 창출된 결과를 보여주기 위한 시각화 작업(Visualization)도 빅데이터의 중요한 기술 중 하나이다. 빅데이터는 양적으로도 많을 뿐만 아니라 데이터 하나하나가 가지는 정보도 다양하고 복잡하다.

이러한 데이터의 분석결과를 단순한 수치나 표로써 제시한다면 그 의미의 전달력이 상당히 떨어질 수밖에 없다. 최근 유행하고 있는 인포그래픽(Infographics)도 이러한 데이터의 시각화를 위한 노력이다. 데이터들로부터 의미있는 정보를 찾는 것 이상으로 그러한 정보들을 일반인들에게 어떻게 보여줄지에 대한 시각화 기술도 빅데이터 시대에 우리가 준비해야 할 기술이다.

---

107) http://bbs1.agora.media.daum.net/gaia/do/debate/read?bbsId=D003&articleId=4663182

빅데이터 분석을 위한 마지막 요소는 인력이다. 빅데이터의 분석을 위해서는 데이터를 통해 사회의 현상을 통찰할 수 있는 비판적 시각과 커뮤니케이션 능력도 필요하며, 데이터를 통한 스토리텔링 및 시각화 능력도 필요하다. 이를 위해서는 수학, 공학 등의 IT 기술뿐만 아니라 경제학, 통계학, 심리학, 사회학 등 다양한 학문적 통합 및 이해가 필요하다.

13.4.2 빅데이터 분석 과정 및 처리 기술[108]

일반적인 자료처리 과정은 자료의 수집, 처리 및 저장, 분석이라는 일련의 과정을 거치게 된다. 빅데이터도 예외는 아니지만 각 단계에서 요구하는 기법 및 기술들에서 차별성을 찾을 수 있다. 예를 들면, 어떤 제품에 대한 이용자 만족도 조사를 실시한다고 했을 때, 기존의 조사 방식은 전화 혹은 대인 면접조사에 의해 자료를 수집하는 것이 일반적이다. 하지만 빅데이터를 이용한다면 SNS나 트위터, 스마트폰 등을 이용하여 다양한 소스를 통해 데이터를 수집할 것이다. 여기서 면접조사와 다르게 SNS나 트위터, 스마트폰 자료 등은 비정형화되어 있고, 그 양도 엄청나기 때문에 기존의 자료수집 방법과는 차별화되어야 한다는 것이다. 또한 이렇게 수집한 자료는 기존의 통계적인 기법으로 분석하기에는 이용자 간의 편차가 크기 때문에 신뢰성 있는 결과를 도출해 낼 수 없다. 따라서 이 경우에는 자료의 수집 및 분석에 특화된 기술로 이 문제를 해결해야 한다. 즉, 빅데이터를 분석하기 위해서는 자료의 수집, 자료처리 및 저장, 분석의 단계에서 원하는 목적에 맞는 기술을 적용해야 원하는 결과를 얻을 수 있는 것이다. 그림 13-6은 빅데이터의 자료처리 절차를 자료의 수집, 저장, 분석, 결과 도출의 단계로 구분한 것이다.

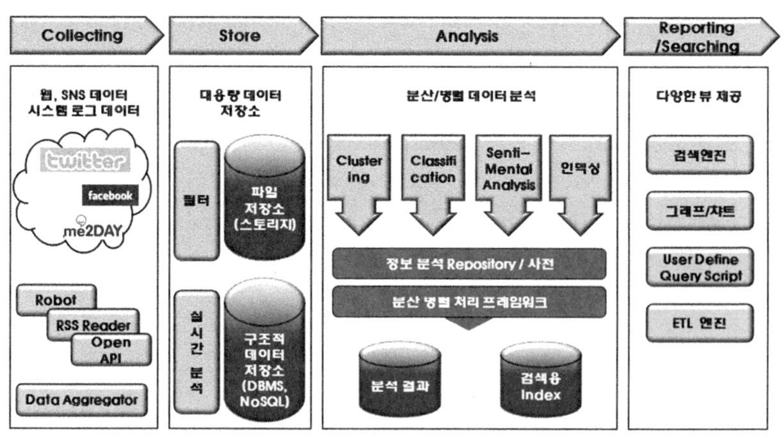

[그림 13-6] 빅데이터 분석 처리 절차[109]

108) 이석주, 연지윤, 천승훈, 빅데이터를 이용한 교통정책 개발 및 활용성 증대방안, 한국교통연구원, 2013.
109) 차재필, 빅데이터 정책동향, 한국교통연구원 세미나, 2013. 11. 26.

그림 13-6 중 데이터 분석과 관련된 빅데이터 기법은 텍스트 마이닝, 오피니언 마이닝, 소셜네트워크 분석, 클러스터 분석 등이 있고, 이러한 분석을 가능하게 해 주는 기술로는 하둡, NoSQL, R 등의 기술이 대표적이다. 표 13-14는 빅데이터 분석 시 사용할 수 있는 기법을 설명한 것이고, 표 13-15는 이러한 분석을 가능하게 해주는 처리 기술을 설명한 것이다.

[표 13-14] **빅데이터 분석 기법**[110)]

분석 기법	설 명
텍스트 마이닝	텍스트 마이닝은 비/반정형 텍스트 데이터에서 자연어 처리(Natural Language Processing) 기술에 기반 유용한 정보를 추출, 가공하는 것을 목적으로 하는 기술이다. 방대한 텍스트 데이터에서 의미있는 정보를 추출해 내고, 타 정보와의 연계성을 파악하며, 텍스트가 가진 카테고리를 찾아내는 등 단순한 정보 검색 이상의 결과 도출 가능
오피니언 마이닝	오피니언 마이닝(평판 분석)은 소셜 미디어 등의 정형/비정형 텍스트의 긍정(Positive), 부정(Negative), 중립(Neutral) 선호도를 판별하는 기술이다. 특정 서비스 및 상품에 대한 시장규모 예측, 소비자 반응, 입소문 분석 등에 활용되고 있음
소셜 네트워크 분석	소셜 네트워크 분석은 수학의 그래프 이론(Graph Theory)에 근거한 기술이다. 소셜 네트워크 연결구조 및 연결강도 등을 바탕으로 사용자 명성 및 영향력을 측정, 소셜 네트워크상에서 입소문의 중심 또는 허브(Hub) 역할을 하는 사용자 확인에 활용
클러스터 분석	클러스트 분석은 비슷한 특성을 가진 개체를 합쳐가면서 최종적으로 유사한 특성을 가진 집단(Group)을 발굴하는 데 사용하는 기법이다. 트위터 상에서 주로 사진, 카메라에 대해 논의하는 사용자군과 게임에 관심 있는 사용자군 등 관심사나 취미에 따른 사용자군을 클러스트 분석을 통해 분류 가능

[표 13-15] **빅데이터 처리 기술**[111)]

처리 기술	설 명
하둡	- 하둡(Hadoop)은 오픈소스 분산처리 기술 프로젝트로 정형/비정형 빅데이터 분석에 가장 선호하는 솔루션 - 구성요소로는 하둡 분산 파일 시스템인 HDFS(Hadoop Distributed File System), 분산 컬럼 기반 데이터베이스인 Hbase, 분산 컴퓨팅 지원 프레임워크인 MapReduce가 포함 - 기본적으로 비용 효율적인 x86 서버로 가상화된 대형 스토리지(HDFS)를 구성, HDFS에 저장된 거대한 데이터세트를 간편하게 분산 처리할 수 있는 Java 기반의 Mapreduce 프레임워크 제공
NoSQL	- NoSQL은 Not-Only SQL 혹은 No SQL을 의미, 전통적인 관계형 데이터베이스 (RDBMS)와 다르게 설계된 비관계형 데이터베이스를 의미 - 대표적인 NoSQL 솔루션으로는 Cassandara, Hbase, MongDB 등이 존재 - NoSQL은 테이블 스키마(Table Schema)가 고정되어 있지 않고 테이블 간 조인(Join) 연산을 지원하지 않으며, 수평적 확장(Horizontal Scalability)이 용이한 장점이 있음
R	- 오픈소스 프로젝트 R은 통계 계산 및 시각화를 위한 언어 및 개발환경을 제공하며, R 언어와 개발환경을 통해 기본적인 통계 기법부터 모델링, 최신 데이터 마이닝 기법까지 구현 및 개선이 가능 - 구현한 결과는 그래프 등으로 시각화가 가능하며, Java나 C, Phthon 등의 다른 프로그래밍 언어와의 연결도 용이한 장점이 있음

110) 한국방송통신전파진흥원, 빅데이터 처리기술 현황 및 전망, 세미나 발표자료, 2012. 7.
111) 한국방송통신전파진흥원, 빅데이터 처리기술 현황 및 전망, 세미나 발표자료, 2012. 7.

13.4.3 빅데이터의 특성과 효과[112]

전 세계가 빅데이터에 열광하며 적극적인 활용을 위해 총력전을 벌이고 있는 이유는 빅데이터가 가진 특성과 그에 대한 효과를 살펴보면 보다 명확하게 이해할 수 있다. 표 13-16에서는 기존 데이터가 확보할 수 없었던 빅데이터의 4가지 특성(대규모, 현실성, 시계열성, 결합성)과 이에 대한 효과를 설명하고 있다.

[표 13-16] **빅데이터의 특성과 효과**[113]

특 성	효 과
대규모(Huge Scale)	- 기술발전으로 데이터의 수집, 저장, 처리 능력이 향상되었으며, 이는 대규모 현실세계 데이터를 기반으로 한 정교한 패턴 분석이 가능해짐 - 데이터가 많을수록 유용한 데이터, 전혀 새로운 패턴의 정보를 찾아낼 수 있는 확률도 증가함
현실성(Reality)	- 우리 일상에서의 데이터 기록물의 증가로 인해 현실 정보, 실시간 정보의 축적이 급증함 - 개인의 경험, 인식, 선호 등 인지적인 정보의 유통이 증가됨에 따라 보다 현실적인 분석이 가능해짐
시계열성(Trend)	- 현시점뿐만 아니라 과거 데이터의 유지로 시계열적인 연속성을 갖는 데이터의 구성이 가능해짐 - 과거, 현재, 미래 등 시간 흐름상의 추세분석이 가능함
결합성(Combination)	교통, 환경, 안전 등 타 분야, 이종 데이터간의 결합으로 새로운 가치 발견이 가능함

이러한 빅데이터의 특성과 효과는 우리의 연구 생태계에 또 다른 변화를 예고하고 있다. 크리스 앤더슨의 "The End of Theory"에 의하면 빅데이터의 등장으로 인해 과거 일부 데이터로 전체를 예측하는 샘플링 기반의 귀납적 모델링 관련 이론 및 연구들은 필요 없어질 것으로 주장하고 있다. 현실 빅데이터를 기반으로 하는 새로운 연구영역이 개척될 것으로 바라보고 있다. 특히 빅데이터에 대한 다양한 정의가 논의되고 있고, 개념 자체도 진화하고 있는 상황에서 단편적으로 빅데이터를 정의하기보다는 여러 관점에서 빅데이터를 이해하는 것이 중요해지고 있다. 특히 빅데이터 자체보다는 이를 활용하여 새로운 인사이트(통찰력)를 창출하는 고급분석의 중요성이 더욱 부각되고 있다.

112) 천승훈 외, 빅데이터 시대, 교통분야의 현주소는?, 한국교통연구원 월간교통 2015. 6월호.
113) 한국정보화진흥원, 새로운 미래를 여는 빅데이터 시대, p. 29., 2013.

C-ITS와 자율주행

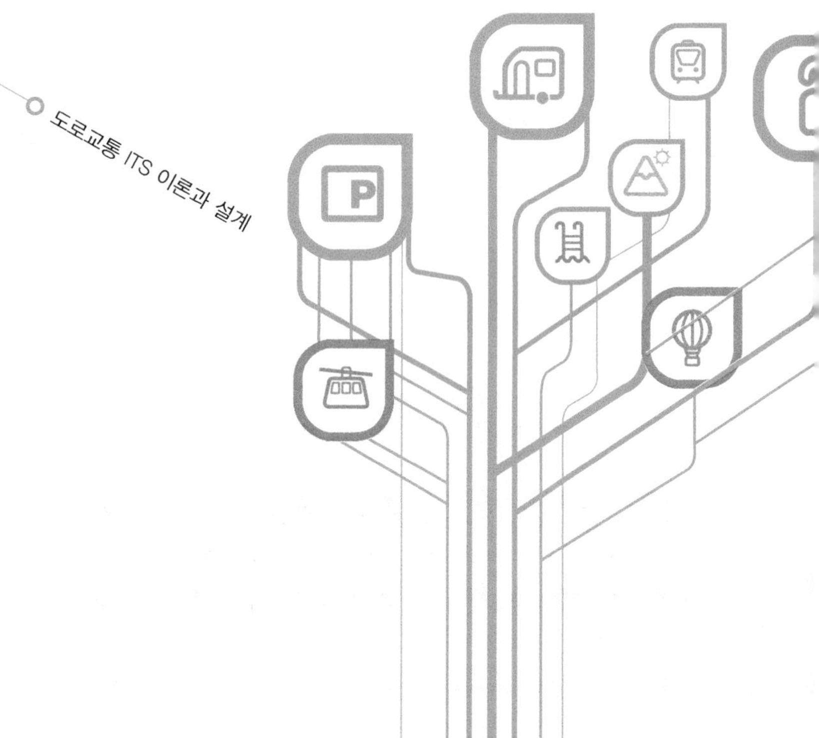

요 약

제14장에서는 최근 교통분야의 큰 이슈 중 하나인 C-ITS와 자율주행을 다루고 있다. C-ITS 관련해서는 정의, 국내외에서 추진하고 있는 다양한 프로젝트, C-ITS의 효과 등 국내외 C-ITS 기술의 현주소를 설명하고, 자율주행 관련해서는 기술 구성 요소, 보급 전망, 우리 생활에 주는 다양한 긍정적 효과를 설명하고 있다.

14.1 C-ITS

14.1.1 개요

최근 들어 ICT에 대한 용어가 여러 매체를 통해 알려지고 있다. ICT는 정보통신기술(Information & Communication Technology)을 나타내는 것으로 이러한 용어는 이미 1980년대부터 사용되어 왔다. ICT는 우리가 일반적으로 알고 있는 정보기술(Information Technology, IT)에 통신기술이 더해진 것으로 상호 정보를 주고받는 연계시스템 하에서 새로운 산업을 만들어가고 있다. 교통분야에서 가장 중요한 역할을 하는 도로시설, 교통수단, 이용자간 지속적으로 정보를 주고받는 협력적(cooperative) 방법을 통해 교통안전, 효율성, 환경 등을 관리할 수 있는 cooperative ITS(C-ITS)분야가 새로운 성장동력으로 발전되고 있다. 기존의 ITS는 도로의 특정 지점을 차량이 통과하였을 때 영상 또는 전자기파를 통하여 차량을 인식하고 정보를 습득하여 이를 교통정보센터에서 가공한 후 서비스를 제공하는 방식이어서, 실시간 정보라 하기에는 한계가 있고 VMS(Variable Message Sign)와 같이 제한적인 위치에 대해서만 정보를 제공하고 있다. 그러나 C-ITS는 도로시설, 교통수단, 이용자가 통신을 통하여 정보를 상호지속적으로 공유하면서 유고, 사고 등의 돌발상황에 대한 교통정보를 신속히 공유할 수 있어 안전한 도로환경을 만들 수 있다.

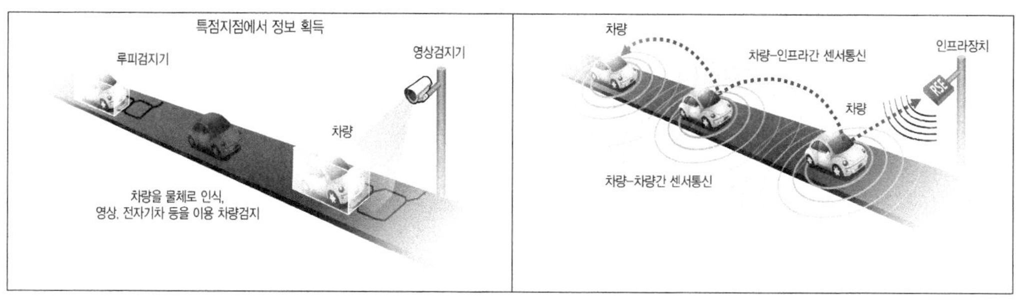

[그림 14-1] 기존 ITS와 C-ITS의 비교[114)]

14.1.2 C-ITS의 정의

인프라를 기반으로 한 교통서비스가 한계에 이르면서 최근 무선통신과 모바일 기술을 접목한 차량간(V2V) 또는 차량과 주변 인프라간(V2I) 통신을 통해 정보를 교환하고 도로상황을 미리 감지하여 돌발상황에 미리 대비할 수 있는 안전한 도로환경을 만들기 위한

114) 국가경쟁력강화위원회, 지능형교통체계(ITS) 발전전략, 2012.

연구가 이루어지고 있다. 이와 같이 도로시설, 자동차, 운전자간 상호 통신에 의한 차량－도로(V2I), 차량－차량(V2V), 차량－사람(V2P)간 서로 상호협업에 의한 사전대응 및 예방을 목적으로 하는 것을 협력지능형교통체계(Cooperative ITS：C－ITS)라고 한다. 이 용어는 유럽에서 처음 시작되었으며, 미국에서는 connected vehicle이라는 용어로, 일본에서는 ITS Spot, ETC 2.0이라는 용어로 사용되고 있다. 언론에서는 차량간 대화를 한다는 의미로 Car talk system, Talking Car라 표현하기도 한다. 국내의 경우 2013년 국토교통부에서 처음으로 차세대 지능형교통시스템인 C－ITS 도입을 위한 연구를 착수하면서 C－ITS라는 용어를 주로 사용하고, 기존 ITS에서 발전된 차세대 ITS로 표현하고 있다. 2014년부터 C－ITS 시범사업을 추진하고 있으며, 2017년 본격적인 저변 확대를 위해 C－ITS 시스템의 효과에 대한 검증과 규격화 작업을 진행하고 있다. 이러한 노력은 안전한 교통환경, 대기오염 감소, 물류비 절감 등의 효과뿐만 아니라 향후 차량 제어기술과 접목하여 차량간의 통신으로 인한 자율주행이 가능해지면 용량 증대에 따른 교통패러다임이 바뀌고, 좀 더 친환경적이고 경제적인 새로운 비즈니스 모델을 창출할 수 있다.

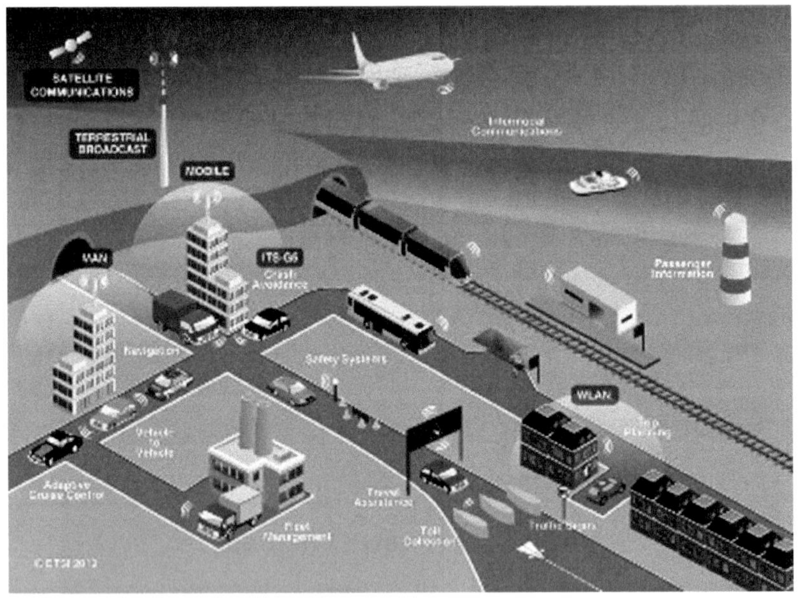

[그림 14－2] C－ITS 개념[115)]

115) http：//www.etsi.org/news－events/news/ 753－2014－02－joint－news－cen－and－etsi－deliver－first－set－of－standards－for－cooperative－intelligent－transport－systems－c－its

14.1.3 국·내외 C-ITS 추진 동향

(1) 국외 C-ITS 추진현황

미국과 유럽에서는 C-ITS를 도입하기 위해 이미 우리나라보다 10년 이상 앞서 다양한 기술개발과 단일 시장을 위한 정책적 합의를 위해 노력해왔다. C-ITS는 2014년 독일 베를린에서 열린 제6차 ETSI워크숍에서 CEN(European Committee for Standardization)과 ETSI(the European Telecommunications Standards Institute)가 Cooperative Intelligence Transport Systems(C-ITS)의 단일화를 위해 표준을 결정하는데 처음 합의했으며, 여러 회사의 자동차가 서로 통신하고 도로의 인프라와도 통신을 할 수 있도록 하는데 합의했다. 최근 C-ITS 기술에 대한 중·장기적 연구개발(R&D)에 대한 투자를 하고 있으며, 실증단지 운영을 거쳐 실용화 직전 단계에 진입해 있다. 일본은 고속도로를 중심으로 ITS Spot (도로변통신기지국)을 통하여 합류구간 안전운전지원, 통행료 징수 등의 기본적 서비스에 한하여 C-ITS 실용화를 전국적으로 실시하고 있다.

미국(Connected Vehicle)

미국은 1990년대 말부터 V2X 서비스를 위한 전용 통신주파수(FCC, 1999년) 확보를 위해 노력해 왔다. 이어 미래기술에 대한 장기적인 R&D 투자가 진행되면서 AHS(1997년) → IVI(1998년) → CICAS(2006 ~ 2012), VII(2003 ~ 2008) [116) → IntelliDrive(Intelligent Drive, 2009 ~ 2010) [117) → Connected Vehicle(2011 ~ 2013) [118) 프로젝트들을 순차적으로 추진하여 왔다. 특히, VII의 연구성과를 바탕으로 DSRC 메시지 세트(SAE J2735)와 WAVE 통신규격(IEEE 802.11p, IEEE 1609.x)의 표준을 개발하였고, Connected Vehicle 프로젝트를 통해 서비스 개발 및 실 도로 검증, 표준화, 프로토타입 인증 마련 등을 병행 추진하였다.

① Intermodal Surface Transportation Efficiency Act of 1991; ISTEA(1991, 1992 ~ 1997)
1997년 Automated Highway System 프로젝트를 통해 차량과 인프라(V2I)와의 통신에 대해 처음 시연

② Transportation Equity Act for the 21st Century; TEA-21(1998, 1998~2005)
1998년부터 연방통신위원회(FCC)는 DSRC를 위해 5.9 GHz를 승인하였다. 2003년 미국 교통성의 연구개발혁신청인 RITA는 VII 프로젝트를 통해 DSRC 인프라 보급 및 차량내 통신장치의 장착을 추진

③ Safe, Accountable, Flexible, Efficient Transportation Equity Act : A Legacy for Users; SAFETEA-LU(2005, 2005 ~ 2009)

---

116) VII(Vehicle Infrastructure Integration) : V2V 및 V2I 통신 환경 구축 프로젝트(2003~2008)
117) IntelliDrive : 5.9 GHz 대역에서 V2X 통신을 모두 지원하는 WAVE 기술 개발 프로젝트(2009~2010)
118) Connected Vehicle : V2X 서비스를 통한 교통사고 감소 미 교통부(DOT) 프로젝트(2011~2013)

VII 프로젝트를 IntelliDrive로 명칭을 변경하여 보다 실용적인 Connected Vehicle 프로젝트 수행을 위한 밑바탕이 됨

④ Moving Ahead for Progress in the 21st Century Act; MAP-21(2012, 2012~2022)
V2V와 V2I를 위한 예산지원과 CV Pilot의 확산을 위한 자율주행 연구를 지원

⑤ ITS Strategic Plan
2012년 발표된 ITS Strategic Research Plan, 2010-2014(Progress Update, 2012)에서 V2X 실험을 위한 Connected Vehicle Safety Pilot 프로그램을 계획
이어 2014년에 발표한 'ITS Strategic Plan 2015-2019'에서는 Connected Vehicle과 차량 자동화기술(Automation)을 바탕으로 한 Automated Vehicle 연구를 주요 정책으로 선정하여, 2020년까지 Connected Vehicle Pilot Deployment 프로젝트를 차량이 서로 통신을 제대로 하는지(talking to each other)를 알아보고 안전에 효과가 있는지를 테스트하여 전국에 확산하는 정책을 진행

[표 14-1] **미국의 C-ITS 관련 프로젝트 추진현황**[119)]

프로젝트	성 격	시행시기	특 징
VII, IntelliDrive CICAS	콘셉트 검증, 정책방향 수립	2003년 ~2010년	• 차량충돌사고 분석 및 회피를 위한 V2V 및 V2I 서비스 발굴과 우선 추진이 서비스 후보 발굴(8가지 어플리케이션) • 차량 단말보급을 위한 의무장착 추진 정책 검토 • CICAS(2006~2012) : 교차로에서의 협력형 경고 서비스 중심
Connected Vehicle Safety Pilot	대규모 실증단지	2011년 ~2013년	• 운전자 클리닉 : 100명의 운전자, 전국 6개 사이트, V2X 서비스 운전자 반응 및 악영향 분석, 70% 운전자 효용성 확인 • Model Deployment(실 도로 실증) : 미시간 앤하버시 총연장 117 km 실 도로 구간, 단말 2,836대, 노변장치 29개소
VSC VSC-A VSC3	CAMP 중심의 서비스 개발 (컨셉 검증 → 실증)	2002년 ~2014년	• V2X 무선통신과 GPS 정보를 이용한 차량중심 서비스 개발 • VSC(2002~2004) : CAMP 7개 OEM사의 컨셉 검증, 메시지 규격 마련, 서비스 발굴 • VSC-A(2006~2011) : CAMP 7개 OEM사의 7개 주요 Application 개발 및 시연(2008년 뉴욕) • VSC3(2010~2014) : Safety Pilot과 병행
CV Pilot project	사업화 준비 (Pilot)	2014년 ~2020년	• 2단계로 나누어 사업화 방안 및 자원 도시의 사업화 추진 - 1단계 : 2015~2017년 - 2단계 : 2017~2020년 • FHWA 등 인프라 담당기관 등 사업화를 위한 확산 작업 • 대중교통, 에너지 절감, 이동성 향상 등 다양한 서비스 개발 • 미연방도로관리청(FHWA)은 지난 2015년 2월 미국 내 13개 도시의 실시간 소통정보를 제공하는 ICM 시스템 확대구축에 260만 달러(약 28억 7천만 원)를 투자할 계획이라고 발표

119) 교통기술과 정책 제12권, 제2호, 2015. 4.

유럽(Drive C2X)

유럽은 많은 국가간 표준화된 협력이 필요하여 EU 회원국간에 협력을 통한 표준화 작업을 진행해 왔다. 또한 이를 위한 다양한 분야에서 프로젝트를 진행하고 있으며, 표준화를 위한 포럼 등을 통해 국가간 의견을 수렴하고 있다.

유럽은 2006년부터 CVIS(핵심기술), SAFESPOT(도로안전), COOPERS(도로운영 중심) 등의 프로젝트가 진행되었고, 2009년 이후 ITS 전용 주파수의 배정과 표준화 작업들이 진행되었다. 2013년부터는 Compass4D, SCOOP@F 등의 프로젝트를 통해 시범사업을 하였고, 각국에서 사업화를 위한 C-ITS Corridor 프로젝트들(Amsterdam Group 등)이 검토되고 있다.

[표 14-2] **유럽의 C-ITS 관련 프로젝트 추진현황**[120)]

프로젝트	성 격	시행시기	특 징
CVIS	컨셉 검증, 정책방향 수립	2006년 ~2010년	• Cooperative Vehicle-Infrastructure Systems • V2V, V2I를 위한 표준기반 통신, 측위, 플랫폼 제정 • ERTICO 주관 60개 기관 참여, 7개국에서 시험 실시
COOPERS			• (CO-OP)erative Syst(E)ms for Intelligent (R)oad (S)afety • V2I 무선통신환경을 위한 통합 교통운영환경 실현 목적 • 14개국 37개 기관 참여, Austriatech 주관
SAFESPOT			• 도로에서 위험 상황을 탐지하는 연계시스템 개발 • EUCAR 주관 12개국, 51개 기관 참여 • 차량 및 인프라 기반의 애플리케이션 발굴 • 6개 테스트 사이트 운영(4개는 CVIS와 통합 공동 진행)
COMeSafety	EU 표준개발, 국가간 연구 협력 지원	2006년 ~2009년	• C-ITS 연구 프로젝트 관계 조율 및 조정 • 주파수 규정, 표준화, 법, 이해당사자 관계 대응 • 미국과 국제교류 및 협력방안 마련
TeleFOT	대규모 실증단지	2008년 ~2012년	• AM 시장의 차량장치에 대한 애플리케이션(5개) 현장시험 • 23개 기관 참여 : 연구(11개), 제조(9개), 도로관리자(3개) • 14.44백만 유로, 8개 국가(도시), 일반 운전자 3,000명 대상
DRIVE C2X		2011년 ~2014년	• DRIVing Implementation and Evaluation of Car to X • 다양한 도로환경 및 차량에 대한 대규모 실증 프로젝트 • 차량제조사, 공급업체 등 44개 기관 참여, Daimler 주관 • 18.92백만 유로, 안전 11개, 효율 2개, 정보관리 5개 서비스 • 독일, 이탈리아, 네덜란드, 스웨덴, 프랑스, 핀란드 6개 사이트
FOTsis		2011년 ~2014년	• I2V/V2I의 실용화 효과 및 확대 가능성 상세평가 실증단지 • 25개 기관 : 도로관리(4개), 컨설팅(7개), 통신(2개), 대학, 연구 • 13.83백만 유로, 7개 애플리케이션 평가 • 4개 실증 사이트 : 스페인, 포르투갈, 독일, 그리스

(계속)

120) 교통기술과 정책 제12권, 제2호, 2015. 4.

프로젝트	성 격	시행시기	특 징
Sim TD	대규모 실증단지	2008년 ~2012년	• DRIVE C2X에 협조하는 독일의 프로젝트, V2V/V2I 서비스 • 17개 기관 참여, 53백만 유로, 프랑크푸르트, 400대 차량
Compass4D	Pre-Deployment (시범사업, Pilot)	2013년 ~2015년	• ERTICO 주관, 33개 기관 참여, 프랑스(보르도), 덴마크(코펜히겐), 네덜란드(헬몬드), 그리스(데살로니카), 스페인(비고), 영국(뉴케슬), 이탈리아(베로나) 7개 Sites • 9.996백만 유로(50% 민간), WAVE/3G/LTE 활용 • 3개 애플리케이션(RHW, RLVW, EEIS) • 334대 차량(트럭, 승용차, 버스, 긴급차량, 택시), 574명 운전자
SCOOP@F		2014년 ~2018년	• Système Coopératif Pilote @ France (French Pilot) • 2014년 이후 C-ITS 도입 목표로 프랑스 정부사업(2016년 구축) • 5개 도시, 4개 도로관리청, 2개 차량제조사 등 참여 • 280개 노변장치, 2,400대 단말, 1,500 km 도로연장(도시간, 고속도로, 시가지 도로), WAVE 통신 및 셀룰러 통신 활용 • 13.2백만 유로(약 180억 원), 신호위반 경고 등 10개 서비스
C-ITS Corridor	도로축 구축사업 또는 각국의 시범사업	예정	• C-ITS Corridor Austria-Germany-The Netherlands From 2015 • French corridor pilot project Paris-Strasbourg From 2015

유럽의 Drive C2X는 차량간 또는 도로와의 통신에 초점을 맞추어 진행되었으며, 안전과 효율성 면에서 상당한 진전을 이루었다. 유럽의 Drive C2X의 현장에서의 효과는 일반 운전자를 대상으로 협력적 운전의 효과를 연구하였다. C2X는 안전을 위해 차량간 정보를 주고받는 C2C와 도로의 신호와 같이 인프라와 통신을 주고 받는 C2I로 나눌 수 있다. 그림 14-3은 Drive C2X의 개념을 나타낸 것이다. 이러한 C2X는 교통안전, 효율성, 지속성, 편리성 등의 효과가 있다.

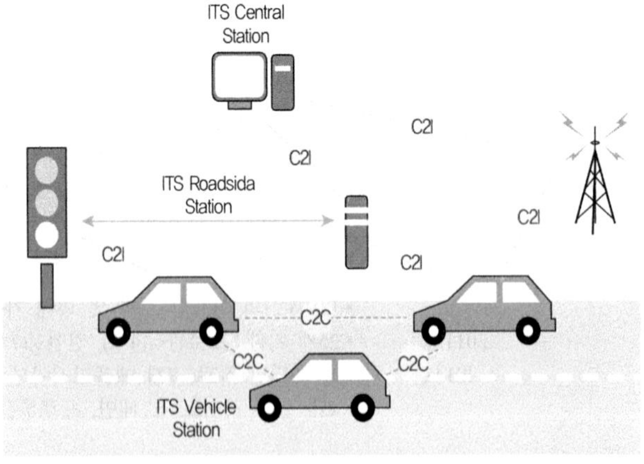

[그림 14-3] C2X개념도[121]

121) http : //www.drive-c2x.eu/driving

이와 같이 Drive C2X가 운전행태와 통행행태에 주는 영향은 이동성, 효율성, 안전, 환경 등이 있으며, 이는 사회경제에 커다란 영향을 미치게 된다. 여기서 이동성은 교통패턴이나 총 통행량을 조절할 수 있고, 효율성은 교통흐름과 교통량을 조절할 수 있으며, 안전은 위험을 감지할 수 있고 환경측면에서는 소음, CO_2 배출량 등을 줄일 수 있다(그림 14-4).

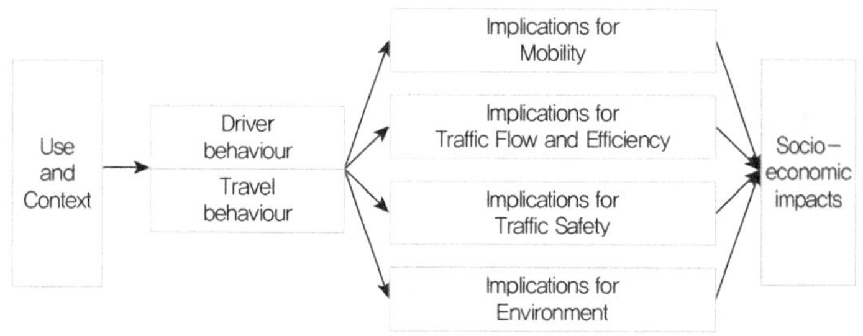

[그림 14-4] C2X가 운전행태에 주는 영향[122)]

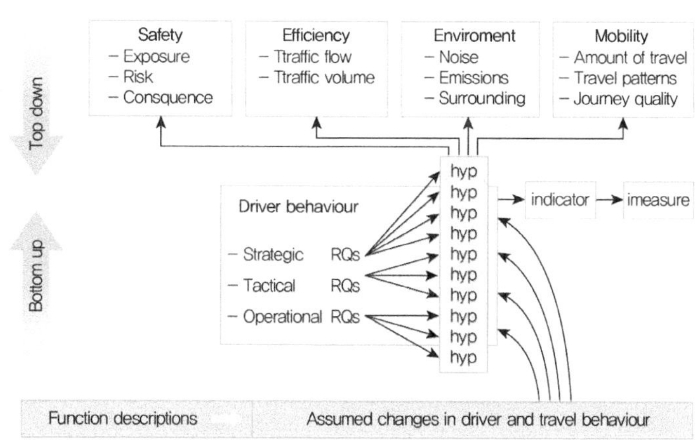

[그림 14-5] C2X가 영향을 주는 요소[123)]

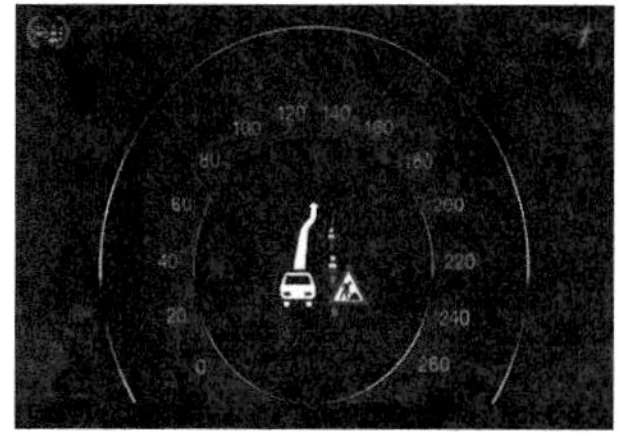

[그림 14-6] V2I, V2V시스템의 안전기술[124)]

122) Combining data from different geo-located test sites, 2014, P. Rama
123) Combining data from different geo-located test sites, 2014, P. Rama
124) Combining data from different geo-located test sites, 2014, P. Rama

(2) 국내 C-ITS 추진현황

국내에서는 C-ITS와 관련하여 u-Transportation, smart Highway와 같은 기술개발 프로젝트가 추진되었다. 교통관리 측면에서 실시간 교통정보와 navigators 등은 u-Transportation의 대표적인 기술이라 하겠다. 이와 맞추어 다양한 기술들이 더해져 좀 더 나은 서비스가 가능하게 되었는데, 최근 smart highway 사업은 통신을 이용한 교통관리기술과 자동화기술이 더해져 도로의 갑작스런 사고를 알려주는 시스템을 개발하여 사고를 최소화하기 위한 연구가 계속되고 있다.

u-Transportation

V2V, V2I 통신과 검지시스템을 통하여 개별 차량의 정보를 기반으로 미래 교통시스템에 필요한 첨단 핵심기술을 개발하는 것을 목표로 하고 있다. 관련 연구에서 개발한 8개의 애플리케이션은 다음과 같다.

[표 14-3] u-T 현장테스트 서비스 내용[125)]

구 분	서비스	
1	램프진입 안내 서비스	교통제어 서비스
2	비신호교차로 통행권 부여 서비스	
3	Eco-Driving 안내 서비스	
4	V2X 기반 위험운전 이벤트 경고정보 서비스	교통안전 서비스
5	u-T 기반 교통안전 모니터링 서비스	
6	Bird-Eye View 서비스	교통정보 서비스
7	Follow-me 서비스	
8	Virtual VMS 서비스	

Smart Highway

IT와 자동차기술의 융합을 통해 교통사고를 사전에 예방하고 편리한 녹색 고속도로를 위한 핵심기술의 개발과 실용화하는 것을 목적으로 4가지의 핵심 연구가 추진되고 있다. 무선통신기반 교통정보제공의 교통운영 기술, 주행로 이탈예방의 자동차 연계 기술에 대한 연구 등이 있다. 그림 14-7은 smart highway의 핵심연구인 SMART Tolling, Vehicle Abnormality Detector, Lane Departure Prevention, WAVE Communication, Auto Vehicle Control 등이 있다.

125) 한국교통연구원, C-ITS 기술동향 조사 및 국내 도입방안 연구, 2013.

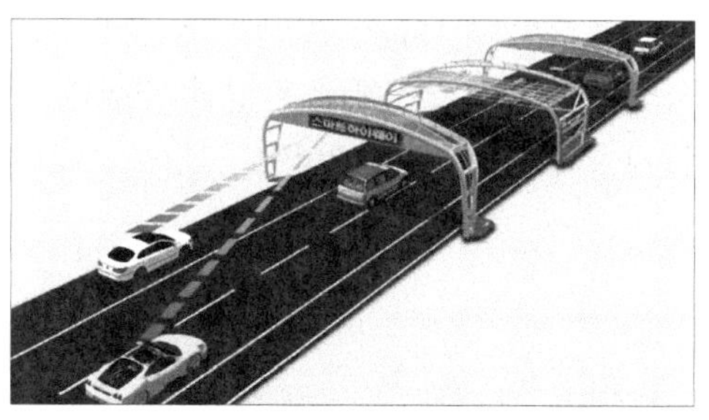

SMART Tolling 1

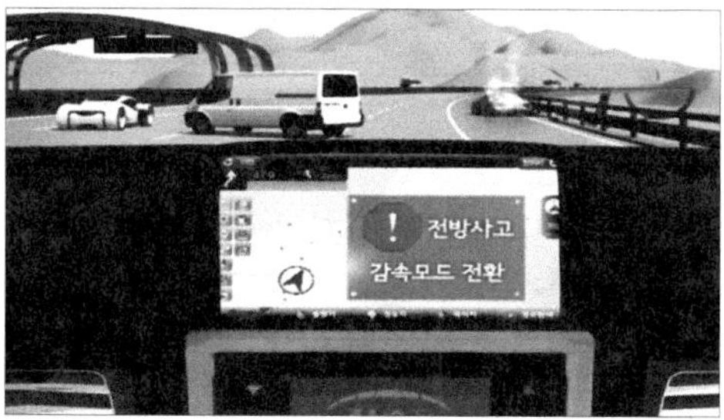

Vehicle Abnormality Detector

Lane Departure Prevention

SMART Tolling 2

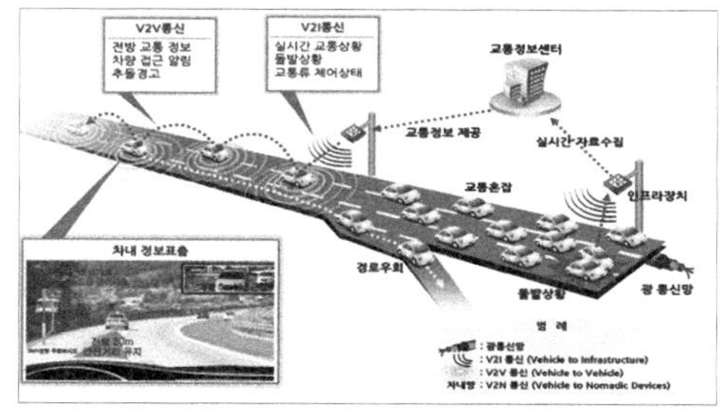

WAVE Communication

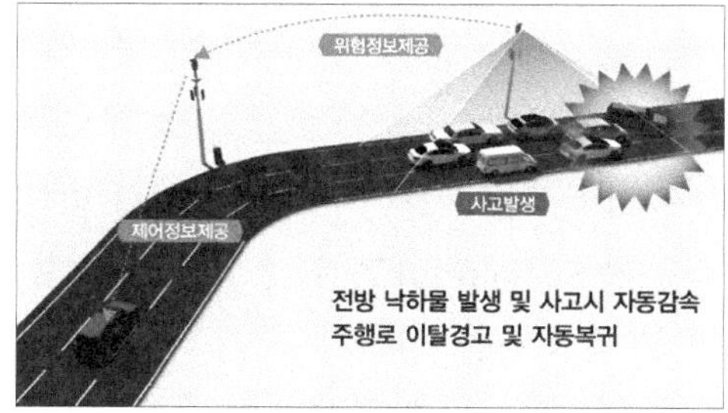

Auto Vehicle Control

[그림 14-7] Smart Highway의 기술들[126]

14.1.4 C-ITS의 구성 및 적용

ITS Station(Vehicle, Roadside, Central and Personal)간 양방향통신과 교통정보의 상호 공유를 통해 도로교통의 안전성, 지속성, 효율성 및 편리성을 향상시키는 목적의 독립형 시스템이 아닌 오픈형 플랫폼시스템이다.

그림 14-8은 운전자에게 제공되는 교통정보를 인지하고 판단하여 사고가 나지 않도록 제어하는 운전자의 반응을 첨단기술을 이용하여 자동으로 제어하는 기술을 나타낸 것이

126) SMART Highway, Opening the future of high-tech road transport system by Korea Expressway Corporation, KSCE, 2013, Vol. 10, No. 2

다. 2014년부터 무인차량 주행에 대한 기술개발에 박차를 가하고 있으며, 가까운 미래에 실시간 온라인 정보를 이용한 안전하고 자동화된 자율주행 시스템이 완성될 것이다. 이러한 기술을 바탕으로 다양한 교통상황을 신속히 제어하여 사고를 예방함으로써 미래의 교통 환경을 새롭게 바꾸어 놓을 수 있다.

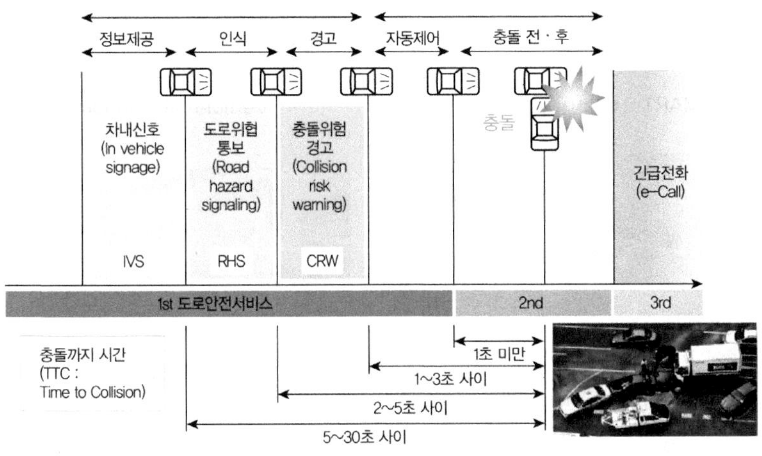

[그림 14-8] **사고 발생의 Time to Collision**[127)]

(1) 구성

C-ITS는 차량, 보행자(사람), 센서 및 노변장치, 정보관리센터 등 총 4가지로 구성되며, 이를 ITS Station이라고 한다. 차량용 ITS Station은 차량용 단말기의 보급이 V2X의 활성화에 크게 작용을 한다.

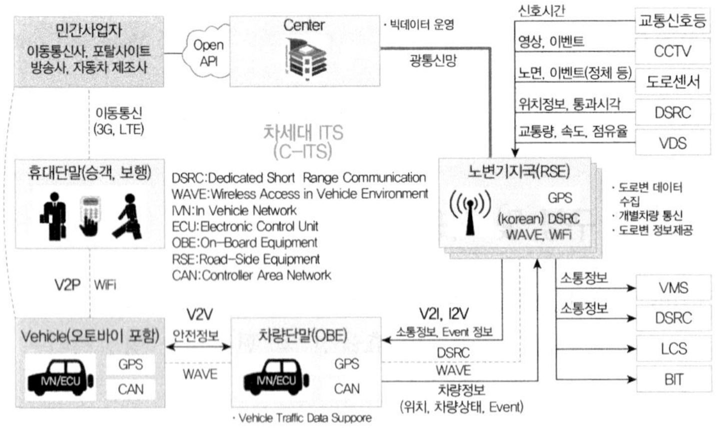

[그림 14-9] **국내 C-ITS 구성요소**[128)]

127) 조순기, C-ITS의 정의와 구성요소, 교통기술과정책, 제 11권, 제 5호, pp. 72-77, 2014.
128) 조순기, C-ITS의 정의와 구성요소, 교통기술과정책, 제 11권, 제 5호, pp. 72-77, 2014.

(2) 기술의 응용 [129)]

IntelliDrive 프로그램에서 제시한 예를 들어보면 다음과 같다.

① V2V 시스템

- 무선통신기술의 급격한 발달은 차량안전 애플리케이션을 지원할 수 있는 기회를 제공
- 단거리 전용통신(미국의 경우 5.9 GH)을 이용하여 차량 간의 무선 데이터 통신을 짧은 간격으로 제공
- 빠른 데이터 통신으로 V2V 시스템 향상
- V2V 시스템은 주로 차량 간 사전 충돌 시나리오에 적용
- 단일 차량 제어에 의한 사전 충돌 시나리오는 배제
- 전방 충돌 경고, 긴급 전자 브레이크 라이트, 차선변경 경고, 사각지대 경고, 도로 Merging 경고 등 포함

② V2I 시스템

- 차량과 시설물 간의 통신
- 정지표지, 신호 상황, 속도 제한, 노면 상태, 보행자 횡단 등과 관련한 정보를 송신
- Cooperative 교차로 충돌 방지 시스템의 일환으로 교차로에서의 횡단 사고를 개선
- 신호 분기점에서 적색신호 위반, 정지표지 위반, 및 보행자 사고 등의 사전 횡단 충돌을 다룸
- 사고다발지점에서 과속으로 인한 제어의 손실, 차선이탈, 전복, 사물과의 충돌 등을 감소시키기 위해 운전자에게 정보를 제공
- 교통 신호 위반, 정지표지 위반, left turn assistant, 교차로 충돌 경고, 사각지대 경고, 보행자 횡단 정보 등의 안전 애플리케이션을 제공

(3) 적용

C-ITS의 안전관련 융합기술 기반 서비스는 안전운전지원, 자율주행지원, 교차로 통행지원, 교통약자보호, 긴급상황지원, 피해확대 방지 부분 등으로 나눌 수 있다. 이 중 안전운전지원을 위한 서비스는 차량추돌방지, 위험구간 주행, 노면상태 및 기상정보 제공 등이 있으며, 자율주행지원 서비스는 차량추종주행, 주동주차, 장애물 회피 등이 있다.

---

129) Frequency of Target Crashes for IntelliDrive Safety Systems, NHTSA, 2010.

[표 14-4] **교통안전정책 대응 ITS 융합기술 기반 서비스** [130)]

구 분	서비스(애플리케이션)	구 분	서비스(애플리케이션)
안전 운전 지원	차량 추돌 방지지원	교차로 통행 지원	교차로 충돌사고 예방지원
	도로 위험 구간 주행지원		신호 정보 제공지원
	노면 상태·기상 정보 제공지원	교통 약자 보호	옐로우버스(어린이보호) 운영 안내
	도로 작업구간 주행지원		스쿨존, 실버존 경고
	규제 정보 제공지원		교통약자 충돌 방지지원
	합류 원		보행자 신호 연계지원
	차로변경, 추월지원	긴급 상황 지원	위급상황 통보지원
	능동안전 조명지원		운전자 신체 이상 감지지원
	차량자세 유지 및 전복 방지지원		차량 이상 모니터링지원
	음주 측정 시동 시스템지원		긴급차량 통행 우선권지원
자율 주행 지원	협조형 차량 추종 주행지원		재해·지진 정보 제공
	자동 주차지원	피해 확대 방지	사고피해 확대 방지 및 E-call지원
	장애물 회피지원		

14.1.5 C-ITS의 효과

C-ITS는 차량이 주행하면서 도로 인프라 및 다른 차량과 끊김 없이 상호통신하며 교통서비스 정보의 교환·공유가 가능하다. C-ITS 구축을 통해 차량간, 차량과 도로간 실시간 연결로 교통상황에 즉각적인 대응이 가능해질 수 있다.

V2V 시스템은 차량간 통신이 가능한 장치(OBU, On-Board Unit)를 장착하여 사고를 예방하는 시스템이다. 선행차량의 차로변경이나 과속 등으로 인해 사고유발 가능성이 감지되면, 후속차량에게 경보를 보내 차량을 정지시키거나 자동으로 브레이크를 작동시킬 수 있는 기술이다. V2I 시스템은 차량에서 사고 종류, 시간 및 심각성 등의 사고 관련 정보를 도로 기반시설에 설치된 통신망을 이용하여 중앙 시스템 관리 운영자에게 정보를 제공할 수 있다. V2I 시스템을 통해 사고를 유발할 수 있는 속도위반, 신호무시, 교차로 통행 방법 위반 등을 감지하여 운전자에게 경고 메시지를 전달할 수 있다. 또한 도로상태, 신호등 정보, Map 데이터, 교통영상 정보 등을 운전자에게 제공하고, 주변의 사고 발생 시 영향권 지역에 경고 메시지를 전달하여 그 지역 차량 운전자들의 감속유도를 할 수 있으며, 동시에 사고 데이터는 발생환자의 응급 대응을 위해 의료 시설로 보내져 신속한 대응을 할 수 있도록 지원한다.

130) 홍길성, 강경표, ITS 융합기술의 교통안전 혁신방안, 한국통신학회지 제30권, 제 11호, 2013.

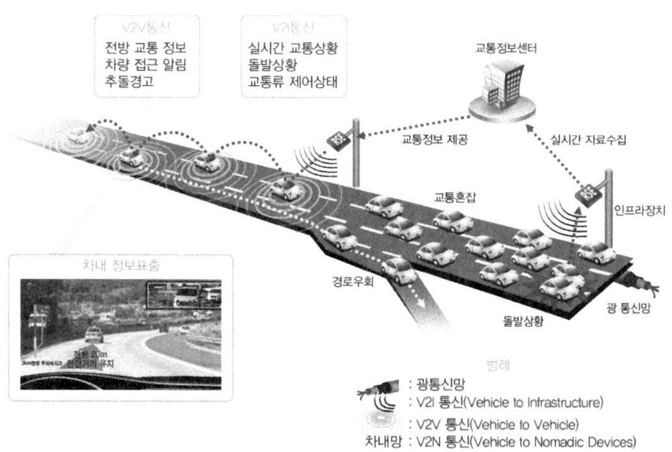

[그림 14-10] C-ITS 기술 기반 도로-자동차 협업서비스(예시)[131]

NHTSA의 보고서에 따르면 connected vehicle safety applications는 V2V 시스템과 V2I 시스템을 통해 사고를 예방하고나 줄일 수 있다고 되어있다. V2V 시스템과 V2I 시스템은 위험한 상황이나 위험물에 대한 정보를 줌으로써 미리 사고를 예방할 수 있다. V2X 시스템을 통하여 자동차 사고의 81%인 연간 4,503,000건의 사고를 예방할 수 있다(그림 14-12. 또한 83%의 경차량(light-vehicle) 사고와 72%의 중차량(heavy-truck) 사고를 예방할 수 있을 것으로 내다보고 있다(그림 14-13). 이와 같이 connected vehicle은 사고를 예방할 수 있어 미래의 교통패러다임을 바꿀 것으로 기대되고 있다.

국내의 경우 V2V와 V2I를 적용하였을 때 76%의 사고를 예방할 수 있는 것으로 나타났다.[132] 이는 C-ITS의 도입이 교통사고를 예방하는데 효과가 있음을 나타내는 것으로 C-ITS 도입이 필요함을 나타낸다.

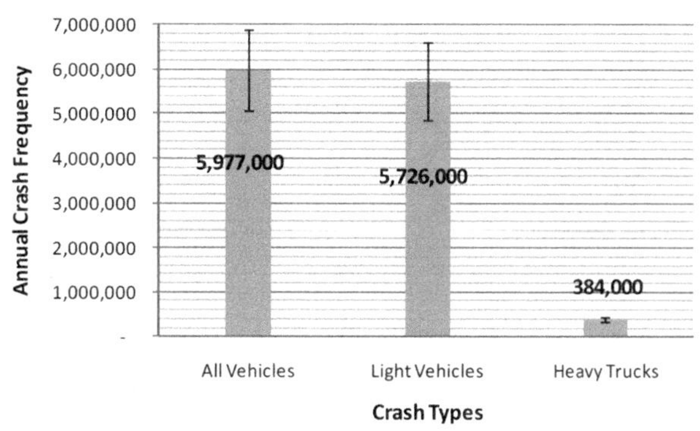

[그림 14-11] 자동차 유형별 사고빈도 (2005-2008)[133]

131) 한국교통연구원, C-ITS 기술동향 조사 및 국내 도입방안 연구, 2013.
132) 한국교통연구원, C-ITS 기술동향 조사 및 국내 도입방안 연구, 2013.
133) Frequency of Target Crashes for IntelliDrive Safety Systems, NHTSA 2010.

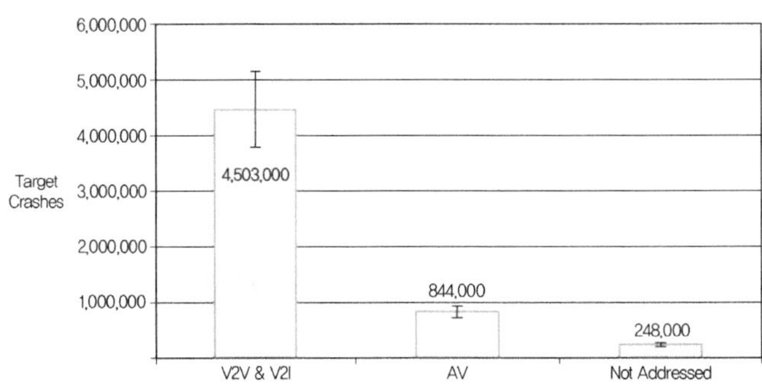

[그림14-12] V2I, V2V시스템 하에서 예방가능한 사고건수(AV : Automated Vehicle)[134)]

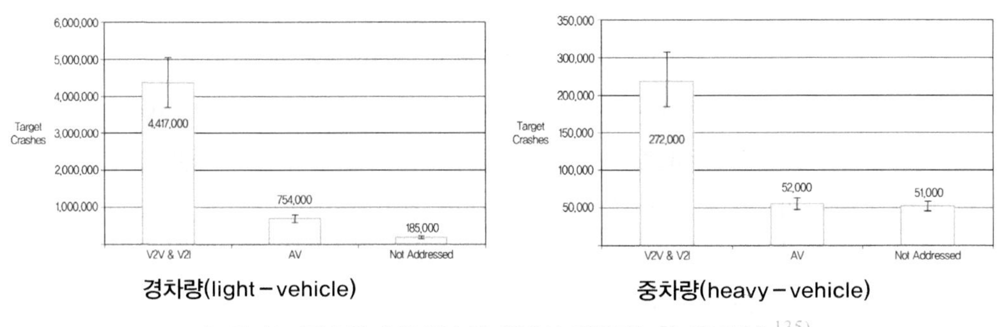

[그림 14-13] V2I, V2V시스템 하에서 예방가능한 사고건수[135)]

14.2 자율주행

14.2.1 개요

자율주행(self-driving, autonomous driving)은 운전자가 운전을 하지 않고 자동차가 주변의 사물과 차량간 통신을 통해 거리와 속도를 일정하게 유지하며 주행하는 것을 의미한다. 자율주행시스템은 인간의 실수로 인한 사고를 최소화할 수 있고, 차간 간격을 일정하게 유지하여 용량 증대 및 배기가스의 배출을 최소화할 수 있는 장점이 있다. 미국의 통계에 따르면 2010년도 약 6백만 대의 차량이 사고를 일으켰으며, 32,788명(인구 100,000명당 15명)이 교통사고로 사망하였다. 이러한 사고 중 93%가 운전자의 판단착오에 의해 일어난 사고이다. American Automobile Association(AAA)에 따르면 연간 교통사고에 의해 발생되는 비용은 2,995억 달러에 이른다고 되어있다.

---

134) Frequency of Target Crashes for IntelliDrive Safety Systems, NHTSA, 2010.

135) Frequency of Target Crashes for IntelliDrive Safety Systems, NHTSA, 2010.

자율주행시스템은 자동차의 센서기술과 주변 차량 및 도로와의 무선통신 기술과 인프라가 확보되었을 때 실용화가 가능하다. 이미 구글에서는 자율주행 자동차가 200,000마일을 운전한 기록이 있으며, 많은 자동차회사들이 자동차에 센서를 장착하여 자율주행이 가능한 자동차를 개발하고 있다. 이와 동시에 많은 기관에서 차량간 통신기술(connected-vehicle communication technologies)을 이용하여 충돌방지, 교통관리 등의 기술을 연구하고 있다. 이러한 센서와 차량간 통신이 자율주행(autonomous vehicles)을 가능하게 하기 위해 꼭 필요한 기술들이다. 센서를 기반으로 한 시스템(advanced driver assist systems : ADAS)은 여러 가지가 있으며, 일반적으로 차선유지(lane-keeping), 경고신호(warning systems), adaptive cruise control, 후방경보(back-up alerts), 주차도움(parking assistance)등이 있다.

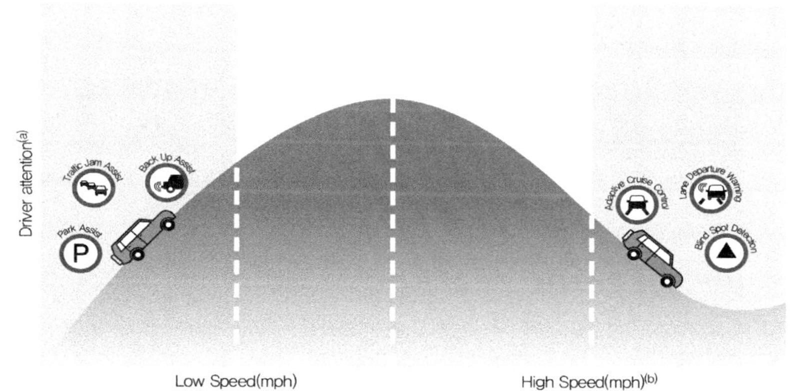

key : Industry focus apeed zones
Note : (a) May not consider acceieration and driving condittion e.g., h Indoff of control resodential verus highwey
(b) Indicstive of situstion where driver is cruising along empty stretches of highway at steady high speeds

[그림 14-14] **속도 존(zone)별 센서기반의 시스템**[136)]

실시간으로 차량간(V2V), 차량과 주변 인프라간(V2I) 무선통신을 이용한 운전환경을 connected-vehicle이라고 하는데, 미국 교통국 USDOT에 따르면 약 80%의 사고가 차량간 통신기술인 connected-vehicle 기술로 줄일 수 있을 것으로 내다보고 있다. 이러한 V2V 통신은 radio wave(전파)를 이용한 Dedicated Short-Range Communication(DSRC) 기술이 이용되며, 5.9 GHz 주파수 대역에서 운영된다.

이와 같이 센서와 connected vehicle 기술은 각각의 형태에서는 큰 힘을 발휘하지 못하지만, 두 개의 기술을 융합하면 좀 더 진보된 운영이 가능하다. 센서만을 기초로 한 경우 인간의 행태를 모방할 수 없고 비용면에서도 효율적이지 않다. 반면 connected vehicle의 경우 보행자, 사람 등에 DSRC 기술의 적용이 불가능하고, DSRC를 기반으로 한 V2I는 시

136) Self-driving cars : The next revolution, KPMG, 2012.

설물에 대한 전수조사가 필요하다. 또한 connected vehicle 환경에서는 장애물이나 보행자에 따른 문제를 해결할 수 없어 센서기술이 더해져야 한다. 차량의 센서와 connected vehicle의 기술을 모두 적용하면 인간의 감각을 적절히 모방할 수 있고, V2I를 위한 조사와 센서에 드는 비용을 줄일 수 있는 장점이 있다.

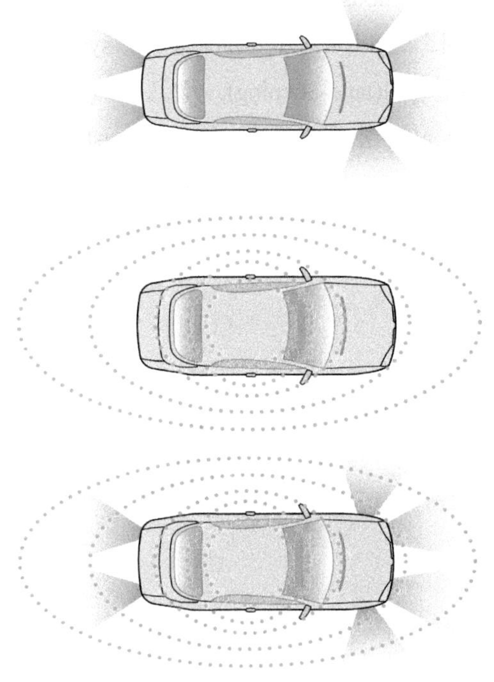
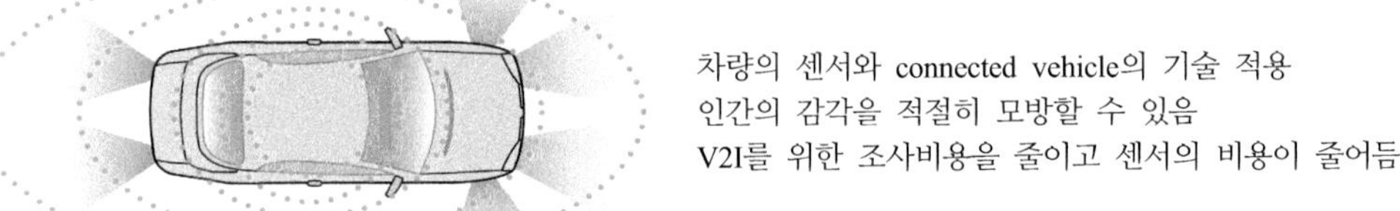

센서 기반 기술만 적용
인간의 행태를 모방할 수 없음
비용면에서 효율적이지 않음
connected vehicle 기술만 적용
DSRC는 보행자, 자전거 운전자 등을 감지하지 못함
DSRC기반 V2I는 충분한 시설조사가 필요함
차량의 센서와 connected vehicle의 기술 적용
인간의 감각을 적절히 모방할 수 있음
V2I를 위한 조사비용을 줄이고 센서의 비용이 줄어듬

[그림 14-15] **센서와 connected vehicle기술의 통합에 따른 효과** [137)]

14.2.2 자율주행시스템 파급 전망

자율주행시스템의 여건이 모두 마련된다면 누가 먼저 이용할까? 일단 이러한 자동차를 사용하기 위해서는 도로의 기반이 이루어져야 한다. 미국의 HOV 전용차로와 같이 자율주행이 가능한 특정 차로가 마련되어야 할 것이다. 이러한 차로에는 자율주행이 가능한 특정 자동차만이 이용할 수 있도록 해야 한다. 또한 현재 전기차와 같이 세금을 면제해 주거나 이와 상응하는 재정적 보조금이 필요할 것이다. 그럼에도 불구하고 자율주행시스템이 가능한 자동차의 판매 비율은 급작스럽게 늘어나지 않을 것이라는 전망이 우세하지만, 다음의 세 가지 시나리오로 예측해 볼 수 있다. 이러한 시나리오는 비용, 시설물, 소비자 성향,

137) Self-driving cars : The next revolution, KPMG, 2012.

소비층 등의 다양한 요소들이 얼마만큼 뒷받침이 될 수 있느냐에 따라 (a) 초기부터 수요가 폭발적으로 늘어나는 경우, (b) 꾸준히 증가하는 경우, (C) 보수적으로 천천히 증가하는 경우로 나눌 수 있다.

(a)의 경우 운전자는 자율주행시스템에 대한 신뢰와 그 효과에 대해 즉각적으로 받아들이고 그 수요가 급격히 늘다가 임계수요에 도달하는 형태이다. (b)의 경우는 자율주행에 대한 관심으로 수요가 꾸준히 늘다가 V2X의 기능 부족으로 잠시 정체되는 형태를 보이다가, 민간기업이 이에 대한 솔루션을 제공하면서 수요가 임계수요에 도달하는 것을 말한다. (C)의 경우 초기에는 소비자의 열정과 정보의 부족으로 수요가 적으며, 센서기술의 느리게 향상되어 결국 임계수요에 도달하지 못하는 경우이다.

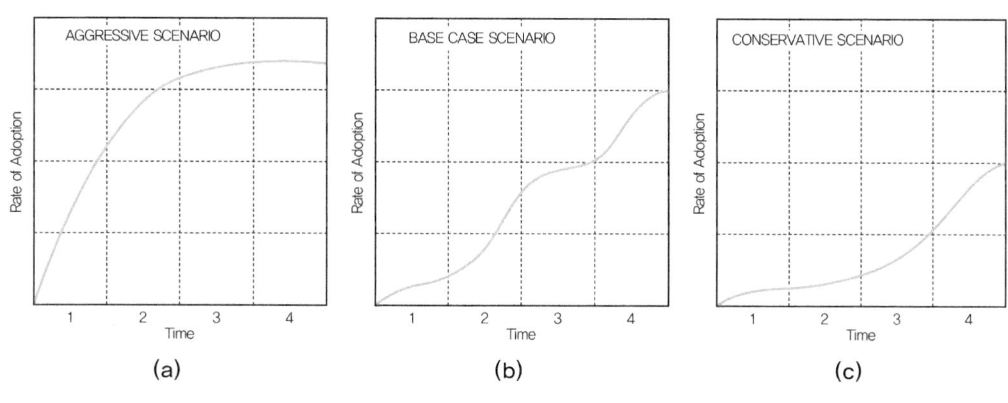

[그림 14-16] 자동차 판매대수 증가에 대한 시나리오[138)]

14.2.3 자율주행 효과

센서기술과 차량간 통신을 통한 자율주행이 일반화되면 어떠한 효과나 일어날까? 일단 교통에 대한 패러다임이 바뀔 것이며, 긍정적으로는 사회적, 경제적 이윤이 창출될 수 있고 다른 한편으로는 사회적으로 중요한 변화가 일어날 수도 있다. 표 14-5는 KPMG의 자율주행으로 인해 바뀔 수 있는 패러다임의 변화를 정리한 것이다.

138) Self-driving cars : The next revolution, KPMG, 2012.

[그림 14-17] 자율주행 시스템에서 일어날 수 있는 효과[139)]

[표 14-5] 자율주행으로 인해 변화될 요소

	**사고의 감소로 많은 것들이 변할 수 있다.** 궁극적으로 자율주행시스템에서는 최소한 일반적인 상황에서 사고가 일어날 수 없다. 이러한 조건에서 자동차의 디자인, 제작비용 등이 달라지게 된다. 일단 무게가 줄어들 것이고 안전관련 장치보다는 활동성에 중점을 둔 디자인으로 변화가 있을 것이다. 교통사고 사상자를 위한 응급실도 줄어들어 자동차보험도 필요없어 질 수 있다. 교통법규도 현재의 것을 다시 재정비해야 하고 교통관리도 쉬어질 전망이다. 반면 범칙금이 줄어들어 정부나 지방정부는 재원마련을 위해 다른 방법을 찾아야 할 것이다.
	**자동차뿐만 아니라 도로의 시스템이 바뀔 것이다.** 오늘날의 도로는 부주의할 수 있는 운전자도 안전하게 운전할 수 있도록 설계되어 있다. 도로의 시설은 운전자의 예측 불가능한 운전패턴을 수용할 수 있도록 더 넓은 차로와 가드레일, 정지사인, 넓은 길어깨, 요철(rumble strips) 등 자율주행에서는 필요하지 않은 시설들이 설치되어 있다. 미국의 경우 만약 이러한 시설이 필요 없다면 다리, 도로, 고속도로 등의 시설에 대해 연간 750억 달러 이상을 줄일 수 있다. 효율성 측면에서도 도로의 용량이 크게 증가할 수 있다. 특히 자율주행의 차량군은 고속도로의 용량을 500%까지 증가시킬 수 있다는 연구결과가 있다. 이러한 용량 증가는 도로의 일부를 자전거나 보행자에게 충분히 양도할 수 있다. 도로의 혼잡이 줄어들고 속도가 늘어나면서 고속철도와의 싸움도 끝날 수 있다. 자율주행이 차량군으로 주행이 가능해지면 좀 더 유연하고 비용이 덜 드는 대체 교통량이 될 수 있기 때문이다.
	**많은 데이터에 대한 이슈가 있을 수 있다.** Data security와 관련해서 개인의 움직임에 대한 안전문제가 있을 수 있다. 해커가 데이터를 이용하여 기록을 바꾸고 시스템을 공격하면 개인운전자의 프라이버시가 공격당할 수 있다. New threats to personal privacy 관련 자율주행 문제를 풀다 보면 교통시스템 안에서 개인 프라이버시를 지키는 것은 힘든 일이며, 실시간교통정보나 개인차량의 트랙킹이 필요하더라도 윤리문제나 개인의 프라이버시 문제가 드러나게 되어 이에 대한 해결책을 찾는 것이 필요하다.
	**자율주행은 자동차 소유(vehicle ownership)에 대한 정의를 새롭게 해야 할 것이다.** 만약 차량이 운전자 없이 운전이 가능하다면 차가 필요할 때 부르고 목적지에서 돌려보낼 수 있다. 이러한 시스템하에서는 더 이상 차를 소유할 필요가 없고 카쉐어링과 같은 모빌리티 서비스를 구입해서 이용할 수 있다. 이러한 모델은 자동차보험, 유지 관리뿐만 아니라 여러 가지 새로운 비즈니스 기회를 제공할지도 모른다.

(계속)

139) Self-driving cars : The next revolution, KPMG, 2012.

주행시간에 대한 불확실성을 줄이거나 없앨 수 있다.
자율주행시스템에서는 노선을 예측할 수 있어 교통혼잡을 피할 수 있다. 또한 산업측면에서도 제시간에 물건은 배달할 수 있어 재고를 줄일 수 있다. 더 나아가 필요한 부품과 생산품이 필요할 때 제시간에 도착할 수 있도록 최적화할 수도 있다.

생산성을 향상시킬 수 있다.
자율주행으로 인해 운전으로 소비되는 시간을 자신을 위해 쓸 수 있게 된다. 미국의 교통혼잡 비용은 매년 교통지체로 인해 48억 시간이 소비되고 연간 지체와 연료로 인한 비용으로 1,000억 달러 이상이 소요된다. 또한 트럭운전자의 지체로 인한 비용은 230억 달러에 이른다. 2010년 미국의 16세 이상 근로자 86.3%가 자가용, 트럭 등을 이용해 통근을 하는 것으로 나타났으며, 이 중 88.8%는 혼자 운전을 하는 것으로 나타났다(11.2%는 카풀 이용). 평균적으로 한 번의 운전에 약 25분이 소요(운전을 하는데 허비되는 시간)되는 것으로 나타나 약 80%의 근로자가 매일 약 50분을 운전에 허비하는 것으로 나타났다. 자율주행시스템에서는 이러한 시간을 유용하게 사용할 수 있다.

에너지 효율성도 향상될 것이다.
일반적으로 자동차는 가감속을 자주할 수록 연료소모와 배기가스 배출이 많아지게 된다. 자율주행은 일정 속도로의 주행이 가능하여 에너지 소비를 줄일 수 있는 장점이 있다. 또한 친환경적인 차량과 효율적 도로 설계로 인해 에너지 소비를 줄일 수 있다. 자율주행에서는 인간이 운전하는 것보다 효율적인 경로선택을 할 수 있다. 2011년 텍사스의 Urban Mobility Report에 따르면 미국의 혼잡에 따른 비용은 48억 시간에 19억 갤런의 연료를 소모하는 것으로 나타났다. 또한 연료와 지체에 따른 비용은 1,010억 달러에 이른다. 이는 통근자 1인당 연간 713달러에 해당되는 비용이다. 안전관련 기기들이 없어지면서 자동차는 가벼워지고 이에 따라 에너지 소비가 줄어들게 된다(energy efficient). 또한 운전자에 맞추어져 설계된 도로는 불필요한 조명, 신호 등을 없앨 수 있어 에너지 효율성을 높일 수 있다.

새로운 비즈니스 모델을 만들 수 있다.
스마트폰이나 테블릿 pc의 경우 소비자의 계속된 욕구를 채우기 위해 새로운 모델이 계속해서 나오고 있다. 이와 마찬가지로 소비자의 요구에 맞는 최신의 기술과 디자인에 대한 요구가 계속될 것이고 이는 새로운 산업으로 발전할 수 있다.

참고문헌

[1장]

- 국가통합교통체계효율화법
- 국토해양부, 지능형교통체계 기본계획 2020, 2011. 12. 29.
- 국가교통정보센터, http : //www.its.go.kr
- 한국도로공사, 하이패스 전국 개통 5년 보도자료, 2012. 12. 18.
- 한국도로공사, http : //www.ex.co.kr

[2장]

- 변완희, 김주현, 윤여환, 이용택, 조현우, 지능형 교통관리시스템 이론과 실무, 청문각, 2009. 7.
- 박상조, 국가 ITS 아키텍처 개정방향 - 제1편, Standard ITS 제10호, 2009.
- 박상조, 국가 ITS 아키텍처 개정방향(2), Standard ITS 제10호, 2009.
- 국토해양부, 도시교통관리를 위한 ITS 필수교육 교육코스(part 1. 도시교통관리를 위한 ITS 도입), 2008.
- 한국지능형교통체계협회, http://www.itskorea.kr/
- ITS 업무 수행을 위해 이것만은 알고 가자(http://www.itskorea.kr/, ITS 학습 E - learning 자료)
- 국토해양부, 자동차 도로교통분야 지능형교통체계(ITS) 계획 2020, 2012. 6.
- 자동차·도로교통분야 ITS 사업시행지침(국토교통부 고시 제2015 - 739호, 2015. 10. 7.)
- 한국교통연구원, ITS 사업 효과분석 및 평가방안, 2009.
- 자동차·도로교통분야 국가 ITS 아키텍처(ver 2.0), 2010. 9.
- 한국교통연구원, ITS 사업 효과분석 및 평가방안, 2009.
- 한국건설기술연구원, 도로교통 운영 개선 실무서, 1993.
- 건설교통부, ITS 분야별 업무 절차 및 직무 표준 설정에 관한 연구, 2006.
- 서울특별시, 도로 점용(굴착·복구)업무 처리 실무-법령, 자치법규 등, 1999.
- 한국건설기술연구원, 도로안전시설 설치 및 관리지침, 도로전광표지편, 1999.
- 건설교통부, 한국도로공사, 국도 ITS의 효율적인 유지관리에 관한 연구, 2004.

[3장]

- 고속도로 교통관리시스템(ex-TMS) 개발 전략 및 마스터플랜 수립 용역, 2008.
- 한국도로공사, 고속도로 교통소통 통합관리체계 수립을 위한 조사 분석, 2000.
- 한국도로공사, 고속도로 FTMS 구축편람 수립, 2000.
- US DOT, Federal Highway Administration, FREEWAY MANAGEMENT AND OPERATIONS HANDBOOK, 2003.

[4장]

- 고속도로 교통관리시스템(ex-TMS) 개발 전략 및 마스터플랜 수립 용역, 2008.
- 한국도로공사, 고속도로 교통소통 통합관리체계 수립을 위한 조사 분석, 2000.
- 한국도로공사, 고속도로 FTMS 구축편람 수립, 2000.
- US DOT, Federal Highway Administration, FREEWAY MANAGEMENT AND OPERATIONS HANDBOOK, 2003.

[5장]

- 고속도로 교통관리시스템(ex-TMS) 개발 전략 및 마스터플랜 수립 용역, 2008.
- 한국도로공사, 고속도로 돌발상황관리시스템, 2004.
- 한국도로공사, 고속도로 교통소통 통합관리체계 수립을 위한 조사 분석, 2000.
- 한국도로공사, 고속도로 FTMS 구축편람 수립, 2000.

[6장]

- 변완희, 김주현, 윤여환, 이용택, 조현우, 지능형 교통관리시스템 이론과 실무, 청문각, 2009. 7.
- 한국도로공사, 고속도로 RMS 타당성 조사 연구, 2008.
- 김영찬, 이철기, 허혜정, 과포화 신호제어기법을 응용한 도시고속도로 진출램프 제어전략의 개발, 대한교통학회지 제19권 제3호, 2001. 6.
- 김성륜, 김영찬, 이철기, 도시고속도로 혼합진출램프 제어를 위한 교통신호제어 전략 및 평가, 한국 ITS학회 학술대회 발표자료, 2002.
- 소재현, 조한선, 이승환, 감응식 신호제어를 이용한 도시고속도로 진출부 교차로 제어전략 개발, 대한교통학회지 제26권. 제6호, 2008. 12.
- 김주현, 신언교, 차로배정 최적화를 고려한 신호교차로 운영방안에 관한 연구, 한국도로학회 논문집 제15권 제6호, 2013. 12.
- Wong, C. K. & Wong, S. C., Lane-based Optimization of Signal Timings for Isolated Junctions, Transportation Research Part B 37, 63-84., 2003.
- 도로교통공단 교통과학연구원, 능동적 교통관리시스템 구축방안 연구(II), 2013.
- 서울특별시, 내부순환로 교통관리시스템 실시설계 보고서, 2000.
- 서울시정개발연구원, 도시고속도로 교통관리시스템 운영전략 수립, 1997.

[7장]

- 건설교통부, 도로교통 운영 개선 실무서, 1993.
- 변완희, 첨단교통시스템 설계, 디자인그룹 에이블, 1998.

참고문헌

- 변완희, 김주현, 교통 시스템 설계론, 청문각, 2002. 1.
- 변완희, 김주현, 윤여환, 이용택, 조현우, 지능형 교통관리시스템 이론과 실무, 청문각, 2009. 7.
- 변상절, 문학룡, 장진환, 강종호, 국도 ITS의 DSRC 기반 교통정보 시스템 시범 도입 방안 연구, 한국ITS학회 논문집, 2009.
- 한국건설기술연구원, ITS 설계 및 구축 개선 방안[(DSRC 중심) 구간교통정보 수집과 교통 알고리즘](내부 자료), 2013. 10.
- 한국건설기술연구원, 다차로 차량 번호 검지기, 국토교통과학기술진흥원(www.kaia.re.kr)의 연구개발 과제(내부 자료), 2015.
- 한국ITS학회, 국도 ITS의 DSRC 기반 교통정보시스템 시범 도입 방안 연구, 2009.
- Preliminary Design Report Highway 401, Ministry of Transportation and Communications Province of Ontario, Canada.
- G. Hoffmann; J. Janko, Travel times as a basic part of the LISB guidance strategy, Third International Conference on Road Traffic Control, 1990.
- Koutsopoulos, H., and Xu, H., An Information Discounting Routing Strategy for Advanced Traveller Information System, Transportation Research, 1C, 249-264, 1993.

[8장]

- 국토교통부, 도로의 구조·시설 기준에 관한 규칙 해설, 2013.
- 국토해양부, 도로설계기준, 2012.
- 국토해양부, 자동차·도로교통 분야 ITS 사업시행지침.
- 국토해양부, 도로안전시설 설치 및 관리 지침 - VMS 편, 2009.
- 노윤승·도명식, 도로네트워크 기능 및 연결성을 고려한 긴급대피교통로 선정. 한국 ITS 학회논문지, 제13권 제6호, pp.34 - 42, 2014.
- 도명식·석종수·채정환, 교통정보 수신율 변화에 따른 운전자의 경로선택과 학습과정. 대한교통학회지, 제22권 제5호, pp.111 - 122, 2004.
- 석종수·도명식·채정환, 정보 수신율이 경로 통행시간과 운전자 학습과정에 미치는 영향. 2003년도 대한토목학회 정기 학술대회, pp.128 - 133, 2003.
- 임강원·임용택, 교통망분석론. 서울대학교 출판부, pp.233 - 273, 2003.
- 이청원·심소정, 대기행렬 예측정보 산출모형에 관한 연구 - 남산 1호터널을 중심으로. 서울도시연구, 제2권 제2호, pp.61 - 77, 2001.
- Ben - Akiva, M., De Palma, A., Isam, K., Dynamic network models and driver information systems. Transportation Research Part A : General, Vol.25.No,5, pp.251 - 266, 1991.

Reference

- Bonsall P. and Perry T., Using an interactive route - choice simulator to investigate drivers' compliance with route guidance advice. Transportation Research Record, 1306, pp.9 - 68, 1991.
- Ben - Akiva, M., De Palma, A., Kanaroglou, P., Dynamic model of peak period traffic congestion with elastic arrival rates. Transportation Science, Vol.20. No.3, pp.164 - 181, 1986.
- Boyce, D. E., Lundqvist, L., Network equilibrium models of urban location and travel choices : alternative formulations for the Stockholm region. Papers in Regional Science, Vol.61. No.1, pp.93 - 104, 1987.
- Emmerink, R. H., Axhausen, K. W., Nijkamp, P., Rietveld, P., Effects of information in road transport networks with recurrent congestion. Transportation, Vol.22. No.1, pp.21 - 53, 1995.
- Kobayashi, F., Feasibility study of route guidance system. TRR737, pp.107 - 112, 1979.
- Uno, N., Iida, Y., Kawaratani, S., Effects of dynamic information system on travel time reliability of road network, Proceedings of 3rd conference on traffic and transportation studies, ASCE, pp.682 - 689, 2002.
- Iida, Y., 交通計劃のための新パラダイム、技術書院, 2008.
- 고속도로 교통정보 타고, http : //www.tago.go.kr/
- 수도권 대중교통정보, http : //www.algoga.org/
- 일본 Navi Time, http : //www.navitime.co.jp/
- 미국 LA시 Metro, http : //socaltransport.org/
- 일본 도쿄 도로건설국, http : : //www.kensetsu.metro.tokyo.jp/
- 미국 뉴올리언스 Katrina 정보, http : //www.nola.com/katrina/graphics/flashflood.swf

[9장]

- 변완희, 첨단교통시스템 설계, 디자인그룹 에이블, 1998.
- 변완희, 김주현, 교통 시스템 설계론, 청문각, 2002. 1.
- 변완희, 김주현, 윤여환, 이용택, 조현우, 지능형 교통관리시스템 이론과 실무, 청문각, 2009. 7.
- 남두희, 이용택, Sketch Planning 기법을 이용한 지능형교통체계 석, 한국ITS학회 논문집, 제4권 제2호, 2005.
- 이용택, 남두희, 박동주, 국내 지능형교통체계(ITS) 사업 평가체계 도입 방향(한국, 미국, 유럽 사례 비교 분석을 중심으로), 대한교통학회지 제22권 제3호, 2004.

참고문헌

- 이용택, 확률적 위험도 분석을 이용한 ITS 사업의 경제성 평가 모형 개발, 서울대 박사학위논문, 2003.
- 국토교통부, 자동차·도로교통분야 ITS 사업 시행 지침, 2015. 10. 7.
- 국토교통부, 자동차·도로교통분야 ITS 성능 평가 기준, 2015. 10. 7.
- 정보통신부, 정보시스템 성능관리지침, 2005.
- 한국건설기술연구원, 알기 쉬운 ITS 성능평가, 건설교통부, 2006.
- 한국건설기술연구원, 교통 정보 제공 기반 조성에 관한 연구, 국토교통부, 2007.
- 한국건설기술연구원, 한국교통연구원, ITS 검지 체계 개선을 통한 국도 ITS 선진화 방안 연구, 국토교통부, 2013.
- 한국건설기술연구원, 국도 ITS의 효율적인 유지관리에 관한 연구, 2004.
- 한국건설기술연구원, ITS 분야별 업무 절차 및 직무 표준 설정에 관한 연구(효과분석편), 건설교통부, 2006.
- 한국건설기술연구원, ITS 업무 매뉴얼(ITS 효과 분석), 건설교통부, 2006.
- 한국건설기술연구원, ITS 업무 매뉴얼(ITS 성능 평가), 건설교통부, 2006.
- 한국개발연구원, 도로·철도 부문 사업의 예비타당성조사 표준지침 수정·보완 연구(제5판), 2008. 12.
- 한국교통연구원, ITS Korea, ITS 사업 효과분석 및 평가방안에 대한 연구, 국토해양부, 2009. 6.
- 한국교통연구원, ITS 투자 평가 편람 작성을 위한 연구, 2007. 6.
- 교통개발연구원, 국토연구원, 한국건설기술연구원, 첨단교통 모델 도시 건설사업 효과분석, 2004.
- 교통개발연구원, 과천지역 지능형 교통시스템(ITS) 시범운영 사업의 평가, 1998.
- 교통개발연구원, ITS 사업의 평가체계 정립 및 도입 효과 사례 분석, 1998.
- FHWA, IDAS(ITS Deployment Analysis System)
- http://ops.fhwa.dot.gov/trafficanalysistools/idas.htm

[10장]

- 기본교통정보 교환 기술기준 (국토해양부 고시 제2012-560호)
- 기본교통정보 교환 기술기준 II (국토해양부 고시 제2012-560호)
- 근거리 전용통신(DSRC)을 이용한 자동요금징수시스템(ETCS)의 정보교환 기술기준(노변 - 단말간) 건설교통부 고시 제2006 - 304호.
- 대중교통(버스) 정보교환 기술기준, 국토교통부 고시 제2014 - 176호.
- 지능형교통체계 표준 노드·링크 구축기준 (국토교통부 고시 제2015-756호)
- 지능형교통체계 표준노드·링크 구축 및 관리지침 (국토교통부 고시 제2015-755호)

[11장]

- 변완희, 김주현, 윤여환, 이용택, 조현우, 지능형 교통관리시스템 이론과 실무, 청문각, 2009. 7.
- 법제처 국가법령정보센터, http://www.law.go.kr/
- 한국지능형교통체계협회, http://www.itskorea.kr/
- ITS 업무수행을 위해 이것만은 알고 가자(http://www.itskorea.kr/, ITS 학습 E - learning 자료)
- 국가통합교통체계효율화법 (법률 제13089호)
- 국가통합교통체계효율화법 시행령 (대통령령 제26379호)
- 국가통합교통체계효율화법 시행규칙 (국토교통부령 제161호)
- 통행료자동지불시스템 단말기 인증제도 시행요령 (국토교통부고시 제2013-256호)
- 자동차·도로교통분야 ITS 사업시행지침 (국토교통부 고시 제2015-739호)
- 자동차·도로교통분야 ITS 성능평가기준 (국토교통부 고시 제2015-740호)
- 한국개발연구원, 도로·철도 부문 사업의 예비타당성조사 표준지침 수정·보완 연구(제5판), 2008. 12.
- 한국개발연구원, 정보화부문 사업의 예비타당성조사 표준지침 연구(제2판), 2013.1
- 교통정보 제공 업무요령 (국토해양부훈령 제2013-219호)
- 교통조사지침개정(안) (국토해양부, 2014.7)
- 국가교통정보센터 운영관리 위탁 전담기관 추가지정 (국토해양부고시 제2013-250호)
- 근거리 전용통신(DSRC)를 이용한 자동요금징수시스템(ETCS)의 정보교환 기술 기준(노변-단말간) (국토해양부고시 제2013-251호)
- 기본교통정보 교환 기술기준 (국토해양부고시 제2012-560호)
- 기본교통정보 교환 기술기준 II (국토해양부고시 제2012-560호)
- 기본교통정보 교환 기술기준 IV (국토해양부고시 제2012-560호)
- 대중교통(버스) 정보교환 기술기준 (국토해양부고시 제2014-176호)
- 버스정보시스템의 기반정보 구축 및 관리 요령 (국토해양부고시 제2013-252호)
- 지능형교통체계 구축사업 지원 및 관리에 관한 규칙 (경찰청 예규 503호)
- 지능형교통체계 표준 노드·링크 구축기준 (국토교통부고시 제2015-756호)
- 지능형교통체계 표준 노드·링크 구축 및 관리지침 (국토교통부 고시 제2015-755호)
- 교통안전시설 등 설치·관리에 관한 규칙 (경찰청훈령 제701호)
- 도로법 (법률 제13478호)
- 도로법 시행규칙 (국토교통부령 제216호)
- 도로교통법 (법률 제13458호)
- 도로교통법 시행령 (대통령령 제26351호)
- 도로교통법 시행규칙 (행정자치부령 제29호)

참고문헌

- 전기통신사업법 (법률 제13011호)
- 전기통신사업법 시행령 (대통령령 제26683호)
- 전파법 (법률 제13012호)
- 전파법 시행령 (대통령령 제26844호)

[12장]

- 국가 ITS 데이터 등록소 http://dr.its.go.kr/cmm/data.jsp?bn=01
- 국토교통부, 한국의 ITS 표준화 활동(2014. 8.~2015. 8.), 2015 연차보고서.
- 한국표준협회, 국제 표준 기획 및 전략 수립 안내서, 2014. 6.
- http://www.itsa.org/industryforums/isotc204
- Society of Automotive Engineers of Japan, Inc., ITS Standardization Activities in Japan, 2014.
- Highway Industry Development Organization (Japan), ITS handbook, Japan : 2003-2004.

[13장]

- Pramod J. Sadalage, Martin Fowler, NoSQL Distilled : A Brief Guide to the Emerging World of Polyglot Persistence, 2012.
- 권대석, 빅데이터 혁명 - 클라우드와 슈퍼컴퓨팅이 이끄는 미래, 21세기북스.
- http : //www.gartner.com/technology/research/methodologies/hype - cycle.jsp
- 정부 3.0 소개 웹페이지, https : //www.gov30.go.kr/gov30/int/intro.do
- 정부 3.0과 공공정보 개방, https : //www.data.go.kr/main.jsp#/L2NvbW0vY29tbW9uU2VhcmNoL3RoZW1lJEBeMDAyJEBec2VxTm89MjA0Mzk=
- 공공데이터포털 홈페이지(www.data.go.kr)
- 행정자치부 홈페이지(www.moi.go.kr)
- 한국정보화진흥원, 2012년도 IT & Future Strategy 보고서 제2호, 선진국의 데이터 기반 국가미래발전전략 추진 현황과 시사점, 2012. 4.
- 한국정보화진흥원, 국내·외 빅데이터 서비스 구현 사례 조사 결과, 2013. 4.
- 김원호, 교통데이터 구축 및 관리 활용방안 연구, 서울시정개발연구원, 2006.
- 이석주, 연지윤, 천승훈, 빅데이터를 이용한 교통정책 개발 및 활용성 증대방안, 한국교통연구원, 2013.
- 천승훈 외, 빅데이터 시대, 교통분야의 현주소는?, 한국교통연구원 월간교통 2015. 6월호.

Reference

- 천승훈 외, 교통분야 빅데이터 현황, 한계점 그리고 향후과제, 한국교통연구원 월간교통 2015. 7월호.
- http : //www.vworld.kr
- http : //data.ex.co.kr/
- http : //data.seoul.go.kr/index.jsp
- http : //traffic.daejeon.go.kr
- 한국정보화진흥원, 성공적인 빅데이터 활용을 위한 3대 요소, p.27, 2012. 4.
- 한국정보화진흥원, IT & Future Strategy 보고서, 2012
- http : //bbs1.agora.media.daum.net/gaia/do/debate/read?bbsId=D003&articleId=4663182
- 차재필, 빅데이터 정책동향, 한국교통연구원 세미나, 2013. 11. 26.
- 한국방송통신전파진흥원, 빅데이터 처리기술 현황 및 전망, 세미나 발표자료, 2012. 7.
- 한국정보화진흥원, 새로운 미래를 여는 빅데이터 시대, p. 29., 2013.
- 크리스 앤더슨, The End of Theory : The data deluge makes the scientific method obsolete, 2008. 6.

[14장]

- 국가경쟁력강화위원회, 지능형교통체계(ITS) 발전전략, 2012.
- http : //www.etsi.org/news - events/news/753 - 2014 - 02 - joint - news - cen - and - etsi - deliver - first - set - of - standards - for - cooperative - intelligent - transport - systems - c - its
- 교통기술과 정책 제12권, 제2호, 2015. 4.
- http : //www.drive - c2x.eu/driving
- Combining data from different geo - located test sites, P. Rama, 2014.
- 한국교통연구원, C - ITS 기술동향 조사 및 국내 도입방안 연구, 2013.
- KSCE, SMART Highway, Opening the future of high - tech road transport system by Korea Expressway Corporation, Vol. 10, No. 2., 2013.
- 조순기, C - ITS의 정의와 구성요소, 교통기술과정책, 제 11권, 제 5호, pp. 72 - 77, 2014.
- 홍길성, 강경표, ITS 융합기술의 교통안전 혁신방안, 한국통신학회지 제30권, 제 11호, 2013.
- Frequency of Target Crashes for IntelliDrive Safety Systems, NHTSA 2010.
- KPMG, Self - driving cars : The next revolution, 2012.

INDEX

INDEX

INDEX

INDEX

도로교통 ITS 이론과 설계

2016년 02월 20일 제1판 1쇄 인쇄
2016년 02월 25일 제1판 1쇄 펴냄

지은이 김수희 · 김주현 · 도명식 · 변완희 · 신언교
윤여환 · 이용택 · 이정범 · 천승훈
펴낸이 류원식
펴낸곳 청문각 출판

주소 (10881) 경기도 파주시 문발로 116(문발동 536-2)
전화 1644-0965(대표)
팩스 070-8650-0965
등록 2015. 01. 08. 제406-2015-000005호
홈페이지 www.cmgpg.co.kr
E-mail cmg@cmgpg.co.kr
ISBN 978-89-6364-268-0 (93530)
값 25,000원